LE MYTHE DE L'ALLERGIE FRANÇAISE AU FASCISME

Bibliothèque Albin Michel
Idées

Sous la direction de
Michel Dobry

LE MYTHE DE L'ALLERGIE FRANÇAISE AU FASCISME

Ouvrage publié avec le concours
du Centre national du livre

Albin Michel

Collection « Bibliothèque Albin Michel Idées »
dirigée par Hélène Monsacré

22, rue Huyghens, 75014 Paris

www.albin-michel.fr

ISBN : 2-226-13718-1
ISSN : 1158-6443

Avant-propos

Michel Dobry

Ce livre a pour point de départ une étrange interprétation historique soutenue avec continuité, obstination, hargne parfois, et pas mal d'aveuglement aussi, depuis maintenant plusieurs dizaines d'années, par un groupe de spécialistes français d'histoire politique contemporaine. Cette interprétation porte à l'origine sur la société française de la période de l'entre-deux-guerres et de celle qui l'a suivie, celle du régime de Vichy. Elle affirme le caractère exceptionnel de la société française, de sa culture et de son univers politique, mais elle le fait sur un terrain particulier : l'exceptionnalisme de la société française résiderait dans son « allergie », son « imperméabilité » ou, dans une formulation voisine, dans son « immunité » au fascisme, à son idéologie, à ses programmes, à ses modes organisationnels, à ses pratiques, à ses styles d'action, à ses hommes et ses sociabilités, à ses réalisations et à ses prétentions, et, ultimement, dans la terminologie de ces historiens, à ce qui fait l'« essence » ou la « nature » du fascisme, ou du fascisme « authentique ». Si le fascisme ou les fascistes ne se sont pas emparés du pouvoir en France, proclame-t-elle, c'est que la société française était et demeure durablement dotée de cette propriété remarquable, son « imperméabilité » culturelle au fascisme. Et que fascisme et fascistes, et plus globalement les groupes de la droite autoritaire et antidémocratique, étaient dans la société française marginaux, leurs organisations groupusculaires, leurs idéologies et programmes flous ou inconsistants et leurs entreprises et chefs marqués par l'impuissance ou la débilité politique.

Développée dans les débuts des années 50 par René Rémond dans un ouvrage devenu classique, *La Droite en France*[1], cette interprétation, que j'ai appelée dans un travail antérieur « thèse immunitaire », est devenue dominante dans l'univers des spécialistes de l'histoire contemporaine de la France. Mais elle a fait aussi l'objet, très rapidement, de nombreuses réappropriations bien au-delà des cercles académiques et il y a peu de doute qu'elle a dû son succès initial à sa rencontre avec une conjoncture historique particulière : à un moment où s'affirmait dans une large partie des élites de la société française la volonté de tourner définitivement la page de Vichy et de la collaboration – volonté qui s'est traduite notamment par l'adoption des dernières lois d'amnistie –, elle offrait la possibilité d'une relecture « apaisante » de l'histoire des droites en amont et sous le régime de Vichy. Ce qui s'était passé au cours de ces périodes n'avait pas grand-chose de commun avec les fascismes « authentiques » des nazis allemands ou même des fascistes italiens. Et ce qu'il pouvait y avoir de « désagréable », de « gênant » ou de difficilement acceptable était primordialement imputable à l'occupant allemand et au petit nombre de « collaborationnistes dévoyés » – et d'ailleurs plus ou moins « parisiens », sans liens réels avec la France profonde – qui en aucun cas ne pouvaient être considérés comme représentatifs du Vichy de Pétain ni, *a fortiori*, des diverses traditions des droites françaises des deux décennies ayant précédé la défaite de 1940.

La thèse immunitaire est en fait restée longtemps indiscutée et elle est devenue progressivement une sorte d'histoire officielle, reprise sans aucune réflexion critique ou évaluation aussi bien dans les manuels scolaires que dans les médias. Le temps du débat n'est venu que tardivement. Mais à partir du moment où ce débat a pu malgré tout s'ouvrir, la thèse immunitaire s'est trouvée sérieusement

1. René RÉMOND, *La Droite en France de 1815 à nos jours*, Paris, Aubier, 1954 ; voir aussi la nouvelle édition révisée sous le titre *Les Droites en France*, Paris, Aubier, 1982. Les travaux historiques qui se sont placés dans le sillage de cette interprétation sont très nombreux et, du point de vue de l'interprétation discutée ici, souvent répétitifs ; on en trouvera plusieurs échantillonnages significatifs dans la plupart des chapitres du présent ouvrage.

ébranlée par des travaux qui ont pu montrer le manque de consistance de plusieurs de ses « démonstrations » centrales. En dépit de leurs inspirations et de leurs orientations méthodologiques sensiblement différentes, deux de ces travaux ont joué à cet égard un rôle précurseur. Ce fut le cas, tout d'abord, de l'analyse de l'« épisode » de Vichy proposée au public français en 1973 par Robert Paxton. Mettant en évidence la dynamique largement endogène, interne au régime du maréchal Pétain, de toute une série de « décisions » ou de politiques peu glorieuses (et attribuées jusque-là, par nos historiens, à la pression ou à l'impulsion des autorités allemandes), Paxton a déstabilisé l'essentiel de la légende des « deux Vichy[1] ». Il en fut de même, un peu plus tard, de la remise en cause par Zeev Sternhell d'un autre des fondements de la thèse immunitaire, l'idée de la permanence des trois « traditions » supposées avoir sur la longue période structuré la droite française : le légitimisme, l'orléanisme et le bonapartisme. C'est là que se situe, à mes yeux au moins, davantage que dans le débat qu'il a ouvert sur les « origines » du fascisme, l'apport décisif des travaux de cet auteur : il serait en effet pour le moins acrobatique de rattacher à l'une des trois « traditions » prêtées à la droite française la plus large part des composantes de ce que Zeev Sternhell a appelé la « droite révolutionnaire » et qui émergent, d'après ses analyses, dans les dernières années du XIXe siècle[2].

Cette première vague critique[3] a été relayée plus tard par une autre série de travaux qui se sont attaqués avec succès à d'autres aspects de la thèse immunitaire, passant, par exemple, de l'examen de l'interprétation qu'elle donne de la « signification » de l'« échec » des droites autoritaires lors de la crise de février 1934, et de la réflexion sur sa manière très particulière de « faire de l'histoire » et ses lourds présupposés méthodologiques, à l'analyse historique fine

1. Robert PAXTON, *La France de Vichy*, Paris, Le Seuil, 1973.

2. Zeev STERNHELL, en particulier *La Droite révolutionnaire. Les origines françaises du fascisme*, Paris, Le Seuil, 1978, et *Ni droite ni gauche. L'idéologie fasciste en France*, Paris, Le Seuil, 1983.

3. D'autres publications de chercheurs étrangers, et même, beaucoup plus rarement, d'historiens français, pourraient être rattachées à cette première vague ; elles n'ont toutefois pas eu l'impact des travaux de Paxton et de Sternhell. On trouvera des références à la plupart d'entre elles dans les différents chapitres qui suivent.

de certaines des composantes de l'univers de la droite autoritaire de l'entre-deux-guerres qui se sont révélées stratégiques pour la plausibilité qu'on peut attacher à cette thèse, comme l'Action française et, composante peut-être plus décisive encore pour la discussion engagée dans le présent ouvrage, les Croix-de-Feu et le Parti social français du colonel de La Rocque[1]. Si bien que le débat a gagné aujourd'hui une très large partie de la communauté internationale des historiens, mais aussi, fait remarquable, il a désormais pris place dans l'univers des sciences sociales en France et même, il faut le souligner (parce qu'il y fallait, et c'est d'ailleurs toujours le cas, pas mal de courage), parmi les spécialistes de l'histoire contemporaine.

Pourtant, malgré ses multiples – et, on le verra dans les contributions qui suivent, souvent grossiers – contresens historiques et impasses méthodologiques, la thèse immunitaire a réussi à survivre et même, d'une certaine manière, à prospérer. Elle a été, face aux critiques dont elle a fait progressivement l'objet, « recyclée », « ajustée » ou « adaptée » ; ce fut le cas en particulier à l'occasion du très violent débat que ses partisans ont engagé contre les travaux de Zeev Sternhell sur l'emprise de l'« idéologie » fasciste dans de larges segments de la société française et sur les origines que cet auteur pensait pouvoir lui attribuer[2]. Il apparut clairement

---

1. Voir notamment : sur l'Action française, Bruno GOYET, *Charles Maurras*, Paris, Presses de Sciences-Po, 2000 ; sur les Croix-de-Feu et le PSF, notamment Kevin PASSMORE, *From Liberalism to Fascism : The Right in a French Province, 1928-1939*, Cambridge, 1997 ; Robert SOUCY, *French Fascism. The Second Wave, 1933-1939*, New Haven et Londres, Yale University Press, 1995 ; voir aussi Jacques NOBÉCOURT, *Le Colonel La Rocque,1885-1946, ou les pièges du nationalisme chrétien*, Paris, Fayard, 1996 (une biographie écrite par quelqu'un qui se présente comme un historien « amateur », mais qui apporte une masse considérable de matériaux qui mettent à mal l'interprétation que proposent du PSF et de son leader les tenants de la thèse immunitaire) ; sur février 1934, Michel DOBRY, « Février 1934 et la découverte de l'"allergie" de la société française à la révolution fasciste », *Revue française de sociologie*, juillet-décembre 1989. Nombre d'aspects de la mouvance autoritaire font aujourd'hui l'objet de travaux marquant ouvertement une réelle distance critique vis-à-vis de l'orthodoxie de la thèse immunitaire.

2. Voir notamment : Serge BERSTEIN, « La France des années 30 allergique au fascisme. À propos d'un livre de Zeev Sternhell », *Vingtième siècle*, n° 2, avril 1984, et « L'affrontement simulé des années 1930 », *Vingtième siècle,* n° 5, janvier-mars 1985 ; Jacques JULLIARD, « Sur un fascisme imaginaire : à propos de Zeev Sternhell », *Annales ESC*, 39 n° 4, juillet-août 1984 ; Shlomo SAND, « L'idéologie

alors que les réactions vis-à-vis de ces travaux trahissaient une passion, une crispation et une nervosité telles que l'on avait là des indices sûrs que le débat touchait à des points sensibles sur des plans qui n'étaient pas exclusivement méthodologiques, le tout accentué probablement par la proximité intellectuelle initiale de Sternhell par rapport à ce groupe d'historiens. Que les travaux de la première vague critique de la thèse immunitaire aient eu en outre pour auteurs des chercheurs étrangers n'était pas le moins irritant : « on ne nous fera pas deux fois le coup de Paxton », ce sentiment transpire à l'évidence de l'ensemble de la polémique.

Désormais, parmi les adeptes de la thèse immunitaire, les « révisions » ou prises de distance sont à la fois visibles, changeantes, et amples. En outre on peut aisément constater que, ces dernières années au moins, la thèse n'est énoncée que sous des formes de plus en plus honteuses, dissimulées, euphémisées ou même parfois méconnaissables. Pourtant, à l'examen, ces « adaptations » n'apparaissent chez la plupart de ses adeptes que comme autant de *replis tactiques*, en ce sens que transparaît simultanément chez eux la volonté de sauvegarder l'élément essentiel de la thèse, à savoir l'exceptionnalisme prêté à la société française face au fascisme[1]. Et si elle est depuis quelque temps déjà placée clairement sur la défensive, c'est à elle encore que se sont raccrochés de nombreux commentateurs, journalistes, « politologues » ou historiens, lorsqu'il leur a fallu rendre compte de l'émergence – qu'ils ont eu tendance à analyser au cours des premières années comme un phénomène politique nécessairement évanescent ou passager – puis des succès durables du Front national dans les compétitions électorales françaises depuis près de vingt ans et, justement, de la « nature » de ce mouvement.

---

fasciste en France », *Esprit*, n°s 8-9, août-septembre 1983 ; Michel WINOCK, « Fascisme à la française ou fascisme introuvable ? », *Le Débat*, n° 25, mai 1983.

1. Il faudrait probablement rechercher une des raisons de cette obstination dans un facteur, pour aller vite, de type identitaire, propre à l'univers des historiens : le groupe d'historiens qui s'est fait le promoteur de la thèse immunitaire a voulu, assez tardivement d'ailleurs, se doter d'une identité collective, celle de l'école « d'histoire politique contemporaine », et s'est donné à cette occasion pour œuvre fondatrice l'ouvrage précité de René Rémond ; sur le contexte de cette revendication, notamment par rapport aux historiens des *Annales*, voir ci-après, outre mes observations *(chapitre 1)*, celles d'Annie Collovald *(chapitre 7)*.

L'objectif du présent ouvrage est double. Il cherche d'abord à soumettre à un *examen critique* les composantes centrales et, au-delà, la démarche intellectuelle d'ensemble des travaux qui formulent ou se rattachent à la thèse immunitaire. Mais les contributions qui sont rassemblées dans cet ouvrage ont simultanément une face « positive », qui consiste à esquisser les linéaments d'interprétations *alternatives* à la vision standard des droites autoritaires françaises. La réalité historique qu'elles donnent à voir est une réalité très différente, moins consensuelle sans doute et certainement en décalage sensible par rapport à l'imagerie en définitive apologétique de la thèse immunitaire. Sur ces points, une précision s'impose : ces visées n'équivalent nullement – pour l'auteur de ces lignes, mais aussi pour plusieurs des contributeurs à cet ouvrage – à vouloir remplacer le « classement » que la thèse immunitaire propose des différents mouvements des droites autoritaires par un autre classement ; l'enjeu de l'ouvrage n'est pas de nommer « fascistes » les organisations ou courants politiques que les adeptes de cette thèse veulent laver de toute parenté ou de tout voisinage avec ce qu'ils considèrent représenter des fascismes « authentiques ». Il s'agit, au contraire, de tenter de *rompre avec la logique classificatoire*, avec ses principes, présupposés, manières de construire l'intrigue historique et, bien entendu, explications. Cela suppose de changer de point de vue et de questionnements, c'est-à-dire substituer à la pensée classificatoire une *perspective relationnelle*, attentive aux conjonctures historiques, logiques de situation et contextes pratiques dans lesquels les droites radicales, leurs organisations ont été prises, ont dû se définir et ont agi, une perspective attentive, en ce sens, *à l'histoire en train de se faire*. Cela suppose également de congédier toute tentation d'attribuer à des phénomènes tels que les partis, les « Ligues », ou même les courants d'idées ou les idéologies, des *natures* ou des *essences* transhistoriques, c'est-à-dire, en particulier, ne pas tout mesurer à l'aune des « succès » du fascisme italien et du nazisme allemand, ne pas en faire l'étalon du « sérieux » des diverses forces de la droite autoritaire ou de la menace qu'elles ont pu ou peuvent représenter pour les institutions de la démocratie. Cette posture de recherche requiert ainsi de *penser comparativement*, moyen extrêmement efficace, on le verra, de parvenir à une dénaturalisation des

« évidences » et imageries véhiculées par les interprétations liées à la thèse immunitaire ; penser comparativement oblige, par exemple, à questionner ce que les tenants de la thèse immunitaire ont cru pouvoir déduire de la participation ou de la non-participation des droites autoritaires françaises aux compétitions électorales, c'est-à-dire déceler, dans la participation de tel mouvement (en l'occurrence, on le verra, le PSF) le symptôme ou la preuve infaillible de sa « nature démocratique ». Il s'agit, en somme, de prendre pleinement au sérieux *l'historicité* de ces divers phénomènes, ce qui peut déboucher aussi sur une autre image, peut-être un peu plus inquiète, de leur réalité présente dans la société française, et sans doute au-delà de celle-ci.

La double visée du livre a commandé le choix des contributions qui sont ici rassemblées et se retrouve, de manière plus ou moins affirmée, dans la démarche de chacune. Il n'est guère utile de sacrifier dans cet avant-propos au rituel d'une présentation détaillée – chacune se suffit et se défend très bien d'elle-même. Mais l'architecture de l'ensemble qu'elles forment vaut d'être rapidement restituée. Le premier chapitre, même s'il n'est empiriquement centré que sur la période de l'entre-deux-guerres, constitue une sorte d'introduction à l'ensemble du débat engagé dans ce livre, aussi bien au plan de ses enjeux et de la problématique résumée ci-dessus que du point de vue de sa portée historique. Les quatre chapitres qui suivent concernent, pour l'essentiel, la période qui se clôt avec la fin de la Deuxième Guerre mondiale. La contribution de Bruno Goyet *(chapitre 2)* a pour objet de rendre intelligibles les processus et conditions historiques de « réception» ou de « réappropriation », dans l'univers des droites françaises des années 20 (une période qu'il analyse comme « un moment étranger » de la société française), des succès des fascismes, c'est-à-dire, avant tout, du fascisme italien. Cette analyse est suivie par deux études de cas de mouvements qui ont eu dans l'espace des droites autoritaires françaises de l'entre-deux-guerres une importance décisive et qui ont aussi en commun de ne pas s'être définis comme « fascistes », deux « vaincus » de cette histoire : il s'agit de l'Action française, avec la contribution de Brian Jenkins *(chapitre 3)* et du mouvement des Croix-de-Feu et du Parti social français du colonel de La Rocque, objet de celle de Didier Leschi *(chapitre 4)*. La contribution de

Gisèle Sapiro revient, elle aussi, sur cette période ; elle est consacrée à une réflexion sur les ressorts sociaux de ce qu'on a appelé parfois le « fascisme littéraire », dont elle met en relation les dynamiques politiques avec les enjeux et clivages propres à un espace social externe aux arènes politiques, le champ littéraire *(chapitre 5)*. Les deux contributions suivantes changent délibérément de période et passent à celle qui voit l'émergence électorale du Front national, mais les problèmes qu'elles abordent ne sont pas moins centraux pour le propos du livre. Celle de Violaine Roussel décrit la façon dont les militants du Front national, dans leurs propres bricolages identitaires, sont contraints par les catégorisations du FN qui leur sont imposées à l'« extérieur » de ce mouvement, notamment par ses adversaires, et comment ils en jouent *(chapitre 6)*. La contribution d'Annie Collovald *(chapitre 7)* s'attache de son côté aux multiples processus et aux luttes de classement – dans lesquelles les partisans de la thèse immunitaire ont joué un rôle non négligeable – au travers desquels a surgi, s'est consolidée et s'est pour ainsi dire naturalisée la catégorie de « populisme », ou de « national-populisme », qui a été accolée à ce mouvement politique. Enfin, les deux derniers chapitres replacent le cas français et la prétendue « allergie au fascisme » de la société française dans une réflexion résolument comparative sur l'univers historique des fascismes au XXe siècle ; il s'agit, d'une part, de la discussion par Robert Paxton de la possibilité de subsumer leur diversité sous un même concept *(chapitre 8)* et, d'autre part, de la contribution de Zeev Sternhell *(chapitre 9)* restituant les fascismes en tant que composantes particulières d'une révolte multiforme contre les valeurs et la réalité culturelle et politique de la modernité issue des Lumières.

Un dernier mot enfin : la convergence des contributions rassemblées ici sur l'inanité de la thèse immunitaire ne veut pas dire pour autant que leurs auteurs adhérent à une même école de pensée, qu'ils partagent les mêmes options méthodologiques, les mêmes façons de concevoir l'histoire ou les sciences sociales, qu'ils proposent une interprétation historique identique ou *a fortiori* qu'ils sont habités par quelque velléité d'établir une orthodoxie comparable à celle qu'ont revendiquée – non sans quelque succès d'ailleurs, pendant assez longtemps – et revendiquent encore parfois les tenants de la thèse immunitaire. Les divergences d'interprétation ou de posture méthodologique sont parfaitement apparentes. D'autres débats que celui que suscite la question du « classement » des mouvements de la droite autoritaire française traversent ainsi l'ouvrage, et non des moindres. Par exemple : que faire de la catégorie – ou concept – de « fascisme » ? est-elle encore vraiment utile à une démarche de connaissance ? Quelle est la place des idéologies dans la réalité des mouvements qui sont analysés ici ? Qu'est-ce au juste que « contextualiser », et comment le fait-on ? On comprendra que l'un des autres objectifs du présent livre est de montrer, en ne gommant pas ces divergences et ces clivages, que le dossier de la prétendue « immunité » de la société française au fascisme est tout sauf « consensuel », qu'il est désormais ouvert, et largement ouvert, et qu'il y a encore de nombreuses et importantes questions non résolues, et aussi, sans doute, non encore identifiées. Mais aussi que le débat s'est considérablement déplacé et enrichi, et qu'il serait dommageable pour la connaissance de ces phénomènes de le laisser dans les mains de ceux qui pendant longtemps ont pensé pouvoir le clore définitivement.

1.

La thèse immunitaire face aux fascismes. Pour une critique de la logique classificatoire

par Michel Dobry

La thèse de l'« allergie » de la société française au fascisme constitue une interprétation historique entièrement intenable. Elle l'est assurément au plan méthodologique, elle l'est davantage encore au plan de l'établissement des « faits » historiques, de la restitution, en particulier, de ce qu'ont été et de ce qu'ont fait les multiples composantes des droites autoritaires ou radicales dans la période de l'entre-deux-guerres[1]. Pour conduire ici la discussion de cette interprétation – que j'ai nommée ailleurs « thèse immunitaire » –, j'ai choisi une entrée particulière : examiner cette thèse à partir d'une opération intellectuelle qui peut paraître anodine, mais qui en réalité sous-tend l'ensemble de cette interprétation. Cette opération consiste avant tout dans le *simple acte de classer*, classer tel mouvement ou tel courant politique dans la catégorie « fascisme » – ou « fascisme authentique » – et classer tel autre mouvement ou courant en dehors de cette catégorie, en faisant passer entre les phénomènes ainsi catégorisés une frontière nette. La pente de cette logique intellectuelle est par ailleurs d'attribuer aux phénomènes ainsi classés, c'est-à-dire séparés et opposés, des différences de

1. J'utiliserai indifféremment dans les pages qui suivent les expressions droite(s) ou mouvance autoritaire(s), radicale(s) ou autoritariste(s) ; pour des raisons qui, je l'espère, apparaîtront clairement à la lecture de ce chapitre, l'usage de ces expressions vise à ne pas écarter d'emblée de l'univers des mouvements ou courants qu'elles désignent – par simple effet de définition – les organisations, groupements ou cercles auxquels on attribue d'ordinaire le label « fascisme ».

« nature » ou d'« essence ». On verra que, dans le cas de la « thèse immunitaire », il s'agit d'une pente fatale.

Le choix de suivre ce fil n'est pas sans conséquences. Il n'est ainsi pas certain que tous les lecteurs, ni tous les auteurs rassemblés dans ce livre, adhéreront d'emblée à certaines des implications de cette remise en cause de la *logique classificatoire* à l'œuvre dans les travaux se réclamant de la thèse immunitaire. Une de ces implications pourrait, par exemple, paraître troublante ou excessive, mais, à mes yeux, elle est, pour la discussion développée ici, cruciale : montrer l'inanité et même souvent l'absurdité de la thèse immunitaire, et se donner les moyens d'esquisser une interprétation historique alternative, n'exige nullement de se soumettre à son tour à cette logique intellectuelle. Ce qui veut dire notamment que la remise en cause de la logique classificatoire entreprise dans ce chapitre ne suppose pas que l'on doive à tout prix nommer « fascistes » ou « fascistes authentiques » les mouvements, organisations ou courants politiques que les tenants de la thèse immunitaire cherchent à exonérer, à laver du stigmate ou du soupçon de voisinage, proximité ou parenté avec le fascisme italien ou/et avec le national-socialisme allemand. En d'autres termes, cela veut dire qu'il faut aussi envisager la possibilité que l'on ne gagne rien, du point de vue de l'intelligibilité de ces phénomènes historiques, à *classer* ces mouvements *autrement*. Que ce soit en réactivant l'opposition qui fascine tant les partisans de la thèse immunitaire, l'opposition entre « fascisme authentique » et ce qui ne l'est pas ou pas tout à fait (c'est-à-dire, en définitive, ce qui n'est à leurs yeux ni vraiment « sérieux » – on verra plus loin que, pour ces auteurs, seul ce qui se rapproche du « fascisme authentique » mérite vraiment ce qualificatif –, ni réellement étranger à la culture ou aux pratiques démocratiques). Ou que ce soit en faisant appel à des schèmes de classement en apparence moins sommaires, mais non moins discutables : par l'importation assez tardive de l'opposition entre « autoritarisme » et « totalitarisme » ; ou encore par des tentatives de *contournement* de l'opposition entre fascisme et démocratie au moyen de catégories fourre-tout comme le « populisme » ou le « national-populisme » – c'est là parfois le seul enjeu, prétendument « théorique », de certaines analyses du Front national.

L'un des objectifs poursuivis dans ce chapitre introductif sera de montrer à quel point la préoccupation classificatoire de la thèse immunitaire[1] n'a pas seulement pour effet de rendre ses « démonstrations » inacceptables au plan méthodologique, mais aussi et surtout de faire passer ses promoteurs et adeptes *à côté de la réalité historique* particulière des droites autoritaires françaises du siècle passé, spécialement dans les années 30, réalité certainement moins « marginale », moins négligeable, ou encore plus « sérieuse »

---

1. Comme je l'ai suggéré dans l'« Avant-propos » à ce livre, cette interprétation historique comporte plusieurs couches sédimentaires, ou, si l'on préfère, plusieurs âges. Sa *formulation initiale* apparaît notamment dans René RÉMOND, *La Droite en France de 1815 à nos jours*, Paris, Aubier, 1954 ; la nouvelle édition révisée de cet ouvrage sous le titre *Les Droites en France*, Paris, Aubier, 1982 a pour particularité un essai de reconversion en « types-idéaux » des trois « traditions idéologiques » que son auteur a prêtées à la droite française. Cette nouvelle édition peut être regroupée avec le *deuxième âge* de la thèse immunitaire, qui correspond à des tentatives de *systématisation* ou de réactualisation, sous l'effet de la première vague de critiques qui l'ont prise pour cible. Parmi les publications qui correspondent à ce deuxième âge figurent notamment les travaux qui engagent une polémique extrêmement violente contre les thèses avancées par Zeev Sternhell, en particulier : Serge BERSTEIN, « La France des années 30 allergique au fascisme. À propos d'un livre de Zeev Sternhell », *Vingtième siècle*, n° 2, avril 1984 et « L'affrontement simulé des années 1930 », *Vingtième siècle,* n° 5, janvier-mars 1985, pp. 39-53 ; Jacques JULLIARD, « Sur un fascisme imaginaire : à propos de Zeev Sternhell », *Annales*, n° 4, juillet 1984 ; Michel WINOCK, « Fascisme à la française ou fascisme introuvable », *Le Débat*, n° 25, mai 1983, pp. 34-44. Certains ouvrages qui suivent, tel que celui de Pierre MILZA, *Fascismes français. Passé et présent*, Paris, Flammarion, 1987, présentent déjà la particularité de comporter des écarts discrets et souvent pertinents par rapport à l'imagerie de la thèse immunitaire ; c'est aussi le cas, mais plus timidement, de Philippe BURRIN, *La Dérive fasciste : Doriot, Déat, Bergery, 1933-1945*, Paris, Le Seuil, 1986. Le *troisième âge* est celui des « adaptations », « révisions » ou « ajustements » amples et désordonnés, fréquemment dépourvus de principe apparent, mais qui, le plus souvent sous des formes euphémisées ou plus ou moins implicites, reconduisent malgré tout le cœur de la thèse immunitaire, sinon sa terminologie, à savoir l'idée d'une « immunité » au fascisme de la société française ; pour un exemple représentatif des « ajustements » actuels de la thèse immunitaire ou de ses variantes tardives, voir Philippe BURRIN, *Fascisme, nazisme, autoritarisme*, Paris, Le Seuil, 2000 ; voir aussi, de ce point de vue, plusieurs des contributions à Jean-François SIRINELLI (dir.), *Histoire des droites en France*, Paris, Gallimard, 1992, 3 vol., dont plus particulièrement le volume 1 (« Politique »). Ces diverses références ne visent à aucune exhaustivité : leur fonction est purement exemplificatrice.

qu'ils ne le prétendent, et surtout réalité très différente de la vision – *nolens volens* apologétique[1] – qu'ils en proposent.

Suivre le fil de la logique classificatoire me conduira à examiner successivement plusieurs questions étroitement liées entre elles, mais qu'il me faudra distinguer pour les besoins de la discussion. Voici les plus importantes de ces questions. Quelles sont, d'abord, les manifestations par lesquelles, selon les auteurs se rattachant à la thèse immunitaire, se serait traduite, principalement dans la période de l'entre-deux-guerres, que je privilégierai ici[2], et sous le régime de Vichy, l'« allergie au fascisme » attribuée à la société française ? En quoi précisément consistent les principaux mécanismes « immunitaires » qui expliqueraient cette étonnante propriété de notre pays ? Comment la logique classificatoire se traduit-elle, dans les travaux des historiens, en des « opérations de recherche », en particulier dans cette opération centrale pour la thèse immunitaire qu'est la définition du fascisme ? Et, dans la foulée, quels sont les effets du couplage entre l'impératif de classer et une adhésion incontrôlée à une vision essentialiste du monde social qui s'observent dans cette interprétation historique ? Deux de ces effets feront l'objet d'une discussion plus poussée : d'une part, une curieuse inattention pour les opérations et plus généralement les activités et les luttes de classement ou de labellisation, non pas des historiens, mais des acteurs mêmes des épisodes historiques analysés ; d'autre part, une tendance très affirmée à penser les mouvements de la droite radicale pour ainsi dire « en eux-mêmes », *isolément* des autres et surtout isolément des univers ou espaces sociaux où ils déploient leurs activités et des conjonctures historiques affectant ces univers. C'est à ce trait que doit être rapportée sans doute l'impuissance de la thèse immunitaire – surprenante pour des historiens se réclamant d'une école historique qu'on lie souvent, non entièrement à tort, à la tradition de l'histoire

1. Cf. Zeev STERNHELL, nouvelle Introduction à *Ni droite ni gauche. L'idéologie fasciste en France*, Paris, Fayard, 2001.

2. Ce qui n'empêche nullement, comme on s'en rendra compte, que nombre d'éléments de la discussion conduite dans les pages qui suivent demeurent pertinents pour l'analyse de phénomènes situés dans des périodes ultérieures, celles qui vont de la fin de la Seconde Guerre mondiale aux succès électoraux les plus récents du Front national.

événementielle – à tenir compte de l'historicité des phénomènes étudiés, l'impuissance, en définitive, à penser *l'histoire en train de se faire*. L'ensemble de cette discussion rendra inévitable une ultime question, qui, même si elle resurgit de temps à autre dans les débats sur le fascisme, reste assez déstabilisatrice pour certaines de nos routines intellectuelles : face à de tels errements – et au-delà même du cas de la thèse immunitaire –, que faire de la catégorie, ou du concept, si l'on y tient, de « fascisme » ; a-t-elle encore quelque utilité pour une démarche de connaissance[1] ?

LES INCARNATIONS DE L'« ALLERGIE »

La thèse immunitaire s'affirme d'abord par la désignation des phénomènes ou processus historiques dans lesquels est censée s'incarner l'« allergie au fascisme ». En ce qui concerne plus spécifiquement la période de l'entre-deux-guerres et de Vichy, cette interprétation s'organise autour d'une série d'éléments qui convergent tous vers l'enjeu manifeste de la thèse : laver l'essentiel de la droite radicale de tout soupçon de parenté ou de voisinage avec les fascismes « authentiques ». Parmi les principaux de ces éléments, on trouve ainsi :

– le caractère extrêmement *limité*, groupusculaire ou évanescent des mouvements, groupements ou cercles auxquels la thèse immunitaire concède la qualité d'avoir constitué des fascismes plus ou moins « authentiques » – à l'exception, notable, du PPF, qui, à l'évidence, a dépassé par ses dimensions un état groupusculaire ; le critère le plus apparent de la délimitation ainsi opérée réside

1. Bien entendu il peut en être différemment au plan des luttes politiques, dont les « concepts », matériaux parmi d'autres des analyses des sciences sociales, gagnent à ne pas être confondus avec les outils intellectuels forgés à des fins de connaissance. Je me tiendrai fermement ici à une démarche visant à l'intelligibilité des faits historiques, ou, si l'on préfère, à une posture de connaissance ; je ne suis pas pour autant absolument certain que la préoccupation classificatoire que manifestent les partisans de la thèse immunitaire ne soit, parfois, au moins pour certains d'entre eux, activée par la tentation du « mélange des genres » qui consiste, pour ainsi dire, à essayer de jouer sur deux tableaux à la fois, à jouer sur le registre de la connaissance et sur celui du *positionnement politique*.

dans le fait que les dirigeants de ces mouvements ont plus ou moins ouvertement revendiqué le label « fascisme » ; la présence du PPF dans cet ensemble tient à une lecture rétrospective de son destin, et aussi à une autre raison : non sans quelques hésitations parfois, les partisans de cette thèse croient pouvoir déchiffrer dans le parti doriotiste la composante populaire ou plébéienne et « révolutionnaire » qui, dans leur perspective, est indispensable à tout fascisme « authentique » ;

– l'*altérité fondamentale*, le caractère étranger, extérieur à l'univers politique et culturel de la société française, des formulations idéologiques et, secondairement, des pratiques, propres aux formes « extrémistes » ou « dures » des nationalismes autoritaires ou fascismes qui ont « réussi », c'est-à-dire qui ont abouti à une prise du pouvoir ; d'où d'ailleurs une focalisation de la discussion et de la réflexion sur l'« imprégnation », supposée de toute façon limitée, des mouvements de la droite radicale par ces formulations « étrangères », sur leur « importation » et sur la question de leur ressemblance, ou absence de ressemblance, avec les « modèles » étrangers ;

– les refus réitérés des dirigeants de nombreuses Ligues, de l'Action française aux Jeunesses patriotes (mais on sait que dans ce dernier cas il y a eu quelques flottements sur cette question), comme du colonel de La Rocque, de *se dire* « fascistes », ce qui n'est peut-être pas tout à fait la même chose que la volonté de ne pas reconnaître pour « modèles » les fascismes étrangers, question qui est souvent confondue par les adeptes de la thèse immunitaire avec ces refus ;

– le caractère *flou*, composite ou inconsistant des *idéologies* des mouvements, groupements et partis se rattachant à la mouvance autoritariste, et le flou, le caractère vague ou indéfini de leurs formulations programmatiques ; et, question souvent associée à ces points, la *faiblesse de leur leadership*, le « manque de charisme » de leurs chefs, et même parfois la débilité politique de ces derniers ;

– la marginalité et l'*inconsistance politique*, la faiblesse ou la fragilité des assises sociales, et en définitive une sorte de *futilité historique* des organisations, groupements, partis ou « Ligues » formant la plus large part de la droite autoritaire extra-parlementaire et auxquels la thèse immunitaire refuse, avec virulence, le label « fascisme » ou même quelque proximité – qui ne saurait être que « superficielle » ou « trompeuse » – avec le fascisme ;

– plus spécifiquement, en raison du nombre impressionnant de ses adhérents qu'il est difficile d'ignorer[1], la *nature* externe à l'univers du fascisme, et pour nombre d'auteurs, au moins ceux qui se rattachent aux premiers âges de la thèse immunitaire, parfaitement « démocratique », du Parti social français du colonel de La Rocque ; la qualification non fasciste de cette « nature » semble représenter aujourd'hui la principale (et peut-être la dernière) ligne de défense de la thèse immunitaire dans son ensemble ;

– la crise de février 1934, et plus particulièrement son « issue », son *résultat* : les Ligues ne prennent pas le pouvoir au soir du 6 février, la IIIe République survit à l'« émeute », et, élément jugé presque aussi stratégique pour la plausibilité de l'interprétation : il n'y a même pas eu de « véritable complot » en amont de la crise ;

– au terme de cette période de l'entre-deux-guerres, une autre composante d'importance concerne, elle aussi, une question de qualification, celle de la « nature », cette fois, du régime de Vichy ; la thèse immunitaire – suivant en cela pour une large part les autojustifications des partisans du maréchal Pétain – demeure attachée sur ce point à l'imagerie des « deux Vichy » (un Vichy acceptable ou justifiable, patriotique, doté de bonnes intentions, celui de Pétain, un mauvais Vichy ensuite, celui de Laval, collaborationniste, répressif, antisémite, etc., dont on admet plus ou moins le caractère fascistoïde)[2] ;

1. Mais dont on peut parfois vouloir aujourd'hui encore ignorer la portée : on en trouve une illustration frappante dans une des plus récentes tentatives de reconduction de la thèse immunitaire sous la plume de Philippe Burrin : « Mais il [le fascisme français] est resté un phénomène limité : même en y incluant le mouvement de La Rocque, ce qui reste problématique, les troupes de ce fascisme avoisineraient la barre du million d'*adhérents*, soit bien moins que 5 % de la population adulte. Comme si, en Allemagne, Hitler n'avait jamais dépassé son *niveau électoral* de 1928 (2,6 %) » (Ph. BURRIN, *Fascisme, nazisme, autoritarisme*, *op. cit.*, pp. 261-262 ; c'est moi qui souligne). Doit-on rappeler qu'en 1928 le parti nazi comptait moins de 100 000 adhérents, et qu'il n'a atteint un niveau d'adhésions comparable à celui des droites autoritaires françaises qu'autour de l'année 1932, époque à laquelle son électorat était devenu, on le sait, infiniment plus considérable qu'en 1928 ?

2. Déstabilisée durablement, en ce qui concerne ce point, par la publication en 1973 du livre de Robert Paxton sur le régime de Vichy, *La France de Vichy*, Paris,

– parallèlement, il semble n'y avoir aucun doute pour les tenants de cette thèse que la France de la IIIe République doive être classée parmi les régimes ayant survécu aux puissantes poussées antidémocratiques de la période de l'entre-deux-guerres en Europe ; l'effondrement du système démocratique en 1940 – pourtant exceptionnellement rapide – comme la mise en place du régime de Vichy semblent résulter de façon si évidente d'une *causalité exogène*, entièrement externe à la « nature » de la société française, la défaite militaire, pour que ces auteurs puissent avoir l'idée d'associer ces événements à quelque dynamique politique interne à la société française.

À côté de ces éléments centraux, d'autres composantes, soit secondaires, soit dérivées, pourraient compléter le tableau des manifestations de l'allergie. Il n'est pas possible, dans le cadre de ce chapitre, de les recenser toutes : en ce qui concerne les premières, cela va de la présence dans les rangs de la Résistance d'hommes venus des droites autoritaires[1] à la tentation de blanchir de tout soupçon de « contamination » sérieuse au contact des fascismes le fameux « esprit des années trente » et ses porteurs, nommés « non-conformistes », ensemble hétérogène dont la principale propriété commune fut sans doute d'avoir joué justement sur le *brouillage des frontières*, spécialement et explicitement – même si à l'évidence ce ne fut pas exclusivement – vis-à-vis des fascismes déclarés. En ce qui concerne les secondes, il me suffira pour l'instant de rappeler que l'une des occasions de réactivation, puis de réaménagement, de la thèse de l'« allergie » fut liée à l'émergence, puis aux succès du Front national.

Deux autres considérations doivent compléter cette présen tation. Il me faut souligner d'abord dans ce qui précède la présence d'une opération intellectuelle boiteuse, mais diablement

---

Le Seuil, 1973, la thèse immunitaire se replie désormais, pour l'analyse de cette période, sur la « nature conservatrice » de ses élites et surtout, type d'argument étrangement estimé décisif, sur *l'absence de parti unique*.

1. Serait-il inconvenant de suggérer qu'il en fut de même de certains hommes que les partisans de la thèse immunitaire qualifient de « fascistes » plus ou moins « authentiques », fait qui de lui-même ruine l'argument ci-dessus, mais qui n'a rien de surprenant, pour des raisons qui seront évoquées plus loin et qui tiennent en gros à ce que le nationalisme était très souvent un élément constitutif des identités dans lesquelles ces hommes se sont reconnus ?

significative : il est en effet possible au lecteur attentif d'y observer un *glissement subreptice* – probablement incontrôlé – de la question de la qualification ou du *classement* de ces organisations dans la catégorie « fascisme » ou « fascisme authentique », à une tout autre question, celle de leur importance, poids ou *« sérieux » politique*, comme si les deux questions étaient indissociables et, j'y reviendrai, comme si seuls les « fascismes authentiques » devaient être pris au sérieux et comme s'ils avaient été les seuls à être « sérieux ».

Il faut remarquer ensuite que ce tableau des manifestations de l'immunité de la société française peut ne pas se retrouver tel quel dans chacun des travaux se rattachant à la thèse immunitaire. Celle-ci est désormais devenue un tableau instable, et pour ceux qui entreprennent sa discussion, elle est devenue une *cible mouvante* : les auteurs qui s'y rattachent privilégient souvent tel ensemble d'incarnations de l'« allergie » aux dépens de tels autres au gré des circonstances et des auditoires. Et certains d'entre eux, à l'évidence, évacuent progressivement d'une thèse à laquelle ils ont du mal à renoncer les composantes qui leur semblent, à la suite des critiques que cette interprétation historique a subies, les plus vulnérables, les plus caricaturales ou les moins convaincantes[1].

Les mécanismes immunitaires

Toutefois c'est à une confusion autrement plus importante que l'on a affaire dès que l'on se tourne vers les facteurs qui, pour les tenants de la thèse immunitaire, sont censés à la fois avoir produit et expliquer ces diverses incarnations de l'immunité au fascisme de la société française. Le flou et les flottements permanents dans les imputations causales n'empêchent pas la fermeté de l'assertion fondamentale : il n'y a pas eu de fascisme en France dans les années 30 parce qu'il ne pouvait pas y en avoir. C'est là le socle commun à l'ensemble des adeptes de la thèse, et c'est probablement le seul ; dès que l'on cherche à comprendre les ressorts de cette

1. L'une de ces « adaptations » est, me semble-t-il, purement *cosmétique* : depuis la publication de mon article critique de 1989 (voir note suivante), la plus large partie des auteurs se rattachant à la thèse immunitaire a renoncé ostensiblement à faire usage du mot « allergie ».

impossibilité, on est confronté à une série de variantes explicatives souvent contradictoires entre elles, et, le plus souvent, fort peu élaborées – c'est-à-dire présentées sur le mode de la quasi-évidence, de ce qui va de soi, même si elles sont, pour l'essentiel – on le verra dans la suite de ce chapitre et dans les contributions qui le suivent – absolument intenables. On peut distinguer en gros deux ou trois variantes majeures.

La principale variante – ou, du moins, celle qui est le plus souvent mise en avant – localise le mécanisme immunitaire dans la *culture politique démocratique* de la société française. Même si ses diverses formulations sont peu précises sur ce qui a pu être constitutif de cette culture démocratique, ce sont, clairement, les visions du monde et les valeurs prêtées à divers groupes sociaux, en particulier aux classes moyennes, et les idéologies partisanes que les promoteurs de cette explication ont en tête. L'enracinement durable et l'efficacité de ces visions du monde, valeurs ou idéologies sont attribués à des structures d'encadrement (notamment des classes moyennes – avant tout le Parti radical) qui orientent leurs clientèles, mais aussi les élites sociales, vers les valeurs de la démocratie. La très grande faiblesse de cette explication, faiblesse à dire vrai décisive[1], tient à ce que ce qui devait « immuniser » les citoyens contre le fascisme et faire barrage aux poussées autoritaristes – la culture politique démocratique, ses valeurs et ses vecteurs, notamment le Parti radical – connaît à cette même période une crise aiguë, massive, multiforme et persistante, crise qu'aucun des tenants de la thèse immunitaire ne se hasarde à mettre en doute[2].

1. Pour une discussion développée de ce point, voir Michel DOBRY, « Février 1934 et la découverte de l'"allergie" de la société française à la Révolution fasciste », *Revue française de sociologie*, juillet-décembre 1989 ; plusieurs autres questions que j'aborde dans ce chapitre s'appuient sur des éléments de cet article.

2. Ce sont souvent eux-mêmes d'ailleurs, dans des travaux parfois voisins de ceux dans lesquels ils formulent la thèse immunitaire, qui nous procurent une description détaillée de cette crise, notamment en ce qui concerne le radicalisme valoisien ; voir par exemple Serge BERSTEIN, *Histoire du Parti radical*, t. 2, *Crise du radicalisme*, Paris, Presses de la Fondation nationale des sciences politiques, 1982. Le fait que ce type d'explication de l'« allergie » ait pu survivre à cette contradiction devient intelligible si on admet que l'attachement à la thèse immunitaire comporte d'autres ressorts que ceux de la logique de la recherche historique et de la discussion rationnelle des matériaux historiques et des arguments échangés.

Cette première explicitation des mécanismes immunitaires comporte de nombreuses sous-variantes, qu'il n'est pas possible de citer toutes ici. Un exemple peut en être fourni toutefois par la localisation de ces mécanismes dans les valeurs républicaines et pacifistes qu'on a parfois attribuées indistinctement à la grande masse des *anciens combattants*. Comme on le verra à la lecture de la contribution de Didier Leschi, cette sous-variante, elle non plus, ne résiste pas à l'examen : il n'est ainsi nullement certain que le monde ancien combattant, dans son ensemble, ait adhéré à ce type de valeurs ou représentations, et c'est dans des fractions significatives et nullement « marginales » de cet univers que s'est affirmé assez rapidement un antiparlementarisme virulent, souvent d'inspiration autoritariste, et bénéficiant de la forte légitimité sociale du groupe, éléments sur lesquels s'est appuyée presque dès ses débuts, et sans trop de difficultés apparemment, l'entreprise du colonel de La Rocque[1].

La deuxième variante explicative pourrait ne figurer ici que pour mémoire, tant elle semble aujourd'hui délaissée au profit d'autres types d'arguments, mais elle tient une place de choix dans les premières formulations de la thèse immunitaire, et elle resurgit de temps à autre dans les travaux des historiens attachés à cette thèse. La voici : il n'y aurait pas eu de possibilité pour le fascisme d'émerger sérieusement ou, *a fortiori*, de s'imposer en France parce que, durablement, sur plus d'un siècle, l'« opinion de droite » aurait été structurée en profondeur (et, à lire certains analystes, elle le serait encore) par trois traditions idéologiques cohérentes et nettement distinctes, le « légitimisme », l'« orléanisme » et le « bonapartisme », ne laissant *aucun espace* pour des idéologies ou mouvements nouveaux ou encore, comme dans le cas du fascisme, nés ailleurs[2]. C'est un des mérites des travaux de Zeev Sternhell que d'avoir montré comment, dans la France de la fin du XIXe siècle, émerge avec l'« entrée des masses dans la politique » un phénomène nouveau, en rupture avec les trois « traditions » : des mouvements nationalistes qui marquent une nouvelle manière

1. Voir aussi Jacques NOBÉCOURT, *Le Colonel La Rocque, 1885-1946, ou les pièges du nationalisme chrétien*, Paris, Fayard, 1996.

2. On reconnaît ici, bien entendu, un élément central du travail fondateur de la thèse immunitaire, René RÉMOND, *La Droite en France*, *op. cit.*

de faire de la politique, qui traduisent à leur manière l'« irruption des masses » dans la politique, qui épousent de nouvelles formes organisationnelles, souvent la forme de la « Ligue », et qui sont solidaires de la transformation radicale des jeux politiques associée au suffrage universel[1].

Si cette variante de l'explication de l'« impossibilité » du fascisme en France est aujourd'hui délaissée, un de ses avatars, en revanche, continue à servir de point d'appui à la thèse immunitaire, indépendamment de la typologie ternaire des droites. L'hypothèse est simple à formuler : par le développement rapide et extraordinaire de son audience et de son *membership*, le Parti social français du colonel de La Rocque aurait occupé l'espace politique et social qui aurait pu être celui des fascismes. C'est-à-dire, en d'autres termes, que c'est l'existence même du PSF qui aurait immunisé la société française vis-à-vis du fascisme[2]. L'hypothèse, dans ses formulations les plus imprudentes ou naïves, se limite à substituer les valeurs démocratiques dont aurait été porteur le PSF à l'influence défaillante des forces démocratiques traditionnelles, notamment le Parti radical. Il faut, pour adhérer à de telles formulations, avoir une foi inébranlable dans la portée de la conversion à la démocratie et à ses valeurs qu'aurait entraînée, en deux ou trois mois, en 1936, la dissolution des Croix-de-Feu et de ses organisations satellites, ce qu'aucun chercheur attentif aux matériaux dont nous disposons ne saurait aujourd'hui soutenir.

Les partisans moins imprudents de la thèse immunitaire, c'est-à-dire plus lucides sur l'orientation autoritaire et extra-démocratique du parti du colonel de La Rocque, lorsqu'ils persistent à défendre ce type d'explication de l'« immunité » de la société française

1. Voir avant tout, Zeev STERNHELL, *La Droite révolutionnaire, 1885-1914. Les origines françaises du fascisme*, Paris, Le Seuil, 1978. Ces aspects des travaux de Sternhell, pleinement convaincants, et nullement centrés d'ailleurs sur les seules formulations idéologiques, peuvent être, dans mon opinion, traités indépendamment de la question que cet auteur a associée à l'analyse de l'émergence de certains de ces mouvements, celle des origines qu'il prête à l'idéologie fasciste.

2. À dire vrai l'argument est déjà esquissé dès le début par René Rémond, le Parti social français étant présenté par lui comme une incarnation de la tradition bonapartiste ; il est encore explicitement repris par cet auteur dans *Notre siècle, 1918-1988*, Paris, Fayard, 1988.

au fascisme, se voient de leur côté confrontés à des difficultés inextricables dont ils ne semblent curieusement pas toujours conscients. La principale piste interprétative (et, à première vue au moins, minimalement sérieuse[1]) qui s'offre à eux pourrait prêter à sourire : elle serait largement l'équivalent de l'explication du peu de succès du nazisme en Italie par la place occupée dans l'espace politique par les fascistes. Pourtant l'idée ne se limite pas à une simple boutade et ne me semble pas entièrement absurde, surtout parce que je crois qu'il faut prendre pleinement au sérieux, ce que malheureusement ceux qui font appel à cette « explication » de l'« allergie » ne font pas, la question de la place de l'entreprise du colonel de La Rocque dans les espaces de compétition politique de la seconde moitié des années 30. Autrement dit, s'il est hautement douteux que le PSF ait de quelque manière « immunisé » les Français contre quelque forme d'autoritarisme que ce soit, il est en revanche certain que son poids politique a eu des effets considérables sur la structuration et les compétitions des droites autoritaires dans leur totalité et, au-delà, de l'ensemble de l'espace politique de la droite. J'aurai l'occasion de revenir plus loin sur cette question.

La principale alternative qui s'ouvre aux tenants de la précédente variante de la thèse immunitaire réside dans une explication lourdement *dispositionnelle*[2] : elle consiste à prêter à l'ensemble de ceux qui vont affluer en masse dans les rangs du PSF des dispositions durables à adhérer aux formes les plus extrémistes et les plus dures des nationalismes autoritaires, dispositions que leur captation par le PSF aurait ainsi soustraites à la tentation de se reconnaître dans le nazisme allemand ou le fascisme italien. Il va de soi qu'une telle explication, qui tente certains partisans tardifs de la thèse immunitaire, rendrait pratiquement impossible le classement du PSF dans les catégories d'autoritarismes « modérés » dans lesquelles ces historiens souhaitent visiblement le caser aujourd'hui.

On le voit, la thèse immunitaire, dans son détail aussi bien que

1. Il en est d'autres qui ne le sont pas vraiment ; j'en évoquerai une plus loin, qui consiste à expliquer le rejet du fascisme par, en dernière analyse, le « profil social » du chef et son sentiment religieux.

2. Ce type d'explication n'est d'ailleurs pas étranger aux premières formulations de la thèse immunitaire (*infra*, n. 2, p. 31).

dans l'ensemble que forment ses composantes, est plutôt bizarre, et on discerne aussi déjà qu'elle est difficile à défendre. Comment peut-on dès lors expliquer non seulement sa formulation, mais aussi le succès dont elle a longtemps bénéficié, comment – et c'est peut-être la même question – comprendre son étrangeté ? Il y a pour répondre à cette question une première démarche possible, qui consiste à en restituer les conditions d'émergence et de formulation. Cette démarche, nullement illégitime, et qui peut être souvent féconde, ne va pas au cœur de ce que je souhaite montrer ici et elle peut être grosse aussi de quelques pièges. Une première observation en ce sens : non seulement la thèse immunitaire a pu connaître plusieurs « âges » distincts, non seulement, on l'a vu, elle se présente sous la forme de différentes variantes – qui toutes partagent cependant ce credo commun, à savoir que la société française est « par nature » imperméable au fascisme –, mais il serait en outre erroné d'associer à ses énonciations, et à leurs auteurs, en dépit de leurs liens souvent revendiqués, des motivations, raisons, « intérêts » ou enjeux uniques, homogènes ou invariables.

Cette observation vaut en particulier, me semble-t-il, pour la période des tentatives de systématisation et de réactualisation de la thèse immunitaire dans les années 80. Tout en effet ne s'est pas joué, et ne se joue pas, loin s'en faut, dans ce qui a sans doute lourdement contribué à son succès initial au cours des années 50, c'est-à-dire dans ses effets de « blanchiment » des droites autoritaires françaises, de leurs hommes, de leurs pratiques et idéologies dans l'entre-deux-guerres et au cours de l'épisode de Vichy. On aurait tort, en particulier, d'ignorer les *enjeux propres à l'univers académique*, au « champ », si l'on y tient, au sein duquel la reconduction et la célébration de la thèse immunitaire a constitué une composante du « ciment » permettant à un groupe d'historiens qui se sentaient alors « dominés » dans leur univers professionnel (aujourd'hui encore les rancœurs vis-à-vis des *Annales* ne semblent pas apaisées[1]), mais qui ont disposé rapidement, dans leur domaine de recherche, d'un quasi-monopole sur les carrières

1. Elles ressortent explicitement dans l'ouvrage qui se présente un peu comme leur manifeste tardif et qui vise à dresser le bilan de leurs réalisations : René RÉMOND *et al.*, *Pour une histoire politique*, Paris, Le Seuil, 1988 (voir en particulier l'Introduction et le premier chapitre, « Une histoire présente »).

ou recrutements et de très fortes ressources institutionnelles, de bricoler sur quelques dizaines d'années une identité collective qui ne s'est affirmée ouvertement qu'assez tard, sous la dénomination d'« histoire politique contemporaine ». C'est tout naturellement que cette « école » s'est donné pour œuvre fondatrice le travail de René Rémond dans lequel la thèse immunitaire reçoit sa formulation initiale. Faut-il dès lors rechercher la clef des errements de la thèse immunitaire dans la place assignée aux spécialistes de l'« histoire politique contemporaine » dans l'univers professionnel des historiens ? Le clivage et le ressentiment vis-à-vis des historiens qui ont longtemps tenu face à eux le haut du pavé, ceux des *Annales*, semblent à première vue pointer dans cette direction, comme les filiations que l'on pourrait, sans excès de difficulté, tracer vers différentes traditions de l'« histoire événementielle » à laquelle, dans les diverses communautés des sciences sociales, on tend aujourd'hui encore à les rattacher, sans parler de leur prédilection à produire de l'« histoire officielle ». Rien dans tout cela n'est inexact, mais, ici encore, je crains qu'on passe un peu à côté de ce qui est le plus important, en particulier leur manière parfois assez surprenante de « faire de l'histoire[1] ».

PENSER = CLASSER ?

L'étude fondatrice de René Rémond se présente explicitement comme un « essai de classement ». L'indication n'est pas sans importance. Comprendre les étranges bévues de la thèse immunitaire suppose d'affronter une série de questions qui ont précisément trait à sa logique classificatoire. Nombre de ces questions ne

1. Tout lecteur de la première version de *La Droite en France* se rendra d'ailleurs compte que son auteur semble habité de beaucoup de bonne volonté apparente vis-à-vis de ce qu'il perçoit sans doute *alors* comme étant constitutif de la nouvelle histoire ; si la démarche et les matériaux en sont indiscutablement ceux de *l'histoire des idées la plus traditionnelle*, l'idée fondamentale servant de fil à la démonstration est bien qu'il est possible de mettre au jour des continuités cachées de plusieurs systèmes d'idées – renvoyant en définitive, au moins programmatiquement, aux dispositions de divers groupes sociaux – que sont supposés dissimuler les transformations ou événements observables sur le court terme, et que ces continuités sont causalement déterminantes.

sont d'ailleurs pas propres à la thèse immunitaire : qu'est-ce au juste que classer, typifier, catégoriser ? Comment construisons-nous nos catégories analytiques, nos taxinomies, nos « types-idéaux » ? Comment établissons-nous les frontières entre ces catégories et que sommes-nous autorisés à en déduire ? Qu'est-ce qui se joue dans nos classements, et à quoi cela conduit-il ? Tout ceci vaut en premier lieu pour le mot même, ou, si l'on y tient, le concept de « fascisme ». Chacun sait que, loin de constituer d'abord un instrument de connaissance, il s'agit, avant tout, d'une *catégorie enracinée dans les pratiques et luttes politiques* et, surtout, qui a été façonnée dans ces luttes et pratiques ou, pour être plus précis, qui en a émergé. Le mot bénéficie dès son apparition de ce *flou* qui est une propriété fréquente, sinon nécessaire, des catégories pratiques de la vie ordinaire, et, j'y reviendrai, les tenants de la thèse immunitaire ne sont certainement pas les seuls à s'être englués dans ses usages. Tout comme ils ne sont pas tout à fait les seuls à avoir érigé *l'impératif de classer* – en l'occurrence classer la majeure partie des mouvements de la droite autoritaire française comme externe au fascisme « authentique » – en objectif et en moteur de la recherche. Leur originalité est de l'avoir fait, force est de le constater, sur un mode singulièrement incontrôlé.

On le discerne notamment à leurs façons de définir le fascisme ou le « fascisme authentique ». Le trait saillant des définitions les plus travaillées – et la plupart du temps elles ne le sont pas vraiment – est de déchiffrer l'« authentique » dans l'« achevé » ou le « complet ». Prenons le cas d'une définition paradigmatique pour mon propos, celle que Serge Berstein oppose aux travaux de Sternhell[1] : la visée en est d'appréhender le fascisme « en pratique » et non, à la manière de ce que l'on dénonce chez Sternhell, en tant qu'idéologie. À première vue la visée semble raisonnable, car il y a dans la démarche de ce dernier une réelle difficulté. Les choses se gâtent lorsqu'on va y voir de plus près. Berstein retient quatre « critères » du fascisme : 1) le fascisme se définit d'abord par son lien avec l'irruption des masses dans le jeu politique, il est associé au problème de l'intégration des masses dans les systèmes politiques

1. Serge BERSTEIN, « La France des années 30 allergique au fascisme... », *loc. cit.*

et, en ce sens, il constitue dès lors un « phénomène spécifique d'une époque » (la fin du XIXe siècle, le début du XXe) et d'une aire géographique déterminées ; 2) le rôle de la guerre, qui, de diverses manières, favorise non seulement la prise de conscience de l'importance du pouvoir politique, mais encore déstructure les sociétés, revalorise en leur sein le « principe d'autorité » (l'efficacité dans la conduite de la guerre) et conduit à la psychose de la « peur du rouge » ; 3) le fascisme se caractérise aussi par le contenu de son programme, au confluent des idéologies de la « troisième voie » entre libéralisme et socialisme et « d'un courant d'influence » – notion assez incertaine – autoritaire et antidémocratique, né de la guerre et de sa « méthode » – le « recours à la violence » – pour établir un ordre nouveau et « l'enrégimentation des masses derrière un chef charismatique pour créer une société de type militaire » ; 4) le totalitarisme enfin, mis en œuvre par l'État, posant le principe du primat de l'idéologie, l'instrument privilégié en étant le parti unique – ce qui suppose la destruction de toutes les organisations pouvant rivaliser avec ce dernier... Mais, ajoute l'auteur saisi soudain par une inquiétude tardive, et entièrement fondée, ce totalitarisme sera supposé être déjà « tendanciellement présent dans l'idéologie avant l'arrivée au pouvoir[1] ».

De ces quatre critères, il est aisé de constater que les deux premiers n'ont strictement rien d'un critère, ils ne permettent pas de discriminer les phénomènes que l'historien appellera « fascisme » d'autres types de phénomènes historiques. Il s'agit au mieux de *pré-conditions* plus ou moins plausibles de ce que l'auteur souhaite nommer « fascisme » (le fascisme italien et le nazisme allemand) – mais à coup sûr aussi de beaucoup d'autres phénomènes[2]. Le troisième « critère » se borne pour l'essentiel à décrire quelques traits idéologiques qui semblent à l'auteur communs aux fascistes italiens et aux nazis allemands – mais ici encore *pas à eux seuls* –, des éléments de leurs visions du monde davantage que de leurs

1. Formule alambiquée, et symptomatique : à dire vrai, il n'est pas toujours facile d'identifier la présence de cet élément *avant* la prise du pouvoir, en particulier dans le cas du fascisme italien.

2. Y compris, l'auteur ne s'en rend manifestement pas compte, de la plus large part des mouvements de la droite radicale ou autoritaire de la France des années 20 et 30.

« programmes ». Et, pour le reste, l'auteur juxtapose ces traits avec ce que fascistes et nazis, *une fois au pouvoir*, ont plus ou moins tenté de réaliser. Le quatrième « critère » enfin, le totalitarisme mis en œuvre par l'État, ne s'épanouit qu'*à l'issue de la prise du pouvoir par les fascistes*. La seule discrimination introduite par cette définition du fascisme réside manifestement dans le *résultat* des processus qu'elle prétend désigner. Elle renvoie en fait à la « prise du pouvoir » par les fascistes italiens et les nationaux-socialistes allemands et à la construction, à l'issue de cette prise de pouvoir, d'un « régime » ou d'un « système de pouvoir » original. C'est ce « critère »-là, et nul autre, qui permet à l'auteur de classer – c'est-à-dire de distinguer nettement – les mouvements de la droite autoritaire française des années trente par rapport au « fascisme ». Les autres « critères » en revanche laissent le champ libre à la *quête incontrôlée d'une différence quelconque* entre les processus et phénomènes ayant débouché sur une « prise de pouvoir » et ceux qui ont pu avoir, comme dans la France des années trente, d'autres issues[1].

Cette façon de concevoir le fascisme, *à partir de ses « succès »* – la prise du pouvoir, le régime, ou ses réalisations – se retrouve à l'état plus ou moins explicite dans presque tous les travaux se rattachant à la thèse immunitaire. J'ai montré ailleurs à quel point cette conception était solidaire d'une manière de construire l'intrigue historique, de penser les mouvements de la droite autoritaire et de penser les processus dans lesquels ils étaient insérés, à partir des résultats auxquels ces processus ont abouti. Avec toujours le même effet, la même ligne d'interprétation de la réalité : l'histo-

1. Il faut observer qu'ici au moins on a affaire à un réel effort de définition ; le plus souvent, même si on écarte les attitudes les plus grossières, les définitions sont sensiblement plus expéditives, telle cette autre « définition » typique du débat autour des travaux de Sternhell, qui se réduit à rappeler trois usages communs du terme « fascisme », le troisième usage étant bien entendu disqualifié : « fascisme désigne d'abord (sens n° 1) le *régime* mussolinien, tel qu'il a prévalu de 1922 à 1943. C'est alors un terme spécifique qui appartient en propre à l'Italie contemporaine. Par extension, on s'est habitué à désigner (sens n° 2) sous le terme générique de fascisme tous les *régimes* de nature analogue, surgis entre les deux guerres mondiales, sans que l'Italie mussolinienne fasse ici fonction d'archétype : ce serait plutôt le *régime* hitlérien (1933-1945) qui servirait de modèle – un modèle jamais égalé. Enfin (sens n° 3), dans le langage politique courant, le mot fasciste est devenu une injure passe-partout... » (Jacques JULLIARD, « Sur un fascisme imaginaire : à propos de Zeev Sternhell », *loc. cit.* ; c'est moi qui souligne).

rien, reconstituant la trajectoire historique en amont du résultat au travers du prisme de la particularité du résultat, sélectionnant et faisant *converger les « faits »* ainsi identifiés, découpés et interprétés vers ce résultat, n'aura aucun mal à y déchiffrer l'écart, la différence de « nature » – le « manque de sérieux », la « marginalité »... – de cette zone de l'espace politique de la France des années 30 vis-à-vis du ou des « modèle(s) fasciste(s) ». C'est ainsi que la « crise » de février 1934 n'aboutit pas à une prise du pouvoir par les Ligues, la IIIe République survit à la crise et du coup cette issue, comme on l'a déjà entrevu, est devenue l'un des arguments utilisés pour démontrer l'impossibilité ou le caractère extrêmement limité d'un fascisme français. Pour les tenants de cette thèse, cette issue nous donne le sens des processus qui y ont conduit, ou, selon les termes de René Rémond, elle en « révèle » à la fois la « nature » et les « origines »[1].

Mais il y a encore un autre aspect de cette manière de définir le fascisme qui mérite qu'on s'y attarde. Il a trait au *regard* que nous portons sur ces phénomènes et il me semble trop peu compris : ce regard est spontanément attiré par ce que je serais tenté d'appeler la *centralité* du fascisme et surtout du nazisme. Cette centralité s'explique facilement, et d'une certaine manière, se justifie. Les conséquences, proches ou lointaines, de la prise du pouvoir par les fascistes italiens et les nazis allemands ont été gigantesques et dramatiques. Mais, en dehors même de ces conséquences, ces mouvements et leurs succès ont représenté pour leurs contemporains aussi quelque chose de très important : ils ont été, pour beaucoup, la source de préoccupations pratiques, et, pour de nombreux autres, ils ont servi intellectuellement et pratiquement de « modèles » – faut-il souligner sous ce rapport que ces contemporains n'avaient pas d'emblée sur ces phénomènes un savoir étendu, en fait le plus souvent ils ne savaient pas vraiment, dans les premiers temps au moins, à quoi ils pouvaient avoir affaire ?

La centralité du fascisme italien et du nazisme allemand constitue, pour l'intelligence des phénomènes auxquels est consacré ce livre, un immense piège. Elle l'est d'abord, on l'aura compris, lorsqu'il s'agit – c'est une routine académique presque infraré-

1. René RÉMOND, *Les Droites en France*, *op. cit.* ; sur l'ensemble de ces questions, voir Michel DOBRY, « Février 1934... », *loc. cit.*

flexive[1] – de *définir* « le » fascisme. Vue sous cet angle, la thèse immunitaire, dans son interprétation des droites autoritaristes en France de l'entre-deux-guerres, est exemplaire, en ce sens qu'elle permet de mieux saisir en quoi la centralité du fascisme et du nazisme constitue un obstacle pour l'analyse des phénomènes auxquels est consacré ce livre. Ses adeptes ne résistent pas en effet à la tentation de faire du fascisme « authentique » ou « achevé » qui leur sert à définir le fascisme *l'étalon, le point de référence* ou *la mesure* des autres mouvements autoritaristes. Par exemple l'étalon ou la mesure du « sérieux » et de la vigueur d'un mouvement, ou de la « menace » qu'il peut représenter pour les institutions démocratiques : que l'on songe notamment aux jugements portés sur le Parti social français du colonel de La Rocque, qui ne voulait pas se qualifier lui-même comme « fasciste » – mouvement stigmatisé par nos historiens pour son « manque de sérieux », et son chef, comme politiquement « débile ». Cette observation n'est d'ailleurs pas dépourvue de portée aujourd'hui, dans de tout autres contextes historiques : ce n'est pas parce que tel mouvement, en Autriche ou en France, ne saurait être déclaré en regard du fascisme italien ou du nazisme allemand comme « authentiquement fasciste » qu'on est en droit d'en déduire, au plan politique, son caractère nécessairement anodin, sans gravité ou danger pour la démocratie.

UN MONDE D'ESSENCES IMAGINAIRES

On ne peut cependant prendre pleinement la mesure des dégâts causés par la posture intellectuelle de la thèse immunitaire qu'en saisissant le lien, le couplage, qui unit sa logique classificatoire à une vision *essentialiste* des phénomènes et processus qu'elle

1. De très nombreuses tentatives de définition du fascisme, et nombre d'aspects des débats courants autour de ces définitions, manifestent une véritable incompréhension de la place et des fonctions des définitions dans la démarche de connaissance, aussi bien dans les sciences sociales que dans les sciences dites « dures » ; sur cette question, il est toujours utile de se reporter en particulier à Carl HEMPEL, *Fundamentals of Concept Formation in Empirical Science*, Chicago, University of Chicago Press, 1972 (1re éd. 1952), trad. fr. B. Saint-Sernin, *Éléments d'épistémologie*, Paris, Armand Colin, 1996

s'est donnée pour objets. Aux réalités historiques qu'elle croit pouvoir associer à ses définitions du fascisme et de ce qui ne l'est pas, la thèse immunitaire associe en effet des « natures » ou « essences » particulières, natures et essences qu'elle conçoit d'emblée comme étant radicalement différentes de celles qu'elle attribue à des phénomènes historiques que désignent et découpent d'autres catégories ou « types-idéaux ». Nous sommes encore une fois confrontés ici à quelque chose de banal dans les sciences sociales : des phénomènes, processus ou réalités historiques qui pourraient être relativement voisins, apparentés ou similaires seront – en raison principalement d'opérations de classement fortement influencées par les issues ou résultats sur lesquels ils ont débouché – analysés, disséqués, théorisés même comme obéissant à des « lois » différentes. On leur attribuera ainsi des « soubassements » sociaux opposés, on les imputera à des dynamiques historiques particulières et, « par nature », cela va de soi, entièrement différentes. Avec pour effet fréquent de déboucher sur de véritables *artefacts historiques* : pour faire exister une opposition radicale des « natures » entre les mouvements de la droite autoritaire française et les « fascismes authentiques », la thèse immunitaire va mettre en scène des aspects proprement *imaginaires* du fascisme italien et du national-socialisme allemand[1].

Il en va ainsi, exemple sans doute idéal-typique, de la question de la participation des mouvements de la droite autoritaire aux compétitions électorales. L'analyse s'est déployée en particulier à propos du Parti social français, et le lecteur sait déjà que le « classement » de ce mouvement est devenu un enjeu stratégique pour la thèse immunitaire. Dans un contexte encore marqué par la victoire électorale du Front populaire et les grèves qui

1. Indépendamment de la logique intellectuelle de la thèse immunitaire, ce trait devrait sans doute être rapproché du caractère pendant très longtemps *étroitement « hexagonal »* – ou « paroissial » – de l'univers de référence historiographique du groupe d'historiens qui s'en est fait le promoteur. Si l'on se fie à leurs références bibliographiques, ces historiens, à quelques rares exceptions près (Pierre Milza notamment), semblent s'être tenus jusqu'à une période assez récente systématiquement à l'écart des recherches conduites dans d'autres pays et, surtout, des débats engagés au plan international sur le fascisme, le nazisme et les autres types de mouvements autoritaires, ainsi que sur les conditions de leur comparaison.

ont suivi, le PSF – formé, on s'en souvient, à la suite de la dissolution par le gouvernement de Léon Blum du Mouvement social français (qui regroupait alors l'ensemble des organisations structurées autour des Croix-de-Feu) – va connaître un succès considérable *qui va transformer la structure de la compétition au sein de la droite radicale* (le PSF en devenant de loin la force dominante) et certainement bien au-delà de celle-ci, ce que l'on peut mesurer notamment à partir d'un niveau d'adhésions dépassant très probablement 800 000 membres. C'est pourtant sans aucune hésitation, méthodologique ou autre, que les adeptes de la thèse immunitaire ont cru pouvoir identifier, dans la ligne électoraliste pour laquelle semble opter La Rocque et dans sa volonté affichée de participer à la compétition électorale, la « preuve » par excellence de la « nature » désormais indiscutablement *démocratique* du nouveau parti – un « parti de droite moderne », rien de plus – et de l'immense distance qui l'aurait séparé des « modèles fascistes » étrangers, ou même des autres groupements de la droite radicale[1]. En d'autres termes, la mutation forcée du groupement paramilitaire en parti politique aurait fait disparaître, d'un seul coup, en quelques semaines, toute l'ambiguïté que l'on reconnaît volontiers aux Croix-de-Feu de la période précédente[2]. L'argument a été massivement recyclé, beaucoup plus récemment, à propos de la « nature » du Front national, dont la percée et la consolidation doivent énormément au choix d'une « ligne » politique fermement électoraliste.

1. Sous l'effet des critiques, et surtout des travaux consacrés à l'étranger au mouvement du colonel de La Rocque (voir note 2, p. 39), certains des auteurs se rattachant à la thèse immunitaire tendent désormais à essayer de *déplacer le classement du PSF vers l'« autoritarisme »*, qui fonctionne alors comme une sorte de « purgatoire » entre le « fascisme », qui lui, relèverait du « totalitarisme », et la démocratie.

2. Comme on le verra dans le chapitre consacré au colonel de La Rocque et à son mouvement, la profonde aversion personnelle du « Chef » vis-à-vis de la compétition électorale, et, plus globalement, l'hostilité pour le parlementarisme, les partis politiques et les jeux politiques caractéristiques des systèmes démocratiques n'ont subi aucune altération sensible à l'occasion de cette conversion à une « ligne » électoraliste.

Mais c'est un autre point qu'il m'importe de souligner pour la présente discussion : on perçoit en effet avec le cas du Parti social français comment la posture méthodologique de la thèse immunitaire la conduit à l'affirmation d'une « nature » du fascisme – italien et allemand – qui supposerait *l'exclusion de toute participation aux processus électoraux*, de tout usage des arènes et des ressources électorales, et une focalisation exclusive de son action sur la violence de rue[1]. Il est à la fois troublant et significatif pour le point discuté que, même lorsqu'ils pressentent le caractère intenable de ce type d'argumentation – les travaux récents sur le mouvement du colonel de La Rocque révélant tous, en dépit de la diversité de leurs interprétations, et parfois malgré eux, son orientation fort peu « démocratique »[2] –, les défenseurs tardifs de la thèse immunitaire puissent s'acharner à montrer que La Rocque avait renoncé (pour peu qu'il y eût jamais vraiment songé) à toute velléité d'une prise du pouvoir au moyen d'un coup de force. Ou qu'ils puissent suggérer, révision argumentaire significative, et passablement acrobatique, qu'il y aurait une « différence de nature » entre les *démonstrations de force* du mouvement du colonel de La Rocque – très organisées et ordonnées, aspect qui les *distingue* en effet, mais, ce qui ne semble pas vraiment compris, avant tout par rapport aux mobilisations de rue des autres Ligues ou organisations

1. Il en va entièrement de même d'autres arguments apparentés avancés par les tenants de la thèse immunitaire. Et d'abord « le fait que ce soit à partir de sa transformation en parti que le mouvement du colonel La Rocque ait connu son plus vaste succès » : on y décèlera les *motivations démocratiques* de ceux qui vont se reconnaître dans La Rocque dès lors que celui-ci paraîtra se « rallier franchement » aux institutions politiques de la IIIe République (par exemple, René RÉMOND, *La Droite en France, op. cit.*, pp. 214-215) ; ici encore une simple comparaison avec les succès électoraux des nazis en Allemagne aurait dû conduire à davantage de prudence dans l'interprétation.

2. Voir en particulier : Jacques NOBÉCOURT, *Le Colonel La Rocque..., op. cit.*, qui ne dissimule pourtant pas sa sympathie pour le personnage de sa biographie ; Kevin PASSMORE, *From Liberalism to Fascism : The Right in a French Province, 1928-1939*, Cambridge, 1997 ; Robert SOUCY, *French Fascism. The Second Wave, 1933-1939*, New Haven et Londres, Yale University Press, 1995 ; William D. IRVINE, « Fascism in France. The Strange Case of the Croix-de-Feu », *Journal of Modern History*, 1991, pp. 271-295.

de la droite radicale[1] – et les « comportements de meute » des mouvements « authentiquement » fascistes[2].

Autre illustration, congruente avec ce qui précède : l'affirmation multiforme et péremptoire d'une *différence de « nature »* infranchissable entre conservatisme social et « fascisme authentique ». Cette différence a, selon la thèse immunitaire, au moins dans ses versions les plus développées, une source ou un *enracinement social*, elle renvoie à des classes ou groupes sociaux très différents. Elle est aussi au principe d'orientations elles aussi radicalement distinctes, le conservatisme social pouvant se traduire par une orientation vers l'autoritarisme, et aboutissant ultimement à la mise en place de régimes autoritaires, le « fascisme », de son côté, épousant par « nature » une orientation « révolutionnaire » et débouchant inévitablement sur la mise en place de systèmes « totalitaires » : « Le fascisme n'a pas grand-chose de commun avec la conservation politique et sociale : ce n'est que par un abus de langage qu'on peut le confondre avec la "réaction". Les deux notions sont en fait irréductibles[3]. » Qu'on ne s'y trompe pas : pour la plupart des adeptes de la thèse, il ne s'agit pas seulement de notions, ni même seulement d'une différence de « nature ». Il y a aussi, entre conservatisme et fascisme authentique, *incompatibilité pratique* : les différences de « nature » commandent, entre l'un et l'autre, une dynamique d'opposition, de rejet ou d'affrontement violent.

A priori, les choses sont donc simples : le fascisme est par essence fait de « déclassés », de « marginaux », de « parvenus frustrés », de « soldats perdus », de « désespérés », de « brutes », de « chômeurs » éventuellement, il a nécessairement un massif soubassement « prolétarien » ou, mieux, « plébéien », et pour cette raison il est nécessairement, au moins à ses débuts, « révolutionnaire »[4]. Il n'a rien à voir avec les couches sociales pourvues d'un minimum de

---

1. Sur le style de ces démonstrations de force en tant que tactique de distinction et élément de construction identitaire, voir Michel DOBRY, « Février 1934... », *loc. cit.*, ainsi que, pour des analyses plus développées, *infra*, chapitre 4.

2. Par exemple Philippe BURRIN, *Fascisme, nazisme, autoritarisme*, *op. cit.*, p. 258.

3. René RÉMOND, *La Droite en France*, *op. cit.*, p. 204

4. Pour des observations convergentes au plan méthodologique – à propos des usages d'une autre catégorie d'analyse, le « populisme » – voir la contribution d'Annie Collovald au présent livre.

biens, notables comme paysans, ou les gens « à l'aise », cultivés, insérés socialement, attachés aux hiérarchies sociales, rien à voir surtout avec les élites sociales ou encore avec les bien-pensants. La thèse immunitaire véhicule ainsi une imagerie où transparaît ce qui pendant longtemps, bien au-delà de ses seuls adeptes, a correspondu, dans les représentations ordinaires, et correspond encore vraisemblablement, à ce que je suis tenté d'appeler, à la manière de la *Gestalttheorie*, la « bonne forme » du fascisme, et du fasciste. On peut le vérifier par la fréquence avec laquelle opère de nos jours encore – alors que le mythe du caractère primordialement « plébéien » ou « prolétarien » du fascisme italien et du national-socialisme allemand a depuis longtemps volé en éclats[1] – dans l'analyse des années 30, l'opposition, ici idéal-typique, entre, d'une part Doriot et le PPF et, d'autre part, La Rocque et le PSF. Même chez les historiens les plus tentés de prendre quelque distance par rapport aux formulations classiques de la thèse immunitaire, on retrouve ce trait dans le recours, en tant qu'argument central du classement de La Rocque en dehors de la catégorie « fascisme », à son « profil social et psychologique » : ce sont principalement ses « origines, sa formation, sa personnalité », couplées à son attachement au christianisme qui le rendent insensible à l'appel du fascisme ; le PPF, mouvement né d'une scission du parti communiste, et son leader, Doriot, un authentique « homme du peuple issu de la gauche profonde », peuvent à cet égard servir explicitement de « contre-démonstration »[2].

Troisième illustration enfin : on peut observer des effets analogues de cette conception essentialiste du monde social avec le sort réservé aux *idéologies*. Il s'agit là en fait, malgré les polémiques engagées contre les travaux de Sternhell, de l'un des thèmes privilégiés, et fondateurs, de la thèse immunitaire, qui s'est plue à souligner le caractère ambigu, confus, incertain, pour tout dire « flou » des formulations idéologiques de la droite radicale de l'entre-deux-guerres. Admettons, provisoirement au moins, la

---

1. Sur cette question, dans une littérature sur cette question désormais surabondante, on consultera par exemple, pour plusieurs mises au point récentes, Richard BESSEL (dir.), *Fascist Italy and Nazi Germany : Comparisons and Contrasts*, Cambridge, Cambridge University Press, 1996.

2. Voir par exemple Philippe BURRIN, *Fascisme, nazisme, autoritarisme, op. cit.*

réalité de ce flou, même si de sérieuses réserves devraient nuancer cette observation – les systématisations doctrinales de l'Action française, ou même celles de l'éphémère Faisceau de Valois, ne manquent pas d'une certaine cohérence. Mais il est vrai que dans l'ensemble la mouvance autoritariste est loin d'avoir forgé le corpus idéologique musclé dans lequel Zeev Sternhell puise son idéal-type de l'idéologie fasciste. Encore faut-il éviter certaines simplifications outrancières : l'idée que les idéologies du fascisme authentique sont par essence des ensembles cohérents et fortement articulés d'énoncés est hautement discutable dans le cas du nazisme allemand et probablement absurde dans celui du fascisme italien. Est-on vraiment sûr, par exemple, que l'aspect « passéiste », « rétrograde », de « réaction contre la modernité », que l'on se plaît à reconnaître comme spécifique des formulations idéologiques des mouvements autoritaires français ait été réellement absent, par exemple, de la *Weltanschauung* national-socialiste en Allemagne, et en particulier de ce qu'elle doit à l'univers des représentations *völkisch* ? Ce serait assurément aller vite en affaires, et on peut voir d'ailleurs plusieurs des partisans hétérodoxes (ou critiques) de la thèse immunitaire admettre explicitement que même dans ses premiers stades les formulations idéologiques du fascisme authentique ou « pur » sont très loin de se réduire à leurs aspects « révolutionnaires », et que ceux-ci sont au demeurant vite submergés par leurs composantes « réactionnaires[1] ». De plus, le flou n'empêche nullement que certains éléments idéologiques – l'antiparlementarisme, la haine de la démocratie et de la « gueuse », la République, l'attrait pour les « solutions » autoritaires de nos voisins, l'« anti-marxisme », mais aussi, malgré des réticences notables, un antisémitisme assez virulent, etc. – aient constitué en quelque sorte le « noyau dur » *commun* aux formulations idéologiques des droites autoritaires français et à celles des groupements plus réduits auxquels la thèse immunitaire attribue plus généreusement le label « fascisme ».

Mais laissons à présent de côté ces objections. En effet l'aspect majeur de cette essentialisation des deux types d'idéologies gît peut-être ailleurs que dans la frontière que la thèse immunitaire établit

1. Par exemple, Pierre MILZA, *Fascismes français. Passé et présent*, *op. cit.*, p. 46.

entre les formulations cohérentes et fortes prêtées aux fascismes authentiques et le flou et la mollesse de celles qu'elle attribue aux mouvements autoritaires français : il réside dans les conclusions que l'historien se croit autorisé à en déduire. Peut-on sérieusement penser que le flou idéologique est l'un des facteurs décisifs de l'« *insuccès* » politique des Ligues, de leur « échec » – par exemple de l'« issue » de février 1934 –, que par sa vertu intrinsèque il bloqua l'arrivée au pouvoir de la droite radicale ? Et peut-on dès lors attribuer à la cohérence imputée aux formulations idéologiques des « fascismes authentiques » leur « réussite » ? L'hypothèse sous-tend pourtant l'essentiel de la démarche de la thèse immunitaire, et on peut le vérifier aussi bien en déplaçant le regard des formulations idéologiques sur un terrain en fait très voisin, celui des programmes des mouvements autoritaires.

Je concéderai volontiers aux tenants de la thèse immunitaire, et ce n'est qu'un exemple, que le programme que se donne La Rocque est inconsistant, fade, flou, « sans originalité », traduisant bien quelque chose comme un « vide doctrinal ». Cette « absence de projet » sera vigoureusement dénoncée, on le sait, par un groupe d'animateurs des Volontaires nationaux, les « Maréchaux », dont La Rocque écartera un « manifeste social » – l'objectif du manifeste était visiblement de préciser les voies, ne se limitant pas aux voies légales, d'une marche du mouvement vers le pouvoir, et il traduisait l'impatience politique de ce groupe de jeunes responsables, et probablement de bien d'autres. Faut-il dès lors imputer au « flou » programmatique et stratégique du projet l'« échec historique » de l'entreprise du colonel de La Rocque, et au-delà, de l'ensemble de la mouvance autoritaire ? Tout se passe avec la thèse immunitaire comme si elle s'était bornée, à cet égard, à reprendre purement et simplement à son compte le verdict des « Maréchaux » démissionnaires pour y déchiffrer l'« essence » du mouvement : tout cela manifestement « manquait de sérieux »... Et comme si nos historiens avaient choisi de ne pas savoir que les fascismes authentiques ne se sont pas nécessairement dotés de programmes détaillés ou feuilles de routes précises avant leur arrivée au pouvoir. Placé en 1926 dans une *situation* analogue, c'est-à-dire face à une puissante contestation interne conduite notamment par Gregor Strasser et Goebbels et dénonçant la quasi-absence de programme – le programme de 1920 était, à juste titre, estimé bien « vague » – et d'orientation stratégique précise, Hitler, qui était loin d'avoir le « profil social et psychologique » ou les orientations personnelles d'un La Rocque, résista en définitive aussi fermement que ce dernier. L'enjeu, *dans les deux cas*, n'était pas seulement d'éviter d'avoir à définir trop clairement les voies de la conquête du pouvoir – pour Hitler l'expérience des voies « non légales », celle du « putsch » de Munich, n'était alors pas très ancienne, et il avait beaucoup appris – mais aussi, comme l'a bien vu Jacques Nobécourt pour La Rocque, le « contrôle du mouvement[1] », et, comme l'a souligné Ian Kershaw à propos d'Hitler, la position de « chef charismatique » revendiquée par le leader vis-à-vis de ses adeptes[2]. Tout cela n'a pas grand-chose à voir avec quelque différence irréductible de « nature » entre conservateurs réactionnaires et révolutionnaires fascistes.

DÉCALAGES DE DISTINCTION ET LUTTES DE CLASSEMENT

Que l'on m'entende bien cependant. Rien de ce que je viens de dire ne saurait signifier que l'on doive classer le PSF ou le colonel de La Rocque sous le label de « fascisme » ou de « fascisme authentique[3] ». Mon propos était de montrer seulement à quel

1. Jacques NOBÉCOURT, *Le Colonel La Rocque*, *op cit.*, p. 354.

2. Ian KERSHAW, *Hitler. Essai sur le charisme en politique*, trad. fr. J. Carnaud et P.-E. Dauzat, Paris, Gallimard, 1995, p. 58 ; que la thèse immunitaire, du fait probablement de l'« échec » du colonel La Rocque, n'ait pas pris au sérieux cette dimension de son entreprise n'indique rien d'autre que les effets contraignants de la logique classificatoire que je tente de décrire ici.

3. C'est à tort que Robert Soucy, dans un ouvrage apportant par ailleurs nombre d'éclairages intéressants sur les droites autoritaires françaises de l'entre-deux-guerres, interprète les observations que j'ai consacrées au PSF dans mon article précité « Février 1934... » – et qui étaient effectivement très sévères pour l'interprétation qu'en proposent les versions classiques de la thèse immunitaire – comme invitant à une semblable substitution de catégorie (Robert SOUCY, *French Fascism. The Second Wave, 1933-1939*, *op. cit.*). Comme l'a souligné Brian Jenkins, l'enjeu en était explicitement – et il le demeure ici – de s'arracher aux délices et erreurs de la logique classificatoire (voir Brian JENKINS, « Robert Soucy and the "Second Wave" of French Fascism », *Modern and Contemporary France*, vol. 4, nouv. série, 1996, n° 2, pp. 193-208).

point le télescopage, dans la démarche de la thèse immunitaire, de la logique classificatoire avec une forte inclination à une vision essentialiste du monde social la conduit à construire des *réalités imaginaires*, ou même proprement fantaisistes, à la fois de ce qu'elle veut à tout prix éviter de nommer « fasciste » et de ce qu'elle considère constituer l'« essence » du fascisme « authentique » – et aussi de ce qui peut éventuellement les distinguer. En établissant des frontières infranchissables, des différences de nature radicales, entre des phénomènes historiques ayant chacun, personne ou presque ne songerait à le contester, sa propre singularité historique – mais même les tenants de la thèse immunitaire conviendront que sous ce rapport il y a une distance assez conséquente entre le fascisme italien (peut-être le seul qui, dans semblable perspective, puisse être sérieusement dit « authentique ») et le national-socialisme allemand –, ils se privent des moyens de comprendre à la fois cette singularité et ce que ces phénomènes ou processus peuvent avoir de commun. Mais je conviens volontiers que renoncer aux vertus – ici douteuses – de la logique classificatoire et aux facilités de l'essentialisme n'est pas chose facile, ne serait-ce qu'en raison des attentes et demandes *externes* à l'univers de la recherche, les activités, luttes ou compétitions ordinaires, qu'elles soient politiques ou extra politiques, ne pouvant se passer, elles, de *l'impératif de classer*.

C'est en ce point sans doute que se révèle le mieux une caractéristique presque paradoxale de la thèse immunitaire. Elle *dénonce* avec virulence certaines catégorisations produites par les acteurs politiques – elle prend pour cible privilégiée les usages effectivement très extensifs que les « antifascistes », c'est-à-dire ses adversaires de gauche, ont fait du terme « fascisme » – et, simultanément, elle *reprend à son compte*, sans aucune distance critique, certaines autres dénonciations – les verdicts des « dissidents » des mouvements autoritaires qui ont manifesté leur impatience vis-à-vis des « atermoiements », de la « mollesse » ou du « conservatisme » qu'ils ont attribués à ces mouvements, qu'il s'agisse, comme je viens de l'évoquer, des jeunes dirigeants des Volontaires nationaux, ou, bien entendu, de bien d'autres protagonistes. La véritable fascination qu'exercent sur nos historiens et leurs opérations de classement les jugements des *esthètes* du « fascisme littéraire » analysé plus loin par Gisèle Sapiro mériterait d'ailleurs à lui seul une recherche particulière.

Ces emprunts et dénonciations des catégorisations produites par les acteurs coexistent avec une insidieuse indifférence, voire un total manque d'intérêt, pour la façon dont les acteurs des droites autoritaires – et, au-delà, tous ceux qui participent de quelque manière aux luttes dont émergent les « labels », définitions, ou classements politiques ordinaires – *se classent* eux-mêmes, *classent les autres*, et *jouent avec les classements*. Et à l'indifférence pour ce qui peut être en jeu dans les usages qu'ils font des classements. Or nous avons, dans les usages que font les acteurs de ces catégorisations dans leurs luttes de classement et dans les contraintes qui pèsent sur ces usages et luttes, des moyens efficaces de comprendre les positionnements des mouvements de la droite autoritaire vis-à-vis du label « fascisme », ce qui n'est pas la même chose – en tout cas c'est la ligne d'analyse que je crois nécessaire d'opposer à celle de la thèse immunitaire – que leurs positionnements vis-à-vis du « fascisme », de ses programmes, formulations idéologiques, tactiques, « réalisations » et « succès ».

Il y a bien là, je l'admets, un *déplacement du questionnement* : ainsi, pour prendre l'exemple de l'Action française, le plus important au plan de l'intelligence de la réalité historique pourrait ne pas se situer dans la question « l'Action française était-elle ou non "fasciste", ou "authentiquement fasciste" ? », mais bien davantage dans cet autre questionnement : pourquoi, à tel moment (par exemple dans la période qui suit la prise de pouvoir par Mussolini), dans telle configuration des jeux politiques, l'Action française, dont les dirigeants éprouvent assez rapidement – et ce sera durable – une très forte sympathie pour le fascisme italien, choisit-elle, malgré cet attrait, de déclarer ne pas être « fasciste » ? Cette transformation suppose de penser les usages des labels, mais aussi, au-delà des seuls labels, les *constructions identitaires* des mouvements, leurs prises de position, leurs programmes, leurs tactiques, leurs alliances, et jusqu'à maints aspects de leurs formulations idéologiques, non pas à partir des « essences » ou natures que l'historien mais aussi les acteurs eux-mêmes sont tentés d'assigner à chacun d'entre eux, *pensé à l'état isolé*, « en lui-même » (et comparé ainsi, « en lui-même », au « fascisme authentique » tel qu'il est défini par le chercheur), mais *d'un point de vue relationnel.* C'est-à-dire penser l'ensemble de ces éléments en particulier, mais non exclusivement, dans leurs rapports aux espaces ou univers de compétition dans lesquels les mouvements agissent et se définissent, dans leurs relations aux autres mouvements qui y « opèrent » mais aussi aux contraintes et structures de concurrence propres à ces univers ou, si l'on préfère, « contextes d'action », et dans leurs rapports aux conjonctures historiques variables qui affectent ces espaces de compétition. Commençons par une illustration qui ne concerne pas directement le label « fascisme », mais qui localise bien le déplacement de perspective : lorsque le colonel de La Rocque se déclare, avec une conviction qu'il serait dérisoire de suspecter, « républicain », sommes-nous sûrs d'être confrontés à un indice indiscutable de sa « conversion » aux valeurs et institutions de la démocratie ? Ne serait-ce pas avant tout, pour lui, comme le suggère Didier Leschi, une manière ostensible, et déchiffrable pour la plupart de ses partisans (et sans doute de beaucoup de ses concurrents et adversaires), de *se démarquer* tout simplement de l'Action française – il ne croit pas du tout aux chances d'une « restauration monarchique » en France, et il le dit ? Et là encore, il n'y a pas de bonne raison de le suspecter de « duplicité », même s'il n'est pas pour autant aisé de décider si ce « républicanisme », qui se réduit à la distance vis-à-vis du « projet » affiché par une « Ligue » par rapport à laquelle La Roque était condamné à se situer, avait pour ressort des valeurs auxquelles il aurait été attaché.

Pour en revenir au « fascisme », on a là également l'une de clefs explicatives des « refus répétés » d'un grand nombre de leaders de ces mouvements, de l'Action française au PSF, en passant par les Jeunesses patriotes, et, on l'oublie parfois, pendant pas mal de temps, par Doriot lui-même, de se dire « fascistes »[1]. Il vaut mieux, ici aussi, mettre à l'écart la question passablement naïve, mais qu'aiment discuter nombre d'historiens, de la « sincérité » de ces « refus ». Elle obscurcit celle, autrement plus pertinente, des *contraintes* que les espaces sociaux et les conjonctures historiques

1. Pour une partie non négligeable d'entre eux, et pas seulement Doriot, ces « refus » ont pu coexister avec des flottements significatifs ; voir par exemple, à propos des Jeunesses patriotes, Robert SOUCY, *French Fascism. The First Wave, 1924-1933*, New Haven, Londres, Yale University Press, 1986.

dans lesquels agissent et se définissent les mouvements de la droite autoritaire font peser sur eux. De ces « refus », les tenants de la thèse immunitaire concluent que leurs « natures » sont radicalement différentes de celle de « fascismes authentiques ». Dans le monde des essences pures, voilà qui serait de l'ordre du possible. Pour ce qui est de la France des années trente, cette attitude conduit à méconnaître le sens perçu et « vécu », au cours de cette période, de ce qui est énonçable et de ce qui ne peut être dit dans les « espaces publics », sens issu, pour une part, de la guerre et de la place prise par les anciens combattants dans ces espaces ; et, simultanément, à méconnaître tout simplement l'effet de contrainte du nationalisme farouche qui structure l'univers dans lequel se confrontent les « droites nationales ». Autrement dit, cette attitude méconnaît l'un des dilemmes centraux que rencontre la droite radicale dans son élaboration idéologique, le *dilemme du nationaliste autoritariste* : voilà des hommes qui se veulent et qui se croient nationalistes, germanophobes et qui, simultanément, sont séduits – et le terme est faible dans nombre de cas – par les mouvements et les « solutions » autoritaires de ceux de nos voisins qui remettent en cause justement les acquis de la victoire de 1918. Ce dilemme donne le principe des bricolages idéologiques qui ont été imaginés pour le surmonter – c'est une situation banale pour l'analyse des idéologies. De là provient la construction, assez systématique, de ce que j'ai analysé comme des *décalages de distinction* par rapport aux formulations idéologiques des fascistes italiens et, bien plus encore, vis-à-vis de celles élaborées par les nationaux-socialistes allemands[1]. De là également toute une gamme de tentatives de « francisation » de ces idéologies, dont l'une des plus économiques, celle de Valois, consiste à montrer que le produit n'est pas d'importation, qu'il a d'abord, et solidement, ses racines en France (Sternhell, sur ce point, ne fait peut-être que le suivre assez fidèlement).

Bien entendu, dans la « réception » du fascisme, tout ne tient pas à ce type de facteurs. Et ici encore il faut se garder des interprétations essentialistes. L'Action française et son noyau dirigeant ont beau, ainsi, être rapidement fascinés par l'« exemple » italien, ils n'en revendiquent pas moins une *identité* originale

1. Sur ce point, voir Michel DOBRY, « Février 1934... », *loc. cit.*

et, aussi, tout bonnement, l'ancienneté, l'antériorité, la paternité. Mais ce n'est pas tant le recrutement ou le conservatisme de l'Action française qui sont en cause, avec les préjugés sociaux dont ils sont porteurs, que l'image que se font d'eux-mêmes ceux, les intellectuels notamment, qui dominent le mouvement. Et, puisqu'il faut se trouver des divergences idéologiques, ses idéologues mettront en cause, pour le principe, la « statolâtrie » et... le « légalisme » mussoliniens[1] !

Les observations qui précédent permettent de saisir plus précisément en quoi, comme le suggèrent aussi les subtiles analyses de Bruno Goyet, la question de la « réception » en France du fascisme italien et du national-socialisme allemand est probablement mal posée. Personne, ou presque, parmi les partisans de la thèse immunitaire, ne s'aventure plus aujourd'hui à nier l'attraction, la « fascination » ou le « magnétisme » exercés par ces « modèles » étrangers – ce serait absurde, tant elle est explicite dans le discours de la droite radicale, et souvent au-delà, au moins pour le fascisme italien. Mais tout se passe comme si nos historiens voulaient ignorer, en pratique, que non seulement les labels et identités, mais même les représentations, les idéologies, les visions du monde, ne sont pas déconnectés des tactiques quotidiennes, stratagèmes, calculs, positions occupées ou *enjeux locaux* dans les espaces de compétition, également locaux, où agissent d'ordinaire ceux qui les « utilisent ». La « réception » des « fascismes externes » n'a pas nécessairement, ou toujours, pour ressort ou pour motivation exclusive, pour sens ou pour enjeu primordial, un quelconque rapport au fascisme italien, ou, plus tard, au nazisme allemand ; et même un Valois, lorsqu'il se définit comme « fasciste », le fait aussi, et probablement d'abord, en regard de sa situation *concurrentielle* par rapport à la vieille Ligue dont

1. On se reportera surtout à : Bruno GOYET, *Charles Maurras*, Paris, Presses de Sciences-Po, 2000, et Joel BLATT, « Relatives and rivals : the response of the Action française to Italian Fascism, 1919-1926 », *European studies review*, vol. 2, n° 3, juillet 1981, pp. 263-292 ; voir aussi Eugen WEBER, *L'Action française*, Paris, Stock, 1964, que l'on complétera utilement par les réflexions de J. Linz sur les mouvements qu'il appelle assez imprudemment « proto-fascistes », voir notamment dans « Political space and Fascism as a late-comer », in Stein Ugelvik Larsen, Bernt Hagvet et Jan Petter Myklebust (dir.), *Who were the Fascists. Social roots of European Fascism*, Bergen, Universitetforlaget, 1980, pp. 173 *sq.*

il se sépare. On discerne peut-être ici à nouveau à quel point il est imprudent de mettre au compte d'un imaginaire clivage insurmontable entre conservatisme social et radicalité fasciste la lutte féroce – qui ne se limite pas au verbe – opposant l'Action française au Faisceau de Valois ; l'entreprise de ce dernier est manifestement couverte par la direction de l'organisation mère (alors même que son orientation pro-fasciste est devenue évidente) tant qu'il n'apparaît pas discernable qu'elle recouvre une tentative de construction d'une *organisation rivale*, menaçant, non sans de réels succès initiaux, de capter sa clientèle, ses cadres et ses appuis financiers.

Mais il y a encore plus grave du point de vue de l'analyse historique. Tout se passe en effet aussi comme si les tenants de la thèse immunitaire exigeaient des mouvements de la droite radicale non seulement qu'ils se définissent avec plus de clarté que le fascisme originel – l'italien – mais qu'ils prennent en charge tout, tout de suite et ouvertement. D'une certaine manière, ces historiens *abolissent ainsi le temps*, c'est-à-dire l'« apprentissage », *dans la durée*, que les « ligueurs » et bien d'autres – leurs adversaires notamment – ont fait des « expériences » italiennes puis allemandes, les « leçons » qu'ils en ont tirées, autrement dit l'*historicité* de leurs perceptions et positionnements.

ESPACES ET CONJONCTURES DES AUTORITARISMES FRANÇAIS

La thèse immunitaire, pour tout dire, semble s'être enfermée dans une logique intellectuelle qui la rend incapable de discerner ce que la réalité même de chacun des mouvements autoritaires et de leur « réception » du fascisme doit aux espaces politiques dans lesquels ces mouvements agissent et aux conjonctures historiques qui affectent ces espaces. On peut le voir sans mal même chez ceux des adeptes de cette thèse qui ont pu avoir l'intuition que la « réception » du fascisme ne saurait être pensée indépendamment du « travail d'identité » de ces mouvements. Rien de plus frappant sous ce rapport que la structure que Philippe Burrin croit pouvoir attribuer à la « nébuleuse fascistoïde » de la période de l'entre-deux-guerres et du régime de Vichy. Cette structure a la forme de plusieurs cercles concentriques.

> D'abord, « une zone centrale de noyaux de condensation », dans laquelle il faut placer des éléments comme le francisme, le Parti populaire français (PPF) ou le Rassemblement national populaire (RPN). Ensuite, une « zone de fascisation », avec un dégradé, où l'on peut inclure certains éléments du phénomène ligueur et de l'extrême droite, comme la Jeune Droite incarnée par un Thierry Maulnier. Enfin, une vaste zone périphérique où l'on peut inscrire les éléments manifestant une attraction vers le fascisme ou une influence médiate de celui-ci, tous éléments refusant de se définir comme des fascistes : c'est ici qu'il faut situer les hommes et les mouvements portant l'« esprit des années 30 », les « non-conformistes » au sens large, comme certains jeunes radicaux, les néosocialistes, le doriotisme première manière, tandis que sur les franges extérieures on pourrait placer les personnalistes des groupes Esprit et l'Ordre nouveau[1].

Cette description vise à rendre compte à la fois des trajectoires suivies par les personnages qu'étudie l'auteur, qui passent progressivement de l'extérieur de la nébuleuse à son cœur, et des phénomènes de « fascination » et de « magnétisation » de segments non négligeables de la société française par les « fascismes externes » – c'est là une concession explicite, et qui n'est pas mince pour un adepte, même déviant, de la thèse immunitaire, que l'auteur fait aux analyses de Sternhell.

Où se situe la difficulté ? Ce n'est évidemment pas l'expression « nébuleuse fascistoïde » qui est ici en cause, et je pense même qu'il s'agit d'une bonne trouvaille – mais rien de plus – pour désigner un ensemble de mouvements, courants, cercles ou individus qui, à l'opposé de ce que postule par ailleurs Philippe Burrin, ne sont justement pas séparés par des frontières infranchissables nées de leurs natures ou essences radicalement incompatibles. Le problème tient à ce que cette représentation, conçue explicitement comme alternative au catalogue « fourre-tout », c'est-à-dire non structuré, auquel ont recours selon cet auteur les autres historiens pour rendre compte de ces mouvements, se place encore, malgré ses apparences, en dehors de toute perspective relationnelle. Cette

1. Philippe BURRIN, *La Dérive fasciste : Doriot, Déat, Bergery, 1933-1945, op. cit.*, p. 26.

représentation de la structure de la nébuleuse fascistoïde se révèle en effet étonnamment *fictive*, irréelle, entièrement étrangère à la *configuration des relations* effectives des mouvements et acteurs de la droite radicale *entre eux*, ou même à la configuration de leurs relations avec les mouvements et acteurs qui sont extérieurs à cette zone de l'espace politique. Pour aller à l'essentiel, les rapports entre les mouvements, ou même entre individus, n'ont jamais épousé *stricto sensu* la structure de ces trois cercles concentriques. Plus particulièrement, les *espaces de compétition* dans lesquels agissaient et prenaient position les mouvements de la droite radicale n'ont jamais eu pour point de référence les composantes de la « zone centrale » que dessine Burrin, même en ce qui concerne leurs « rapports » aux « fascismes authentiques ». Leurs dirigeants aussi bien que leurs « bases », dans leurs perceptions, anticipations ou calculs, avaient de tout autres mouvements et acteurs à l'esprit. Par exemple, dans les années qui suivent le succès du Front populaire, ce sera le PSF – que Burrin est très réticent à doter des attributs de son « centre » –, qui occupera cette place dans les préoccupations et pratiques effectives de ces mouvements. Une observation analogue s'impose en ce qui touche aux « héros » mêmes du travail de Burrin (Doriot, Déat, Bergery) : il est difficile de rendre raison des trajectoires de ces hommes, et de bien d'autres, venus de la gauche au fascisme, en imaginant ces trajectoires captées par la force d'attraction que l'auteur semble prêter aux « noyaux de condensation » du centre de la nébuleuse – sauf peut-être, et cela même reste discutable, à quelques brefs moments sous le régime de Vichy. Ici encore on remarquera un remarquable *dédain pour l'historicité* de la structure prêtée à cette nébuleuse fascistoïde (dédain d'autant plus surprenant que la visée centrale de l'auteur est de rendre compte de trajectoires biographiques), les différents cercles présentant en *synchronie* des mouvements, cercles ou individus à l'évidence localisables en des *états historiquement différents* de cette structure.

L'enjeu de cette discussion déborde toutefois amplement la seule question de la « réception » du fascisme par les mouvements de la droite autoritaire. Il touche, au-delà même des « identités » de ces mouvements, à leurs « êtres », peut-être moins invariables, stables ou insensibles aux transformations des « contextes » de leur action ou existence que ne le présuppose le point de vue essentialiste. On sait ainsi par exemple que le classement de l'Action française, à sa naissance, a constitué dès le départ un casse-tête insoluble pour la thèse immunitaire[1] : la Ligue « empruntait » à la fois aux trois traditions idéologiques que René Rémond a voulu distinguer. Comme on le verra plus loin avec la contribution de Brian Jenkins, la trajectoire de l'organisation laisse entrevoir qu'il se pourrait bien que l'Action française n'ait pas été, tout au long de son parcours, de sa naissance jusqu'à Vichy, tout à fait la même « chose ». Non pas tant en raison du vieillissement biologique ou social de son « Maître » ou de l'« embourgeoisement » prêté à ses cadres ou à ses « bases sociales » – et dénoncé par les groupes de dissidents qui s'en détachent régulièrement dans les années 20 comme dans les années 30 –, mais avant tout parce que sa place dans les jeux politiques et son positionnement vis-à-vis des différents espaces où ces jeux se sont déployés ont connu de sensibles transformations. La Ligue, qui sort considérablement renforcée de la Première Guerre mondiale – elle bénéficie, du fait de sa contribution au « consensus de guerre », d'une légitimité politique qui lui était inaccessible jusque-là –, va assez rapidement, au cours de la période 1924-1926, se voir concurrencée par l'apparition de nouvelles organisations « ligueuses », telles les Jeunesses patriotes, ou, bien entendu, le Faisceau de Valois. C'est avant tout des effets de cette situation concurrentielle que va émerger, puis « coller » à son identité – dont ses dirigeants et militants sont très loin de monopoliser le sens – le label qui deviendra *localement discréditant* de « conservatisme ». Les conjonctures des années 30 ne feront qu'exacerber cette concurrence.

Point plus important probablement d'après l'interprétation de notre entre-deux-guerres : loin de se présenter avec le bel ordonnancement de frontières infranchissables opposant conservatisme passéiste et radicalité fasciste, les relations observables entre les Ligues – et même leur « flou idéologique » – révèlent plutôt une sorte de « système d'action » dans lequel les prises de position des uns s'effectuent en fonction de celles des autres, un système fait d'*interdépendance,* qui conditionne, et contraint parfois, le jeu de

1. René RÉMOND, *La Droite en France*, *op. cit.*

chacun[1]. L'une des grandes vulnérabilités de la thèse immunitaire réside en effet dans son impuissance à prendre au sérieux, dans la France d'avant février 1934, l'*autonomisation* d'une zone particulière de l'espace politique, zone où entrent *en compétition*, s'affrontent, se diversifient et se structurent des « entreprises politiques » originales, en ce sens qu'elles ont en commun de situer l'essentiel de leur activité sur des *arènes extraparlementaires*.

Un lien très étroit s'observe entre les étapes du développement de cette zone d'interdépendance et les *conjonctures politiques* dans lesquelles la gauche, « modérée » pourtant, s'empare des positions gouvernementales. D'abord la période de 1924-1926 (autour de 1926, les organisations qui peuplent cette zone de l'espace politique doivent compter pas loin de 150 000 membres). Ensuite la période qui suit les élections de 1932, au cours de laquelle apparaissent des groupes très inégaux en importance, mais qui semblent tous traduire une sorte de « relève de générations » ; à la veille de février 1934, les organisations de la mouvance regroupent directement en leur sein plus de 300 000 adhérents, en général plus militants que ceux des partis de la droite parlementaire. De quelque manière que l'on s'y prenne, on est déjà très loin d'un univers purement « groupusculaire ». C'est toutefois un palier d'une tout autre dimension quantitative qui est franchi dans les années suivantes. Il s'agit alors d'un véritable *bouleversement de l'espace des droites autoritaires* dans son ensemble (et, en fait, bien au-delà). En effet, la structure de la concurrence propre à cette zone de l'espace politique connaît après 1936 une transformation décisive avec l'émergence, que j'ai déjà évoquée rapidement, d'un *pôle dominant* (et dominant massivement), le PSF. L'organisation du colonel de La Rocque s'impose en outre assez rapidement comme une force politique qui compte dans l'espace de la politique légitime et avec laquelle il faudra compter dans la compétition électorale,

1. Divers travaux récents révèlent d'ailleurs la facilité avec laquelle les membres de la mouvance de la droite radicale passent d'une organisation à l'autre, parfois d'ailleurs par groupes entiers, en dépit de leurs « différends idéologiques » (de ce point de vue voir, par exemple, Kevin PASSMORE, *From Liberalism to Fascism. The Right in a French Province, 1928-1939*, *op. cit.*, ainsi que, ci-après, les observations congruentes de Bruno Goyet).

fait primordial lorsqu'il s'agit d'apprécier aussi bien les *tactiques de distinction* mises en œuvre par son « Chef » – voir notamment l'épisode du « Front de la Liberté », dont La Rocque se tient délibérément à l'écart[1] – que les sévères luttes qui opposent ce dernier à pratiquement tous les autres groupes de la droite radicale. La méconnaissance de la virulence, des enjeux et de la portée de cette concurrence et celle, surtout, de cette transformation des espaces des jeux politiques sont à l'origine d'un contresens de taille sur les ressorts de la *coalition* politique de fait qui se cristallise au cours de cette période *contre le PSF* (à l'occasion, en particulier, du procès Pozzo di Borgo-La Rocque), déchiffrée hâtivement comme un effet de la « modération » imputée à ce dernier. Il n'est dès lors guère surprenant que cette très large coalition *défensive*, allant du PPF de Doriot et de l'Action française à des segments importants de la droite parlementaire, ne puisse être perçue par les tenants de la thèse immunitaire que comme un rapprochement « contre nature ».

La localisation extraparlementaire traditionnelle, du moins jusqu'en 1936, de l'activité des mouvements de la droite radicale, appelle une dernière observation. Cette localisation, à l'opposé du présupposé anti-électoraliste de la thèse immunitaire examiné plus haut, a eu, souvent, un *coût politique spécifique* : dans les hautes conjonctures de la droite radicale, des contacts avec certains segments des droites parlementaires se réalisent plus ouvertement et gagnent en légitimité, faisant apparaître ces oppositions « déloyales » que sont les Ligues comme éventuellement « cooptables » dans le jeu politique, alors même que ces dernières affirment concrètement, dans la rue, leur « vocation » à l'action extraparlementaire. On peut comprendre que dans de semblables contextes la maximisation du profit politique ait pu supposer d'être capable d'agir à la fois sur les terrains extraparlementaires et dans les arènes de la politique légitime. Et si « faiblesse des fascismes français » il y eut, celle-ci tenait peut-être d'abord aux difficultés

1. Philippe MACHEFER, « L'union des droites, le PSF et le Front de la liberté, 1936-1937 », *Revue d'histoire moderne et contemporaine*, vol. 17, janvier-mars 1970 ; voir aussi Robert SOUCY, *French Fascism. The Second Wave*, *op. cit.*, et Jacques NOBÉCOURT, *Le Colonel La Rocque*, *op. cit.*

– et réticences – que les droites radicales ont éprouvées à s'insérer dans le jeu électoral[1].

Que faire du « fascisme » ?

Il est inutile d'insister davantage : par quelque bout qu'on la prenne, qu'il s'agisse de sa démarche, de ses explications ou, beaucoup plus important sans doute, de ce qu'elle pense être les « faits », c'est-à-dire la réalité historique des mouvements autoritaires en France, il n'y pas grand-chose à sauver de la thèse immunitaire. Reste à évoquer en revanche un problème que j'ai contourné ici, jusqu'à présent, avec quelque soin, et qui est tout sauf facile : que faire de la catégorie ou du concept de « fascisme » ? Est-il utile dans la démarche de connaissance des phénomènes discutés ici ? Faut-il au contraire s'en débarrasser, et comment ? Et dans quelle stratégie de recherche peut-on inscrire ces questions ? Il en est peut-être des concepts comme des réalités que nous avons rencontrées dans les pages qui précédent, c'est-à-dire qu'il pourrait être hasardeux de les envisager « en eux-mêmes », *isolément* les uns des autres. Cette question, on le verra, n'est pas sans conséquence du point de vue de l'intelligence de ces réalités historiques.

J'évoquerai de façon plus ou moins sommaire plusieurs stratégies de recherche. Un premier ensemble de stratégies nous est désormais familier, en ce sens que la thèse immunitaire n'est certainement pas la seule à être lourdement handicapée dès le départ par son obsession classificatoire. Il ne serait pas difficile de montrer que cette obsession encombre la plus large part des débats autour de ce qu'a été ou est *le* fascisme. La centralité des fascismes *à succès*, c'est-à-dire celle du fascisme italien couplé au nazisme allemand, se retrouve ainsi au cœur des impasses actuelles de la quasi-totalité des tentatives de définition ou de théorisation du « fascisme générique », spécialement de certaines tentatives centrées sur la décision méthodologique de réduire le « minimum fasciste » à un faisceau limité de traits idéologiques que l'on

1. Sous ce rapport, les Jeunesses patriotes affichaient une certaine originalité et on peut observer notamment que leur présence au conseil municipal de Paris a représenté pour cette organisation un atout tactique de poids en février 1934.

suppose caractéristiques *du* fascisme en général, et qui doivent leur relative plausibilité, par ailleurs beaucoup plus faible que ne le prétendent parfois leurs auteurs, au fait que ces traits se retrouvent effectivement sans excès d'effort dans les cas italien et allemand[1]. Il en va ainsi notamment de la définition du fascisme par son caractère d'idéologie ou discours de « renaissance » ou de « régénération » nationale, ou idéologie « palingénétique[2] ». Dans de tels cas, la qualité la plus notable d'une définition peut résider dans sa sobriété – elle peut tenir dans une phrase – et son effet le plus remarquable dans l'extension extrême de la population de mouvements, cercles ou courants idéologiques qu'elle découpe dans la réalité historique : il est peu de mouvements plus ou moins nationalistes – et bien d'autres en fait – dont les discours n'aient comporté, sous une forme ou autre, quelque référence à une « régénération » ou « renaissance » nationale.

D'autres approches du fascisme, sans s'être arrachées à la logique classificatoire et à nombre de ses pièges, font en revanche l'économie de se donner le succès pour point d'ancrage ou caractéristique primordiale de leurs définitions du « fascisme », et je pense que cela fait *une sérieuse différence.* C'est notamment le cas des définitions mises plus ou moins explicitement en œuvre par certains des analystes des « fascismes français » qui ont le plus vigoureusement contesté les attendus de la thèse immunitaire. Sur le mode explicite, c'est, par exemple, le cas de la perspective proposée par Sternhell, et, presque à l'opposé de sa définition du fascisme centrée volontairement sur les formulations idéologiques,

---

1. Voir par exemple, de ce point de vue, Roger EATWELL, « Towards a Model of Generic Fascism », *Journal of Theoretical Politics*, vol. 4, n° 2, avril 1992, pp. 161-194. Ce type d'approche du « fascisme générique » est très proche de la démarche de définition du fascisme que développent – sans qu'ils s'en rendent nécessairement compte – certains des tenants de la thèse immunitaire (qui peuvent ne pas hésiter à reprocher simultanément à Zeev Sternhell de centrer sa définition sur l'idéologie) : c'est par exemple le cas de Philippe Burrin, qui focalise sa définition du fascisme sur ce qu'il considère être son *« imaginaire politique »* spécifique, c'est-à-dire ses « idées », son « atmosphère mentale », la « vision de la nouvelle société qui se niche dans son projet », projet lui-même qui est celui d'une... « renaissance nationale » (Philippe BURRIN, *Fascisme, nazisme, autoritarisme*, *op. cit.*, pp. 251 et 253).

2. Voir notamment Roger GRIFFIN, *The Nature of Fascism*, Londres, Pinter, 1991.

c'est aussi, me semble-t-il, de fait, quoique sur un mode plus implicite, le cas de l'approche de Robert Soucy. Ce ne sont que des illustrations contrastées, bien entendu, mais qui laissent entrevoir clairement combien la thèse immunitaire est tributaire, dans ce que ses tenants pensent avoir démontré, de la focalisation de leurs définitions explicites ou implicites sur les « réussites » du fascisme. En d'autres termes, si leurs travaux sont eux aussi souvent pris dans la logique classificatoire et dans nombre de ses effets, il n'est sans doute pas de bonne méthode de renvoyer dos à dos ceux qui ont contesté sur cette base la thèse immunitaire et les tenants de celle-ci : *les uns se sont beaucoup moins trompés que les autres*, et quels que soient les biais, les erreurs méthodologiques voire les illusions présents dans leurs travaux, les contestataires de la thèse immunitaire ont pu, eux, beaucoup mieux identifier l'ampleur et la portée considérables, dans les faits, qu'ont eues dans la société française, en particulier dans les années 30, les formidables poussées autoritaires ou antidémocratiques qui, inégalement et sous de formes variables, ont affecté alors l'essentiel des pays européens. Il importe de noter que pour ce type de stratégie de recherche l'utilité du concept de « fascisme » est peu discutable et que la conceptualisation – ou parfois même une véritable « théorie » – « du » fascisme, au singulier, demeure un objectif légitime, ou au moins pensable, de la recherche historique ou sociologique.

Un troisième type de stratégie de recherche partage visiblement avec la problématique esquissée dans ce premier chapitre nombre de ses principes d'analyse, qui renvoient tous à une visée fondamentale, celle de rompre radicalement avec la logique classificatoire dans l'analyse des phénomènes que nous qualifions d'ordinaire de « fascistes » : refuser au « fascisme » une réalité ou essence invariable ; constater qu'il est stérile de rechercher quelque « minimum fasciste » et qu'il est de mauvaise méthode d'appréhender les mouvements auxquels le label est attribué isolément de leurs espaces ou « contextes » d'action, que l'intelligibilité de ces phénomènes, comme de pas mal d'autres, suppose une attention constante à leur historicité, c'est-à-dire aussi à l'histoire en train de se faire, et qu'il faut, au total, prendre acte de la diversité historique des phénomènes que nous nommons « fascismes », qu'il faut les penser au pluriel. Ce qui spécifie le troisième type de stratégie de recherche par rapport à la démarche que je tente d'esquisser ici réside dans la conviction ou la croyance que, *malgré tout*, les phénomènes « fascistes » présentent une série de traits historiques particuliers, ou donnent naissance à des dynamiques historiques particulières qui ne sauraient se retrouver dans d'autres types de phénomènes, même voisins.

Tel est, me semble-t-il, le cas de la conceptualisation dont Robert Paxton précise les linéaments dans sa contribution à ce livre. Cette conceptualisation converge en effet avec une large partie des principes d'analyse rappelés ci-dessus. Elle se distingue en revanche de la problématique du présent chapitre par la manière dont elle les met en œuvre. Cette conceptualisation revendique explicitement un point de vue « fonctionnel » et son appréhension de la diversité des fascismes prend la forme de la description d'une sorte de « cycle du fascisme » comportant plusieurs « étapes » ou stades *(stages)* distincts, chacune de ces étapes désignant un phénomène historique particulier. Paxton propose de distinguer cinq étapes de ce genre : « 1. la création initiale des mouvements fascistes ; 2. leur enracinement en tant que partis dans un système politique ; 3. la conquête du pouvoir ; 4. l'exercice du pouvoir ; et, finalement, sur le long terme, 5. la radicalisation ou l'entropie[1]. »

Deux aspects de ce schème analytique me semblent devoir être questionnés :

(a) Qu'est-ce qui relie entre elles ces diverses « étapes » formant le « cycle du fascisme » ? Si, comme j'en ai le sentiment, chacune

1. L'idée tend à systématiser les objections décisives que pas mal de chercheurs, dont plusieurs des contributeurs à ce livre, avaient adressées à la confusion souvent faite – notamment, on l'a vu, par la plupart des auteurs se rattachant à la thèse immunitaire – entre les fascismes en tant que mouvements et les fascismes au pouvoir, les régimes fascistes. Le fondement de la distinction des diverses étapes est clair : à chaque fois on a affaire à des processus socio-politiques différents, qui selon l'auteur appelleraient, en raison de leur différence justement, l'utilisation par l'historien ou le politiste d'approches différentes ; c'est ainsi par exemple que si la démarche de l'histoire intellectuelle, ou de l'histoire des idées, lui semble fondée pour l'analyse de la première « étape » du fascisme, elle ne l'est plus dès que le fascisme entre dans l'étape de son enracinement, en ce sens que tout « enracinement » réussi d'un mouvement fasciste en tant que compétiteur majeur dans l'espace politique d'un pays suppose une sorte de « trahison » de son programme « anticapitaliste et antibourgeois » initial.

d'entre elles, même si elle ne conduit pas automatiquement à l'étape suivante, en constitue une *pré-condition indispensable*, alors une conclusion simple, mais troublante, paraît s'imposer : il n'y aurait de possibilité d'observer des phénomènes ou processus relevant de telle ou telle autre « étape » du fascisme que dans le cas de mouvements ayant correctement parcouru, *dans l'ordre*, les « étapes » précédentes. Ou, si je retraduis cette proposition en de termes plus empiriques, cela veut dire que l'observation, par exemple, de l'étape d'enracinement d'une organisation fasciste dans un espace de compétition politique ne serait possible que là où, *auparavant*, dans une « étape » antérieure, le fascisme aurait déjà existé sur une durée minimale, même dans un état groupusculaire, mais sous une forme plus ou moins intellectualisée ou idéologisée, en ayant dessiné une « nouvelle manière de voir le monde ». Je crains, pour tout dire, qu'une telle conception ne puisse même pas pleinement rendre compte, par exemple, du fascisme « originel », l'italien[1].

(b) Comment décider, pour chacune des étapes, de la qualité « fasciste » du phénomène ou processus correspondant à cette étape ? La réponse à cette seconde question, et, en fait, la clef de voûte intellectuelle de l'ensemble, me semble résider dans le point de vue « fonctionnel » de Paxton. De quoi s'agit-il ? S'il ne donne pas vraiment de définition des fonctions que rempliraient les fascismes dans leurs différentes étapes[2], il n'est pas difficile d'en cerner les composantes fondamentales à partir des illustrations

1. Et je crains qu'il rende également difficile l'appréhension de basculements politiques, « conversions » ou « mutations » vers le fascisme de mouvements ou segments d'organisations s'étant déjà « fait leur place » dans l'espace politique sous d'autres labels, ou avec d'autres visions du monde, décalées par rapport à ce que dans la perspective discutée on pourra appeler « fascismes » (n'est-ce pas le cas, en large partie, du PPF de Doriot, pour aller à un exemple facile ?) ; n'est-ce pas trop négliger aussi le fait que les poussées fascistes ou autoritaristes de l'entre-deux-guerres ont visiblement comporté une dimension que, pour aller vite, on pourrait dire transnationale ?

2. Paxton tente aussi, dans sa contribution à ce livre, d'esquisser une définition plus formelle des fascismes, mais elle comporte la difficulté d'être formulée en termes de *promesses* d'accomplir ce type de fonctions, ce qui l'expose, il en est conscient, aux mêmes types d'objections que celles qu'il adresse, à juste titre, à ceux qui tentent de définir le fascisme en prenant pour point de départ les programmes des partis fascistes.

qu'il nous offre des mouvements que l'on peut qualifier (ou ne pas qualifier) de « fascistes » en raison des « fonctions » qui peuvent leur être imputées[1]. En schématisant, ces illustrations me semblent converger vers une définition effectivement « fonctionnelle » des fascismes, définition articulée autour des éléments suivants : les besoins des élites conservatrices en ce qui concerne, en gros, le maintien de l'ordre social ; les situations dans lesquelles l'État n'est pas à même, pour diverses raisons, de remplir cette fonction, c'est-à-dire de satisfaire ces besoins ; le recours par les élites à une sorte de substitut à la force et à l'autorité que l'État n'assume plus : les fascistes.

Cette stratégie visant à contourner les apories des théories du « fascisme générique » – par un retour à une perspective « fonctionnelle » – me semble butter sur plusieurs difficultés significatives. Il n'est pas aisé, notamment, de dériver de cette configuration de relations les « fonctions » attribuables aux courants ou mouvements fascistes de la première « étape » (se conçoivent-ils toujours vraiment dans une telle position de « supplétifs » dans leurs relations avec des élites dominantes, ou même l'État, même en termes de « promesses » d'assurer ces « fonctions » ?). Pour les phases suivantes, cette définition fonctionnelle des fascismes se rapproche, en dépit de la subtilité de la démarche, des traditionnelles conceptions *instrumentales* du fascisme[2]. Dans le cas

1. Illustration peut-être la plus claire, parce que prospective : « On est en droit de conclure, par exemple, que les skinheads sont des équivalents fonctionnels des SA de Hitler et des *squadristi* de Mussolini seulement si des éléments influents de l'élite conservatrice commencent à les choyer afin de les utiliser comme armes contre un quelconque ennemi intérieur, tel que les immigrés. » C'est ce type de fonctions qui permet de comprendre pourquoi, selon Paxton, dans la France des années 30, l'espace politique ouvert aux entreprises fascistes fut un espace limité : les grands propriétaires terriens n'avaient tout simplement pas *besoin* des Chemises vertes de Dorgères pour les protéger, c'est la gendarmerie elle-même, même sous le gouvernement de Léon Blum, qui mettra fin aux grèves. C'est pourquoi aussi il ne faut pas être surpris de trouver mentionné comme proche du fascisme de la première « étape » le Ku Klux Klan : « Le Ku Klux Klan constituait une autorité civique de substitution, parallèle à l'administration légale, qui, aux yeux des fondateurs de la société secrète, ne défendait plus les intérêts légitimes de leur communauté [...]. On peut tout au moins soutenir que le fascisme (d'un point de vue fonctionnel) est né à la fin des années 1860, dans le sud des États-Unis. »

2. Pour une présentation et discussion de ces conceptions, à propos du cas du

français en particulier, il serait peut-être imprudent d'assimiler le positionnement souvent extraparlementaire des mouvements de la droite radicale à la vision purement manipulative que semblent en avoir eu dès les années 20 certains hommes politiques conservateurs (et non des moindres : Poincaré, Tardieu) et certains milieux d'affaires, « réservant » la possibilité du recours à ces ressources politiques extraparlementaires aux périodes de menace visible de « collectivisme ». Que certains acteurs aient pu adhérer à cette vision instrumentale de l'action politique ne devrait pas nous surprendre – il s'agit de conceptions assez familières, aux « élites » notamment (mais pas exclusivement), qui ne sont d'ailleurs pas sans effets sur leur style d'action[1]. En revanche, l'historien ne peut que se souvenir qu'en Italie ou en Allemagne d'autres politiciens et d'autres hommes d'affaires ont cru, eux aussi, pouvoir « tenir » leurs « forces supplétives » autochtones.

Face aux difficultés que rencontrent ces diverses stratégies de recherche pour penser le fascisme comme un ensemble de phénomènes présentant des traits suffisamment spécifiques pour justifier leur traitement analytique à part, et face à l'impuissance récurrente de ces stratégies à produire des définitions « du » ou « des » fascismes qui fassent sens en regard des expériences historiques vécues par leurs acteurs comme participant du « fascisme », la tentation est forte de décider, à la manière de Gilbert Allardyce, qu'il n'y a pas de sérieux gains de connaissance à attendre du recours au mot « fascisme », et que la meilleure chose à faire est de limiter son usage à la désignation d'un phénomène particulier saisi dans sa singularité historique, c'est-à-dire du seul

---

nazisme, voir notamment Ian KERSHAW, *Qu'est-ce que le nazisme ? Problèmes et perspectives d'interprétation*, trad. fr. J. Carnaud, Paris, Gallimard, 1992 (1re édition anglaise : 1985), en particulier le chap. 3.

1. L'une des implications, peut-être inattendue, de la perspective fonctionnelle proposée par Robert Paxton concerne le PSF, dont le leader et vraisemblablement la plupart des adhérents conçoivent explicitement leur rôle, quand ce sera nécessaire, à la fameuse « heure H », comme celui d'une force d'appui ou, éventuellement, de substitution, face à une menace des « collectivistes ». Comme le montre de façon détaillée Jacques Nobécourt dans sa biographie du colonel La Rocque *(op. cit.)*, cette vision persiste très longtemps encore sous Vichy, et cela malgré les rebuffades répétées qu'opposent les hiérarques du régime aux constantes offres de service du leader du PSF (voir aussi annexe 2, p. 416).

fascisme « originel », le fascisme italien[1]. La solution ne manque pas à vrai dire d'attraits, qu'il ne m'est pas possible de détailler ici, mais je ne suis pas certain qu'elle soit la meilleure au regard des problèmes de connaissance affrontés dans ce livre. Doit-on en effet accorder d'emblée un tel privilège, pratiquement l'exclusivité, dans la démarche de l'historien ou de tout autre praticien des sciences sociales, *à ceux qui ont les premiers produit ou utilisé le mot* – et qui, Allardyce le rappelle à juste titre, ont eu beaucoup de mal eux-mêmes à en donner une définition ? Ne gagne-t-on pas à ne pas ignorer les multiples luttes des divers acteurs autour du mot et de ses usages, notamment de ses usages sous forme de label politique ? De ce point de vue, on ne voit pas de bonne raison de limiter l'analyse aux seuls « inventeurs », ni davantage à ceux qui se sont voulus, ailleurs ou à d'autres moments – ou se veulent aujourd'hui encore – « fascistes », les autres, les « antifascistes » notamment, ne contribuant en outre pas moins à ces luttes et à la production des multiples significations du mot.

À l'opposé de ce que suggère Allardyce, je pense qu'*il faut prendre son parti du flou du mot « fascisme »*, que tenter de le réduire constitue même une erreur méthodologique ; en d'autres termes, que les luttes autour du mot et des labels ne doivent pas être séparées de l'« objet », ce qui, je l'admets, tend à modifier, pour le chercheur, cet « objet » lui-même. Cela ne veut pas dire en revanche que ce que désignent les multiples usages ordinaires du mot ou les multiples luttes autour des labellisations permettent de décider si l'on a affaire à des phénomènes ou à des processus qui doivent être *analysés à part* ; c'est un piège banal pour les sciences sociales : ce serait déduire d'un substantif – un mot issu de pratiques des acteurs, un mot aux usages multiples et à la signification flottante – une substance commune. Et ce serait aussi *restreindre* trop hâtivement l'univers des phénomènes à confronter, à comparer. « Ne comparer que ce qui est à première vue comparable », voilà l'autre piège associé à pareille posture[2].

1. Gilbert ALLARDYCE, « What Fascism is Not : Thoughts on the Deflation of a Concept », *The American Historical Review*, vol. 84, n° 2, avril 1979, pp. 367-388.

2. Sur cette question, voir notamment Paul VEYNE, *Comment on écrit l'histoire. Essai d'épistémologie*, Paris, Le Seuil, 1971, et Michel DOBRY, *Sociologie des crises politiques. La dynamique des mobilisations multisectorielles*, Paris,

Mais il me faut, pour préciser davantage encore la stratégie de recherche qui me semble devoir être suivie, revenir brièvement au regard que nous posons sur les diverses formes de fascismes et d'autoritarismes qui ont peuplé le XXe siècle. Ce regard est un regard particulier pour d'autres raisons encore que celles que j'ai évoquées plus haut. Il l'est aussi, il serait absurde de ne pas en convenir, parce que, aujourd'hui, ces phénomènes nous répugnent, par leur abjection, par les horreurs qu'ils ont produites, mais aussi par leur « fonctionnement » quotidien. Mais il l'est encore, sur un tout autre plan, et nous entrons là dans d'autres difficultés que rencontre l'analyse de ces phénomènes historiques, parce que les idées, les hommes, les mouvements ou les régimes qui les ont constitués ont été clairement les vaincus de la Seconde Guerre mondiale. À l'issue de la guerre, ils ont souvent été réprimés et marginalisés – quoi qu'on pense des limites, souvent réelles, des « épurations » effectuées dans tel ou tel pays. Aujourd'hui encore, ceux qui s'en réclament, ou n'osent s'en réclamer ouvertement, tendent à être marqués par des stigmates disqualifiants. La conjugaison de ces deux traits fait que ces phénomènes semblent, lorsqu'il s'agit pour les sciences sociales de les interpréter, comporter une spécificité ou une singularité historiquement irréductible, recquérant soit une approche ou une méthode exceptionnelle, soit de les considérer comme des processus ou des phénomènes devant être traités séparément, ne pouvant *être comparés qu'entre eux*, parce qu'ayant justement abouti à des effets monstrueux. Là gît une formidable illusion, qui « fonde » la croyance dans la spécificité analytique de ces phénomènes et processus, et sur ce qui les sépare nécessairement d'autres types de processus ou phénomènes.

La solution me paraît simple, au moins dans son principe : ne pas décider trop vite que l'on a affaire à des processus ou phénomènes devant être examinés à part, ou obéissant nécessairement à des lois historiques, des déterminismes ou des facteurs exceptionnels ; ne pas les isoler d'emblée, par simple *effet de définition*, d'autres processus ou phénomènes qui, peut-

Presses de la Fondation nationale des sciences politiques, 1986 (rééd. en coll. « Références », 1992).

être très voisins, ont pu, et parfois par hasard, aboutir à d'autres effets. Cette solution, cette *historicisation*, au sens strict, de ces phénomènes et processus, a un volet qui, à première vue, pourrait sembler dérangeant ou même insupportable pour certaines de nos routines intellectuelles : des hommes « ordinaires », agissant en « bons pères de famille », ou des processus sociaux également « ordinaires » ou, si l'on préfère, « normaux », peuvent donner naissance à des phénomènes absolument monstrueux, hors de l'humanité, entièrement inacceptables du point de vue de l'idée que nous nous faisons de ce que doivent être nos normes morales minimales[1].

Il n'est pas inutile d'insister sur ce point : j'entends ici « historicisation » dans le sens précis d'une *normalisation méthodologique*, et exclusivement méthodologique, de certains phénomènes historiques auxquels nous sommes tentés d'appliquer spontanément des approches « exceptionnelles » pour des raisons que j'ai explicitées à l'instant. Pour reprendre l'exemple de l'étude de Browning, que des hommes « ordinaires », mus par des « motivations » ordinaires, soient capables de produire des monstruosités n'équivaut nullement – *au plan moral* – à rendre le nazisme moins « responsable » de ses « réalisations » ; cela aboutit dans ce cas précis à comprendre, au contraire, que la mise en cause du seul petit noyau de dirigeants nazis, ou de la « folie » prêtée à leur leader, ne saurait en aucun cas, sous ce rapport, être acceptable ou justifiable. C'est dire aussi que l'« historicisation » telle que je viens de la définir s'oppose radicalement à toutes les tentatives contemporaines de banalisation ou de *justification politique* des phénomènes évoqués plus haut et qui, tel le « phénomène nazi », heurtent frontalement par leurs « performances » notre sens de ce qui constitue l'humanité[2].

---

1. Voir notamment, de ce point de vue, Christopher BROWNING, *Des hommes ordinaires. Le 101ᵉ Bataillon de réserve de la police allemande et la Solution finale en Pologne*, trad. fr. É. Barnavi, Paris, Les Belles Lettres, 1994.

2. Pour donner un exemple explicite, c'est très exactement à cela que nous avons affaire avec les fumeuses conceptions d'Ernst Nolte, comme on peut le voir notamment dans le texte suivant qui vise à expliciter la signification et la motivation de sa démarche : « Il a fallu bien des événements pour que je puisse me voir conduit *à prendre fait et cause pour Frédéric II.* Il fut à ce point condamné de toutes parts, il encourut à ce point la réprobation comme incarnant le “mal absolu” que son

Pour être plus précis, au plan méthodologique, *dans l'état actuel des recherches* sur les mouvements autoritaires ou fascistes, cela suppose, je crois, une posture de recherche, qui, au lieu de placer au départ de l'analyse quelque définition « du » (ou même « des ») fascisme(s), se donne pour assise un *autre découpage de l'objet*, qui ne prive pas d'emblée l'historien ou le politiste de trouver autre chose au bout de sa recherche que la délimitation que sa définition a introduite au départ, et qui du coup leur permette aussi d'identifier d'autres « énigmes » à résoudre, et d'autres « intrigues » historiques[1]. Un bon exemple de ce type de démarche nous est fourni avec l'analyse que propose Ian Kershaw de la dynamique historique du « phénomène nazi » en tant que résultante, avant tout, du lien qui s'est stabilisé autour du milieu des années 20 entre le « chef charismatique » et, dans la terminologie de Max Weber, la « communauté émotionnelle » de ses adeptes[2]. Que certains traits de la thèse de Kershaw puissent être discutés me semble ici secondaire : le point important est que l'univers d'intelligibilité du nazisme n'a plus pour point d'ancrage primordial ou unique l'univers des fascismes, mais aussi – et peut-être davantage – celui, sensiblement décalé, des phénomènes « charismatiques ».

L'historicisation rigoureuse, et féconde, des mouvements ou phénomènes « fascistes » ou « autoritaires », et celle des processus sociaux et politiques dans lesquels ils furent immergés, ne saurait se réaliser pleinement qu'à ce prix. Dans le cas de la France, on l'aura compris, cette historicisation débouche sur une image beaucoup

---

image d'ensemble ne pouvait qu'être grossièrement déformée. *C'est une métaphore et vous comprendrez ce que je veux dire par là*. Mais à propos de tout ce que j'ai dit et qui pourrait sembler notoirement "patriotique", voire être une "disculpation de Hitler", je me suis demandé si j'aurais écrit la même chose étant américain, anglais ou français. Je crois que je pourrais répondre par l'affirmative dans tous les cas. Cependant, et *pour recourir encore à cette métaphore*, je n'ai pas un instant oublié que Frédéric le Grand avait effectivement entrepris une guerre d'agression et d'annexion contre Marie-Thérèse » (extrait de François FURET et Ernst NOLTE, *Fascisme et communisme*, Paris, Hachette, 2000 ; 1re éd. 1998, pp. 117-118 ; c'est moi qui souligne). Il est navrant que dans la suite de sa correspondance avec Nolte, son interlocuteur n'ait justement pas voulu « comprendre » le sens – fort peu dissimulé pourtant – de la « métaphore », c'est-à-dire l'identité du personnage pour lequel Nolte, selon ses propres termes, a décidé de « prendre fait et cause ».

1. Paul VEYNE, *Comment on écrit l'histoire. Essai d'épistémologie*, *op. cit.*

2. Ian KERSHAW, *Hitler. Essai sur le charisme en politique*, *op. cit.*

moins « apaisante » des mouvements de la droite autoritaire du passé, et vraisemblablement du présent, que la vision qu'en propose la thèse immunitaire. On aura compris aussi que, au moins pour l'auteur de ces lignes, l'attribution, ou non, de l'étiquette « fascisme » ou « fascisme authentique » à ces mouvements, du point de vue adopté dans ce livre, c'est-à-dire du point de vue de leur intelligibilité, celui de leur connaissance historique et de leur interprétation sociologique, ne constitue pas la seule, ni même la principale question de recherche.

2.

La « Marche sur Rome » : version originale sous-titrée. La réception du fascisme en France dans les années 20

Bruno Goyet

Aux environs des années 20, « fascisme » fit son apparition dans la presse française, à propos des graves troubles italiens et de la montée au pouvoir de Mussolini. Les Français, qui disposaient d'une solide tradition contre-révolutionnaire et autoritaire, la voyaient soudain s'enrichir de ce mot. Radicalement nouveau et exotique pour certains, il était pour d'autres d'une grande banalité, celle de la dictature. Mais tous devaient se débrouiller avec ce fait : un mot étranger, une réalité étrangère s'imposaient en France. Cette étude se propose de décrire et problématiser le processus d'apparition du mot « fascisme » en France, et de le recontextualiser, afin de le saisir dans son innocence première et de démêler par quelles voies il s'est lesté de sens et de résonances particulières qui l'ont transformé.

Que les violences de rue des Camelots du roi préexistassent largement à l'aventure fasciste était une évidence. Or, dès 1923, on les qualifia d'apprentis fascistes, et Maurras dut se défendre du soupçon de plagiat idéologique. Quelque chose s'était bien passé en France à la suite de la marche sur Rome et qui avait à voir directement avec le fascisme. Si le mot n'a pas créé l'idée ni le fait, si le nationalisme populiste est une réalité ancienne en France, il n'empêche qu'il cristallisa tout un complexe idéologique, qu'il força à des prises de position et affecta par là les données du problème d'une éventuelle filiation française de cette idéologie[1].

Fascismo est dès le départ un mot étranger qu'il faut traduire, qui s'inscrit donc dans les transferts culturels entre la France et l'Italie, sur le « socle commun » de leurs antiques relations[2]. Il ne s'agira pas de mesurer l'authenticité d'une imitation par rapport à un original hypothétique[3], mais de décrire le contexte de l'adoption du mot par les Français, son historicité et les « décalages sémantiques » qu'il occasionne. Il n'y eut pas de crise italienne de la pensée française et le fascisme ne résonna pas en France comme le fit le nazisme, auréolé de tous les mystères germaniques. Rien de comparable en Italie aux *Frankreichbücher* qui donnaient leur caution scientifique aux lieux communs qu'Allemands et Français nourrissaient les uns vis-à-vis des autres[4]. Les traductions d'œuvres fascistes ou antifascistes restèrent modestes par rapport à la littérature sur le nazisme, sans évoquer même celle des retours de Moscou. C'est à cette première aune qu'il faut mesurer l'impact du fascisme.

S'interroger sur la réception initiale du fascisme en France, c'est aussi déplacer le problème de la définition du terme vers ses usages. Non pas tellement en analysant une idéologie comme l'expression d'attentes et de frustrations sociales, mais en cernant dans quels milieux politiques et militants le mot eut du succès, à quels enjeux proprement nationaux il correspondait. Il n'y en eut pas une acception mais plusieurs ; recourir à ce terme était aussi retraduire des enjeux divers par un terme unique qui les valorisait ou au contraire les invalidait. La presse de gauche usa abondamment de sa capacité à simplifier les oppositions politiques

1. C'est ce que néglige Zeev STERNHELL dans *Ni droite ni gauche. L'idéologie fasciste en France*, Paris, Le Seuil, 1983 ; nouv. éd., Paris, Fayard, 2000. Antonio COSTA PINTO, « Fascist Ideology Revisited : Zeev Sternhell and His Critics », *European History Quarterly*, XVI-4, octobre 1986, a noté sa confusion entre culture et idéologie et sa négligence des aspects sociaux de l'idéologie (pp. 477-478).

2. Pour reprendre l'expression et les analyses de Michel ESPAGNE, *Les Transferts culturels franco-allemands*, Paris, PUF, 1999, pp. 4-5 et 25.

3. L'approche la plus élaborée en ce sens est celle de Pierre MILZA, *Fascisme français. Passé et présent*, Paris, Flammarion, 1987.

4. Wolfgang GEIGER, *L'Image de la France dans l'Allemagne nazie, 1933-1945*, Rennes, PUR, 1999, p. 11 *sq*.

et eut tout de suite tendance à monter le terme en généralité et à l'instituer en catégorie politique globale, quand la droite, elle, soulignait l'irréductibilité italienne de l'expérience. Même si ces deux usages sont intiment liés, celui qu'en fit la droite est le plus riche d'enseignements pour nous, car elle était confrontée à un redoutable problème d'autodéfinition et de dénégation du stigmate que lui imposait la gauche. C'est pourquoi je me suis surtout intéressé ici aux réactions d'extrême droite au fascisme, même s'il faudrait, par ailleurs, expliquer la nécessité ressentie à gauche pendant les années 20 de construire une nouvelle catégorie du discours politique pour désigner l'adversaire. Finalement, n'est-ce pas la dénégation qui va être la posture la plus significative dans la querelle autour de la terminologie fasciste ? Pourquoi l'Action française (AF), que tant de choses rapprochaient du régime fasciste, qui applaudissait à toutes ses initiatives, qui manifesta sa solidarité avec l'Italie mussolinienne, récusa-t-elle toujours, et avec violence, l'étiquette fasciste ? Se revendiquer du fascisme ou se défendre d'y appartenir est avant tout une stratégie de distinction qui permet à chacun de se définir et de se ménager un espace de parole autonome à l'extrême droite du Parlement et, en même temps, de rendre acceptables des thèmes et des attitudes à des fractions de l'opinion publique plus larges que ses milieux d'origine[1].

La France ne tire pas d'une culture politique monolithiquement et sempiternellement républicaine un privilège d'immunité face aux germes fascistes[2]. Les cultures nationales sont elles-mêmes des processus toujours en cours. Ni closes ni univoques, elles

---

1. Michel DOBRY, « Février 1934 et la découverte de l'"allergie" de la société française à la révolution fasciste », in *Revue française de sociologie*, t. XXX, 1989, p. 522.

2. René RÉMOND, *Les Droites en France*, 4e éd., Paris, Aubier, 1982. Même s'il prend soin de se démarquer des analyses de type essentialiste (p. 218), l'auteur investit la culture politique du rôle que l'on ne peut plus décemment attribuer à « l'âme des peuples », dans le droit fil des travaux d'André Siegfried, jamais reniés par ses successeurs à Sciences-Po (cf. Loïc BLONDIAUX et Philippe VEITL, « La carrière symbolique d'un père fondateur. André Siegfried et la science politique française après 1945 », in *Genèses. Sciences sociales et histoire*, n° 37, décembre 1999, pp. 21-22). Cette approche essentialiste a été réactualisée par Serge BERSTEIN, « La France des années trente allergique au fascisme », in *Vingtième siècle. Revue d'histoire*, n° 2, avril 1984, pp. 83-94.

connaissent en particulier des « moments étrangers », tels que celui qui nous intéresse ici[1]. « Fascisme » prend place dans ce processus d'élaboration : en quels termes va-t-il pouvoir se traduire et à quels déséquilibres constitutifs de ces fragiles constructions va-t-il répondre ? Ainsi des oripeaux bonapartistes qu'il revêt : l'utilisation par trop rigide et fixiste d'une typologie des différentes traditions de droite que la France nourrirait interdit de comprendre les ruptures qu'introduit l'usage d'un nouveau terme. L'étude du passage du terme d'une culture nationale à l'autre a pour but d'expliquer que fascisme en deçà et au-delà des Alpes pouvait avoir des sens sensiblement différents.

Une telle approche permet de n'être pas obnubilé par ce que sera effectivement plus tard le fascisme constitué et rigidifié en un certain nombre d'idéologies et de régimes. Elle sauvegarde les potentialités du présent courant et ne tire pas argument de l'échec d'un régime fasciste en France, au moins jusqu'à l'Occupation, pour nier la disponibilité fasciste des années 20 ou 30[2]. C'est pourquoi nous nous intéresserons ici à la façon dont la geste fasciste a été accueillie en France, bien plus qu'à la façon dont le régime lui-même fut analysé. Car certains milieux furent ouvertement séduits par les sirènes mussoliniennes, et c'est par leurs actes qu'ils traduisirent le fascisme. Mais marche-t-on sur Paris comme sur Rome ? La victoire électorale du Cartel des Gauches en 1924 pouvait-elle raisonnablement être comparée à une véritable subversion de l'ordre social traditionnel ? Le modèle mussolinien de prise du pouvoir et de contrôle de la rue a pu inspirer certains groupes français dans leurs propres pratiques, par-delà les différences entre la situation du pays et celle de l'Italie. Les événements qui ont marqué ces années-là ont rejailli par contrecoup sur la notion de « fascisme », lui donnant, pour les contemporains, plus ou moins de réalité par l'emploi réel qui en était fait.

---

1. Michel ESPAGNE, *Les Transferts culturels franco-allemands, op. cit.*, pp. 42 et 46.

2. D'après l'expression de Serge Berstein, qui parle, lui, de « disponibilité populiste » à propos des années de l'Affaire Dreyfus ; « La ligue », in *Histoire des droites en France*, Jean-François SIRINELLI (dir.), Paris, Gallimard, 1992, t. II, p. 84.

UN SCÉNARIO ITALIEN : LA MARCHE SUR ROME

L'accueil du fascisme en France par la grande presse n'offrirait pas de surprise[1] : soutien inconditionnel à l'extrême droite *(La Victoire, L'Écho de Paris, L'Action française)* ; vive hostilité à l'extrême gauche *(Le Populaire, L'Humanité)* et chez les démocrates-chrétiens *(Ouest Éclair)* ; attitude mitigée des centres, droit *(Le Temps, Le Figaro, Les Débats)* comme gauche d'ailleurs *(Le Radical, La Dépêche du Midi)*, favorables à la restauration de l'ordre – entendons la lutte anticommuniste –, mais très réservés quant aux méthodes. Soit. Mais c'est un peu court et partiellement erroné dès lors que l'on se penche de plus près sur ces attitudes. Il est déjà plus intéressant de replacer cet accueil dans la vision traditionnelle peu flattée de l'Italie que véhiculent journaux et milieux intellectuels français, surtout dans une période où cette image vient d'être bousculée par l'entrée en guerre de l'Italie du côté des Alliés, ce qui ne laissera pas d'avoir des effets sur la réception du fascisme. Le terme n'arrive pas sur un terrain vierge en France, il doit s'intégrer dans les visions mutuelles que les deux pays nourrissent l'un de l'autre.

D'une part, l'image de l'Italie dans l'opinion publique française, depuis son entrée en guerre du côté des Alliés, a été fortement revalorisée, et l'on semble oublier les détestables relations de l'époque de Crispi, en particulier dans la droite nationaliste (à la moindre alerte sur la Tunisie ou sur Nice, elles seront prêtes à reprendre du service). Pour expliquer ce revirement, Jacques Bainville parle de malentendu : « La France concevait romantiquement une Italie qui se concevait elle-même dans l'esprit le plus positif, le plus réaliste, le plus pratique. Le contresens était grave. Il a eu pour effet de créer entre les deux pays un malentendu qui s'est prolongé jusqu'à nos jours[2]. » D'autre part, l'intérêt soudain des Français pour le fascisme tranche fortement

1. Pierre MILZA, *Le Fascisme italien et la presse française, 1920-1940*, Paris, A. Colin, « Kiosque », 1967 ; rééd. 1987, Bruxelles, Complexe. Voir en particulier pp. 89-103 et 147.

2. Jacques BAINVILLE, *La Guerre et l'Italie*, Paris, Fayard, 1916, p. 113.

sur le peu de place qu'ils accordaient jusque-là à la Péninsule par rapport aux questions allemandes, russes ou anglaises[1]. Encore qu'il ne faille pas exagérer cet intérêt. *L'AF*, par exemple, rend bien compte de la marche sur Rome et de la prise de pouvoir par Mussolini, en première page de presque tous ses numéros du 26 octobre au 5 novembre 1922, sous les plumes de Jacques Bainville et de Léon Daudet, en plus des papiers d'« Aventino », correspondant de *L'AF* à Rome[2]. Puis l'affaire ne fait plus que de très rares apparitions en première page ou dans le corps du journal, et en général à propos de l'actualité politique française plutôt qu'italienne. L'urgence est alors à la question ottomane et surtout à celle de l'occupation de la Ruhr. La question italienne reste secondaire pour les Français, et c'est plus par les rodomontades mussoliniennes à propos de la Tunisie ou de Nice et de la Savoie que l'Italie continue d'occuper alors la presse.

Pour mieux comprendre l'accueil fait au fascisme, il faut le replacer dans les visions globales que les Français avaient de l'Italie, pas seulement ni particulièrement dans ses aspects politiques et diplomatiques, mais plus généralement dans sa dimension culturelle. Un phénomène politique n'est pas importé directement d'un champ politique national à un autre, sans passer par des médiations, qui réfractent plus ou moins la réalité originelle de ce phénomène, comme, par exemple, la pente naturelle à habiller les événements contemporains des défroques de l'antiquité nationale.

Les Français ne sont pas spécialement sensibilisés aux réalités contemporaines de l'Italie, qu'ils voient à travers le prisme des grandes pages de son histoire ; y compris dans les milieux néomonarchistes, même si c'est un des leurs, Eugène Marsan, qui traduit dès février 1923, pour la Nouvelle Librairie nationale, les deux livres de Gorgolini sur Mussolini et son action[3]. À l'instar de l'opinion lettrée française, ils ont tendance à analyser ces réalités

1. Pierre MILZA, *Le Fascisme italien, op. cit.*, pp. 46-47.

2. Maurras étant alors en Provence pour le décès de sa mère, Robert Havard de la Montagne assure son intérim ; Gérard GAUDIN, « *L'AF* et les débuts du fascisme italien », in *Études maurrassiennes*, n° 2, Actes du deuxième colloque Charles Maurras, 1970, Centre Charles Maurras, Aix-en-Provence, 1973, p. 87.

3. *Le Fascisme*, préfaces de Mussolini et de Bainville, 1923 ; *La Révolution fasciste*, avec les discours de Mussolini, préface de Valois, 1924.

contemporaines en se référant à l'Italie antique ou renaissante, comme Maurras lui-même, tout imprégné de ces images par son propre passé de félibre et de poète néoclassique, qui vouait un culte ardent à Dante. Ainsi, lorsque la marche sur Rome quitte la une de *L'AF*, elle se trouve relayée par les bonnes pages du dernier livre de Léon Daudet, *Sylla et son destin*, annoncé ainsi : « La dictature à Rome autrefois » (5 novembre 1922). Et *arditi* et *fascisti* sont volontiers comparés aux troupes des condottieres : « Les bandes valent ce que valent leurs chefs » (28 octobre 1922). Voilà des images qui vont s'imposer aux observateurs français et qui les empêcheront d'avoir une claire vision de la radicale nouveauté du phénomène fasciste. Un passéisme esthétique brouille les réalités politiques modernes de l'Italie. Benjamin Crémieux, un des rares spécialistes de la littérature italienne en France, écrit à propos du livre de Gorgolini : « Le fascisme n'a pas de contenu philosophique, il est tout empirique et purement italien. Il reproduit un phénomène courant au XIVe et au XVe siècles en Italie[1]. » Une réactivation de lieux communs sur l'âme des peuples tient lieu d'explication des succès mussoliniens, comme le « caractère politique » des Italiens, leitmotiv des années 20 : « Le véritable génie politique par où les Italiens se distinguent leur permet de trouver des combinaisons qui dénouent subitement, et à la satisfaction générale, des situations d'apparence insoluble[2]. » L'expérience fugace de la dictature espagnole de Primo de Rivera (1923-1930) en fournira un contre-exemple facile. Son échec viendrait du retard politique du peuple espagnol et de l'absence d'intellectuels de droite autoritaires et traditionnels, opposée à « un ensemble de conceptions solides, bien coordonnées, créant plus qu'un esprit public, plus qu'une opinion publique, un courant d'idées claires extraordinairement passionnées, actives et fécondes » qui caractériserait le fascisme italien d'après Maurras (*L'AF*, 17 février 1930).

1. *NRF*, t. XX, janvier-juin 1923, pp. 707-708.

2. Jacques Bainville, octobre 1922, cité par Dominique DECHERF, *Bainville. L'intelligence de l'histoire*, Bartillat, 2000, p. 237. La politisation des émigrés italiens en France est aussi dénoncée par les rapports de police de l'époque, cf. Ralph SCHOR, « L'image de l'Italien en France entre les deux guerres », in P. Milza (dir.), *Les Italiens en France de 1914 à 1940*, École française de Rome, 1986, p. 101.

Mais, outre cette réduction historique, le fascisme va surtout être marqué par la condescendance des rapports de la France envers l'Italie. S'il y eut une crise allemande de la pensée française, les Français n'eurent pas un tel complexe vis-à-vis de la « sœur latine ». Il n'est que de comparer l'obsession qu'intellectuels français et allemands nourrirent les uns envers les autres à la relation inégale que les cercles français et italiens entretenaient, et ce dès la fin du XIXe siècle. Milan et Florence se disputent l'attention de Paris et, dans les années 20, l'ensemble des avant-gardes italiennes se mettent à l'heure des milieux littéraires français et de leur « retour à l'ordre[1] » ; la *NRF* y a un immense prestige, que la victoire des fascistes ne fera pas pâlir[2].

Si l'après-guerre voit les livres sur l'Italie se multiplier en France, cela reste peu de chose par rapport à tout ce qui concerne, par exemple, la Russie et, de façon plus générale la question de l'Orient et de l'Occident : à peine une quarantaine de livres sur l'Italie fasciste et Mussolini de 1922 à 1932[3]. Le bilan est calamiteux pour la littérature italienne publiée en France[4]. Le prestige de D'Annunzio ne peut balancer ce désintérêt, d'autant qu'il est, pour ainsi dire, un Parisien d'adoption, mis en avant par Brunetière dans *La Revue des deux mondes*, dans sa lutte contre le réalisme littéraire et contre la vogue des littératures nordiques[5]. Mais il est

1. François LIVI, « Présentation » du numéro de la *Revue des études italiennes*, t. 43, n°s 3-4, juillet 1997, « Paris-Florence (1900-1920), Aspects du dialogue culturel », p. 131.

2. Gilbert BOSETTI, « Les lettres françaises sous le fascisme. Le culte de la "NRF" dans l'entre-deux-guerres face à la francophobie fasciste », *Mélanges de l'École française de Rome*, Moyen Âge et Temps modernes, t. XCVIII-1, 1986, pp. 383-342.

3. Pour tout ce qui concerne l'édition politique en France dans les années 20, je suis redevable à Philippe Olivera qui m'a fait souvent profiter de sa connaissance de l'histoire intellectuelle de l'entre-deux-guerres : *La Politique lettrée en France, les essais politiques, 1919-1932*, thèse d'histoire, sous la dir. de C. Charle, Paris-I, décembre 2001.

4. Jean-Pierre VIALLET, « Statistiques et histoire des relations culturelles franco-italiennes : l'exemple des traductions (1932-1939) », in J.-B. Duroselle et E. Serra (dir.), *Il vincolo culturale tra Italia et Francia negli anni trenta e quaranta*, Milan, Istituto per gli Studi di Politica Internazionale, Franco Angeli, 1986, p. 273.

5. Je remercie Blaise Wilfert qui m'a fait profiter de sa connaissance des importations littéraires en Europe et de leurs liens avec le nationalisme.

aussi de ces quelques gloires littéraires qui assurent l'illustration de la civilisation italienne contemporaine à travers l'Europe et qui, par leurs prises de position envers le fascisme, vont lui donner un certain retentissement. Lors de l'expédition de D'Annunzio sur Fiume, de nombreux écrivains français signent une adresse de soutien à son action, en particulier le ban et l'arrière-ban des cercles maurrassiens (Gabriel Boissy, Eugène Marsan, Henri Massis, etc.)[1]. Mais son éloignement de la politique active après son échec à Fiume, ses rapports tendus avec Mussolini et la stricte neutralité qu'il observe envers le fascisme triomphant en font un mauvais passeur pour le mouvement en France. D'Annunzio reste pour *L'AF* un représentant du nationalisme traditionnel, les « chemises bleues » *[arditi]* « dont les chefs semblent revenus aux vrais principes de ce que doit être le nationalisme », par opposition aux « chemises noires » (Aventino, *L'AF*, 5 novembre 1922). Et lorsque Maurice Pujo évoque la querelle entre Mussolini et D'Annunzio, il prend parti pour ce dernier (*L'AF*, 20 décembre 1922).

Mussolini avait visiblement conscience de l'importance de ces enjeux littéraires et culturels et pouvait compter sur d'autres grands écrivains[2] : il a envoyé Ungaretti comme correspondant à Paris du *Popolo d'Italia,* le journal fasciste, en 1919-1920, ce que l'intéressé commente ainsi : « Le choix d'un poète ne me semble pas sans signification [...]. Un poète qui s'échauffe pour les intérêts de la patrie, ce n'est pas une nouveauté pour nous : je cite Dante, toute modestie mise à part[3]. » Ungaretti fréquente les milieux d'avant-garde et, par Jean Paulhan, a ses entrées à la *NRF*, à laquelle il fait abonner l'ambassade d'Italie à Paris et dont il se flatte d'être le correspondant pour l'Italie[4]. Il va jusqu'à communiquer à Mussolini

1. G. UNGARETTI, « Gli scrittori di Francia al poeta d'Italia », in *Il Popolo d'Italia*, 6 octobre 1919, cité par Michel OSTENC, *Intellectuels italiens et fascisme (1915-1929)*, Paris, Payot, 1983, p. 193.

2. En particulier sous l'influence de sa compagne, Margheritta Sarfatti, très liée au monde des arts qu'elle lui fait rencontrer, cf. Pierre MILZA, *Mussolini*, Paris, Fayard, 1999, pp. 232-233.

3. « Italia, Francia e Jugoslavia », in *Il Popolo d'Italia*, 11 février 1919, cité par Michel OSTENC, *Intellectuels italiens et fascisme, op. cit.*, p. 169.

4. *Cahiers Jean Paulhan*, t. V, « Correspondance Jean Paulhan-Giuseppe Ungaretti, 1921-1968 », *NRF*, Gallimard, 1989, lettres de fin 1921, pp. 32 et 50.

la copie d'une lettre de Paulhan, qui lui disait son admiration pour le Duce, afin d'obtenir une audience[1]. Paulhan évoquait dans cette lettre son désir de publier un article de Marsan sur Mussolini, au même moment où Plon édite ses discours et ses écrits, avec cette phrase de Mussolini comme publicité : « Mes discours sont des faits[2]. » Dans son *Panorama de la littérature italienne contemporaine* (Kra, 1928), Crémieux fait de Mussolini le représentant typique des écrivains romagnoles (pp. 23 et 102), et il met ses discours au rang des livres de Malaparte dans la catégorie de la littérature fasciste (p. 300). Un travail de respectabilisation littéraire et intellectuelle est bien en marche.

En revanche, Marinetti, fondateur du futurisme, dont la réputation couvrait toute l'Europe, s'éloigne temporairement du fascisme, et les futuristes rompent avec le mouvement lors du congrès de Milan en 1920[3]. Or, Marinetti est un des principaux intermédiaires entre la littérature italienne et la France, même après sa conversion à la défense de l'« italianité ». Lorsqu'un homme aussi ambigu envers le fascisme que fut Benedetto Croce s'introduit dans la querelle française du parti de l'intelligence après guerre, c'est en adversaire des maurrassiens et de la mise au pas nationaliste de la littérature : son « Manifeste sur l'attitude des intellectuels pendant la guerre » et sa « Déclaration sur l'indépendance de l'esprit » sont publiés par *L'Humanité*[4]. Ainsi, les milieux littéraires français ne vont pas être aussi naturellement bien disposés à l'endroit du fascisme que ce que l'on aurait pu supposer, son prestige culturel étant amoindri par ces défections des avant-gardes esthétiques.

1. *Ibid.*, lettre de mai-juin 1927, p. 109.

2. *Mussolini parle. Des discours et des écrits de Benito Mussolini*, réunis et traduits par S. Dauguet-Gérard, Plon, 1928. Renseignement fourni par Philippe Olivera. Les œuvres complètes de Mussolini ne seront publiées qu'à partir de 1935 par Flammarion.

3. Judy RAWSON, « Italian Futurism », pp. 252 *sq.*, in Malcolm Bradbury et Jame McFarlane (dir.), *Modernism, 1890-1930*, Londres, Penguin Books, Pelican Guides to European Literature, 1976.

4. En juin 1919, cité par Graziella PAGLIANO UNGARI, *Croce in Francia. Ricerche sulla fortuna dell'opera crociana*, Istituto italiano per gli studi storici in Napoli, Naples, 1967, pp. 38-39. Sur l'ambiguïté de la position de Croce, voir Pier Giorgio ZUNINO, « La faiblesse de la tradition démocratique en Europe. Le cas de l'Italie (1920-1940) », in Zeev Sternhell (dir.), *L'Éternel retour. Contre l'idéologie, l'idéologie de la décadence*, Paris, Presses de Sciences-Po, 1994, pp. 241-245.

Le fascisme a tendance à se réduire à un simple avatar de la tradition italienne et ses spécialistes patentés vont en proposer une vision prisonnière de leurs conceptions académiques dépassées. Ainsi Crémieux est-il complètement invalidé par les avant-gardistes italiens, qui affirment son incompétence et sa méconnaissance du véritable mouvement littéraire de la Péninsule[1]. Il faut dire qu'il essaie de tirer à lui les poètes comme Ungaretti, dont il fait un néoclassique malgré lui[2].

D'autant plus que les milieux antifascistes vont disposer, eux, de réseaux plus fournis. Avec Jean Luchaire, autre grand introducteur des écrivains italiens en France, fils du directeur de l'Institut français de Florence, un certain nombre d'Italiens participent aux tentatives de coopération intellectuelle internationale et gravitent autour de Romain Rolland et des milieux pacifistes, de la revue *Europe* ou de *Commerce* avec Caetani[3]. Après sa rupture avec le fascisme, Georges Valois lance sa collection « Suite italienne » pour accueillir tous les opposants à Mussolini. Dirigée par Giuseppe et Francesco Nitti, elle se présente ainsi : « Une série d'ouvrages particulièrement importants où seront présentés, par des écrivains italiens et français de haut rang, la critique du régime italien actuel et l'exposé du système complet que les nouvelles générations donneront à l'Italie après la chute du fascisme qui a fait dévier et échouer la réforme de l'État[4]. » Sans compter les milieux démocrates chrétiens, avec leur figure emblématique, Sturzo, fondateur du Parti populaire et exilé par les fascistes[5]. Quant à Crémieux, il accueille, en particulier aux *Nouvelles littéraires*, où

1. François LIVI, « Modernités et avant-garde : Papini, chroniqueur au *Mercure de France* », in *Revue des Études italiennes*, t. XLIII-XLIV, n°s 3-4, juillet 1997, p. 202

2. « Il porto sepolto d'Ungaretti », *NRF*, t. XXII, janvier-juin 1924, pp. 384-385

3. Dans ses souvenirs, *Une génération réaliste* (Librairie Valois, 1929), Luchaire se montre particulièrement hostile au fascisme.

4. Renseignement communiqué par P. Olivera. Voir aussi son mémoire, *La Librairie Valois, 1928-1932*, mémoire de l'IEP de Paris, sous la dir. de M. Winock, 1989.

5. Don Luigi STURZO, *L'Italie et le fascisme*, Paris, Alcan, 1927. Cet éditeur propose en même temps dans son catalogue six autres livres sur l'Italie fasciste, dont *L'Europe vivante* de Curzio Malaparte, préfacé par Benjamin Crémieux. Sur le rôle de Sturzo à Paris, voir Jean-Luc POUTHIER, « Luigi Sturzo et l'internationale blanche », in *Les Italiens en France, op. cit.*, pp. 481-497.

il est chroniqueur, et aux Éditions Kra, les intellectuels antifascistes exilés, comme Leo Ferrero ou Nino Franck. Ils défendent l'idée de littérature européenne, autour des *Cahiers de l'Italie et de l'Europe*, publiés en français à Paris[1]. Finalement, le culte de la *NRF* va servir de pierre de touche, en Italie, à l'opposition au fascisme et à son évolution totalitaire[2]. Quand Paulhan pensa éditer l'étude de Marsan sur Mussolini, il s'attendait à des difficultés : « Je crois que ça entraînerait quelques désabonnements, mais tant pis[3]. »

Bref, des liens relativement lâches entre les deux milieux intellectuels et littéraires, faits de beaucoup d'ignorance du côté français, et quelques grands noms éloignés de l'expérience fasciste : les circonstances étaient peu favorables en France pour valoriser le fascisme au point d'en faire un article d'importation culturelle ou politique. Paradoxalement, la question italienne s'est plus posée pour la France en termes de concurrence avec l'Allemagne, car les élites italiennes étaient depuis longtemps attirées par la culture germanique, à l'image d'un Croce fortement influencé par la philosophie allemande. L'Institut de Florence, et ses antennes de Milan et Naples, a échoué à inverser la fascination des élites italiennes pour la culture germanique et à établir un courant intellectuel entre Paris et Rome, et ce dès l'immédiat après-guerre, avant même que le fascisme ne menât sa politique de « défrancisation culturelle[4] ». Et, préfaçant Malaparte, Crémieux a beau souligner ce que l'écrivain fasciste doit, d'après lui, à Maurras et à Sorel, Malaparte le récuse catégoriquement : « Le fascisme n'a rien à voir avec les Camelots du Roi[5]. » La crise allemande de la pensée française s'interpose aussi dans les relations franco-italiennes : quand les nationalistes français reviennent à leur méfiance envers l'Italie, c'est très souvent en raison de menées

1. G. BOSETTI, « Les lettres françaises sous le fascisme... », *loc. cit.*, pp. 387-391.

2. *Ibid.*, p. 413.

3. *Cahiers J. Paulhan, op. cit.*, p. 109.

4. Pierre GUILLEN, « La politique culturelle de la France en Italie dans les années 1918-1922 », in *Relations internationales*, n° 25, printemps 1981, pp. 67-85.

5. *Corriere italiano*, 14 mars 1924 ; cité par Michel OSTENC, *Intellectuels italiens et fascisme...*, *op. cit.*, pp. 1-66.

réelles ou supposées de l'Allemagne auprès de son ancien allié de la Triplice et de la persistance de son influence sur les élites italiennes.

En 1925, *L'Année politique française et étrangère* est lancée par des professeurs de droit et de lettres dans le but de fonder une science politique positive ; symptomatiquement elle consacre ses premiers numéros aux expériences dictatoriales voisines. Si Louis Hautecœur s'interroge, dans le deuxième numéro : « Mussolini a-t-il apporté quelque chose de nouveau au droit constitutionnel ? », en revanche, Edmond Vermeil, un des fondateurs de la revue, pose dès le premier numéro la question de « L'Allemagne contemporaine et la France », et, par la suite, donnera nombre d'articles sur le sujet[1]. La confrontation est ici particulièrement éclairante. Des deux côtés du Rhin, la méfiance, pour ne pas dire l'hostilité, est entière entre les deux nationalismes. La méfiance se double d'une véritable obsession, qui trouve ses racines dans la longue histoire des rapports entre les deux peuples[2]. Le *Dictionnaire politique et critique* de Maurras témoigne de cette disproportion entre l'Italie et l'Allemagne dans sa vision du nationalisme français[3]. L'Allemagne se love au cœur même de la conception historique, philosophique et idéologique de Maurras, quand l'Italie reste en marge. Pourtant le fascisme règne déjà et le nazisme n'est encore qu'en attente du pouvoir.

Aussi la réception du nazisme ne se fait-elle pas dans les mêmes termes que celle du fascisme, et ce dès novembre 1923, à l'occasion du putsch raté de Munich. *L'AF* ne témoigne d'aucune aménité envers l'aventure, malgré la comparaison qu'elle fait immédiatement avec la marche sur Rome (*L'AF*, 1er et 7 novembre 1923). Puis elle revient sur cette idée d'une « marche sur Berlin » dans une série

1. Emmanuelle PICARD, *Des usages de l'Allemagne. Politique culturelle française en Allemagne et rapprochement franco-allemand, 1945-1963. Politique publique, trajectoire, discours*, thèse d'histoire de l'IEP de Paris, 1999, sous la dir. de J.-P. Azéma, p. 485.

2. Jacques Bainville a fait paraître son *Histoire de deux peuples* en 1915. Elle sera traduite en allemand en 1939, avec pour sous-titre : « Frankreichs Kampf gegen die deutsche Einheit » ; Dominique DECHERF, *Bainville...*, *op. cit.*, p. 141.

3. Il est élaboré en 1931-1932 à partir essentiellement de ses articles de *L'AF*. L'Italie n'est appelée que 9 fois comme corrélat dans les autres articles, l'Allemagne 33 ; même disproportion pour les corrélats de l'article « Italie » (5) et « Allemagne » (38).

d'articles, « Sous la croix gammée », tout aussi peu enthousiastes vis-à-vis du nazisme (30 avril, 1er et 3 mai 1930). Elle l'interprète non pas comme une tentative d'instauration d'un régime de type nouveau, mais comme la volonté restauratrice de la monarchie bavaroise, prélude à celle de toute l'Allemagne, en violation des accords de Versailles et dans un net esprit de revanche (*L'AF*, 3 et 7 novembre 1923). La tradition universitaire allemande de son côté, que ce soit chez les historiens ou chez les romanistes, gardera jusqu'à la guerre la même vision critique de l'AF et du nationalisme français, telle qu'un historien comme Frank Walter l'a définie dans son importante étude, *Nationalismus und Demokratie im Frankreich der dritten Republik* : « L'action politique s'est refusée à être façonnée. Comparée au fascisme, l'Action française peut ressembler à Hamlet qui meurt pendant que Fortinbras triomphe sur la scène[1]. » Étudiant à Munich lors du putsch, jeune adhérent au parti nazi, il écrivit son livre pour réfuter toute comparaison entre les nationalistes allemands et français : « Ainsi ce livre sur l'histoire française a-t-il poussé des racines allemandes[2]. » C'est sur le mode d'une rivalité exacerbée que nazis et nationalistes français se sont réciproquement considérés, quand les relations avec les fascistes étaient plus sereines.

Ainsi, dans un premier temps, la réception du fascisme en France ne fut pas un réel problème pour de larges parties de l'opinion publique, en particulier à droite, et le régime fasciste eut le plus grand mal à être pris au sérieux par les milieux gouvernementaux et diplomatiques français[3]. La notion ne touchait pas au cœur l'identité nationale et pouvait s'analyser comme un plus ou moins sympathique mouvement de réaction nationaliste. Sa stigmatisation ou son idéalisation étaient faibles en comparaison de l'aura qui accompagnera le nazisme. Par là, le fascisme était d'un usage plus facile en France, sa connotation étant moins forte et moins univoque, quand le nazisme imposait et imposera de plus en plus une sémantique autrement contraignante.

---

1. Hambourg, Hanseatische Verlagsanstalt, 1933, p. 630.

2. *Ibid.*, préface, p. 13.

3. Pierre GUILLEN, « Le rôle politique de l'immigration italienne en France dans l'entre-deux-guerres », in P. Milza (dir.), *Les Italiens en France, op. cit.*, p. 328.

DIALOGUES FRANÇAIS : MAURRASSISME CONTRE FASCISME

Si l'usage du terme était facile par sa faiblesse même, il reste à expliquer pourquoi il eut un tel succès. La France possédait depuis longtemps une puissante tradition contre-révolutionnaire et antidémocratique, qui culminait alors avec le nationalisme intégral. Quelle était l'utilité de recourir à un concept étranger ? Dénonciation, dénégation et distinction, le terme est immédiatement pris dans des usages contradictoires qui ont plus à voir avec la situation française qu'avec la réalité italienne. En s'imposant, il déplace quelque peu les lignes de fracture idéologiques traditionnelles, menaçant ainsi les maurrassiens qui se voient contester leur monopole de l'opposition radicale au régime à droite.

La lecture de *L'AF* montre que, dès le départ, l'évocation du fascisme est étroitement liée à la situation intérieure française et regarde en fait assez peu la réalité italienne. Ainsi, le 26 octobre 1922, le premier éditorial consacré aux affaires italiennes est provoqué par un article du *Temps* favorable à la demande de Mussolini de participer à un gouvernement : « Quel est donc le nombre des députés fascistes pour que *Le Temps*, si attaché aux traditions parlementaires, envisage sans scandale et même avec sympathie la perspective de leur arrivée au pouvoir ? Ils sont... 31. À peu près le chiffre de la Droite française ! [...] Voilà une "minorité" qui n'a pas du tout l'air de se tenir à la place où *Le Temps* voudrait confiner nos amis royalistes ! » Thème repris par Léon Daudet, alors député, le 31 octobre : « Le nombre des représentants dans une assemblée n'est pas le signe exact de la puissance de ce mouvement. »

Les événements italiens eux-mêmes vont très vite se retrouver en page 3 du quotidien, dans la « Revue de la presse » ; et ce commentaire des commentaires des confrères a visiblement plus d'importance pour la rédaction que la relation des réalités italiennes. Le fascisme devient alors plus un enjeu de la politique intérieure de la France qu'un thème de politique étrangère. Cela permet aux maurrassiens, par exemple, de se démarquer de la fascination que le fascisme exerce sur un Gustave Hervé, dont le journal se caractérise par des comptes rendus des plus favorables au coup d'État fasciste : « Hervé, dans *La Victoire*, est très "emballé". Il trace un portrait de son "vaillant camarade" Mussolini, sous lequel il a peut-être voulu se peindre lui-même. [...] Seulement Hervé n'a pas 500 000 hommes derrière lui » (*L'AF*, 29 octobre 1922).

Plus la marche sur Rome s'éloigne dans le temps, et plus cette myopie nationale s'accentue. Lorsque, après deux mois de silence sur la question, le terme « fasciste » réapparaît en première et pleine page de *L'AF*, le 2 juin 1923, avec un gros titre : « Par crainte du fascisme ! », c'est à propos de la séance de la Chambre des députés où fut évoqué, dans la plus grande confusion et violence, l'attentat que les Camelots du Roi avaient perpétré contre Maurice Violette, Marc Sangnier et Marius Moutet, dont ils avaient troublé une réunion et qu'ils avaient enduits de goudron et purgés à l'huile de ricin. L'inspiration fasciste de l'attentat était claire et dénoncée par toute la presse de gauche, comme *L'Humanité* qui parla de la « première victoire du fascisme assassin » (8 juin 1923). *L'AF* s'indigna des attaques dont Daudet fut l'objet de la part de ses collègues, et Maurras évoqua « les critiques du prétendu fascisme français ».

C'est ainsi que le terme va se trouver presque immédiatement pris dans un usage contradictoire en France : *L'AF* dans un même mouvement en réfute l'usage à son endroit et rejette l'acception péjorative que les libéraux et la gauche en ont forgée. Car – et cela a été depuis longtemps souligné par tous les auteurs –, le terme connaît en France un immense succès comme insulte politique majeure. Comme toute stigmatisation, cette insulte provoque des phénomènes de classification et d'exclusion et force les accusés à se définir par rapport à elle, malgré qu'ils en aient[1]. La réduction de leur identité à ce seul aspect « infâme » est insupportable. À gauche, pas plus que du côté de *L'AF*, cet usage n'est vraiment raisonné ni rapporté à sa réalité italienne. « C'est bien une crise du vieux parlementarisme. Elle se révèle présentement par trois phénomènes du même ordre : en Russie, le bolchevisme ; en Italie, le fascisme ; en France, le néoroyalisme », affirme dans *L'Œuvre*

1. Erving GOFFMAN, *Stigma. Notes on the management of spoiled identity*, Englewood Cliffs (NJ), Prentice-Hall, 1963 (trad. fr. *Stigmate. Les usages sociaux des handicaps*, Paris, Minuit, 1975).

Gustave Téry[1]. L'actualité française s'y prête particulièrement, les violences des maurrassiens se multipliant durant toute l'année 1923 : d'abord en vengeance de l'assassinat de Marius Plateau, le chef des Camelots du roi, par une anarchiste, Germaine Berton, au mois de janvier ; puis avec l'approche des élections législatives de 1924. Les Camelots saccagent les imprimeries de *L'Œuvre*, du *Populaire* et de *L'Humanité* : « Le fascisme habilement, terriblement organisé, nous menace » (Victor Méric, *L'Égalité*, Parti communiste unitaire) ; « MM. Daudet et Maurras, trestaillons foireux, ont peut-être fait le rêve imbécile d'instaurer à leur profit le régime de terreur fasciste qui déshonore l'Italie. » (*Le Quotidien*, radical, 1er juin 1923).

Or, par-delà son supposé soutien inconditionnel, *L'AF* se montre assez réservée vis-à-vis du fascisme naissant. Pendant que Bainville prône un attentisme prudent : « Comme tout le monde ignore les intentions de Benito Mussolini et l'espèce de gouvernement à laquelle il songe, mieux vaut s'abstenir de tout pronostic » (*L'AF*, 30 novembre 1922), Aventino fait du fascisme « un "parti" comme les précédents, vicié d'esprit révolutionnaire. [...] Sa formation n'est due qu'à l'instinct de défense de la bourgeoisie capitaliste et maçonnique contre la maçonnerie rouge des juifs de Moscou. Maçonnique, le Fascisme est d'essence anticléricale et anticatholique » (*L'AF*, 28 octobre 1922). Bien sûr, l'on peut voir dans ces réticences la marque d'un premier fascisme, le « fascisme mouvement », dont les aspects révolutionnaires n'ont pas encore été effacés au profit de son alliance avec les élites traditionnelles[2] : « Mais dans l'ivresse de la victoire, [les fascistes] ont abusé. Ils ont porté leurs coups à tort et à travers, comme si l'habitude prise de se battre les faisait se battre pour rien. À quel autre mobile attribuer le veto qu'ils ont lancé le mois dernier, à Pise, contre les processions de la Fête-Dieu ? [...] Au fond, ils manquent de doctrine et c'est ce qui constitue leur infériorité à l'égard des autres troupes de l'ordre que

1. Cité, comme les extraits de la presse de gauche suivants, par Jean PLUMYÈNE et Raymond LASIERRA, *Les Fascismes français, 1923-1963*, Paris, Le Seuil, 1963, pp. 18-20.

2. Pierre MILZA, *Les Fascismes*, Imprimerie nationale, 1985, p. 133 *sq.* L'auteur note que la France serait passée directement au second fascisme, plus conservateur (pp. 215-216).

sont, en France, les Camelots du Roi, les étudiants et les ligueurs d'AF » (*L'AF*, 21 juillet 1922).

On assiste alors à tout un travail de réduction conservatrice du fascisme, pour en donner une version acceptable par une AF assagie. Bainville, si réservé aux origines du mouvement, finit par applaudir à la durée du régime et à la normalisation de ses relations avec l'Église et avec les élites traditionnelles. Préfaçant, en janvier 1923, le premier livre de Pietro Gorgolini traduit en français, il tire le fascisme à lui, c'est-à-dire qu'il en gomme tous les aspects aventuriers ou révolutionnaires pour n'en garder que sa défense du capitalisme[1]. Finalement, le fascisme ne serait que « la forme italienne du gouvernement autoritaire », d'autant plus efficace qu'il peut s'appuyer sur son alliance avec la monarchie (*L'AF*, 9 mars 1923).

On pouvait s'attendre à ce que le Maurras postulant à l'Académie, qui touchait les dividendes de sa participation à l'Union sacrée pendant la guerre et au Bloc national aux législatives de 1920, se méfiât des trublions fascistes ; cependant, l'agitation entretenue alors par les Camelots du Roi ne le gênait pas particulièrement et lui-même allait sous peu appeler à « répandre le sang de chien » du ministre de l'intérieur, Abraham Schrameck (*L'AF*, 9 juin 1925), mauvais *remake* de l'assassinat de Matteotti. Pure rhétorique ? Si les rapports de police relativisent cet appel au meurtre, il n'empêche que, désormais, la vigilance policière sera renforcée autour de la personne du ministre de l'Intérieur et de ses successseurs[2]. Ce n'est donc pas ce qui pouvait faire reculer Maurras devant l'appellation « fasciste ». Mais il est vrai que toujours il prendra soin de dénier toute attache avec cette idéologie. D'abord au nom de l'antériorité de ses propres théories, voulant bien en revanche reconnaître sa paternité sur certains aspects du fascisme. « Nous n'avons aucun embarras à reconnaître la haute valeur des formules de Mussolini, bien qu'elles soient proches cousines et même sœurs jumelles de celles que *L'AF* ne se lasse pas de jeter dans le monde depuis un quart de siècle. [...] Ceux qui croient qu'une France réactionnaire

1. Dominique DECHERF, *Bainville, op. cit*, p. 236.

2. Joel BLATT, « Relatives and Rivals : The Response of the Action française to Italian Fascism, 1919-1926 », *European Studies Review*, XI-3, juillet 1981, pp. 288-289.

n'aurait rien à apprendre aux humains reçoivent de l'événement un démenti considérable. Nous n'avons pas fait perdre son rang à la patrie. Nous le lui avons même fait reconquérir » (*L'AF*, 18 juillet 1923). Pour prouver la dette que Mussolini a envers le nationalisme français, Maurras rappelle les liens des nationalistes italiens de l'*Idea Nazionale* avec l'AF avant-guerre et l'appui que ces nationalistes ont donné aux fascistes : « Quand le groupe de l'*Idea Nazionale* rejoignit l'armée de Mussolini, il apportait, outre une influence morale et une autorité politique de premier ordre, un vocabulaire, une méthode, un point de vue général sur la vie politique de la patrie, et il les mettait à la disposition du Dictateur, qui y puisait à pleine main » *(Ibid.)*

Il est une autre raison pour refuser l'assimilation au fascisme, celle d'un nationalisme bien compris qui veut que chaque nation ait son propre génie nationaliste. Et la méfiance de Maurras envers l'« italianité », si elle n'atteint pas la violence de sa germanophobie, reste vigilante. Méfiance redoublée par la concurrence qu'il peut voir dans la défense de la latinité dont il s'est fait le héros, depuis ses aventures félibréennes et ses combats néoclassiques. C'est Paris qui aurait repris le flambeau athénien, et non la Rome contemporaine. Enfin, d'un point de vue doctrinal, son choix monarchique est fondé sur un refus de la dictature et de tout régime plébiscitaire ; il ne prévoit le recours à la dictature temporaire que pour l'établissement de la monarchie et la sauvegarde de la Nation, ce qui lui a fait accepter la « dictature » de Clemenceau pendant la guerre.

Il ne s'agit guère dans tout cela que d'une classique stratégie de distinction, qui permet de nuancer à l'infini les différences entre les incarnations particulières et locales de systèmes idéologiques voisins, et il ne faut surtout pas reprendre telles quelles ces nuances sous peine de se laisser piéger par le discours de Maurras. Il y a tout autant de raisons d'assimiler l'idéologie maurrassienne à un fascisme que d'en souligner les profondes divergences. Il est plus important de comprendre qu'en lui accolant cette étiquette, on contredit sa stratégie idéologique. L'étiquette fasciste ne peut lui convenir, car elle ne correspond pas à ses références personnelles, que ce soit le classicisme littéraire ou l'intégralisme religieux, le monarchisme ou le fédéralisme. L'irruption du fascisme déplace radicalement les enjeux politiques, invalidant du même coup l'élaboration maurrassienne[1]. Ainsi, l'usage immédiat et surabondant qu'en fait la gauche française signe un échec de Maurras : le succès du terme montre *a contrario* que l'AF n'était plus seule à signifier un certain type de violence politique ni le refus radical des principes démocratiques. Et, d'un autre côté, l'apparition, à partir de 1924, de concurrents sérieux à l'extrême droite a modifié la donne pour l'AF, qui est désormais concurrencée dans sa relation avec le fascisme italien : du coup, les maurrassiens insistent-ils beaucoup plus sur le rôle de la monarchie dans le pouvoir fasciste, sur ses aspects irréductiblement italiens et, surtout, ils vont attaquer leurs rivaux sur le terrain de la politique étrangère : ils les accusent de faire le jeu des intérêts italiens en Méditerranée en étant à la remorque du fascisme[2]. La conclusion des accords du Latran relance leur inquiétude de possibles manœuvres italiennes au Vatican contre une AF ostracisée depuis sa condamnation de 1926 : « Quelques-uns d'entre eux [les fascistes] semblent déjà s'habiller en zouaves du Pape[3]. » Ce sont là les fondements de l'antifascisme maurrassien.

D'aucuns se sont complètement affranchis de l'orthodoxie maurrassienne et revendiquent ouvertement leur fascisme comme marque de distinction envers l'AF, comme un Georges Valois. Son Faisceau se situe radicalement en dehors de la « synthèse républicaine de gouvernement » mise en place à la fin du siècle précédent, qui avait permis le ralliement à la République de la droite libérale et de certaines franges de la droite nationaliste[4], sans pour autant rejoindre le traditionalisme maurrassien. Il représente d'abord la volonté de modernisation de l'État de la part de certains secteurs du patronat dans un sens technocratique et aussi la volonté de milieux socio-économiques modernes d'être représentés politiquement. Le Faisceau en est la plus parfaite expression, par la personnalité de ses commanditaires, grands patrons représentatifs

1. Bruno GOYET, *Charles Maurras*, Paris, Presses de Sciences-Po, 1999, pp. 127 *sq.* et 272-273.

2. Joel BLATT, « Relatives and Rivals... », *loc. cit.*, pp. 275-279.

3. AN, AP 300 III, 956, lettre de Ch. Maurras à la duchesse de Guise, 21 février 1929.

4. Concept repris par K. J. MÜLLER, « Protest – Modernisierung – Integration. Bemerkungen zum Problem faschistischer Phänomene in Frankreich, 1924-1934 », in *Francia*, 8, 1980, pp. 465-524.

des activités industrielles les plus modernes, et par celle de ses cadres et des rares militants que l'on peut connaître : peu de vrais prolétaires, mais des ingénieurs, des cadres supérieurs, des petits patrons, issus souvent des industries mécaniques et des industries de transformation, de l'automobile, des constructions électriques[1], c'est-à-dire des secteurs les plus privilégiés de la classe ouvrière, où l'ascension sociale est la plus facile et qui profitent jusqu'à la crise des années 30 du « compromis radical », c'est-à-dire de la défense de la petite entreprise et de la promotion sociale par l'école et la fonction publique[2]. Loin d'être donc un monde de déclassés, il s'agit de milieux au contraire modernes et en ascension sociale, à la différence des troupes de l'AF. L'organisation par Valois des états généraux des producteurs et la création, à côté de la Légion des combattants, des faisceaux de producteurs, sont des tentatives de néo-syndicalisme fondées sur le dépassement de l'alternative droite-gauche. Le premier numéro des *Cahiers des états généraux* s'ouvre sur « la réforme de la représentation nationale devant l'État » (avril 1923). Les théories économiques du fascisme naissant intéressent dès le début Valois dans ses chroniques de *L'AF*[3]. Lorsqu'il cherche à définir sa conception du fascisme, Valois privilégie cet aspect d'organisation économique : « État moderne, pourvu de ses organes économiques, et capable de donner aux forces économiques du monde moderne la discipline nationale et sociale qui les rendra entièrement bienfaisantes[4]. » En janvier 1924, Valois est reçu par Mussolini lors d'un voyage en Italie et par la suite on le soupçonnera de profiter des largesses de la propagande italienne. Lors de sa rupture avec Maurras, fin 1925, la presse italienne accueille ses accusations contre l'AF[5]. En 1926, il a de nouveaux entretiens

1. Zeev STERNHELL, « Anatomie d'un mouvement fasciste : le Faisceau de Georges Valois », in *Revue française de science politique*, février 1976, vol. 26, n° 1, pp. 33-35.

2. Gérard NOIRIEL, *Les Origines républicaines de Vichy*, Paris, Hachette Littérature, 1999, pp. 65-77.

3. *L'AF*, 18 mars 1923, p. 5 : « La semaine industrielle : la Chambre de commerce internationale à Rome. L'expérience fasciste » ; et 19 mars 1923, p. 3 : « Au Congrès des chambres de commerce : la politique économique de M. Mussolini ».

4. Georges VALOIS, *Le Fascisme*, Nouvelle Librairie nationale, 1927, p. 15.

5. *Il Momento* (Turin), 7 novembre 1925 ; *La Tribuna* (Rome), 8 décembre

à Rome à propos de l'éventuelle organisation d'une Conférence internationale économique corporative et fasciste[1].

Ces analyses vont donner corps à la légende d'un fascisme de gauche, renforcée par l'évolution personnelle d'un Valois[2], qui se sert de cette étiquette encore assez floue pour nommer sa tentative de se rallier la gauche syndicaliste. On ne manquera pas de relever les noms des syndicalistes et des communistes qui vont adhérer au Faisceau[3] et de rappeler les attaches socialistes du fascisme mussolinien. En réalité, il vaudrait mieux parler d'un fascisme économique et modernisateur, dont le but n'est pas la lutte contre le capital, mais bien au contraire son renforcement par sa modernisation. Et dans ce cas, Maurras n'était d'aucune utilité et la référence fasciste était presque naturelle, pour se distinguer, à l'extrême droite du parlement, du néomonarchisme.

Il est un autre front sur lequel l'AF eut fort à faire, c'est celui du monde conservateur, où le prestige de Mussolini pouvait remettre en cause ses propres avancées. Ce ne sont pas les seuls milieux extrémistes qui font le succès des agitateurs et des solutions extraparlementaires, mais aussi les milieux conservateurs bon teint. L'inspirateur du Bloc national, Alexandre Millerand, lancé dans sa lutte contre le Cartel, déclare en 1926 : « Je n'ai pas l'intention de travailler à la création d'une dictature et, si elle est instaurée, je m'y soumettrai, sans plus[4]. » Plus que la distance envers les aventures autoritaires, c'est leur acceptation qui doit frapper ici, de la part d'un ancien président de la République rompu au parlementarisme. Tout le travail de respectabilisation des thématiques extrémistes

1925 ; cités par Eugen WEBER, *L'Action française*, Paris, Fayard, 1962 ; rééd. Paris, Hachette, « Pluriel », 1990, pp. 240-241.

1. Zeev STERNHELL, « Anatomie d'un mouvement fasciste... », *loc. cit.*, p. 28. Voir aussi sur cette hypothétique *« italian connection »*, Allen DOUGLAS, *From Fascism to Libertarian Communism. Georges Valois against the Third Republic*, Berkeley, University of California Press, 1992, pp. 125-129.

2. K.-J. MÜLLER, « "Fascisten" von Links ? Bemerkungen zu neuen Thesen über "Faschismus" und Collaboration in Frankreich », *Francia*, 17-3, 1990, pp. 170-191.

3. En réalité ces débauchages ne furent pas si nombreux que la bolchevisation de Parti communiste, qui expulsait nombre de militants prêts à d'autres adhésions, permettait de l'espérer ; Zeev STERNHELL, « Anatomie d'un mouvement fasciste... », *loc. cit.*, p. 31.

4. Cité par Robert SOUCY, *Le Fascisme français*, Paris, PUF, 1989, p. 246.

de Maurras a porté ses fruits durant les années du Bloc national, et ses théories finissent par avoir un droit de cité hors de ses propres terres[1]. Dans la tentative de rénovation de la droite, dont les structures partisanes éclatées et individualistes et l'idéologie libérale seraient de plus en plus inadaptées à la nouvelle donne socio-économique, se développent des initiatives de rassemblement qui cherchent la voie d'une droite républicaine efficace et qui ont pour résultat de redéfinir une droite plus dure[2]. Tous ceux qui rompent avec les traditions parlementaires se trouvent face à une théorie politique déjà bien élaborée, le maurrassisme. Il est symptomatique que le recours aux thématiques et aux oripeaux fascistes fasse plutôt référence, dans la tradition politique française, au bonapartisme, au point d'avoir convaincu certains observateurs que le fascisme français n'était en fait qu'un bonapartisme au goût du jour[3]. Le recours au fascisme était une façon pour toutes ces protestations de se couper du traditionnalisme maurrassien, tout en s'enracinant dans une tradition républicaine autoritaire.

La vieille Fédération républicaine, le grand parti du centre droit, connaît dans les années 20 une radicalisation de ses troupes qui provoque une grave crise en son sein[4] : les authentiques républicains sont choqués par des recrues issues de la droite antirépublicaine, comme Pierre Taittinger, Édouard Soulier ou Jean Ybarnegaray, suivis par toute une nouvelle génération de partisans d'une droite pour le moins autoritaire (Xavier Vallat, Philippe Henriot, etc.). Henri de Kérillis, hostile à cette évolution, évoque l'affrontement « de deux conceptions politiques, celle des gens d'ordre qui veulent prendre les responsabilités de gouvernement, refaire une droite républicaine, et celle des éternels opposants, des héritiers spirituels

1. Michel DOBRY, « Février 1934... », *loc. cit.*

2. K.-J. MÜLLER, « Die französische Rechte und der Faschismus in Frankreich, 1924-1932 », in D. Stegmann, B. J. Wendt et P. Ch. Witt (dir.), *Industrielle Gesellschaft und politisches System, Beiträge zur politischen Sozialgeschichte*, Bonn, 1978, pp. 413-430.

3. René RÉMOND, *Les Droites en France*, *op. cit.*, p. 206 ; et Philippe MACHEFER, *Ligues et fascisme en France (1919-1939)*, Paris, PUF, « Dossier Clio », 1974, pp. 31-32.

4. William D. IRVINE, *French Conservatism in Crisis. The Republican Federation of France in the 1930's*, Baton Rouge-Londres, Louisiana State University Press, 1979, p. 100 *sq.*

des vieux partis vaincus et tous les intoxiqués de maurrassisme[1] ». André Siegfried parle, lui, de « certaine influence subtile d'AF, que nous croyons pouvoir respirer ici dans l'atmosphère ambiante[2] ». C'est le « groupe Marin » qui est visé, où des hommes comme de Wendel ont de franches sympathies pour Mussolini[3]. Lors d'un congrès de la Fédération, Lyautey, qui y assistait, se réjouit d'y retrouver tous les hommes d'ordre, depuis les royalistes jusqu'aux républicains modérés : « Tout ce qui est pour l'ordre doit être ici aujourd'hui[4] », écrit-il à Tardieu.

C'est ce qui permet à Louis Latzarus, dissident d'AF et candidat malheureux aux élections de 1924 sous l'étiquette royaliste, membre du groupe Énergie, qui se donne pour tâche de rénover la droite française, d'analyser ainsi la fascination maurrassienne des conservateurs : « Encore quelques instants, et il n'y aura plus en France que deux partis : celui de l'ordre et celui du désordre. Le premier, sauf dans une petite minorité, n'aura pas les idées royalistes. Mais il aura des idées maurrassiennes. Il aura surtout une formation d'esprit proprement maurrassienne[5]. » Et pourtant, ajoute-t-il, les Français seraient réfractaires à la monarchie. Ils ne voudraient pas un roi, mais un chef. Il n'y a rien de bien étonnant à trouver une telle distance envers l'orthodoxie maurrassienne et cette thématique du chef charismatique dans un livre édité par un Georges Valois en pleine aventure fasciste, et Latzarus pose bien le problème du contenu du maurrassisme des conservateurs. Il n'est pas certain que ce que les observateurs analysent comme une contamination du maurrassisme ne soit pas plutôt une séduction pour le modèle mussolinien et un éloignement des thèses maurrassiennes.

Ainsi le maréchal Lyautey, vieux légitimiste et familier des Orléans, révolté par la vulgarité et la violence de ton de *L'AF*, s'éloigne-t-il alors de Maurras et des maurrassiens, « démagogues

1. AN, AP 475-287, lettre au maréchal Lyautey, 12 juillet 1931.

2. *Tableau des partis en France*, Paris, Grasset, 1930, pp. 183-184.

3. Denis WORONOFF, *François de Wendel*, Paris, Presses de Sciences-Po, 2001, pp. 229-231.

4. AN, AP 475-308, lettre du 28 juillet 1930.

5. Louis LATZARUS, *La France veut-elle un Roi ?*, Paris, Éditions du Siècle, 1925, pp. 171-172.

surexcités[1] », mais il est en revanche sensible à l'aventure mussolinienne et y voit une solution pour la France. Et même plus, il révèle qu'il a pensé naguère à une dictature militaire : « Je n'ai jamais cessé d'appeler l'Événement qui sauverait mon pays et je n'ai jamais attendu cet événement par la voie parlementaire, électorale, ni même, par les voies légales. J'ai toujours espéré que le "Sauveur" apparaîtrait. J'ai même eu un instant l'illusion que ce pourrait être moi. [...] Aujourd'hui, je nous souhaite ardemment un Mussolini[2]. »

Le maurrassisme a servi d'étape sinon à une éventuelle conversion au fascisme, au moins à son acceptation. Le fait que les thématiques fascistes passent par un homme qui a toujours refusé cette étiquette n'est en rien contradictoire, bien au contraire : c'est bien là que jouent les stratégies de différenciation nécessaires dans un même espace politique pour se démarquer de ses concurrents les plus immédiats. Que le discours maurrassien ait pris un grand soin de marquer ses différences avec toutes les théories fascistes ne doit pas être analysé comme une preuve de leurs réelles différences, mais plutôt de leur trop grande proximité.

UNE MISE EN SCÈNE FRANÇAISE : LA MARCHE SUR PARIS

Cela étant, il reste que des Français se proclamèrent fascistes, dans les environs de l'AF et des droites nationales, et qu'ils se revendiquèrent ouvertement de Mussolini. « Quelques milliers de braillards pour acclamer le premier venu, ou d'hommes de main, surtout s'il y a de l'argent à gagner, en temps de crise et de chômage, pour appuyer n'importe quelle cause[3] » : la présentation qui en est proposée dans l'historiographie classique insiste sur leur faiblesse numérique, qui les réduirait à jouer les utilités dans le folklore politicien de la République. La situation politique des années 1924-

1. AN, AP 475-270, lettre de janvier 1922, à la comtesse de Castellane. Bruno GOYET, *Un rôle en politique : Henri d'Orléans, comte de Paris, 1908-1940*, thèse pour le doctorat d'histoire, sous la dir. de S. Berstein, IEP de Paris, janvier 1996, pp. 311-313.

2. *Ibid.*

3. René RÉMOND, *Les Droites en France*, *op. cit.*, pp. 207-208.

1926 va en tout cas être l'occasion pour ces apprentis fascistes de répéter leurs rôles et de contribuer à la dramatisation de la situation. Après les discours et les prises de position, derrière les mots se trouvent des attitudes et des actes inscrits dans une vision de la situation française démarquée du modèle italien. Et c'est toujours la même question qui se pose : pourquoi la geste fasciste impose-t-elle son schéma, quand la France avait à sa disposition un répertoire fourni de coups de main et de violences de rues[1] ?

Il est certain que la césure de la guerre a joué un grand rôle, séparant ceux qui ont été formés aux luttes nationalistes du temps de Boulanger et de Dreyfus des jeunes gens venus à l'activisme politique depuis lors. Et l'immédiat après-guerre voit se développer une rhétorique obsédante de l'action et de l'effort, que l'on a pu qualifier d'« esprit de 1919[2] ». Cette césure joue sur trois points essentiels : le culte du chef charismatique et la fidélité de ses troupes à sa personne ; la volonté d'une marche sur les lieux du pouvoir ; le goût pour la violence et l'appareil paramilitaire.

Le premier indice de cette querelle générationnelle est l'incroyable volatilité des troupes fascistes, qui ont une nette tendance à aller d'une organisation à l'autre au gré des créations et des crises internes. C'est bien le signe que certains Français prennent le fascisme très au sérieux. Il suffit que leur chef tende à une alliance tactique avec les conservateurs et semble entrer dans le jeu de la légalité pour qu'ils le quittent. Ce en quoi ils ne sont pas très différents des fascistes italiens et des nazis, dont les premières années bruissent de rivalités plus ou moins aiguës. L'histoire des groupuscules fascistes en France frappe plus par cette volatilité que par leur faiblesse numérique, qui est toute relative et, de plus, comparable à celle des partis allemands et italiens avant leur prise de pouvoir[3]. De plus les ligues sont

1. Charles TILLY, *La France conteste de 1600 à nos jours*, Paris, Fayard, 1986, p. 541 *sq*.

2. Gilles LE BÉGUEC, *L'Entrée au Palais-Bourbon : les filières privilégiées d'accès à la fonction parlementaire, 1919-1930*, thèse d'État, université de Paris-X, pp. 279 et 312.

3. En avril 1926, d'après les rapports de police, le Faisceau compte 40 000 membres, les Jeunesses patriotes, 65 000, l'AF, 30 000. Lors du putsch de Munich, le NSDAP ne comptait guère que 55 000 membres (Ian KERSHAW, *Hitler. Essai sur le charisme en politique*, Paris, Gallimard, 1995, p. 55).

souvent les troupes les plus actives de mouvements plus larges qui récusent peut-être ouvertement le fascisme mais qui sont des franges de recrutement importantes pour elles et dont l'éloignement du régime parlementaire fait des alliés potentiels[1]. On peut parler d'appels à l'action incantatoires et purement cathartiques à propos du discours des anciens combattants, de simples *sursum corda* éloignés de toute action réelle, il n'empêche qu'ils étaient prêts, sinon à participer à un coup d'État, en tout cas à soutenir tout régime de type autoritaire ; qu'ils témoignaient d'« un divorce progressif entre le régime et l'opinion » ; et que la violence de leur antiparlementarisme minait la République[2]. Que prouvent les différences entre le discours de la plupart des anciens combattants et ceux des fascistes purs, sinon la transcription d'une idéologie dans le langage particulier à un répertoire politique spécifique, celui de la France et de ses anciens combattants, le refus d'une étiquette étrangère et la nécessité de se distinguer de concurrents politiques ? Ils ne sont pas le premier cercle d'un fascisme français, certainement, mais ses troupes éventuelles. « Faut-il vous rappeler qu'en Italie et en Allemagne, ce sont incontestablement les anciens combattants qui ont sauvé le pays et rétabli l'ordre dans une heure critique, alors que ces deux pays semblaient devoir sombrer dans l'anarchie[3] ? »

C'est la victoire du Cartel des Gauches en 1924 qui a relancé l'activité ligueuse en France et réactualisé la référence fasciste, remède possible à la victoire des « rouges ». Deux types de réactions politiques suivirent, qui, pour être distinctes, n'en avaient pas moins d'étroits rapports : d'une part, l'organisation d'un vaste mouvement catholique traditionaliste, la Fédération nationale catholique du général de Castelnau ; d'autre part, l'éruption de ligues activistes qui, par-delà leur apparente diversité et leurs rivalités affirmées, avaient une évidente filiation : la Légion d'Antoine Rédier, fondée

1. Comme par exemple les 10 000 membres de la Ligue des Patriotes, les 300 000 de la Ligue républicaine nationale et les 1 800 000 de la Fédération nationale catholique.

2. Antoine PROST, *Les Anciens Combattants et la société française, 1914-1939*, Paris, Presses de Sciences-Po, 1977, t. III, pp. 174-219.

3. XIVe Congrès de l'Union nationale des combattants, mai 1933, *ibid.*, t. I, p. 164.

en juin 1924 avec l'appui financier de Castelnau, est absorbée par les Jeunesses patriotes de Pierre Taittinger en décembre 1924, celles-ci étant une émanation directe de la vieille Ligue des Patriotes dirigée alors par le même Castelnau. « Le fascisme ? Pourquoi pas ? », provoque Taittinger[1]. Mais il s'agit justement de provocation. Par ailleurs il reste prudent face au fascisme, se gardant de toute compromission. C'est qu'il doit compter avec les préventions de la Ligue des Patriotes qui refuse, elle, toute idée même de fascisme. Cependant, le refus de l'activisme coûte cher aux Jeunesses patriotes. Lors de la création du Faisceau par Georges Valois en novembre 1925, le plus ouvertement fasciste de tous ces mouvements, Rédier prône la collaboration avec le nouveau mouvement, mais en vain, aussi rejoint-il le Faisceau avec ses anciennes troupes. La création du Faisceau entraine une véritable hémorragie, qui prend aux Jeunesses patriotes leurs plus actifs éléments, en particulier dans la région parisienne, où elles passent de 10 000 à 6 000 membres en quelques semaines. Ce qui force Taittinger à radicaliser son discours pour enrayer cette fuite ; à cet effet, il se sépare de la vieille Ligue et produit alors un discours « outrancièrement fasciste[2] ». Il y a donc un vivier fasciste constant, qui, au gré des fondations, des scissions et des changements tactiques va d'un mouvement à l'autre. Le moteur essentiel de ces fluctuations se trouve dans les embarras financiers des mouvements auxquels ces militants adhèrent et qui finissent toujours par leur imposer des accommodements avec leurs donateurs, car toutes ces organisations ont reçu des sommes d'argent considérables de la part des milieux d'affaires[3].

La rupture de Valois avec l'AF revêtit une allure autrement dramatique. Là aussi les raisons idéologiques se doublèrent de raisons financières. Dès avril 1926, toujours à Paris, le Faisceau aligne plus de 15 000 membres, contre 13 500 pour l'AF, qui y perd ses militants les plus actifs, une grande partie des Camelots du

1. *La Liberté*, journal des Jeunesses patriotes, janvier 1926, cité par Robert SOUCY, *Le Fascisme français*, *op. cit.*, p. 247.

2. *Ibid.*, p. 85.

3. *Ibid.*, p. 301.

Roi[1]. Dans un premier temps, Maurras était resté prudent vis-à-vis du nouveau mouvement, Valois restant au comité directeur de l'AF. Ensuite, c'est une stratégie d'une rare violence qui est mise en œuvre pour le combattre. Les concours financiers que Valois recueillit pour le lancement du *Nouveau Siècle* et sa transformation en quotidien cessèrent rapidement sous la pression de la rue de Rome et à cause de la radicalisation de son discours anticapitaliste et syndical. Maurras interdit la « double appartenance » que proposait Valois : un ligueur d'AF ne pourra pas adhérer au Faisceau. Les violences se multiplient entre les deux organisations, verbales comme physiques, ainsi l'expédition du Faisceau au siège de l'AF en novembre 1926. Dans cette rupture, l'on retrouve les mêmes accusations de « mégalomanie » (entendons le culte du chef) et d'imitation de l'étranger d'un côté, d'immobilisme et d'hypocrisie de l'autre[2]. Il faut dire que Valois avait peu à peu conquis des positions fortes à l'intérieur de l'AF et de ses satellites, jusqu'à s'emparer de la Nouvelle Librairie nationale et en chasser les maurrassiens.

La campagne de l'AF, d'une part, l'inaction avérée de la nouvelle organisation d'autre part, après ses débuts prometteurs et par-delà ses discours, entraînent la stagnation puis le rapide déclin du Faisceau. Valois décourage les dernières bonnes volontés quand, en 1928, il prône les voies légales pour accéder au pouvoir et annonce qu'il songe aux élections législatives. Nombre de ses militants le quittent pour retourner aux Jeunesses patriotes, qui atteindraient alors 100 000 membres, mais ils y retrouveront le même problème : aux élections, les Jeunesses patriotes soutiennent des candidats conservateurs, comme Henri de Kérillis, et ont eux-mêmes huit élus ; il semble que leur trésorerie ait été alimentée par les fonds gouvernementaux sous André Tardieu[3]. Aux élections municipales de 1929, ils obtiennent 32 sièges à Paris. Tout cela entraîne la démission du colonel Faye, le très activiste président des Phalanges

1. Zeev STERNHELL, « Anatomie d'un mouvement fasciste », *loc. cit.*, pp. 24-29.

2. Eugen WEBER, *op. cit.*, p. 240 *sq.* ; et Allen DOUGLAS, *From Fascism to Libertarian Communism*, *op. cit.*, p. 82 *sq.* : « The break with the Royalists and with Mathon ».

3. Robert SOUCY, *Le Fascisme français*, *op. cit.*, p. 274.

universitaires, leur organisation de jeunesse, suivi par nombre de ses troupes. Heureusement pour Taittinger, le retour du Cartel des gauches au pouvoir aux élections de 1932, ajouté aux débuts de la crise économique en France, libérera à nouveau sa parole fascisante et lui permettra de recourir aux thématiques les plus violentes.

La carrière d'un Marcel Bucard est un exemple parfait de cette volatilité militante : en 1924, il adhère à la DRAC, mouvement d'anciens combattants religieux fondé pour combattre la politique anticléricale du Cartel ; en avril 1925, il rejoint Valois, qu'il quitte pour Coty en 1927, affirmant que « le fascisme ne s'accorde pas avec le caractère, avec l'état d'âme des Français. Il fallait un Polichinelle en chemise bleue pour imaginer un fascisme français[1]. » Ensuite, il passe au Parti socialiste national de Hervé, groupuscule fondé en 1932 pour remplacer un tout aussi squelettique Parti de la République autoritaire. Enfin, en 1933, il crée son propre parti, le Francisme : « Notre francisme est à la France ce que le fascisme est à l'Italie[2]. » Dans l'historiographie, Bucard est le paradigme de la médiocrité personnelle des leaders, qui interdirait de penser sérieusement qu'ils auraient pu assumer le rôle de chef charismatique. Et les historiens de souligner à l'envi l'absence de dirigeant fasciste au charisme suffisant en France, comme si le charisme était une pure qualité personnelle de certains leaders, déconnectée de tout contexte proprement charismatique.

Il est vrai que la France semble alors fascinée par les hommes forts. Le tiers des livres consacrés au fascisme italien dans les années 20 concerne en fait Mussolini : « César de Carnaval ?... Le lecteur jugera[3]. » Et les études plus générales échappent rarement au passage obligé sur la rencontre avec le dictateur[4]. Ainsi est-ce une question qui est régulièrement posée aux leaders fascistes, de

1. *L'Ami du peuple*, 8 janvier 1929, cité par Alain DENIEL, *Bucard et le francisme. Les seuls fascistes français*, Éditions Jean Picollec, 1979, p. 19.

2. *Ibid.*, p. 25.

3. Annonce du livre de Antonio Aniante, un des lieutenants fascistes de la première heure, *Mussolini*, Grasset, 1932. Voir aussi le livre de Domenico RUSSO, *Mussolini et le fascisme*, Paris, Plon, 1923, repris en 1924, à la suite de l'assassinat de Matteotti, et en 1928 (renseignements fournis par Philippe Olivera).

4. Par exemple, Henri BÉRAUD, *Ce que j'ai vu à Rome*, Éditions de France, 1929, qui est une mise en scène de son entrevue avec le dictateur. Auteur déjà en 1925 d'un *Ce que j'ai vu à Berlin* et, en 1926, *Ce que j'ai vu à Moscou*.

savoir quel dictateur ils veulent mettre au pouvoir, ce qui provoque toujours des réponses embarrassées : « Il y en a dix de possibles, répond Georges Valois ; celui qui, au bon moment, prendra la décision lui permettant de surmonter les difficultés, celui-là sera le chef[1]. » Valois lui-même, assez piètre orateur, refusait toujours d'endosser ce rôle. Et même, lors des premières difficultés du Faisceau, une motion fut déposée pour lui enlever la direction du mouvement, au prétexte qu'il manquait « totalement des qualités d'un chef[2] ». Ce qui est un vrai problème pour des organisations fondées en particulier sur la notion de pouvoir personnel.

Que les personnalités d'un Bucard, d'un Valois ou d'un Taittinger ne correspondissent pas au discours fasciné de leurs militants n'était en rien le signe de leur inadéquation au rôle de leader charismatique, sauf à penser que l'adulation fasciste envers les chefs reposât sur quelque réalité[3]. Le plus important ici est le rôle identificateur pour le groupe partisan d'une telle construction du chef héroïque. Et, sur ce point, les témoignages des rapports de police sur les réunions des Jeunesses patriotes montrent que le culte du chef y obéit aux mécanismes de l'adhésion charismatique[4]. Et c'est, peut-être, après la volatilité militante, la seconde caractéristique générationnelle du fascisme français : Maurras, vieil homme de lettres vaticinant, fut en partie invalidé par le soupçon de plus en plus insistant d'impuissance[5]. Ses plus jeunes et actifs disciples vont profiter de l'échec du 6 février 1934 pour quitter l'AF. Ce n'est pas tant un leader charismatique qu'une situation charismatique qui va manquer à la France, à la différence de l'Italie et de l'Allemagne dans les années 30. Situation charismatique, c'est-à-dire moment où le fonctionnement rationnel-légal des institutions n'est plus reconnu par une grande partie de la société comme capable d'incarner et d'assurer son devenir

1. AN, F^7 13208, janvier 1926, cité par Robert SOUCY, *Le Fascisme français*, *op. cit.*, p. 137.

2. *La Volonté*, 14 janvier 1927, cité in *ibid.*., p. 264.

3. Ian KERSHAW, *Hitler...*, *op. cit.*, en particulier « Le pouvoir de l'"idée" », p. 33.

4. Robert SOUCY, *Le Fascisme français*, *op. cit.*, p. 74.

5. Voir en particulier le portrait qu'en dresse Charlotte MONTARD dans *Quatre ans à l'Action française* (1931). Bruno GOYET, *Charles Maurras*, *op. cit.*, p. 71.

collectif, et donc où le plus grand nombre va parier sur un pouvoir charismatique, pour parler en termes wébériens[1].

La pression que les troupes ligueuses font peser sur leurs leaders vient en grande partie de la situation, plus ou moins fantasmée. Les années 1924-1926 offrent une conjonction de crise exceptionnelle en France, qui constitue la véritable épreuve du feu pour les hommes qui se réclament de ce fascisme tout neuf. La période qui va de la victoire du Cartel des gauches à son remplacement par un des héros de la droite conservatrice, Poincaré, à la faveur de la crise financière la plus grave de l'après-guerre, semble répéter les situations qui, en Italie comme en Allemagne, ont favorisé l'agiteuse ligueuse, et, à Rome, amené le fascisme au pouvoir. En 1924, Lyautey a contacté ses collègues en maréchalat pour connaître leur position vis-à-vis d'un éventuel coup d'État[2]. En 1926, le gouvernement s'inquiète, non de l'armée d'active à la fidélité non mise en doute, mais des maréchaux et généraux en retraite[3].

La chronologie ligueuse étant étroitement articulée aux déboires électoraux de la droite, l'on a tôt fait d'en tirer argument pour les considérer comme un activisme sans autonomie vis-à-vis d'une droite parlementaire privée du pouvoir par les urnes. Encore une fois, les processus de prise de pouvoir des fascistes et des nazis ont la même allure, si ce n'est que, dans leurs cas, la droite parlementaire est évincée par son « instrument ». En France, la droite classique reste maîtresse de l'État, d'un État par ailleurs peu menacé en lui-même par les divers activistes, ligueurs ou révolutionnaires. C'est cela qu'il faut maintenant décrire : concrètement, quelle situation de crise a favorisé l'adoption de la terminologie fasciste dans la France des années 20 ?

Au premier abord, il semble bien que 1924 offre toutes les caractéristiques d'une situation de crise, lorsqu'une multiplicité de mobilisations sectorielles en arrive à produire une configuration

1. C'est ce que Michel Dobry désigne comme « charisme situationnel », ou « transactionnel », dans *Sociologie des crises politiques. La dynamique des mobilisations multisectorielles*, Paris, Presses de Sciences-Po, « Références », 1986, pp. 236-237.

2. Jacques NOBÉCOURT, *Le Colonel La Rocque, 1885-1946, ou les pièges du nationalisme chrétien*, Paris, Fayard, 1996, pp. 83-84.

3. *Ibid.*, p. 82.

incertaine, où les procédures routinières sont compromises, où convergent en un même espace de contestation des forces habituellement cloisonnées[1]. Dans ces situations de « fluidité politique », les acteurs perdent en grande partie leur capacité à anticiper et à définir leurs propres actes de façon autonome. Ainsi, la victoire du Cartel, en 1924, jette-t-elle dans la rue plusieurs types d'organisation qui n'ont pas les mêmes revendications et ne représentent pas les mêmes milieux, mais se retrouvent pour manifester : on passe d'une bonne cinquantaine de manifestations annuelles, à une centaine, puis cent cinquante en 1925, près de deux cents en 1926 pour culminer à trois cents l'année suivante[2]. Or, cette montée en puissance est essentiellement due aux organisations catholiques, aux ligues et aux anciens combattants, qui dès 1925 dépassent les « rouges » dans l'occupation de la rue et qui, faute d'une véritable culture de la rue, se lancent dans des manifestations de masse[3]. L'ébranlement pour les ligues vient de l'immense manifestation lors du transfert des cendres de Jaurès au Panthéon en novembre 1924, qui vit les drapeaux rouges défiler en plein Paris, les corps constitués au premier rang des « hordes révolutionnaires », 180 drapeaux rouges et un slogan : « Aux ligues fascistes, opposons les centuries prolétariennes[4]. » De l'aveu de tous, cela a déclenché la peur d'un mouvement révolutionnaire et, parallèlement, une certaine admiration pour la force de cette mobilisation populaire[5].

Au même moment, les catholiques protestent contre les projets d'abolition du concordat en Alsace-Lorraine et de suppression de l'ambassade du Vatican, et les anciens combattants lancent, eux, la « bataille des pensions », selon une stratégie particulièrement élaborée[6] : de septembre à octobre 1924, toute une campagne de presse et des meetings en province, qui culminent le 3 novembre à Paris, pour la rentrée des Chambres ; le 11, 40 000 anciens

1. Je reprends ici les analyses de Michel DOBRY, *Sociologie des crises politiques*, *op. cit.*, *passim* et plus particulièrement son quatrième chapitre.

2. Danielle TARTAKOWSKY, *Les Manifestations de rue en France, 1918-1968*, Paris, Publications de la Sorbonne, 1997, *passim*.

3. *Ibid.*, p. 129.

4. *Ibid.*, p. 109.

5. Un exemple dans Jean-Noël JEANNENEY, *François de Wendel en République. L'argent et le pouvoir, 1914-1940*, Paris, Le Seuil, 1976, p. 199.

6. A. PROST, *op. cit.*, pp. 94 *sq.*

combattants défilent dans la capitale. En janvier 1925, le ton monte et l'Union nationale des combattants déclare la « mobilisation de la France meurtrie ». Mais le gouvernement cède avant que se renouvelle une telle manifestation. Qu'y a-t-il là de fasciste ? Rien, si ce n'est que les organisations d'anciens combattants de gauche l'accusent de fascisme et que, parmi ses dirigeants, certains utilisent cette Union comme masse de manœuvre pour leurs propres ambitions fascisantes[1].

Même ambiguïté pour les manifestations catholiques, complètement instrumentalisées par les ligues, en particulier par les Jeunesses patriotes. En Lorraine comme dans le Nord, Action catholique et épiscopat participent activement à la structuration du mouvement de Taittinger[2]. La Fédération nationale catholique et la Défense des religieux anciens combattants, fondées à cette occasion, mobilisent près de deux millions de catholiques en un an : « La conséquence la plus durable de cette agitation fut l'émergence d'organisations antiparlementaires où la défense religieuse le disputait à la mise en cause du régime[3]. » Jeunesses patriotes et Faisceau multiplient aussi leurs propres manifestations, avec une visée surtout identitaire dans les premières années de leur existence, où ils arborent l'apparat fasciste imité de l'Italie. Dans l'esprit d'une marche sur Paris, Valois organise avec son Faisceau de grands rassemblements, d'abord à Verdun, 4 000 personnes, puis à Reims, 8 000. Pour préparer celui qui aurait dû être la dernière étape, à Meaux, un énorme effort de propagande est fait, plus d'1 million de francs sont dépensés en moins d'un mois. Mais cela n'ira pas plus loin, un coup d'arrêt brutal aux financements et au recrutement intervient fin 1926, avec le retour de Poincaré au pouvoir et l'offensive d'une rare violence lancée par Maurras contre Valois pour stopper son aventure. On voit bien combien la grammaire gestuelle du fascisme inspire certains Français. Ce qui force la vieille AF à se mettre en branle à son tour : le colonel Larpent est chargé de donner une

1. *Ibid.*, pp. 100-101 et 155.

2. Zeev STERNHELL, « Anatomie d'un mouvement fasciste... », *loc. cit.*, p. 34.

3. Jean-Luc PINOL, « Le temps des droites », in *Histoire des droites, op. cit.*, pp. 302-303. Voir aussi Kevin PASSMORE, « The French Third Republic : Stalemate Society or Cradle of Fascism », *French History*, vol. 7-1, mars 1993, pp. 430-431.

« instruction de bataille » à une vingtaine de groupes de combat, assistés d'un service automobile[1]. C'est là qu'apparaît le clivage évoqué plus haut, les maurrassiens étant à la traîne des formes nouvelles de mobilisation de rue, plus militarisées.

Le danger « rouge » semble d'autant plus grave aux ligueurs que le gouvernement de Cartel a adopté une politique plus souple à l'égard des manifestations de rue, en réduisant en particulier la présence policière le long des cortèges[2]. Ainsi, les occasions d'affrontements se multiplient, et ils sont de plus en plus sanglants, car les partis de gauche organisent de leur côté des groupes d'autodéfense militarisés et on trouve de plus en plus d'armes à feu à la place des cannes et gourdins traditionnels. Il y a d'ailleurs une étrange ressemblance entre « poings levés et bras tendus[3] » : le Parti communiste répond aux ligues en créant des Groupes de défense antifasciste (janvier 1925), en uniforme et avec tout l'apparat militaire du camp adverse, au grand dam du traditionnel service d'ordre du Parti[4]. Le summum de cette violence est dans la fameuse affaire de la rue Damrémont, au cours de laquelle les Jeunesses patriotes eurent quatre morts et sept blessés face à une contre-manifestation communiste, en avril 1925. Et, pour couronner cette impression d'un État dépassé par la violence, les revendications sont souvent satisfaites : chute du gouvernement Herriot, maintien de l'ambassade du Vatican, revalorisation des pensions des anciens combattants, etc. Ces manifestations « sont, à ce titre, les agents d'une violence politique au plus haut niveau[5] ». La pression sur le système politique semble alors se routiniser de la part de groupes extraparlementaires qui développent « des

1. F[7] 13195, rapport du 23 novembre 1925, réunion des commissaires d'AF de Paris et banlieues. Cité par Danielle TARTAKOWSKY, *Les Manifestations de rue en France...*, *op. cit.*, p. 140.

2. *Ibid.*, p. 105.

3. Philippe BURRIN : « Poings levés et bras tendus. La contagion des symboles au temps du Front populaire », in *Vingtième Siècle. Revue d'histoire*, n° 11, juillet 1986, pp. 5-20.

4. Danielle TARTAKOWSKY, *Les Manifestations de rue en France*, *op. cit.*, p. 142.

5. *Ibid.*, p. 151.

formes de mobilisation collective qui appréhendent le groupe et le constituent comme tel[1] ».

Cependant, cette situation de crise finit par tourner à l'avantage de l'État et jamais le gouvernement n'a aussi bien maîtrisé la rue qu'en cette fin des années 20 : après la rue Damrémont, le ministre de l'intérieur, Abraham Schrameck, interdit avec efficacité toute manifestation politique à Paris ; en 1928, la Chambre légifère pour augmenter les moyens mis à la disposition du maintien de l'ordre : création des gardes mobiles, portés à 15 000 hommes et dotés d'automitrailleuses ; augmentation des effectifs de la préfecture de police, pourvus de téléphones et d'automobiles[2]. De plus, si l'on observe bien les manifestations des « rouges » à la fin des années 20, loin d'avoir un caractère révolutionnaire, comme cela fut brièvement le cas en 1919, elles évitent soigneusement la confrontation directe avec l'État et ses lieux symboliques. Quand, pour répondre aux critiques de l'Internationale, la fédération de la Seine cherche à organiser des manifestations dans la capitale en 1922-1923, elles mobilisent faiblement et sont facilement neutralisées[3]. La fameuse panthéonisation de Jaurès, elle-même, par sa célébration le 11 novembre, cherche à « intégrer la geste ouvrière dans le champ des célébrations nationales », et à faire pièce à l'officialisation de la fête de Jeanne d'Arc[4]. Les ligues ont surtout cherché dans ces affrontements le baptême de leur identité encore à construire, ce qui les poussait à dramatiser le danger d'insurrection. Enfin, dans son ensemble, le monde politique formé avant-guerre reste étranger, pour ne pas dire hostile, à ces manifestations militarisées plus ou moins inspirées par les exemples étrangers, ainsi que l'AF – à la différence des organisations nées après-guerre, à droite comme à gauche. Il s'agit là d'un véritable clivage générationnel.

La traduction du terme « fascisme », ses usages français en réponse à la situation politique créée par la victoire du Cartel, le répertoire gestuel que la France importe d'Italie, tout cela nous a permis de voir que la vraie question du fascisme en France est

1. *Ibid.*, p. 153.
2. *Ibid.*, p. 189.
3. *Ibid.*, p. 99.
4. *Ibid.*, p. 111.

celle du trouble que ce mouvement a introduit dans le jeu culturel et politique français. Il s'agit de comprendre pourquoi la France a été aussi perméable à la rhétorique et à la pratique fascistes, d'autant plus si l'on s'accorde à refuser la réalité d'un fascisme proprement français : quel succès pour un phantasme politique ! Le fascisme italien est crédité d'avoir réussi à prendre le pouvoir, ce qui le légitime face aux idéologies contre-révolutionnaires classiques. Celles-ci semblent invalidées et appartenir au vieux monde, péché mortel pour une époque, l'après-guerre, qui valorise la modernité et s'acharne à décrypter le « sens de l'histoire ». Et quand elles accusent les fascistes d'être eux-mêmes des épigones de la démocratie, elles tentent seulement de leur imposer leur antique vision politique, de les faire entrer dans leurs cadres idéologiques habituels. La concurrence est vive pour prendre la tête de la lutte antidémocratique.

Les années 20 sont ainsi un « moment étranger » pour la France[1], c'est-à-dire un moment où elle intègre des éléments empruntés à d'autres sphères nationales, indépendamment de la question de savoir si cet emprunt est resté fidèle à son modèle, ce qui n'est jamais le problème d'un transfert culturel, sauf pour les acteurs eux-mêmes : la conformité au modèle est avant tout un argument dans le combat politique qu'ils se livrent, certainement pas un argument scientifique.

De plus, dans les années 20, les multiples tentatives dictatoriales n'ont pas encore provoqué de renouvellement de l'analyse historique et politique, elles sont insérées dans les vieux cadres d'interprétation et dans les images nationales déjà constituées. Albert Thibaudet, essayiste et chroniqueur à la *NRF*, ignore complètement le fascisme dans le tableau qu'il dresse des « familles » politiques françaises au début des années 30[2]. Au jeu des six familles politiques, qu'il définit alors, il n'y a pas de place pour cet immigré.

1. Michel ESPAGNE, *Les Transferts culturels franco-allemands*, *op. cit.*, p. 46.

2. Albert THIBAUDET, *Les Idées politiques de la France*, Stock, 1932. La seule allusion au fascisme se trouve pp. 238-239 et ne concerne que l'étranger.

3.

L'Action française à l'ère du fascisme : une perspective contextuelle

Brian Jenkins

La carrière de l'Action française s'étend sur toute la période qui va de l'affaire Dreyfus à la chute du régime de Vichy. Pour n'importe quelle formation politique de la droite française, au sein de laquelle les structures organisationnelles étaient faibles et les allégeances versatiles, avoir survécu aussi longtemps relevait de l'exploit. Mais cette longévité paraît plus remarquable encore pour un mouvement qui rejetait explicitement tant de caractéristiques de l'époque moderne. Son royalisme, son catholicisme profondément conservateur, son rejet total de l'héritage tout entier des Lumières et de la Révolution française ont conduit de nombreux historiens à le considérer dès le départ comme un curieux anachronisme. Envisagés sous cet angle, sa mission se voit naturellement dépeinte comme un combat d'arrière-garde désespéré, le noyau dur de ses membres comme les débris sociaux de l'époque préindustrielle toujours moins nombreux, et son programme politique comme irrémédiablement réactionnaire et de moins en moins en prise sur la réalité.

Alors, si tel était le cas, pourquoi ce mouvement a-t-il pu néanmoins laisser une telle empreinte sur la vie politique française de la première moitié du XXe siècle ? Afin de comprendre la réponse généralement apportée par la plupart des historiens français à cette question, il nous faut évoquer brièvement certaines des hypothèses clés sur lesquelles se fonde une grande partie de leurs travaux. La tendance dominante de l'historiographie française dans ce domaine insiste sur la « spécificité » de l'évolution historique française et souligne l'extraordinaire résistance des traditions politiques en France. Selon cette approche, développée initialement par André Siegfried mais appliquée spécifiquement à l'histoire de la droite française par René Rémond[1], il est possible d'identifier des tempéraments et des mentalités politiques stables qui persistent dans le temps, survivant aux changements de régime et aux caprices des circonstances politiques, indifférents aux fioritures superficielles des programmes et des manifestes. D'après la formulation canonique de Rémond, il existe ainsi « trois droites » – légitimiste réactionnaire, orléaniste libérale et bonapartiste plébiscitaire – avec, chacune, une lignée tangible depuis 1814 jusqu'aujourd'hui. Ce modèle a été affiné par les successeurs de Rémond, mais il reste toutefois en grande partie intact et son influence demeure considérable[2]. L'Action française a donc été principalement étudiée d'après cette grille d'interprétation. De fait, elle est envisagée comme présentant les caractéristiques non d'une seule mais de ces trois traditions indigènes. Le fait qu'elle ait survécu plus longtemps que la courte vie qu'on lui avait prédite s'explique en définitive par les structures géologiques profondes du tempérament politique, par les ombres portées de la mémoire historique française et par le prétendu immobilisme de la France et de sa « société bloquée[3] ».

Dans un essai récent, Zeev Sternhell a savamment disséqué la méthodologie historique contestable de cette approche tout entière[4], relevant à juste titre son déterminisme téléologique, l'atten

1. René RÉMOND, *Les Droites en France,* Paris, Aubier-Montaigne, 1982.

2. Évoquant la première édition de l'ouvrage de Rémond, publié en 1954 sous le titre *La Droite en France*, Jean-François Sirinelli a écrit : « Ce livre allait marquer profondément et durablement l'historiographie de la question. » Jean-François SIRINELLI (dir.), « Introduction générale » in *Histoire des droites en France*, 1, *Politique*, Paris, Gallimard, 1992, p. XXIII.

3. L'expression « société bloquée » est de Stanley HOFFMANN, « Paradoxes de la communauté politique française » in S. Hoffmann (dir.), *À la recherche de la France*, Paris, Le Seuil, 1963, p. 26. Pour une critique de son emploi dans ce contexte, voir la nouvelle préface de la deuxième édition de Zeev STERNHELL, *Ni droite ni gauche. L'idéologie fasciste en France*, Paris, Fayard, 2000, p. 82, et Kevin PASSMORE, *From Liberalism to Fascism : The Right in a French Province 1928-1939*, Cambridge, Cambridge University Press, 1997, pp. 6-7.

4. Voir le débat posé dans la préface de Zeev STERNHELL, *Ni droite ni gauche, op. cit.*, pp. 23-43.

tion insuffisante qu'elle accorde au contexte historique et l'absence d'une authentique dimension comparative. À l'instar de la plupart des contradicteurs de l'école de Rémond, la principale intention de Sternhell est bien entendu de démonter le raisonnement selon lequel la France était dans l'ensemble immunisée contre le fascisme entre les deux guerres. Suivant l'historiographie classique, non seulement la France avait une culture démocratique fortement enracinée, mais, en outre, le terrain idéologique à droite était solidement occupé par ces traditions indigènes, ne laissant aucun espace à l'établissement du fascisme. Par contraste, les conclusions profondément subversives de Sternhell sont que le fascisme était le fruit de l'âge de la politique de masse, que son rayonnement était grandement européen et que, loin d'avoir épargné la France, il y eut ses principales origines intellectuelles au début du siècle, engendrant une contre-culture antidémocratique qui conserva une influence extrêmement corrosive sur la société française entre les deux guerres[1]. Sternhell s'est même récemment montré bien plus explicite en affirmant que non seulement *l'idéologie* fasciste était omniprésente dans la France de l'entre-deux-guerres, mais que le pays donna aussi naissance à un véritable mouvement collectif fasciste (les Croix-de-Feu) ainsi qu'à un authentique régime fasciste, le régime de Vichy[2].

Rompant avec le caractère paroissial et le déterminisme sous-jacent du modèle rémondien, Sternhell exige tout d'abord que soit prise au sérieux la tradition antilibérale et antidémocratique française dans toutes ses manifestations, intellectuelles et politiques, des années 1890 aux années 1940 : qu'elles ne soient plus, comme il l'écrit, traitées comme « des phénomènes marginaux [...], des manifestations quasi innocentes, sans prise sur la société [...], autant de distractions sans importance à la limite du folklore[3] ». En outre, il va de soi que, dans cette histoire, la question de l'influence de

1. Les publications les plus importantes de Sternhell sont *La Droite révolutionnaire, 1885-1914 : les origines françaises du fascisme*, Paris, Le Seuil, 1978, et *Ni droite ni gauche*, *op. cit.*, dont la première édition date de 1983.

2. Zeev STERNHELL, *Ni droite ni gauche*, *op. cit.* : voir pp. 83-92 pour les Croix-de-Feu, et pp. 48-72 pour Vichy. Il importe de signaler que Sternhell exclut le régime nazi de sa définition du fascisme.

3. *Ibid.*, p. 12.

Maurras et de l'Action française est au tout premier plan. Le travail de Sternhell a donc largement contribué à éclairer l'environnement idéologique et culturel dans lequel fonctionnaient des mouvements comme l'Action française.

Cependant, Sternhell s'expose à être taxé d'accorder trop d'importance aux idées et à la vie intellectuelle dans l'histoire humaine. Il a tenté dernièrement de réfuter cette allégation[1], mais à cet égard, ironiquement, il est bien près de reproduire l'un des défauts majeurs de l'école rémondienne. Certes, ce qu'il étudie, ce sont les *idéologies* (telles qu'elles s'enracinent dans l'histoire) plutôt que les *tempéraments* ou les *mentalités* intemporels. Néanmoins, retracer la généalogie des idées comme un fil de couleur parcourant la mosaïque changeante des circonstances historiques ne permet pas nécessairement de donner une vision plus nette du tableau d'ensemble. Ce procédé fait inévitablement ressortir la continuité intellectuelle aux dépens du contexte politique, tend à dissocier les organisations du tissu de relations politiques dans lequel elles sont imbriquées et plaque une logique classificatoire sur la dynamique fluctuante et compétitive du conflit politique. Et, plus spécifiquement, une telle approche nous renseigne peu, par exemple, sur les raisons pour lesquelles, en dépit, comme nous allons le voir, de la capacité de l'Action française à façonner des attitudes et des croyances, ses résultats politiques sont restés, selon la majorité des indicateurs habituels, relativement faibles.

En conséquence, le présent essai ne souscrit que partiellement à l'approche de Sternhell. Le débat sur ce qu'on appelle la thèse immunitaire recoupe une autre discussion, qui porte sur la manière dont l'Action française s'est vue marginalisée dans l'historiographie courante de la période de l'entre-deux-guerres. De même, nous contestons l'idée selon laquelle l'Action française était élitiste-réactionnaire plutôt que populiste-moderne, une remise en question qui reprend l'argument, également développé par Sternhell, selon lequel l'Action française était grandement le fruit de l'âge de la politique de masse qui transforma la société (en France et ailleurs en Europe occidentale) au cours du dernier quart du XIXe siècle. Toutefois, aborder d'un seul tenant les cinquante années ultérieures

1. *Ibid.*, pp. 48-51 : Sternhell répond à des critiques de Jacques Julliard.

ne concourt guère à une contextualisation fine du mouvement dans les années 30 et risque de minimiser l'importance d'un autre tournant important de l'histoire, à savoir la Grande Guerre et ses répercussions révolutionnaires. En effet, notre approche souligne la nécessité de considérer avec beaucoup plus d'attention le contexte politique et la conjoncture, la dynamique de la rivalité partisane en période de crise, les options stratégiques et tactiques s'offrant aux organisations et la fluctuation des processus historiques. Et, à la lumière de telles observations, il s'avère parfois indispensable de se méfier des constructions idéologiques et de la façon dont elles sont utilisées dans les manœuvres auxquelles les organisations politiques recourent pour se positionner.

L'ACTION FRANÇAISE

Le Comité d'Action française fut fondé au plus fort de l'affaire Dreyfus, au printemps 1898, par Henri Vaugeois et Maurice Pujo – nationalistes antidreyfusards, défenseurs de l'ordre et de l'unité dont l'Église et l'armée étaient les principaux garants, antiparlementaires et antidémocratiques, mais préférant encore la structure constitutionnelle d'une république au particularisme dynastique des royalistes et des bonapartistes. Le futur leader, Charles Maurras, était déjà impliqué dans le mouvement lorsque celui-ci lança sa revue bimensuelle à l'été 1899, mais il lui fallut dix-huit mois supplémentaires pour convertir Vaugeois et son entourage à la forme spécifique de néoroyalisme qu'il avait développée dans son ouvrage *L'Enquête sur la monarchie* (1900), néoroyalisme qui constituera dès lors la marque distinctive de l'organisation, la base symbolique de son opposition fondamentale à la République, une source de dérision pour ses ennemis et pour ses adversaires directs et une source d'exaspération pour certains de ses amis, qui jugeaient son engagement pour le rétablissement de la monarchie de plus en plus irréaliste et contre-productif. Il n'est pas surprenant que ce soit cet élément du programme de l'Action française qui ait piqué la curiosité de nombreux historiens étrangers[1], quoique, comme

1. Voir par exemple Samuel M. OSGOOD, *French Royalism under the Third and Fourth Republics*, La Haye, M. Nijhoff, 1960 ; Edward TANNENBAUM, *Action*

nous chercherons à le montrer ultérieurement, nombre de ceux sur lesquels le mouvement exerça une influence étaient plus inspirés par ce à quoi il *s'opposait* que par ce qu'il *proposait*.

Pendant les années précédant la Première Guerre mondiale, le mouvement s'établit, pour reprendre les mots d'Eugen Weber, comme « le grand centre didactique de la droite, l'école de laquelle émanèrent quantité d'hérésies plus radicales, tenant lieu de référence et faisant autorité également pour une masse conservatrice à laquelle il manquait une doctrine[1] ». Cette transformation remarquable et rapide s'effectua en partie grâce à l'éclipse de rivaux extraparlementaires potentiels – la Ligue antisémitique, la Ligue des patriotes, la Ligue de la patrie française – et, bien entendu, au déclin du royalisme parlementaire. Mais cet espace laissé vacant n'aurait pas pu être comblé avec un tel succès sans l'énergie et l'imagination colossales qui furent déployées pour développer le réseau organisationnel du mouvement. Ainsi, en 1905, l'ancien Comité devint la Ligue d'Action française et ce changement fut promptement suivi par la création d'un Institut et d'une Librairie[2], par la formation de sections d'étudiants et de femmes et, en 1908, par la décision de lancer un quotidien national, *L'Action française*. Les Camelots du roi, le corps de jeunes militants fondé la même année pour vendre le nouveau journal, virent rapidement leur rôle s'accroître : ils constituèrent le service d'ordre très combatif de l'Action française et l'élément le plus important de sa présence dans la rue. L'ampleur de ce qui avait été accompli depuis la naissance du mouvement dix ans plus tôt était extraordinaire, tout comme l'était l'ambition politique qui

---

française : Diehard Reactionaries in 20th Century France, New York, Doubleday Books, 1962 ; Eugen WEBER, *Action française : Royalism and Reaction in 20th Century France*, Stanford, Stanford University Press, 1962 ; *L'Action française*, trad. fr. Michel Chrétien, Paris, Fayard, 1985.

1. Hans ROGGER et Eugen WEBER (dir.), *The European Right : A Historical Profile*, Londres, Weidenfeld and Nicolson, 1965, p. 97.

2. D'après Eugen Weber, l'Institut fut « créé pour dispenser un enseignement sur tous les aspects de la doctrine néoroyaliste. Des cours y étaient donnés sur la politique, les sciences sociales, les affaires internationales, le nationalisme et le régionalisme », Eugen WEBER, *L'Action française, op. cit.*, p. 56. Quant à la Librairie Jean Rivain, elle fut ouverte « pour publier les écrits des membres de l'Action française et de leurs amis », *ibid.*, p. 57.

l'animait ; on l'a diversement décrite comme une tentative de créer une contre-culture, une contre-société, une *contre-Encyclopédie*[1], qui délégitimerait et déstabiliserait l'ordre établi.

L'Action française fut de toute évidence le fruit de ce processus politique et idéologique complexe qui engendra ce que l'on a appelé une droite radicale, populiste ou « révolutionnaire[2] » au cours des années séparant l'affaire Boulanger de la Grande Guerre. Les méthodes du mouvement furent incontestablement radicales dès le départ – Pujo et Vaugeois, les fondateurs, avaient en effet déserté la Ligue de la patrie française en signe de protestation contre son libéralisme résiduel, son légalisme et son absence de rigueur doctrinale. Avec le temps, le journal *L'Action française* allait devenir synonyme de violence verbale, tout autant que les Camelots du roi étaient assimilés à la violence physique dans la rue. L'idéologie du mouvement était tout aussi radicale – une critique implacable de la République et de toutes ses œuvres, un nationalisme « intégral », inconditionnel. Et nul ne peut douter du potentiel populiste des campagnes virulentes du mouvement contre les Juifs, les étrangers, les francs-maçons, les protestants, les libéraux et les socialistes – campagnes à l'impact particulièrement tangible parmi les membres de la petite bourgeoisie urbaine. Il est plus difficile d'adhérer à l'étiquette « révolutionnaire », parce qu'elle repose sur l'idée d'un « rapprochement » entre l'extrême droite et l'extrême gauche qui dépasserait les clivages sociopolitiques[3]. Si, essentiellement entre

1. Le terme « contre-Encyclopédie » est utilisé par exemple par Jacques PRÉVOTAT, « Action française », in Jean-François Sirinelli (dir.), *Dictionnaire historique de la vie politique française au XXe siècle*, Paris, PUF, 1995, p. 12.

2. L'expression droite « révolutionnaire » est de Zeev STERNHELL, *La Droite révolutionnaire, op. cit.*

3. *La Droite révolutionnaire* de Zeev Sternhell, *op. cit.*, est la source la plus importante traitant de cette tentative de synthèse nationaliste et syndicaliste au début du XXe siècle. Le partisan le plus enthousiaste d'une telle convergence dans les rangs de l'Action française était Georges Valois – son homologue parmi les syndicalistes révolutionnaires était le proche collaborateur de Georges Sorel, Edouard Berth. Valois et Berth furent les instigateurs de la création du Cercle Proudhon en 1911. Le mouvement des syndicats jaunes de Pierre Biétry constitue une entreprise distincte mais apparentée. Voir Edward J. ARNOLD, « The Right Wing and the Working Classes : the Case of the "syndicats jaunes" (1899-1912) », in Edward J. Arnold (dir.), *The Development of the Radical Right in France : From Boulanger to Le Pen*, Londres, Macmillan, 2000, pp. 33-68.

1906 et 1912, l'Action française tenta indéniablement de réaliser une convergence entre royalistes et syndicalistes sur la base d'une hostilité commune envers la IIIe République et le capitalisme juif, ces efforts s'avérèrent finalement infructueux, en partie à cause de l'incompatibilité idéologique et sociale des partenaires, mais aussi parce que l'alliance proposée a inquiété les éléments les plus conservateurs parmi les sympathisants de l'Action française[1].

Ces éléments conservateurs reflétèrent le succès de l'Action française qui a su s'attirer les faveurs de deux autres clientèles bien plus prometteuses, à savoir les rangs très étendus du catholicisme conservateur et les vestiges du vieux mouvement royaliste. Dans les deux cas, nous le verrons, il y avait des deux côtés un opportunisme considérable. Maurras était athée ; embrasser le catholicisme en tant qu'agent d'ordre social n'était pour lui qu'un moyen d'atteindre son objectif ; d'un point de vue doctrinal, il avançait en terrain miné bien avant la condamnation pontificale de 1926. Mais, dans le climat d'anticléricalisme exacerbé qui succéda à l'affaire Dreyfus – la dissolution des ordres religieux, l'affaire des fiches, la séparation de l'Église et de l'État, la confiscation des biens de l'Église –, l'épiscopat n'était que trop disposé à accueillir les alliés qu'il trouvait, et l'influence de l'Action française se propagea rapidement dans les séminaires, la presse catholique et la hiérarchie ecclésiastique.

De même, bien que le monarchisme de Maurras procédât plus de la raison que d'une loyauté dynastique ou d'un traditionalisme sentimental, les disciples du prétendant orléaniste furent inévitablement séduits par un mouvement qui popularisait la cause monarchiste, même s'il s'y livrait dans des cercles douteux et par des moyens qui n'étaient guère respectables. À l'été 1911, l'Action française avait déjà largement pris le contrôle de l'appareil du royalisme traditionnel. Ce double succès accrut aussi infiniment la portée de la propagande du mouvement : il plaçait sous l'influence de l'Action française une multitude de journaux royalistes et nationalistes existant en province, et il lui procurait ainsi un public déjà acquis

1. Eugen WEBER, *L'Action française, op. cit.*, pp. 87-95.

pour le lancement de nouvelles publications de presse sous le contrôle direct du mouvement[1].

Évitant généralement de s'engager de façon directe dans la politique électorale et parlementaire, l'Action française adopta d'autres moyens moins orthodoxes pour attirer l'attention sur elle. Ses armes principales furent des campagnes de presse intenses et l'utilisation des Camelots pour organiser des manifestations de rue, perturber des réunions et malmener des opposants. Le processus était parfois *réactif*, comme dans la riposte à la féroce offensive anticléricale du gouvernement Combes (juin 1902-janvier 1905) et dans la réponse à la réhabilitation de Dreyfus en 1906. Mais l'Action française se montra également experte à conférer un extraordinaire pouvoir symbolique à des incidents apparemment anodins. Elle en fit la preuve à la fois en troublant violemment des cérémonies républicaines (le transfert des cendres de Zola au Panthéon en 1908 ; le bicentenaire de Rousseau en 1912 ; l'inauguration officielle d'une statue de Jules Ferry en 1910, pendant laquelle le président du Conseil Aristide Briand fut giflé publiquement par un Camelot) et en célébrant les figures héroïques de l'Action française, rivales des héros républicains (le 75e anniversaire de la naissance de Fustel de Coulanges en 1905, les obsèques de Déroulède en 1914, les défilés le jour de la fête de Jeanne d'Arc). Le milieu universitaire républicain (conférences à la Sorbonne perturbées au moment des affaires Andler et Thalamas en 1908) et le monde du théâtre (manifestations à l'Odéon en 1908 et à la Comédie-Française en 1911) furent parmi les cibles principales de l'Action française. Et, si ni l'agression dont fut victime le général André en 1904, ni la blessure infligée à Alfred Dreyfus pendant la cérémonie à la mémoire de Zola en 1908 (pas plus, au demeurant, que l'assassinat du leader socialiste Jean Jaurès en juillet 1914) ne sauraient être attribuées directement à l'Action française, le mouvement avait sans aucun doute contribué à créer un climat propice et s'empressa d'exploiter la situation afin de radicaliser et de polariser l'opinion. Par le biais de ses vastes réseaux médiatiques et culturels, l'organisation fut à même de développer et d'orchestrer ces événements, et de prolonger leur retentissement.

---

1. Eugen WEBER, *L'Action française, op. cit.*, chap. 10, pp. 200-231, passe en revue les publications de l'Action française.

Pendant les années qui précédèrent le début de la Première Guerre mondiale, la germanophobie belliqueuse de la population, qui allait croissant, offrit à l'Action française une occasion sans précédent d'étendre son influence. Le « nationalisme intégral » fournissait soudain au courant d'opinion conservateur de réelles ressources intellectuelles. Le débat passionné entourant le projet de la loi dite « des trois ans », qui allongeait la durée du service militaire et fut ultérieurement adoptée durant l'été 1913, mit Maurras dans le même camp que des dignitaires républicains que l'Action française calomniait depuis longtemps, comme Aristide Briand, sans parler de certains membres du Parti radical, honni par le mouvement.

Après l'entrée en guerre de la France, l'Action française tira profit de cette respectabilité nouvellement acquise en modérant sa haine de la République pour mettre en valeur « l'intérêt national », attitude impliquant un engagement sans réserve en faveur de la poursuite de la guerre, un soutien inconditionnel à tous les gouvernements qui poursuivaient cet objectif et la coopération avec toutes les forces politiques qui défendaient ce principe afin de maintenir une unité nationale. Cela lui valut non seulement l'approbation du président de la République, Raymond Poincaré, mais cela conduisit aussi l'Action française à louer à son tour le patriotisme des dirigeants républicains (y compris le Briand détesté) et, fait plus notable encore, à apporter son soutien enthousiaste à Georges Clemenceau (jadis méprisé en tant que leader des radicaux) lorsqu'il arriva au pouvoir en novembre 1917.

Toutefois, d'un point de vue idéologique, la notion d'« intérêt national » n'est pas neutre et, en la défendant, l'Action française nourrissait ses propres desseins. Si « devoir patriotique » signifiait soutien inconditionnel à l'effort de guerre, alors l'ennemi était autant à l'intérieur qu'à l'extérieur et n'était pas uniquement constitué d'individus d'extraction étrangère mais de tous ceux dont la position pouvait être stigmatisée comme un tant soit peu défaitiste. En conséquence, le mouvement saisit avec empressement la chance qui s'offrait à lui de discréditer deux figures de premier plan du Parti radical, Joseph Caillaux et Louis-Jean Malvy, dont les liens ténus qu'ils avaient eus dans le passé avec des intérêts prétendument pro-allemands furent promptement transformés par l'Action française en accusations de trahison – un soupçon qui pesa sur les deux hommes jusqu'à la fin de leur carrière politique. Derrière ses protestations publiques de loyauté, le mouvement continua de répéter à ses fidèles que la démocratie était par essence faible et propre à entraîner la division, et que seule la monarchie pouvait offrir le *leadership* résolu qui aurait optimisé les ressources de la nation et assuré la victoire. L'énergie et l'autorité que Clemenceau déployait dans ses fonctions de président du Conseil poussèrent l'Action française à croire que les choses évoluaient dans leur sens et que le succès d'une administration ferme du pays par des experts ferait ressortir les défauts de la démocratie et s'achèverait logiquement par une dictature (annonciatrice d'une restauration ultime).

Cet espoir fut naturellement de courte durée : la victoire militaire favorisa la consolidation de la République, à court terme tout au moins. Les élections de 1919 ramenèrent au pouvoir la Chambre la plus conservatrice depuis les années 1870, mais la majorité du Bloc national était majoritairement pro-républicaine (bien que le soutien au régime de nombreux députés fût « résigné » plus que véritablement convaincu). L'Action française eut un député élu (Léon Daudet) et trente autres députés sympathisants, mais, au sein d'une Assemblée de plus de six cents membres, c'était un résultat décevant. Cependant, les événements fournirent bientôt au mouvement son principal thème de campagne pour les années 20 : l'échec de la République à tirer parti des fruits de la victoire. Avec le reste de la droite « patriotique », l'Action française préconisa une politique inflexible afin d'obtenir une « paix française », demandant tout d'abord des sanctions plus sévères contre l'Allemagne à la Conférence de paix de Versailles, puis exigeant par la suite l'application de toutes les clauses du traité, en particulier celles qui concernaient la question des réparations allemandes, présentées comme indispensables au redressement économique de la France d'après-guerre.

L'autre face de cette attitude fut un mépris affiché pour la Société des nations et pour tous ceux qui prônaient le désarmement international, le rapprochement franco-allemand ou la réduction du montant des réparations – des positions qui étaient généralement associées à des gouvernements de centre gauche. Aussi l'Action française fut-elle au cœur de la campagne de presse et des manifestations de rue qui aboutirent au renversement du gouvernement du Cartel des gauches d'Herriot en juillet 1926 et joua-t-elle un rôle clé dans les violentes perturbations troublant le Congrès international pour le désarmement qui se tenait au Trocadéro à Paris en novembre 1931. Elle orchestra également les émeutes qui accompagnèrent la chute d'un autre cabinet Herriot en décembre 1932, émeutes occasionnées par le débat portant sur un problème épineux : la France devait-elle continuer à rembourser sa dette de guerre aux États-Unis dès lors que (en raison de l'insistance des Américains) les réparations allemandes à la France avaient été annulées par le moratoire Hoover en juin 1931 ?

Toutefois, un nouveau thème de campagne commençait alors à émerger, qui aurait des effets inattendus : une succession de scandales politico-financiers qui allaient permettre à l'Action française de dépeindre la République non seulement comme faible et propre à entraîner des dissensions mais aussi comme fondamentalement corrompue. Bien entendu, depuis le scandale de Panama dans les années 1890, c'était l'un des arguments premiers de la critique exercée par l'extrême droite à l'encontre du régime parlementaire, et les journalistes de *L'Action française* faisaient leur miel des histoires sordides de la politique républicaine. Mais, au début des années 30, avec les affaires Hanau, Oustric et de l'Aéropostale, le rythme s'accéléra ; le journal était donc parfaitement rodé lorsque le scandale Stavisky éclata en janvier 1934.

Stavisky était un escroc d'origine juive ukrainienne dont les trafics financiers avaient échappé au contrôle judiciaire grâce à la connivence de politiciens complaisants. C'est indéniablement la campagne de presse menée par le journal *L'Action française* qui réussit à impliquer plusieurs députés et ministres du Parti radical dans les affaires de Stavisky, qui présenta le suicide présumé de ce dernier comme arrivant étrangement à propos et qui finit par pousser Chautemps et son gouvernement à démissionner le 27 janvier, sur fond d'inquiétantes manifestations de rue. Le mouvement fut également l'instigateur de la mobilisation de l'opposition au nouveau gouvernement Daladier, et il ouvrit la voie à un tournant décisif dans la vie politique de l'entre-deux-guerres : les émeutes de l'extrême droite à Paris le 6 février 1934, qui renversèrent le cabinet Daladier et déclenchèrent, à gauche, la formation du Front populaire antifasciste.

Dans ce climat politique polarisé, avec la perspective imminente d'un gouvernement dirigé par les socialistes, l'Action française devint une source majeure de propagande anti-Front populaire. De plus en plus prononcé et contagieux, son antisémitisme trouva une cible symbolique en la personne du leader socialiste Léon Blum, qui fut malmené par des dissidents de l'Action française le 9 février 1936 avant de faire l'objet, le 6 juin 1936, lors de son investiture comme président du Conseil à la Chambre des députés, d'insultes racistes de la part de l'ancien activiste de l'Action française Xavier Vallat[1]. Elle initia contre Roger Salengro, le ministre de l'Intérieur du gouvernement du Front populaire, la virulente campagne de diffamation qui finit par pousser celui-ci au suicide. L'antibolchevisme devint lui aussi une référence centrale pour le mouvement, tant en politique intérieure qu'en politique internationale. Les communistes furent dénoncés comme le parti de la guerre à l'étranger et de la révolution sociale en France, cherchant à entraîner la France dans une conflagration européenne par le biais d'une intervention dans la guerre civile espagnole en soutenant le Frente popular. À l'inverse, l'Action française se fit la championne de la non-intervention en Espagne (Franco manifesta, du reste, sa reconnaissance en fêtant Maurras en mai 1938), appuya une politique d'apaisement des pouvoirs fascistes et contribua à créer le climat symbolisé par l'aphorisme « plutôt Hitler que Léon Blum » qui circulait dans les cercles conservateurs en 1938-1939.

L'atmosphère pessimiste qui régnait avant le début de la Seconde Guerre mondiale était imprégnée des idées associées à Maurras et à l'Action française ; avec l'armistice qui suivit la rapide défaite militaire de la France, de nouvelles occasions de traduire ces idées en actes se présentèrent. Bien des éléments de la Révolution nationale de Vichy avaient leur fondement intellectuel

1. Vallat fit partie de ceux qui quittèrent brièvement l'Action française pour le Faisceau de Valois entre 1925 et 1926, avant d'être ramené au bercail sous la pression de Maurras. Si, au début des années 30, il était affilié à la Fédération républicaine parlementaire de Louis Marin, il entretenait toujours des relations amicales avec ses anciens camarades de l'AF. Weber dit de lui qu'en 1936, il était « un ami plus proche de l'Action française ». Dans son discours tristement célèbre à la Chambre, Vallat fit remarquer que « pour la première fois cette vieille nation gallo-romaine allait être gouvernée par un Juif », Eugen WEBER, *L'Action française, op. cit.*, p. 414.

dans les milieux de l'Action française et, même s'ils n'en étaient pas membres à proprement parler, maints personnages clés de l'entourage de Pétain passaient pour des sympathisants de la ligue. Il en allait de même pour un nombre important de fonctionnaires de rang intermédiaire de l'administration de Vichy. Si, grâce aux travaux de Robert Paxton et d'autres, l'implication directe du régime de Vichy dans la persécution des Juifs (et indirectement dans leur extermination) est à présent reconnue[1], il ne faut pas oublier que, plus tôt dans leur carrière, les deux hommes qui occupèrent successivement le poste de Commissaire général aux Questions juives du gouvernement de Vichy – Xavier Vallat et Darquier de Pellepoix – avaient tous deux été étroitement liés à l'Action française.

FAUSSES PERSPECTIVES

Nous nous sommes jusqu'ici efforcés de présenter une introduction aussi factuelle et extérieure à toute controverse que possible. Nous n'avons pas entrepris de classer l'Action française, d'analyser ses objectifs, ni de mesurer sa portée. Et surtout, nous avons évité la question qui a immanquablement accompagné tout débat portant sur l'extrême droite française d'entre les deux guerres, à savoir si tel ou tel mouvement peut ou non être décrit comme « fasciste ». Selon nous, cette obsession a généré plus de passion que de réponses, mais elle a indubitablement contribué à façonner l'image de l'Action française que nous ont léguée les principaux historiens du mouvement.

Nous avons déjà souligné l'influence de René Rémond dans l'historiographie prédominante de la droite française et particulièrement l'adhésion très répandue à sa thèse selon laquelle la France est dans l'ensemble restée immunisée contre le « fascisme »

1. Voir notamment Robert O. PAXTON, *Vichy France : Old Guard and New Order 1940-1944*, Londres, Barrie and Jenkins, 1972 (*La France de Vichy, 1940-1944*, nouv. éd., trad. fr. Claude Bertrand, Paris, Le Seuil, 1997), et Michael R. MARRUS et Robert O. PAXTON, *Vichy France and the Jews*, New York, Basic Books, 1981 (*Vichy et les Juifs*, trad. fr. Marguerite Delmotte, Paris, Calmann-Lévy, 1981).

authentique entre les deux guerres[1]. Notre propos n'est pas ici de spéculer sur les raisons pour lesquelles tant d'éminents historiens français ont souscrit à cette théorie. En revanche, il est beaucoup plus intéressant de remarquer que cette perspective « française » concorde parfaitement avec l'optique de l'Américain qui allait écrire l'histoire de l'Action française faisant autorité : Eugen Weber. Ainsi que l'a récemment fait observer Bruno Goyet[2], Weber, mais aussi Edward Tannenbaum – dont l'ouvrage sur l'Action française fut publié quasi simultanément[3] – ont tous deux été influencés par le concept de « totalitarisme », qui prospérait dans l'atmosphère maccarthyste de l'Amérique des années 50 ; ce concept accentuait les analogies supposées entre l'Allemagne nazie et la Russie soviétique et donc le caractère « révolutionnaire » des mouvements et des régimes fascistes. Il n'est pas étonnant que, armé de ces préconceptions, Weber ait été peu enclin à juger que l'Action française était fasciste, ni qu'il ait été impressionné par ce qui semblait anachronique ou réactionnaire dans la nature du mouvement. Cette approche cadrait parfaitement avec l'interprétation de Rémond, élaborée quelque dix ans auparavant, et qui voulait que les divers mouvements de la droite extraparlementaire française des années 30 (incluant l'Action française) fussent tous issus, sous une forme pure ou hybride, de

1. René RÉMOND, *Les Droites en France, op. cit.* L'approche de Rémond est restée en grande partie incontestée jusqu'à la publication de *La Droite révolutionnaire* (1978) et de *Ni droite ni gauche* (1re éd. 1983), de Zeev Sternhell. Ce dernier a suscité des ripostes virulentes de la part d'un certain nombre d'historiens français défendant la position de Rémond : par exemple, Serge BERSTEIN, « La France des années 30 allergique au fascisme : à propos d'un livre de Zeev Sternhell », *Vingtième siècle*, n° 2, avril 1984 ; Philippe BURRIN, « La France dans le champ magnétique des fascismes », *Le Débat*, n° 32, novembre 1984 ; Jacques JULLIARD, « Sur un fascisme imaginaire : à propos d'un livre de Zeev Sternhell », *Annales ESC*, 39, n° 4, juillet-août 1984 ; Michel WINOCK, « Fascisme à la française ou fascisme introuvable ? », *Le Débat*, n° 25, mai 1983. Voir aussi Pierre MILZA, *Fascisme francais*, Paris, Flammarion, 1987 ; Philippe BURRIN, *La Dérive fasciste : Doriot, Déat, Bergery, 1933-1945*, Paris, Le Seuil, 1986 ; Philippe BURRIN, « Le fascisme » in Jean-François Sirinelli (dir.), *Histoire des droites en France*, 1, *Politique*, Paris, Gallimard, 1992, pp. 603-652.

2. Bruno GOYET, *Charles Maurras*, Paris, Presses de Sciences-Po, 2000, pp. 118-119.

3. Eugen WEBER, *L'Action française, op. cit.* ; Edward TANNENBAUM, *L'Action française, op. cit.*

trois traditions indigènes de la droite (le légitimisme, l'orléanisme et le bonapartisme), et que le « fascisme » fût une importation étrangère qui ne s'était jamais implantée.

Il n'est pas dans notre intention de nous livrer à l'exercice de plus en plus stérile qui consiste à rapprocher les mouvements politiques d'un quelconque modèle générique de fascisme. Il est de loin plus intéressant de se pencher sur les instruments méthodologiques qui ont été exploités pour étayer ce que Michel Dobry a appelé la « thèse immunitaire[1] » et sur la manière dont notre compréhension de l'extrême droite française de façon générale et de l'Action française en particulier s'en est trouvée déformée. Ce procédé n'est pas toujours explicite. Il se dissimule parfois derrière un récit historique, un ensemble de présupposés cachés qui structurent l'histoire racontée, qui la rend cohérente et convaincante, mais sans jamais révéler les mécanismes qui la font fonctionner. Concrètement, c'est souvent le cas dans la célèbre étude de Weber sur l'Action française, où il n'est pas toujours apparent que, derrière la maîtrise et l'exhaustivité de son exposé, un filtre interprétatif est à l'œuvre, qui confère une valeur ajoutée à certains détails et fonde sur ceux-ci les quelques rares passages plus réflexifs dans lesquels il se livre à l'analyse. Et ici, nous allons le voir, les conclusions font fortement chorus à la vision rémondienne – il n'est pas étonnant que, lorsque le livre de Weber fut traduit en 1964, il devint rapidement, au moins parmi les historiens français, l'ouvrage faisant autorité sur l'Action française[2].

On peut résumer comme suit les principes méthodologiques qui sous-tendent la « thèse immunitaire[3] ». Tous ces principes dérivent d'une perspective téléologique : le postulat selon lequel, puisque le « fascisme » n'a jamais accédé au pouvoir en France, il n'a jamais pu constituer une menace sérieuse. Les mouvements qui ont attiré un nombre significatif d'adhérents ne peuvent pas avoir été fascistes, et ceux dont la nature fasciste semblait plus convaincante ne peuvent pas avoir été significatifs. L'Action française s'est vue blanchie

1. Michel DOBRY, « Février 1934 et la découverte de l'"allergie" de la société française à la Révolution fasciste », *Revue française de sociologie*, vol. XXX, n°s 3-4, juillet-décembre 1989, pp. 511-533.

2. Bruno GOYET, *Charles Maurras, op. cit.*, p. 124.

3. Michel DOBRY, « Février 1934... », *loc. cit.*

sur ces deux points – elle était bien trop « réactionnaire » pour mériter l'étiquette « fasciste » et, de toute façon, dans les années 30, elle était devenue, soutient-on, une force politique marginale. Les processus historiques sont donc interprétés rétrospectivement selon ce que seront leurs résultats ; dès lors, la tâche consiste à découvrir, parmi les éléments de l'expérience historique française, ceux qui sont à même d'expliquer la prétendue immunité de la France au fascisme. Un grand nombre d'erreurs méthodologiques découlent de ce principe de départ.

Tout d'abord, une telle approche a inévitablement tendance à accorder une valeur exagérée à la spécificité de l'expérience historique française, à trop insister sur la trajectoire nationale et à nier la validité de perspectives plus comparatives. Elle génère un récit historique excessivement rétréci, « paroissial », dans lequel sont négligés les parallèles entre des pays similaires, l'interdépendance transnationale de processus de développement et les dimensions plus larges, européennes, du changement. Les pays étrangers sont utilisés principalement pour faire contraste avec le cas de la France et sont, à cet effet, dépeints grossièrement, au point d'aboutir à des stéréotypes. Ainsi, par exemple, les éléments rétrogrades de l'idéologie nazie sont invariablement minimisés, parce qu'il faut que le fascisme soit présenté comme une force modernisatrice et révolutionnaire, facile à distinguer du soi-disant traditionalisme conservateur de l'Action française, voire du régime de Vichy[1].

Deuxièmement, cette notion de spécificité historique française est surtout démontrée par la persistance présumée de traditions politiques caractéristiques à travers les époques. Comme nous l'avons déjà fait remarquer, le modèle des « trois droites » de Rémond a fourni une typologie qui a longtemps résisté aux tentatives pour penser la droite française par rapport au fascisme européen. Il y eut certes un effort pour apporter une explication socio-économique à cette extraordinaire continuité politique : la

1. En conséquence, Rémond décrivit Vichy comme « une brusque et anachronique remontée du passé : c'est l'antimodernisme érigé en mode de gouvernement et en système social ». René RÉMOND, *Les Droites en France, op. cit.*, p. 237.

théorie de ce qu'on a appelé la « société bloquée[1] », selon laquelle, au cours de la période 1870-1940, le rythme relativement lent de l'industrialisation aurait permis à de vieilles préoccupations politiques de subsister. Mais l'argument invoquant l'existence durable de ces tempéraments politiques, mentalités et systèmes de valeurs tenaces, qui s'adaptent aux situations nouvelles sans jamais en fin de compte trahir leur ascendance organisationnelle et intellectuelle, engendre une vision de l'histoire passablement simpliste et linéaire. Ce point de vue est avant tout enclin à séparer l'histoire des idées et des organisations non seulement des processus de changement plus profonds et de l'environnement international, mais aussi de la dynamique spécifique à chaque conjoncture politique. Ainsi, dans *Les Droites en France*, René Rémond traite de l'Action française comme d'une tentative de synthèse entre ses trois traditions, prenant en compte essentiellement la Grande Guerre et les années qui l'ont précédée[2]. L'identité du mouvement fut donc définie par sa relation avec ces trois traditions et elle fut dès lors présumée quasiment immuable. L'activité de l'Action française dans les années 1920 et 1930 fut jugée d'après l'ascendance idéologique et la vocation historique qu'on lui supposait plutôt que d'après le contexte politique et la dialectique compétitive des relations qu'elle entretenait avec d'autres mouvements.

Ceci nous amène à notre troisième et dernier point. Un tel raisonnement finit par entraîner l'élaboration de typologies construites pour identifier les traits essentiels des idéologies et des mouvements politiques, et, de cette façon (dans le cas présent), pour distinguer du fascisme « authentique » les diverses traditions de la droite française. Le modèle originel des trois droites de Rémond a, il est vrai, été modifié, aussi bien par lui-même (il insiste sur le fait qu'il s'agit de « types idéaux » plutôt que de familles politiques fermées) que par certains de ses successeurs, qui ont, par exemple, reconnu que les frontières entre le national-populisme (un sous-ensemble du bonapartisme de Rémond) et le fascisme sont peut-être plus perméables qu'on ne l'avait laissé entendre au départ[3]. Mais tracer des « frontières » autour d'« essences » est

1. Voir note 3, p. 108.
2. René RÉMOND, *Les Droites en France, op. cit.*, pp. 169-180.
3. Philippe BURRIN, « Le fascisme », *loc. cit.*, pp. 631-632. Mais, conclut

endémique dans l'approche classificatrice, qui se retrouve alors fort inefficace pour traiter de périodes de désalignement partisan radical, tel que celui dont souffrit l'ensemble de la droite française dans les années trente[1]. Comme toutes les typologies de ce type, cette approche a tendance à figer la politique tant dans l'espace que dans le temps et échoue ainsi, par exemple, à apprécier à sa juste mesure l'extraordinaire diaspora de ceux qui avaient été influencés par l'Action française avant de la quitter pour intégrer d'autres organisations, le chevauchement des adhérents des formations d'extrême droite, le réseau complexe de relations tissées entre celles-ci, ou la façon dont elles rivalisaient, manœuvraient et se répondaient.

La manière dont l'Action française a été présentée dans l'historiographie classique de la droite française est une illustration particulièrement pertinente des insuffisances méthodologiques abordées ci-dessus. Si les autres ligues (Jeunesses patriotes, Faisceau, Solidarité française, Francisme, Croix-de-Feu, etc.) et les partis qui leur succédèrent après 1936 (Parti social français, Parti populaire français, etc.) étaient tous les produits de l'entre-deux-guerres, l'Action française avait, elle, été fondée une génération plus tôt dans le sillage de l'affaire Dreyfus. Sa survie pendant près d'un demi-siècle – traversant une époque marquée par un changement social considérable et par des événements historiques comme la Première Guerre mondiale, la Révolution russe, la Grande dépression et la montée du fascisme – représente un défi pour l'analyse historique. Et en particulier pour les historiens qui ont tenu pour des caractéristiques fixes et restrictives le royalisme du mouvement, son catholicisme fondamentaliste et son adoption provocatrice de l'étiquette « réactionnaire ». Dès lors, l'opinion conventionnelle est que l'Action française avait fait son temps au début des années vingt, que ses idées étaient de plus en plus inadaptées aux nouvelles réalités de l'entre-deux-guerres et que sa survie reflétait simplement la persistance de cultures

---

néanmoins Burrin(p. 636), « quant au fascisme français, même s'il y a entre lui et le national-populisme une zone de transition relativement floue, il forme un courant distinct ».

1. La nature de ce processus de désalignement a été étudiée notablement par Kevin PASSMORE, *From Liberalism to Fascism, op. cit.*

politiques distinctives dans une société bloquée. Son rôle crucial dans les événements du 6 février 1934 devenait son « été indien » et l'ubiquité de son influence à Vichy une aberration.

Il est intéressant d'observer que l'historien américain Robert Soucy, l'auteur de deux volumes sur le « fascisme français[1] » et l'un des principaux détracteurs de la thèse immunitaire, semble néanmoins partager ce point de vue sur le peu d'importance de l'Action française entre les deux guerres. Son premier volume, qui examine la période 1924-1933, s'intéresse essentiellement aux Jeunesses patriotes et au Faisceau ; il ne traite de l'Action française que dans un chapitre d'introduction sur le protofacisme antérieur à 1914. Le volume suivant, qui couvre les années 1933 à 1939, accorde une seule page à l'Action française, dans un chapitre intitulé « Minor and Declining Fascisms » (« Fascismes mineurs et sur le déclin »). D'autres iconoclastes, tels que Ernst Nolte et Zeev Sternhell, impliquent l'Action française dans la formation naissante du fascisme européen mais éludent le rôle du mouvement entre les deux guerres[2].

Il est donc quelque peu surprenant de remarquer que Weber consacra le quart de son analyse classique aux seules cinq années séparant le 6 février 1934 du début de la Seconde Guerre mondiale, soit autant de pages qu'à toute la période entre 1899 et 1918. Il est vrai que dans une étude exhaustive comme celle-ci, on est enclin à ne rien omettre, sans distinction d'importance, mais, même en termes qualitatifs, le récit de Weber donne l'impression que le mouvement a eu une présence politique significative durant tout l'entre-deux-guerres. Après « le 6 février », écrit-il, « l'Action française se trouva alors presque l'incarnation de ce qui pouvait être l'esprit du temps[3] », et, pendant la période précédant et suivant

1. Robert SOUCY, *French Fascism : The First Wave, 1924-1933*, New Haven, Yale University Press, 1986 ; *Le Fascisme français, 1924-1933*, trad. fr. Francine Chase, Paris, Presses Universitaires de France, 1989), et *French Fascism : The Second Wave, 1933-1939*, New Haven, Yale University Press, 1995.

2. Ernst NOLTE, *Der Faschismus in seiner Epoche : Die Action française, Der italienische Faschismus, Der Nationalsozialismus*, Munich, R. Piper, 1963 ; *Le Fascisme dans son époque : l'Action française, le fascisme italien, le national-socialisme*, trad. fr. Paul Stéphano, Paris, Julliard, 1970 ; Zeev STERNHELL, *La Droite révolutionnaire, op. cit.*, et *Ni droite ni gauche, op. cit.*

3. Eugen WEBER, *L'Action française, op. cit.*, p. 388.

l'élection du Front populaire en mai 1936, « c'était dans l'*Action française* [...] que l'opposition au Front populaire devait trouver ses idées[1] ». Weber ne sous-estime pas non plus l'impact de l'Action française sur le régime de Vichy, observant qu'Otto Abetz « semblait considérer la Révolution nationale comme une entreprise tentée sous son influence[2] ».

Toutefois, Weber constate également que « l'Action française, c'était, particulièrement à cette époque, une doctrine, un journal, un certain nombre de livres, une sorte d'attitude, l'influence d'un homme ». Puis il poursuit : « Les idées de Maurras avaient si longtemps éclairé la pensée de la Droite tout entière que des hommes de tous les bords les avaient assimilées, souvent sans s'en être rendu compte[3]. » Ceci suggère une hypothèse assez différente de celle que nous avons abordée jusqu'à présent – à savoir que c'était en tant que *ligue*, en tant que *mouvement politique organisé* (aspirant à exercer le pouvoir ?) que l'Action française avait décliné pendant les années 30, alors qu'à d'autres niveaux (intellectuels, idéologiques, culturels), son influence continuait à s'exercer un peu partout. Comment faut-il expliquer cela ? Certainement pas par l'argument selon lequel les idées de l'Action française étaient totalement déconnectées de la réalité de l'époque. Pas davantage en arguant que les rangs diversifiés de l'opinion conservatrice étaient hostiles aux solutions autoritaires extrêmes. Il paraît plus probable que cette étrange contradiction entre l'aptitude à façonner des attitudes et l'aptitude à les mobiliser efficacement appartienne au domaine de la *politique*. Nous reviendrons sur ce point ultérieurement.

L'ACTION FRANÇAISE : ÉLITISTE OU POPULISTE, RÉACTIONNAIRE OU MODERNE ?

Ainsi que nous l'avons vu, les caractéristiques de l'Action française qui ont le plus intrigué les historiens, et tout particulièrement les historiens étrangers, sont son adhésion à la cause de la

1. *Ibid.*, p. 396.
2. *Ibid.*, p. 486.
3. *Ibid.*, pp. 486-487.

monarchie, à celle du catholicisme traditionaliste, et évidemment à l'étiquette même de « réactionnaire », dont elle se revendiquait avec fierté. Aux yeux de spécialistes américains tels que Weber et Tannenbaum, voilà qui constituait indéniablement un paradoxe troublant dans la France des Lumières, de la Révolution et de la République, où il n'y avait plus de rois depuis 1848 et où la séparation de l'Église et de l'État s'était faite en 1905. Du reste, les sous-titres de leurs études respectives témoignent de cette fascination – *Royalism and Reaction in Twentieth Century France*[1] (« Royalisme et réaction dans la France du XXe siècle ») et *Diehard Reactionaries in Twentieth Century France*[2] (« Réactionnaires purs et durs dans la France du XXe siècle »). Au demeurant, les historiens français eux-mêmes font rarement référence à l'Action française sans y adjoindre l'épithète « royaliste ».

Il va de soi qu'en épousant la cause du rétablissement de la monarchie le mouvement s'attira inévitablement le soutien de ceux qui étaient affectivement attachés au royalisme et nostalgiques d'une époque révolue. Mais si l'attrait exercé par l'Action française avait reposé principalement sur cela, son influence aurait été très limitée. Les dirigeants et le noyau dur des activistes défendaient indubitablement le principe de la monarchie, mais cet engagement était souvent rationnel autant qu'affectif, intellectuel autant que sentimental. Il reflétait leur aversion pour tout ce qu'ils associaient à la République – ses valeurs libérales et égalitaires héritées du Siècle des Lumières, ses institutions parlementaires déficientes et propres à créer des divisions, sa classe politique corrompue et parasite. En rejetant l'ensemble de l'héritage révolutionnaire depuis 1789, l'Action française était en mesure de se livrer à une critique de la République plus absolue et radicale que n'importe quel autre groupe d'extrême droite, et d'exploiter des formes diverses de mécontentement envers le régime établi.

Mais, fondamentalement, la République était avant tout méprisée parce que, de par sa nature propre, elle était incapable de servir les intérêts nationaux de la France. La doctrine du nationalisme intégral était la véritable essence idéologique du

1. Eugen WEBER, *L'Action française, op. cit.*
2. Edward TANNENBAUM, *Action française, op. cit.*

mouvement – réunissant son antirépublicanisme, son antisémitisme, son antimarxisme, sa xénophobie et sa haine des idées, des valeurs et des intérêts cosmopolites. La monarchie fut choisie de manière « scientifique » comme le système de gouvernement le plus susceptible de sauvegarder la nation. Cependant, ainsi que l'écrivit Rémond en personne, « les hommes de l'Action française resteront au fond toujours plus nationalistes que monarchistes, et plus monarchistes que royalistes[1] ». Maurras n'attendait en effet pas de ses collaborateurs qu'ils s'engagent officiellement en faveur du monarchisme, et nombre d'illustres journalistes écrivant pour le journal du mouvement dans les années 30 étaient vraisemblablement, à cet égard, « non-croyants ». De plus, croire en la monarchie n'exigeait pas un respect exagéré pour les prétendants au trône eux-mêmes. Lorsque Robert Brasillach entra au journal, il fut on ne peut plus déconcerté d'entendre un collègue qui lui faisait visiter les locaux déclarer, montrant les portraits du duc de Guise et de son fils le Comte de Paris qui se trouvaient dans le bureau de Maurras : « Voici Jean Foutre et Foutriquet[2]. »

Bien entendu, ce qui était vrai pour les membres de ce petit cercle avait encore plus de chances de l'être dans les rangs plus larges des sympathisants. Écrivant sur la période de « l'envol » de l'Action française après 1908, Weber affirme que son influence s'accrut « en dépit plutôt qu'à cause de son royalisme ». Le mouvement rallia tous ceux qui étaient sensibles aux sentiments et aux slogans de xénophobie militariste, de racisme et d'antisémitisme, de mépris pour l'intelligentsia libérale, la classe politique républicaine et l'internationalisme socialiste. S'il capta incontestablement des intellectuels de droite et des étudiants nationalistes, il suscita également un intérêt populiste considérable au sein de la petite bourgeoisie urbaine : employés de bureau, petits commerçants, artisans, employés du secteur tertiaire et travailleurs indépendants. Les subtilités doctrinales se voyaient souvent éclipsées par l'appel à la haine et à la violence, ainsi que Rémond lui-même en a attesté : « Pour un lecteur de Maurras qui a bien entendu les enseignements du philosophe, dix ou vingt ont

1. René RÉMOND, *Les Droites en France, op. cit.*, p. 172.

2. Cité in Pierre PELLISSIER, *6 février 1934 : la République en flammes*, Paris, Perrin, 2000, pp. 35-36.

peut-être fait plus volontiers leur profit des leçons et des invectives du polémiste[1]. »

La relation que l'Action française entretenait avec l'Église catholique était politiquement bien plus significative que son attachement symbolique à la famille royale de France. Les milieux sociaux conservateurs dont le mouvement fit la conquête en premier avant la Première Guerre mondiale avaient en grande partie abandonné depuis longtemps l'espoir du rétablissement de la monarchie, mais ils restaient profondément attachés à un système traditionaliste de valeurs issues du catholicisme intégriste. Comment les aspirations de ces éléments bien-pensants de la moyenne et de la haute bourgeoisie, voire de l'aristocratie, pouvaient-elles être conciliées avec celles des éléments petits-bourgeois et plébéiens les plus combatifs qu'on a décrits plus haut ?

En réalité, ce profil sociologique n'était pas considérablement plus large que celui d'autres formations nationalistes de droite durant la première moitié du XXe siècle, que ce soit en France ou dans d'autres pays d'Europe de l'Ouest. Mais, dans le cas de l'Action française, ce mélange paraît plus problématique dès lors qu'il est présenté sous l'angle d'une tentative de « faire fusionner » deux traditions idéologiques, l'une élitiste (le légitimisme) et l'autre populiste (le bonapartisme). La deuxième conséquence de cette perspective rémondienne est de renforcer l'impression d'anachronisme, en faisant de l'Action française le tenant de cet héritage légitimiste. Ces évêques et ces officiers de l'armée, cette aristocratie terrienne et ces employeurs paternalistes, ces notaires et architectes de province apparaissent comme les vestiges d'une ère disparue formés aux doctrines de Bonald et de Maistre.

Si l'on veut offrir un aperçu plus nuancé, il faut commencer par mettre en contexte le « catholicisme » de l'Action française. Ainsi que nous l'avons indiqué dans l'introduction, le soutien du mouvement à la cause d'une Église en difficulté au cours de la première décennie du XXe siècle était une manœuvre politique calculée qui relevait peu du concept légitimiste traditionnel de l'alliance « du trône et de l'autel ». Le catholicisme de l'Action française se définissait surtout par son antirépublicanisme

1. René RÉMOND, *Les Droites en France, op. cit.*, p. 176.

systématique. L'offensive anticléricale lancée par l'État républicain contre l'Église donna à l'Action française l'occasion de mobiliser l'opinion catholique conservatrice contre la philosophie tout entière de l'idée républicaine, libérale et égalitaire, et contre l'esprit de discorde des institutions du régime. Son soutien à la religion se révéla aussi « scientifique » que son appui à la monarchie et, dans les deux cas, le choix était fondé sur ce à quoi le mouvement *s'opposait* plutôt que sur ce qu'il *défendait*. Ainsi, par exemple, les tensions parmi les catholiques intégristes entre le spirituel et le social, ou entre l'ultramontanisme et le gallicanisme, étaient de moindre importance que le thème *politique* unificateur, celui qui séparait les vrais catholiques des apostats libéraux, à savoir leur hostilité à la République.

La coexistence au sein du même mouvement de formes de discours catholique et laïque, élitiste et populiste créait indéniablement des tensions. Le positivisme de la pensée maurrassienne comme la violence verbale de l'Action française étaient sans nul doute envisagés avec un certain embarras par la hiérarchie épiscopale, ce qui mena ultérieurement à la condamnation officielle du mouvement par le Vatican en décembre 1926. Mais la signification profonde de ce « tournant » dans l'histoire de l'Action française demande à être pesée avec soin. Au sein de l'Église française, cet interdit modifia indubitablement l'équilibre des pouvoirs en faveur d'éléments plus libéraux (tout comme la condamnation pontificale du mouvement chrétien-démocrate le *Sillon*, en 1910, l'avait fait, mais dans l'autre sens). De même, il réduisit l'influence organisationnelle de l'Action française sur l'épiscopat et sur les journaux et les associations catholiques. Certains fervents pratiquants purent se sentir contraints de désavouer leur affiliation au parti par loyauté spirituelle envers Rome ; d'autres croyants coupèrent ou relâchèrent leurs liens officiels avec l'Action française ; mais, après l'inlassable propagande exercée par le mouvement dans ces cercles pendant plus de vingt ans, les effets *politiques* plus profonds ne s'effacèrent pas aussi aisément. L'appareil pouvait bien avoir été affaibli, l'influence idéologique de l'Action française et sa capacité à radicaliser et à mobiliser l'opinion conservatrice bien au-delà de sa clientèle de base à des moments critiques demeurèrent intactes. Pour ne donner qu'un exemple, bien que le tirage du quotidien eût diminué à la suite de la condamnation du Vatican – allant jusqu'à chuter de moitié –, en janvier et février 1934, le journal tira à plus de 100 000 exemplaires, battant son record précédent (90 000 exemplaires) établi à l'été 1926[1].

Ceci nous amène à un point crucial. Pour la grande majorité de ceux qui furent influencés par le mouvement, notamment après la Grande Guerre, la monarchie était une option de plus en plus symbolique. Le catholicisme intégriste était également un élément idéologique secondaire, même s'il était vital pour entraîner le soutien d'une importante clientèle dans la société. Le message politique de l'Action française s'appuyait sur sa critique radicale de la République et sur son insistance à affirmer que le régime (le *pays légal*) était l'antithèse de la vraie nation (le *pays réel*). L'antirépublicanisme était le *négatif* de ce discours dont le nationalisme intégral était le *positif*. Or, le nationalisme intégral, né des conditions historiques complexes qui permirent à l'idée de nation d'être redéfinie selon les conceptions de la droite au tournant du siècle dernier, est un produit de la *modernité*. Il reflète l'impact de l'essor de l'État moderne, les bouleversements sociaux résultant de l'industrialisation et de l'urbanisation rapides, les conséquences du colonialisme mondial et l'avènement de l'ère de la politique de masse[2].

De même, l'ensemble de l'appareil politique de l'Action française présentait des caractéristiques fondamentalement modernes – la ligue avec son réseau national et ses organisations annexes, le service d'ordre et les groupes de rue armés, la puissance des médias et de la machine de propagande, du journal quotidien à la presse affiliée en province, la présence dans la vie culturelle et idéologique par le biais de l'Institut et de la Librairie, le recours à l'infiltration organisationnelle. Les réalités de la politique de masse et la nécessité de persuasion et de mobilisation étaient ainsi

1. Eugen WEBER, *L'Action française, op. cit.*, pp. 211-212 et 408-409. Voir également Jacques PRÉVOTAT, « Action française » in Sirinelli, *Dictionnaire..., op. cit.*, p. 14.

2. Eric J. HOBSBAWM, *Nations and Nationalism since 1780 : programme, myth, reality*, Cambridge, Cambridge University Press, 1990, p. 109 ; *Nations et nationalisme depuis 1780 : programme, mythe, réalité*, trad. fr. Dominique Peters, Paris, Gallimard, 1992/1996/2001.

reconnues sous des formes qui, avant 1914, en dehors des cercles socialistes et syndicalistes, étaient inédites et avancées.

Mettant l'accent sur la modernité de l'Action française, il nous faut tout de même admettre que la Première Guerre mondiale et la Révolution russe ont marqué un grand tournant de l'Histoire, qui a transformé le champ de force politique dans lequel opérait le nationalisme intégral. Tout autant que René Rémond, Zeev Sternhell a négligé ce spectaculaire changement de contexte historique[1] : quoique défendant des points de vue opposés dans le débat sur le « fascisme », ils partagent tous la même démarche erronée qui consiste à accorder une importance excessive à l'ascendance idéologique aux dépens de la politique réelle. Comment l'Action française a-t-elle géré cette transition entre ce que Eric Hobsbawm a appelé le « long dix-neuvième » (1815-1914) et le « court vingtième » siècle (1918-1991)[2] ? S'est-elle montrée, ainsi que certains auteurs l'ont suggéré, inapte à comprendre ce monde nouveau[3] ? Fut-elle capable d'adapter son nationalisme intégral à ce contexte modifié ? Et, fondamentalement, est-elle comparable à d'autres mouvements, français comme étrangers, qui ont fréquemment été cités pour renforcer l'image d'une Action française conservatrice, rétrograde et de plus en plus marginale ?

---

1. Bruno Goyet commente ce trait des travaux respectifs de Nolte et de Sternhell in Bruno GOYET, *Charles Maurras, op. cit.*, p. 121-122. Il faut convenir que Sternhell a le mérite de reconnaître la modernité de la « droite révolutionnaire » du début du siècle, et que, contrairement à Rémond et les autres, il la replace à bon escient dans son contexte comme phénomène de l'âge de la politique de masse. Toutefois, il minimise bel et bien la portée historique du tournant de 1914-1918. Dans ce contexte, Michel Winock a écrit à juste titre que « le fascisme ne s'est pas développé sur des livres ; il a pris forme sur les retombées de la grande vague révolutionnaire de 1919-1920 » ; Michel Winock, *Nationalisme, antisémitisme et fascisme en France*, Paris, Le Seuil, 1990, p. 285.

2. Eric J. HOBSBAWM, *The Age of Extremes : the Short Twentieth Century 1914-1991*, Londres, Michael Joseph, 1994 ; *L'Âge des extrêmes : le court vingtième siècle, 1914-1991*, trad. fr. P.-E. Dauzat, Bruxelles, Éditions Complexe, 1999.

3. Bruno GOYET, *Charles Maurras, op. cit.*, p. 121.

L'Action française : les décalages de distinction

Dans un article auquel nous avons déjà fait référence, Michel Dobry constate que les adeptes de la « thèse immunitaire » ont souvent recouru à ce qu'il appelle des « décalages de distinction », qui différencient prétendument la droite radicale française de l'entre-deux-guerres du fascisme « authentique ». Ces différences furent elles-mêmes fréquemment engendrées par l'ensemble du processus d'assimilation des idées fascistes dans la France entre les deux guerres. Comme le souligne Dobry, en France, les nationalistes autoritaristes se virent confrontés à un dilemme classique. D'une part, très souvent les idées fascistes s'accordaient sensiblement avec les leurs, et le succès des mouvements fascistes en Italie et en Allemagne leur servait de modèle et d'inspiration. D'autre part, la germanophobie était l'une des sources de leur nationalisme et l'ascension des pouvoirs fascistes menaçait le traité de Versailles, dont dépendait la sécurité de la France[1].

Les mouvements de la droite radicale française y virent donc une motivation puissante pour trouver les moyens de dénier toute association avec les mouvements fascistes étrangers et pour recycler ces influences en se livrant à divers « bricolages idéologiques », reformulant parfois les idées sous une forme francisée, ou leur revendiquant parfois (comme ce fut le cas de Georges Valois, le fondateur du Faisceau) une origine française[2]. Nous voici très loin de l'optique rémondienne selon laquelle la droite française extraparlementaire s'est bornée à imiter les éléments du décor fasciste – les uniformes, les défilés. Dobry soutient précisément le contraire : la plupart des mouvements étaient très soucieux de se distinguer du fascisme étranger, et ce sont ces décalages superficiels qui doivent être traités avec circonspection. Bien entendu, il ne s'agit nullement d'insinuer que de telles distinctions idéologiques

---

1. Michel DOBRY, « Février 1934... », *loc. cit.*, pp. 523-524.

2. Dans *Ni droite ni gauche*, *op. cit.*, p. 234, Sternhell écrit : « Valois rappelle ses origines en plaçant le Faisceau dans le sillage de Proudhon, de Sorel et de Barrès. » DOBRY, « Février 1934... », *loc. cit.*, p. 524, fait remarquer, non sans ironie, que Zeev Sternhell se contente ici de prendre les affirmations de Valois au pied de la lettre.

ont nécessairement été inventées ou manipulées de manière purement instrumentale – souvent on y croyait sincèrement –, mais nous ne devons pas laisser des nuances superficielles obscurcir les parallèles idéologiques souvent bien plus substantiels. On se rappelle la mise en garde d'Orwell, nous avisant que le fascisme anglais deviendrait une menace lorsqu'il ferait son apparition non pas chaussé de bottes cavalières mais vêtu de tweed[1].

À plusieurs reprises dans son étude consacrée à l'Action française, Weber compare ce mouvement au fascisme, et ses arguments ressemblent beaucoup à ceux de la « thèse immunitaire ». Il reconnaît l'engouement et l'admiration du mouvement pour Mussolini au début des années 20, et rapporte qu'en 1922 Léon Daudet déclara à une assemblée d'étudiants qu'à l'instar des fascistes italiens l'Action française s'emparerait bientôt du pouvoir par la force et procéderait à des purges encore plus rigoureuses. Mais, d'après Weber, ce ne serait pas « le résultat d'une inspiration fasciste pour autant, mais le résultat de la doctrine d'Action française existant depuis longtemps », et il cite Daudet qui ajoutait : « Nous n'imitons personne, nous ne sommes le résultat d'aucun autre mouvement, pas même du fascisme italien contemporain ou passé[2]. » Weber n'est pas tout à fait convaincu par la dénégation de Daudet, mais, dans la phrase suivante, il affirme néanmoins qu'un grand nombre de similitudes entre les idées de l'Action française et celles du fascisme étaient « accidentelles ».

Les « décalages de distinction » que Weber entreprend alors de décrire s'avèrent instructifs. Il admet l'argument selon lequel le nationalisme intégral maurrassien était lui-même l'une des racines doctrinales du fascisme italien, et il concède que les deux mouvements avaient les mêmes ennemis ; il cite la description que Mussolini avait faite de lui-même : « réactionnaire parce qu'antiparlementaire, antidémocratique et antisocialiste », et il identifie les principes de Mussolini comme étant l'ordre, la hiérarchie et la discipline[3]. Mais, apparemment, « les communistes et les chefs

1. George ORWELL, *The Road to Wigan Pier* (1937), Londres, Penguin, 1962, p. 186 ; *Le Quai de Wigan*, trad. fr. Michel Pétris, Paris, Éd. Ivréa-Éd. de l'Encyclopédie des nuisances, 1995.

2. Eugen WEBER, *L'Action française, op. cit.*, p. 157.

3. *Ibid.*

royalistes eux-mêmes devaient être seuls à distinguer clairement que les différences entre l'Action française et le fascisme étaient plus importantes que les ressemblances[1] » ! Il marque la différence entre l'anti-intellectualisme fasciste et la rigueur doctrinale de Maurras, ce qui ne manque pas d'ironie étant donné qu'en général, la « thèse immunitaire » attache beaucoup d'importance au « flou » idéologique de la droite radicale française[2] ! Mais la grande différence, selon Weber, est entre « l'*antiétatisme* maurrassien et la statolatrie fasciste[3] », ce qui appelle d'autres observations.

Tout d'abord, il importe de signaler que le fédéralisme de l'Action française (prolongement de l'engagement personnel de Maurras en faveur du Félibrige provençal), son attachement aux provinces historiques de la France et au concept d'une monarchie décentralisée, fournit une antithèse symbolique (et parfaitement classique) au jacobinisme de l'État républicain, mais fut constamment en contradiction avec la dynamique du nationalisme intégral. En l'occurrence, l'accent mis sur la France en tant qu'entité culturelle homogène avec un intérêt national unique, et sur le besoin d'une autorité forte capable de doter cette identité historique d'un point de convergence politique, tendait clairement dans la direction opposée. L'antiétatisme de l'Action française était donc au mieux ambigu. Quant à la statolatrie du fascisme, elle est largement fondée sur notre connaissance rétrospective du régime de Mussolini (et plus tard de celui de Hitler), sur le fascisme achevé. Avant d'accéder au pouvoir, tant le mouvement fasciste italien que le mouvement nazi faisaient appel (par exemple) à des sentiments syndicalistes et corporatistes qui insistaient davantage sur l'autonomie organisationnelle que sur le contrôle de l'État. Aujourd'hui, on considère comme l'une des caractéristiques déterminantes du mouvement l'exploitation opportuniste, par les fascistes italiens, d'intérêts locaux et d'intérêts de groupes particuliers.

À un niveau plus général, ces considérations soulignent le caractère extrêmement éclectique du fascisme et l'ambiguïté de ses objectifs politiques avant son accession au pouvoir. Cette

1. *Ibid.*, p. 158.
2. Michel DOBRY, « Février 1934... », *loc. cit.*, pp. 521-523.
3. Eugen WEBER, *L'Action française, op. cit.*, p. 157.

observation a tout particulièrement été appliquée au fascisme italien, dont l'idéologie initiale n'était guère moins vague que celle de la droite radicale française. Mais il est également vrai que le mouvement nazi adapta son discours à différents publics sociaux et politiques, qu'il fut contraint de transiger pour maintenir l'unité de sa coalition et qu'il ne brandit jamais sa destination en étendard. L'État *totalitaire* fut bâti graduellement plutôt que présenté sous la forme d'un projet politique achevé. En effet, si on prenait au pied de la lettre certains aspects du discours nazi avant 1934 (plutôt que de les apprécier avec le recul historique), il serait alors difficile de maintenir le contraste habituel entre le conservatisme social nostalgique de l'Action française et la modernité révolutionnaire du fascisme. Au-delà de l'invocation d'un passé teutonique mythique, le concept *völkisch* de *Blut und Boden* («la race et le sol») entretenait les mêmes images d'enracinement paysan que celles employées avec moins de succès par Vichy, alors que le projet corporatiste nazi faisait délibérément appel à ce que Marx aurait sûrement appelé le sentimentalisme petit-bourgeois des corporations d'artisans préindustrielles.

Dans ce contexte, l'affirmation apparemment anodine de Weber selon laquelle l'Action française et Mussolini avaient au moins une chose en commun : les mêmes ennemis, devient plus significative. Compte tenu de son éclectisme, de l'absence d'un corps de doctrines cohérent, de son opportunisme et de son cynisme politiques, l'indication la plus claire pour définir l'identité du fascisme est en effet la longue liste de ce à quoi il *s'oppose*. C'est ce qui permet de pousser la discussion plus avant, pour deux raisons. Premièrement parce que le pouvoir de mobilisation des mouvements fascistes reposait avant tout sur leur appel à ces sentiments de rejet : sentiments antiparlementaire, anti-intellectuel, antilibéral, antidémocratique, antisocialiste, antisémite (et, par extension, sentiment d'anticapitalisme sélectif, ou à tout le moins antibourgeois). Deuxièmement, parce que cette combinaison d'oppositions équivaut effectivement à un refus de toute la tradition des Lumières, une position qui, quand elle fut adoptée par l'Action française, se vit caricaturée comme antimoderne et anachronique. Anti-étatisme contre statolatrie, conservatisme social contre radicalisme, esprit rétrograde contre modernité : si ces « décalages de distinction » semblent convaincants dans des typologies abstraites, ils perdent une grande part de leur substance lorsqu'ils sont transposés dans la réalité historique.

Il y a un autre domaine dans lequel l'Action française invite à la comparaison avec le nazisme plutôt qu'avec le fascisme italien : son utilisation de l'antisémitisme. On a fait à ce propos la distinction classique entre antisémitisme d'État et antisémitisme de peau – l'un politique et rationnel, l'autre biologique et irrationnel ; l'un s'efforçant simplement de limiter l'influence juive (excessive) sur la vie publique, l'autre ouvrant la voie à la persécution raciale et à l'extermination ultérieure. Une fois de plus, la distinction ne résiste pas face à l'expérience historique vécue et au fait que nous connaissons à présent l'entière responsabilité du gouvernement de Vichy dans la déportation de Juifs aussi bien français qu'étrangers vers les camps de la mort[1]. Ainsi que l'a souligné Bruno Goyet, entre autres, Maurras ferma les yeux sur toutes les mesures promulguées par Vichy contre les Juifs et ne se désolidarisa pas de la déportation. D'après Goyet, l'antisémitisme était *l'*idée révolutionnaire de l'extrême droite et fut donc l'objet de *compétition* entre les mouvements de la droite radicale dès le début du XXe siècle. Il se peut que l'Action française ait développé la notion d'antisémitisme d'État par opposition au racisme plus *biologique* de Drumont et consorts, mais, concrètement, la distinction était minime. Le véritable rôle de l'Action française à cet égard fut de conférer à l'antisémitisme une plus grande respectabilité intellectuelle et esthétique, d'en faire un élément ordinaire du discours nationaliste et, par conséquent, d'étendre considérablement son champ d'accueil (« l'inscrire dans les enjeux nationalistes, pour lui faire déborder ses terres d'origine[2] »).

L'Action française dans son contexte politique

Nous l'avons vu, dès lors qu'on sépare les idées maîtresses politiquement fortes (l'antirépublicanisme et le nationalisme intégral)

1. Michael MARRUS et Robert O. PAXTON, *Vichy et les Juifs, op. cit.*
2. Bruno GOYET, *Charles Maurras, op. cit.*, p. 267.

des ornements intellectuels (le monarchisme, le fédéralisme et le catholicisme intégriste) et que le phénomène est envisagé sous un angle comparatif plutôt que « paroissial », l'image de l'Action française comme idéologiquement anachronique ne tient plus. En outre, ainsi que nous l'avons exposé ailleurs[1], le fondamentalisme même de sa critique de la République permit à l'Action française de glisser insensiblement de l'accusation classique de corruption républicaine (le Parti radical et la main invisible du complot judéo-maçonnique et protestant, comme dans le scandale Stavisky) à la dénonciation de l'humanisme socialiste et du bolchevisme international (l'Action française en tant que source clé des idées anti-Front populaire[2]). En effet, l'avènement de l'Union soviétique et d'un mouvement communiste international organisé et discipliné offrit au nationalisme intégral une cible bien plus crédible et sinistre que la IIe Internationale d'avant 1914, plutôt faible et informe. Derrière les radicaux, il y avait les socialistes (leurs alliés électoraux), et, derrière les socialistes, il y avait les communistes (leurs camarades marxistes) – une véritable cinquième colonne dirigée de Moscou par le Komintern et décidée à miner la France de l'intérieur.

Il y a donc peu de preuves que l'Action française ait été moins à l'écoute des réalités de l'entre-deux-guerres que d'autres formations de la droite radicale française, voire que d'autres mouvements similaires ailleurs en Europe. Néanmoins, sur au moins deux points importants, le contexte français était vraiment très différent. D'une part, si, pendant toutes les années 20, l'Action française a pu jouer fortement sur l'amertume des Français – la notion d'une « paix mutilée » ou même de « coup de poignard dans le dos » (les politiciens [républicains] avaient, disait-on, gaspillé les immenses sacrifices des tranchées) –, il ne lui était pas possible d'exploiter en France l'intense sentiment de déception existant en Italie ni la profonde humiliation ressentie par l'Allemagne, sentiments qui ont alimenté l'expansionnisme agressif des mouvements fascistes italiens et nazis allemands. Les illusions de victoire, puis l'aversion qu'inspirait la perspective d'une nouvelle guerre, engendrèrent

1. Brian JENKINS, « In Search of a Fascist Historiography in France between the Wars », *Journal of Area Studies*, n° 10, printemps-été 1997, pp. 48-65.

2. Eugen WEBER, *L'Action française, op. cit.*, p. 358.

un considérable sentiment pacifiste qui émoussa le tranchant du nationalisme intégral.

D'autre part, lorsque Hitler arriva au pouvoir en Allemagne en 1933, il instaura un régime qui, si menaçant fût-il pour la sécurité de la France, avait néanmoins la même double haine de la démocratie libérale et du communisme soviétique que l'Action française. Soudain compromise, la germanophobie, indissociable jusque-là des représentations que l'Action française avait données de l'« Autre », coexista alors en équilibre instable avec l'antibolchevisme. Le nationalisme intégral avait perdu non seulement son tranchant mais aussi son point de mire extérieur. Il se replia sur lui-même, faisant la chasse à l'étranger intérieur. Si les Soviétiques étaient réellement les pires ennemis de la France, ce n'était pas par une invasion militaire qu'ils la feraient tomber, mais de l'intérieur, par la subversion, en utilisant leurs agents et leurs alliés communisants (le Front populaire) pour entraîner la France dans une guerre européenne qui créerait à son tour les conditions nationales propices à une révolution sociale.

Des différences contextuelles comme celles-ci jettent davantage de lumière sur les dissemblances entre l'Action française (et la droite radicale française dans son ensemble) et ses équivalents italiens et allemands que toutes les distinctions subtiles faites entre les idéologies des uns et des autres. Mais nous n'avons jamais eu l'intention de nous laisser emporter dans des débats stériles cherchant à déterminer si l'Action française doit être ou non classée comme fasciste. Notre propos est de démontrer la modernité du mouvement et sa comparabilité avec les autres formations avec lesquelles il interagissait, aussi bien en France qu'à l'étranger. L'un des problèmes principaux que posent les typologies, c'est qu'elles tracent des frontières artificielles autour des objets d'étude, qu'elles les isolent pour les analyser, les extrayant des relations dynamiques qui constituent leur environnement naturel. Le rôle et l'importance de l'Action française entre les deux guerres ne peuvent être sérieusement évalués que si on la place dans cette perspective relationnelle, et, dans les sections finales du présent essai, nous proposerons des moyens de procéder à une telle approche.

Nous avons déjà abordé les dimensions internationales – l'expérience européenne commune façonnée par la Grande Guerre et ses répercussions révolutionnaires, la conscience accrue des modèles étrangers et des développements extérieurs, et, concrètement, le contact direct et l'échange d'idées au-dessus des frontières. Comme nous l'avons vu, les modèles de Mussolini et de Hitler étaient à des degrés variables admirés, assimilés et recyclés aux couleurs nationales (dans le cas de l'Allemagne : tout caractère visible d'imitation directe devait être évité). Bien entendu, la plupart des historiens ont également admis l'influence de l'Action française et des idées maurrassiennes sur les mouvements étrangers[1], et, dans le cas du Portugal de Salazar et de l'Espagne de Franco, la dette fut même reconnue à l'époque[2].

Nul n'a jamais mis en doute l'influence intellectuelle de l'Action française en France entre les deux guerres. René Rémond admettait qu'elle restait considérable « même en 1925[3] », et Philippe Burrin (dans un essai qui est probablement la tentative la plus élaborée d'affiner la thèse de Rémond) alla plus loin que son maître, affirmant que l'AF continua à exercer une influence intellectuelle « bien au-delà de sa condamnation par Pie XI à l'automne 1926[4] ». Nous l'avons vu, le principal historien du mouvement, Eugen Weber, soutient que les idées de Maurras « avaient si longtemps éclairé la pensée de la Droite tout entière » qu'il n'est pas surprenant que, en 1940, Vichy eût été « pénétré d'un maurrassisme profond, mais diffus[5] ». L'examen, par Jean-Louis Loubet del Bayle, des idées politiques « non-conformistes » du début des années 30,

---

1. Anthony D. Smith décrit par exemple le nationalisme intégral de « l'Action française de Barrès et Maurras » comme le « lien le plus important » entre les mouvements fascistes et le nationalisme préexistant ; A. D. SMITH, *Nationalism in the Twentieth Century*, Oxford, Martin Robertson, 1979, p. 67. Ces liens intellectuels sont évidemment au centre du travail de Sternhell. Quant à Eugen WEBER, *L'Action française, op. cit.*, *passim*, il fait régulièrement allusion à des contacts et à des influences de ce type.

2. Tom Gallagher écrit par exemple que Salazar « était fortement influencé par Maurras depuis sa jeunesse » ; Tom GALLAGHER, « Conservatism, dictatorship and fascism in Portugal, 1914-1945 », in Martin Blinkhorn (dir.), *Fascists and Conservatives*, Londres, Routledge, 1990, p. 158.

3. René RÉMOND, *Les Droites en France, op. cit.*, p. 180.

4. Philippe BURRIN, « Le fascisme », *loc. cit.*, p. 634.

5. Eugen WEBER, *L'Action française, op. cit.*, pp. 486-487.

de *Jeune droite* à *Esprit*[1], et l'étude de Pierre-Marie Dioudonnat consacrée à l'hebdomadaire (par la suite collaborationniste) *Je suis partout*[2] fourmillent tous deux de figures ayant subi l'influence de l'Action française : Thierry Maulnier, Jean de Fabrègues, Maxence, Massis, Daniel-Rops, Brasillach, Bernanos, Francis, Gaxotte, Drieu La Rochelle, Jeantet, Rebatet, Blanchot, Laubreaux. François Huguenin nous rappelle qu'à des degrés variables, le mouvement exerça une fascination sur des personnalités aussi diverses que Proust et Gide, Montherlant et Malraux, de Gaulle et François Mitterrand[3]. Et, d'après Yves Simon, dans les années 30, l'Action française exerçait « une dictature presque complète sur les cercles intellectuels catholiques. Quiconque, dans ces cercles, se révélait être un démocrate était [...] regardé de haut comme une personne hors du temps, un survivant d'une autre époque[4] ».

Pourquoi donc cette influence intellectuelle omniprésente ne se traduisit-elle pas par une présence politique plus significative ? La réponse traditionnellement apportée à cette question fondamentale peut se résumer comme suit : même si l'opinion publique de droite s'effrayait de la menace représentée par la gauche socialiste et communiste (et notamment pendant l'ascension et le gouvernement du Front populaire, entre 1934 et 1938), elle était profondément conservatrice ; en outre, malgré toute la sympathie que ces cercles ont pu manifester à la droite radicale, ils n'étaient pas disposés à encourager un changement radical au-delà d'un renforcement du pouvoir exécutif par le biais d'une réforme constitutionnelle. Ainsi, à propos des Croix-de-Feu, Eugen Weber affirme que « ce n'est pas un hasard si la plus populaire et sans doute la plus impressionnante des ligues en était aussi la plus modérée », alors que l'Action française, avec son opposition inflexible à l'ordre établi, « trouvait

1. Jean-Louis LOUBET DEL BAYLE, *Les Non-conformistes des années 30*, Paris, Le Seuil, 1969.

2. Pierre-Marie DIOUDONNAT, *Je suis partout, 1930-1944 : les maurrassiens devant la tentation fasciste*, Paris, La Table ronde, 1973.

3. François HUGUENIN, *À l'école de l'Action française : un siècle de vie intellectuelle*, Paris, Jean-Claude Lattès, 1998.

4. Yves SIMON, *La Grande Crise de la République française. Observations sur la vie politique des Français de 1918 à 1938*, Montréal, Éditions de l'Arbre, 1941, pp. 42-43. Cité in Robert SOUCY, *The Second Wave*, *op. cit.*, p. 42.

un encouragement dans l'atmosphère troublée de l'époque, certes ; mais, dans l'ensemble, l'opinion ne se déclarait pas en sa faveur[1] ».

Cette affirmation repose sur une série de présupposés analytiques. Elle implique premièrement que les fioritures idéologiques adoptées par les diverses formations doivent être prises au pied de la lettre, et qu'on peut établir des distinctions claires entre elles à la manière des critères proposés par la typologie classique de Rémond ; deuxièmement, que l'essor prodigieux des Croix-de-Feu et du Parti social français après 1934, et spécialement entre 1936 et 1938, témoigne du caractère relativement modéré (c'est-à-dire non fasciste) du mouvement ; et, finalement, que l'Action française ne se souciait pas particulièrement d'attirer des partisans en masse et que ses tendances radicales se limitaient donc à une élite. Nous ne disposons pas d'assez d'espace ici pour contester ces présupposés de manière systématique, mais nous partagerions volontiers nombre des conclusions auxquelles parvient Robert Soucy[2] (quoique sans nous appliquer, comme lui, à prouver l'existence d'un « fascisme » français). Ainsi, par exemple, quand on compare jusque dans le moindre détail les programmes et les profils sociaux respectifs du PSF et du Parti populaire français de Doriot, il s'avère que les similitudes dépassent de loin les différences. Il semble difficile d'étayer la distinction claire, souvent faite par les adeptes de la « thèse immunitaire », entre le premier (simplement conservateur autoritaire) et le second (ce que la France aurait connu de plus proche d'un mouvement « fasciste »). Pour la même raison, la rapide expansion des Croix-de-Feu puis du Parti social français après 1936 semble bien refléter une radicalisation de l'opinion conservatrice dominante plutôt que la modération du mouvement[3].

Ce qui importe, c'est que toutes ces formations de la droite radicale – que ce soit en tant que « ligues » avant que le Front populaire n'interdise les unités paramilitaires en 1936, ou ultérieurement en tant que « partis » comme le PSF et le PPF – défendaient

---

1. Eugen WEBER, *L'Action française, op. cit.*, pp. 396-397.

2. Robert SOUCY, *French Fascism. The Second Wave, op. cit.*, pp. 104-203 (sur les Croix-de-Feu et le PSF) et pp. 204-279 (sur le PPF).

3. Robert SOUCY, *French Fascism. The Second Wave, op. cit.*, pp. 104-203, n'est pas le seul à en faire le constat. Voir également STERNHELL, *Ni droite ni gauche, op. cit.*, p. 92.

sensiblement les mêmes idées : « l'antiparlementarisme, la haine de la démocratie, l'attrait pour les solutions autoritaires de nos voisins, l'antimarxisme[1]. » Au-delà de cela, les « bricolages idéologiques » devraient être abordés avec scepticisme. Par exemple, la vogue des structures économiques fondées sur le corporatisme et le « planisme » n'était pas plus fantaisiste sur le papier que des projets analogues conçus par les idéologues du fascisme ou du nazisme, et non moins susceptible de se métamorphoser en quelque chose de bien plus autoritaire dans la pratique. Quant aux diverses propositions ébauchées pour une réforme constitutionnelle (essentiellement des variations sur le thème du renforcement du pouvoir présidentiel), il faut se rappeler que, lorsque Mussolini entra en fonction, certains de ses admirateurs français virent en lui un président du Conseil à la poigne et au dynamisme enviables plutôt qu'un « dictateur totalitaire » en puissance[2].

Notre perception de ces sentiments antidémocratiques répandus en France dans les années 30 a été déformée par une obsession myope des traditions idéologiques nationales. Jusqu'à quel point le discours élitiste de l'Action française est-il toujours empreint d'échos du légitimisme ? Les Jeunesses patriotes sont-elles encore une réaffirmation du « vieux fonds césarien » ? La Rocque est-il, à certains égards, une réincarnation du républicanisme musclé de Boulanger ? Tel ou tel groupe tient-il plutôt ses idées corporatistes de La Tour du Pin ou de Proudhon, de Péguy ou de Sorel ? C'est sur des questions de ce type, prenant plus en compte les généalogies des idées que les continuités de classes sociales, qu'ont été fondées les distinctions faites entre les formations de la droite radicale entre les deux guerres. Elles nous en apprennent très peu sur le *contexte* qui animait ces sentiments antidémocratiques ou sur les *conjonctures* politiques qui déterminèrent la manière dont ils furent utilisés.

Ainsi que l'a montré Kevin Passmore, la droite française subit dans les années 30 un processus de déstabilisation profonde[3].

---

1. Michel DOBRY, « Février 1934... », *loc. cit.*, p. 521.

2. Voir Raymond MANEVY, *Histoire de la presse, 1914-1939*, Paris, Corrêa, 1945, p. 191. Voir également la discussion comparative approfondie des accessions respectives au pouvoir de Pétain et Mussolini in Zeev STERNHELL, *Ni droite ni gauche*, *op. cit.*, pp. 50-60.

3. Kevin PASSMORE, *From Liberalism to Fascism...*, *op. cit.*

L'apparition de problèmes économiques et internationaux croissants, l'échec du système politique à les résoudre, qui eut pour conséquence une perte de crédibilité des institutions libérales démocratiques, la peur grandissante dans les milieux conservateurs d'une révolution socialiste, l'exemple des solutions autoritaires à l'étranger – toutes ces données concoururent à distendre les allégeances politiques traditionnelles dans les cercles de la droite où les organisations partisanes étaient d'une fragilité endémique et les comportements électoraux versatiles, et où l'engagement envers la République n'avait jamais été un article de foi. Pour employer une terminologie plus récente, il se produisit une *crise de la représentation politique* qui finit par mener à un *désalignement* radical. La première étape se manifesta par une prolifération de mouvements et de discours de droite radicale et par une perméabilité de plus en plus grande des frontières séparant de la droite parlementaire ces formations extraparlementaires. La seconde étape (le désalignement) se traduisit par l'extraordinaire essor des Croix-de-Feu et du PSF, surtout après 1936.

C'est donc dans ce cadre qu'il faut analyser le rôle joué par l'Action française entre les deux guerres. À partir de 1924-1925, avec la création des Jeunesses patriotes de Taittinger et du Faisceau de Valois, l'Action française cessa d'être *la* ligue pour n'être plus qu'une formation parmi d'autres. Lorsque, en 1931, La Rocque convertit son association d'anciens combattants en mouvement politique, et lorsque, en 1933, la Solidarité française de Coty et le Francisme de Bucard firent leur apparition sur la scène politique, les ligues de l'entre-deux-guerres prirent l'allure d'une véritable épidémie. De même, comme l'illustrèrent en particulier les événements du 6 février 1934, les liens et les canaux d'influence existant entre ces formations et les rangs de la droite parlementaire devinrent de plus en plus transparents. Après l'interdiction des organisations paramilitaires en 1936 et l'émergence du PSF et du PPF, le contexte changea de nouveau. Il est impossible de saisir ce climat d'effervescence politique intense si l'on s'appuie sur des typologies rigides qui tracent des lignes de démarcation autour de traditions idéologiques. Ces formations se disputaient le soutien d'électorats sociaux grandement similaires, exploitaient les mêmes veines de sentiment antidémocratique, partageaient souvent les mêmes adhérents, s'appropriaient les idées des autres formations mais les adaptaient pour avoir l'air de se démarquer, et donnaient une image déformée les unes des autres afin de remporter un avantage stratégique. C'est en s'intéressant aux différences dans la façon dont ces mouvements envisageaient leur rôle et leurs perspectives politiques ainsi qu'aux différences de tactiques et d'alliances, et non en cherchant des nuances d'ascendance idéologique ou d'engagement programmatique, qu'on est le plus à même d'être éclairé.

L'Action française : une entreprise ambiguë

Nous l'avons déjà vu, la « thèse immunitaire » a ignoré l'Action française sur la base de deux arguments principaux : d'une part, elle était trop « réactionnaire » pour être authentiquement fasciste et, d'autre part, même si elle présentait des caractéristiques fascistes en germe (comme Burrin[1] semble le concéder), elle resta marginale sur le plan politique. Cette deuxième affirmation est le reflet de l'opinion courante qui catalogue l'Action française comme une organisation élitiste, en vertu de son ascendance idéologique supposée (la nostalgie d'un âge prédémocratique, le rejet de la modernité), de sa subtilité doctrinale (uniquement accessible à l'intelligentsia) et de l'appartenance sociale de ses partisans (les rangs de plus en plus clairsemés de l'aristocratie et la haute bourgeoisie catholique traditionaliste). Nous espérons avoir déjà démontré non seulement que son idéologie a été mal analysée, mais aussi que l'importance de cette idéologie a été exagérée. Quant à l'inintelligibilité de la doctrine, l'expérience du marxisme a prouvé qu'on peut réussir à simplifier et à populariser même les idées les plus intellectuellement ésotériques. Enfin, le profil social de

1. Aux yeux de Burrin, la critique radicale de la démocratie (telle que la développa l'Action française) était apparemment un prérequis nécessaire mais non suffisant pour le fascisme ; d'autres ingrédients (plus populistes) étaient indispensables. Ainsi, l'Action française aurait fourni « au fascisme français des hommes et des idées par le truchement des déçus que sa passivité engendrait périodiquement », Philippe BURRIN, « Le fascisme », *loc. cit.*, p. 634.

sa clientèle était considérablement plus « populaire » qu'on ne le présume souvent.

On a beaucoup parlé de la présence de l'Action française au sein de la hiérarchie militaire et ecclésiastique et parmi les membres de l'aristocratie terrienne et les riches familles d'hommes d'affaires catholiques, mais la grande majorité de ses sympathisants se comptait dans le *Mittelstand* – les professions libérales comme les médecins et les avocats, les petits commerçants et artisans, les employés de bureau et les travailleurs du secteur tertiaire –, soit un profil social équivalent à celui des autres formations de la droite radicale. L'étude de Passmore sur la droite dans le Rhône indique en effet que la section locale de l'Action française était plus *populaire* que sa rivale des Jeunesses populaires, notamment parce qu'elle avait « l'aptitude à créer des cellules d'usine[1] ». On ne peut pas non plus contester le fait que l'Action française a été « populiste » au sens où elle cherchait activement à conquérir une audience de masse, où elle savait flairer les thèmes et les questions susceptibles d'enflammer l'opinion publique et où elle était tout à fait prête à les exploiter de manière implacable et opportuniste. De fait, avec ses campagnes de presse et ses mobilisations de rue, l'Action française introduisit le style de politique populiste qui devait se répandre entre les deux guerres et qui a fourni au reste de la droite radicale un répertoire d'invectives caustiques, une provision de symboles et de techniques de diffamation efficaces, et un catalogue d'ennemis soigneusement choisis et auxquels elle s'en prendrait continuellement.

Dans la mesure où l'Action française avait un profil social populaire *et* bien pensant et un style de communication populiste *et* élitiste, il est encore plus difficile de juger de sa « popularité » réelle. Comment quantifier ses partisans ? Elle présentait rarement ses propres candidats aux élections (mais il lui arrivait d'appuyer ceux qu'elle tenait pour ses amis et de leur apporter son soutien), de sorte qu'on ne peut mesurer son influence nationale en nombre de votes. Même en admettant les chiffres dont nous disposons et pour lesquels il n'est pas exclu qu'ils soient exagérés – environ 60 000 membres en 1934 et un tirage de 100 000 exemplaires pour

1. Kevin PASSMORE, *From Liberalism to Fascism...*, *op. cit.*, p. 214.

le journal au mois de février de cette même année –, ceux-ci ne sont en rien comparables avec le nombre d'adhérents du PSF en 1938, estimés raisonnablement à 800 000 au moins.

Cependant, les statistiques sur les membres actifs du mouvement ne tiennent pas compte du cercle bien plus vaste de ses sympathisants, ni de ceux qui avaient été influencés par l'Action française avant de rejoindre d'autres organisations. Nous avons déjà constaté l'influence très répandue des idées maurrassiennes sur la vie intellectuelle des milieux catholiques et de droite. Cette influence était tout aussi manifeste au niveau de l'activisme politique, puisque une remarquable diaspora d'anciens membres de l'Action française était éparpillée à travers tout le spectre de la droite radicale. Georges Valois bien entendu, qui avait rompu avec l'Action française pour lancer le Faisceau, Marcel Bucard (fondateur du *Francisme*), Jean-Pierre Maxence (brièvement l'idéologue de *Solidarité française*), Henri Dorgères (leader du Front paysan et chef de file du « fascisme paysan » français[1]), Deloncle et ses principaux associés de l'organisation terroriste la Cagoule, Suarez, Massis et d'autres grandes figures du PPF de Doriot : tous étaient d'anciens activistes de l'Action française. Même Pierre Taittinger, le dirigeant des Jeunesses patriotes supposées « bonapartistes », s'était allié à une famille de l'Action française, et son mouvement comprenait des royalistes comme des Isnards et d'Andigné. Quant à François de La Rocque, le leader des Croix-de-Feu, organisation se revendiquant « républicaine », ses deux frères avaient été proches de l'Action française avant de devenir conseillers du fils du Prétendant royaliste, le comte de Paris.

Le phénomène observé chez les dirigeants se répétait à la base – les militants naviguaient librement entre les organisations de la droite radicale et étaient souvent membres de plusieurs d'entre elles à la fois[2]. Évoquant le schéma des allégeances dans la région du Rhône, Passmore conclut que « les Jeunesses patriotes et

---

1. Voir Robert O. PAXTON, *Le Temps des chemises vertes. Révoltes paysannes et fascisme rural, 1929-1939*, trad. fr. Jean-Pierre Bardos, Le Seuil, 1996, une étude du mouvement de Dorgères faisant autorité.

2. Eugen Weber, par exemple, écrit que « les années d'entre les deux guerres, particulièrement les années 30, avaient vu les nationalistes jouer aux chaises musicales entre les différentes ligues et partis, allant des uns aux autres et,

l'Action française fonctionnaient comme un réservoir de ressources organisationnelles, financières, idéologiques et humaines, dans lequel les Croix-de-Feu purent puiser[1] ».

Il est permis de considérer que ce processus de prolifération organisationnelle offrit un cadre pour la diffusion des idées de l'Action française. D'ailleurs les choses s'étaient somme toute passées ainsi même avant la Grande Guerre, quand la ligue avait progressivement étendu son influence à travers un éventail d'institutions et d'organisations satellites ou lui servant de façade, toutes différenciées du point de vue fonctionnel. On peut compter parmi celles-ci le Cercle Proudhon (1911), véhicule permettant à Georges Valois, qui était à l'Action française l'expert « en monde ouvrier », de tenter d'attirer des syndicalistes révolutionnaires. En conséquence, lorsque quatorze ans plus tard, le même Georges Valois fonda une nouvelle revue hebdomadaire d'inspiration fasciste *(Nouveau Siècle)* et une association d'anciens combattants, l'Action française appuya volontiers son initiative, croyant que Valois agissait toujours dans leur intérêt et qu'il toucherait des cercles qui se trouvaient hors de la portée de l'Action française. Les relations s'envenimèrent seulement quand, quelques mois plus tard, en novembre 1925, Valois lança le Faisceau, ouvertement positionné comme une organisation politique rivale visant à capter les ressources et les membres de l'organisation mère. De même, au début des années 30, l'Action française encouragea activement ses membres à adhérer également aux Croix-de-Feu, alors en plein essor, une position sur laquelle elle revint, officiellement en raison de l'échec de La Rocque à utiliser efficacement ses forces lors des émeutes du 6 février 1934, mais plus vraisemblablement à cause de l'augmentation massive des adhésions aux Croix-de-Feu qui en résulta.

En conséquence, si, tout au long des années 30, les diverses formations de la droite radicale descendirent souvent ensemble dans la rue à des moments cruciaux, le climat entre elles était hautement compétitif. L'analyse que fait Soucy de la relation triangulaire entre l'Action française, le Faisceau et les Jeunesses patriotes en 1926-1927 révèle un réseau complexe de doubles affiliations, de

---

à l'occasion, appartenant à plusieurs mouvements à la fois », Eugen WEBER, *L'Action française, op. cit.*, p. 492.

1. Kevin PASSMORE, *From Liberalism to Fascism..., op. cit.*, p. 215.

défections, d'entrisme et de débauchage[1]. Dénigrements et récriminations réciproques étaient de règle, des manœuvres pour lesquelles l'Action française excellait naturellement depuis longtemps, mais qu'elle voyait à présent se retourner contre elle. « Je secouai la poussière des âges et je rentrai dans mon siècle[2] », écrivit Valois au sujet de sa rupture avec l'Action française. Dès lors, toutes les formations de droite rivales de l'Action française tourneraient en dérision son engagement doctrinal en faveur de la restauration de la monarchie, qu'elles dénonçaient comme une preuve de son archaïsme et de son conservatisme social. L'Action française leur rendit alors la pareille, employant les termes « bonapartiste » (Jeunesses patriotes) et « républicain » (Croix-de-Feu) à leur endroit avec le même mépris. Des invectives de ce type, reposant sur des symboles familiers du passé national, ne doivent pas être prises au pied de la lettre, pourtant elles l'ont été trop souvent. Loin de prouver la persistance (et la capacité d'explication) des traditions idéologiques nationales, ces références historiques sont les expédients du combat politique, les armes dans la lutte, mais non l'objet ni la cause.

La période qui suivit les émeutes du 6 février 1934 – marquée par l'ascension du Front populaire, l'expansion rapide des Croix-de-Feu, l'interdiction des ligues paramilitaires en 1936, le développement exponentiel du PSF, l'émergence de l'organisation terroriste la Cagoule et du PPF de Doriot – s'avère singulièrement paradoxale pour l'Action française. D'une part, si les idées qu'elle incarnait semblaient avoir touché un public plus large que jamais par le passé, elle ne fut pourtant pas le principal bénéficiaire politique de cette évolution. Nombre de ses partisans passaient aux Croix de-Feu/PSF ou au PPF, tandis que certains de ses activistes les plus violents optaient pour les attentats à la bombe et les assassinats. Comme nous l'avons soutenu tout au long du présent essai, ces choix n'étaient pas avant tout idéologiques – à notre avis, il faut plutôt les attribuer à l'*efficacité* qu'on supposait aux différents mouvements et donc à des questions de stratégie, de tactique et d'alliances.

Il est indéniable que dès que d'autres « ligues » commencèrent

1. Robert SOUCY, *Le Fascisme français, 1924-1933*, *op. cit.*, pp. 174-201.

2. Georges VALOIS, *L'Homme contre l'argent, souvenir de dix ans, 1918-1928*, Paris, Valois, 1928.

à apparaître au milieu des années 20, l'Action française se trouva de plus en plus isolée sur le plan politique. En un sens, c'était inévitable : elle occupait seule le terrain depuis si longtemps que les nouveaux venus l'envisageaient comme *l'*autorité à contester, *la* force à évincer si d'autres devaient prospérer. La rivalité n'était pas moins intense lorsque le challenger était un transfuge entouré d'une bande d'hérétiques, comme ce fut le cas pour Valois, Bucard et une partie de l'entourage de Doriot. Il est également vrai que la condamnation pontificale de 1926 ôta pour le moins à l'Action française d'importantes ressources organisationnelles ; selon Soucy, c'est grâce à cette sanction que les Jeunesses patriotes gagnèrent initialement de nouveaux membres à leur cause[1]. Toutefois, cet isolement pourrait aussi sembler volontaire, et, au moins à deux reprises, l'Action française resta extérieure à des alliances formées sur des plates-formes qu'elle appuyait largement. En effet, le Front national réunit en 1934 les Jeunesses patriotes, Solidarité française et la Ligue des contribuables, mais, alors que Maurras était considéré comme le « chef doctrinaire[2] » du Front, le monarchisme de l'Action française excluait toute participation directe de sa part. Ensuite, quand en 1937, le Front de la liberté – créé tout autant contre le PSF de La Rocque que contre son ennemi officiel, le Front populaire – unit le PPF de Doriot à la plus grande formation parlementaire de la droite, la Fédération républicaine de Marin, alors que l'Action française manifestait son soutien au Front de la liberté et partageait sans aucun doute son antipathie pour La Rocque, elle choisit de garder sa liberté d'action.

Ce dernier exemple soulève aussi la question de l'attitude de l'Action française à l'égard des élections et de l'arène parlementaire. Quoiqu'elle prétendît mépriser toute cette mécanique, elle présenta non seulement des candidats mais soutint également ses amis pour les élections de 1919 et 1924 qui s'opérèrent par scrutin de liste proportionnel. Par la suite, en raison du rétablissement du mode de scrutin uninominal majoritaire à deux tours, l'Action française eut le plus grand mal à acquérir un quelconque poids électoral, si ce n'est en apportant entièrement son soutien à tout candidat

1. Robert SOUCY, *Le Fascisme français, 1924-1933, op. cit.*, pp. 200-201.
2. Eugen WEBER, *L'Action française, op. cit.*, p. 388.

acceptable ayant réussi à accéder au deuxième tour. À cet égard, le mouvement parvint beaucoup moins bien à s'imposer dans le monde parlementaire que les Jeunesses patriotes, dont sept représentants furent élus à la Chambre des députés en 1928 et trente-deux au conseil municipal de Paris l'année suivante[1]. De même, comme nous l'avons vu, l'Action française rejeta la stratégie adoptée ultérieurement par Doriot et son PPF et consistant à établir une tête de pont dans la droite parlementaire par le biais d'alliances ; et, bien entendu, l'Action française ne se montra jamais ni disposée ni apte à imiter La Rocque, qui transforma son mouvement, faisant de la ligue paramilitaire un parti politique à part entière avec toutes les chances de devenir la plus grande formation parlementaire de la droite aux élections de 1940.

Après 1934, à droite comme à gauche, les tactiques de tous les mouvements politiques furent déterminées en réaction au développement des Croix-de-Feu et du PSF. Non seulement son succès mais aussi son indépendance farouche étaient exécrés par les autres ligues, et notamment par l'Action française, qui fut au cœur de la campagne menée pour discréditer La Rocque. Elle se saisit des allégations d'un transfuge des Croix-de-Feu, Pozzo di Borgo, qui accusa La Rocque d'avoir perçu des fonds secrets des présidents du Conseil Laval et Tardieu pendant leurs mandats respectifs (entre 1929 et 1931), ce qui était supposé prouver que La Rocque était un opportuniste politique et que son radicalisme était une imposture. Il va de soi que cet épisode a apporté de l'eau au moulin des historiens qui soutiennent que La Rocque était trop « républicain » et trop « conservateur » pour être considéré comme fasciste et que l'empressement du PSF à se présenter à des élections démontre qu'il entendait s'inscrire dans la « légalité ». La comparaison avec la stratégie « à deux voies » des nazis – se présenter aux élections tout en maintenant une présence extraparlementaire intimidante – devrait suffire à décourager une telle complaisance. Et il est pour le moins ironique que ces arguments simplistes reproduisent la propagande de l'Action française et d'autres adversaires du PSF à l'époque.

Nous nous retrouvons donc devant une énigme : quelle était exactement la stratégie politique de l'Action française ? Pour autant

1. Robert SOUCY, *Le Fascisme français, 1924-1933*, *op. cit.*, p. 202.

qu'elle l'eût jamais été, l'éventualité d'un coup d'État ou d'un putsch royaliste ne fut pas sérieusement envisagée après la Grande Guerre. L'attitude du mouvement à l'égard de Clemenceau en 1918 nous offre un indice : l'adhésion à un leader providentiel dont le prestige et l'autorité en période de crise révéleraient au grand jour les défauts de la démocratie libérale. Qu'une figure comme la sienne soit censée rétablir la monarchie à l'instar du général Monk ou qu'elle soit un substitut efficace (comme Pétain ?) importait moins à l'Action française que la chute de la République parlementaire qu'elle haïssait et la victoire du nationalisme intégral. Mais (non sans une curieuse similitude avec le déterminisme économique du *Komintern*, qui semblait escompter l'effondrement du capitalisme sous ses propres contradictions), cette perspective engendra une sorte d'attentisme chez les dirigeants de l'Action française – ils ne seraient pas nécessairement les architectes de la crise, et ils ne la concrétiseraient pas nécessairement non plus, mais ils en seraient les ultimes bénéficiaires. Et lorsqu'ils contribuèrent effectivement à précipiter les événements de manière décisive, comme le 6 février 1934, ils n'avaient pas conscience qu'une crise avait été déclenchée et n'étaient pas du tout préparés à en tirer profit.

C'est probablement dans ce domaine tactique que l'on peut taxer l'Action française d'avoir été « démodée », même si « immature » serait sans doute plus approprié (voir « naïve » s'agissant de la rupture avec Valois). Et, ironiquement, c'était une conséquence indirecte d'une *précocité* idéologique plutôt que d'un *retard*. L'influence politique du nationalisme intégral ne s'exercerait pas complètement en Europe avant les années 20 et 30, et, avant 1914, l'Action française était la première à introduire une idéologie nouvelle dans des circonstances on ne peut moins favorables. Elle s'était donné pour mission d'établir une « contre-culture » dans la France républicaine, tâche de longue haleine, et non de se préparer à exercer le pouvoir politique. Quand, entre les deux guerres (et surtout pendant les années 30), le climat en France devint plus réceptif à ses idées, elle n'avait adapté ni ses structures ni ses stratégies pour pouvoir saisir cette occasion. À cet égard, son attachement doctrinal à la monarchie semble moins archaïque et sentimental qu'obstiné et pédant. C'est le positivisme de Maurras – le soutien « scientifique » à la monarchie comme antithèse logique de la république – qui résista à l'indifférence des partisans du mouvement et au scepticisme de nombre de ses leaders.

L'explication apportée par Weber – à savoir que l'Action française ne fut jamais un parti et qu'elle voulait influencer la société et non exercer le pouvoir – n'est convaincante qu'en apparence ; elle n'est en réalité qu'un autre exemple de jugement des processus historiques d'après leurs résultats[1]. Non, l'Action française n'exerça en effet jamais directement le pouvoir exécutif en son nom propre, et elle ne rechercha pas non plus le pouvoir politique par les voies électorales traditionnelles ; mais cela ne donne pas la mesure de ses aspirations. Pour nous aider à conclure, nous nous référerons à l'étude que Goyet a consacrée à Maurras, dont l'image historique complexe est bâtie sur de multiples identités – littéraire, philosophique, idéologique, politique[2]. Nous avancerions qu'il en va de même pour l'Action française. Elle entreprit de contester la version républicaine de l'histoire et les fondements de la philosophie humaniste libérale, de diffuser l'idéologie du nationalisme intégral, de proposer un point de vue sur toutes les affaires publiques et de combattre dans l'arène politique. C'était infiniment ambitieux et il n'est guère surprenant qu'elle n'ait pas connu le même succès sur tous les fronts. Et, si l'on regarde les figures centrales du mouvement – Maurras, le poète, savant et théoricien ; Daudet, le polémiste et journaliste ; Pujo, organisateur compétent mais médiocre tacticien –, on s'aperçoit alors que les points faibles de l'Action française relevaient clairement de la stratégie politique et du leadership. D'autres organisations en tireraient pleinement profit – et notamment le PSF, de façon spectaculaire. Mais la remarquable réussite du mouvement de La Rocque aurait cependant été inconcevable si le terrain politique n'avait pas été si soigneusement préparé par l'Action française. Aucun autre mouvement ne contribua à ce point à saper la « culture démocratique » française au cours de la période précédant la défaite et l'Occupation.

Traduit de l'anglais par Patricia Delcourt.

1. Eugen WEBER, *L'Action française, op. cit.*, p. 577.
2. Bruno GOYET, *Charles Maurras, op. cit.*

4.

L'étrange cas La Rocque

Didier Leschi

La publication, débutée il a y a trente ans, de la trilogie de Zeev Sternhell sur le nationalisme et l'idéologie fasciste en France[1] a profondément relancé les débats et les études sur la vie politique française de la première partie du XXe siècle. Avec le livre de Robert Paxton sur la France de Vichy[2], aucun travail n'a autant ouvert le débat historique que ceux de l'historien israélien. On en mesure l'impact à la relecture de l'incipit de l'article de Serge Berstein dans la revue *Vingtième siècle* en 1984[3] où l'auteur souhaite préciser, avant de contester point par point l'argumentation sur l'imprégnation fasciste hexagonale, que la revue « tient Zeev Sternhell pour un historien vrai ». La précision a son importance tant l'attaque fut rude pour défendre l'idée d'une « allergie » française au fascisme. La défense n'a pas convaincu et les discussions demeurent vives. À la « corporation » des historiens français, selon la formule de Jean-François Sirinelli[4], s'opposent depuis cette époque, avec des nuances selon les auteurs,

1. Zeev STERNHELL, *Maurice Barrès et le nationalisme français*, trad. fr., Paris, Armand Colin et Presses de la Fondation nationale des sciences politiques, 1972 ; *La Droite révolutionnaire, 1885-1914. Les origines du fascisme*, Paris, Le Seuil, 1978 ; *Ni droite ni gauche. L'idéologie fasciste en France*, Paris, Le Seuil, 1983.

2. Robert PAXTON, *La France de Vichy*, Paris, Le Seuil, 1973.

3. Serge BERSTEIN, « La France des années 30 allergique au fascisme. À propos d'un livre de Zeev Sternhell », *Vingtième siècle. Revue d'histoire*, n° 2, avril 1984.

4. Jean-François SIRINELLI, « Les intellectuels », in René Rémond (dir.), *Pour une histoire politique*, Paris, Le Seuil, 1988, p. 206.

essentiellement des historiens anglo-saxons. Pour eux, la France des années 30 demeure un « trou noir[1] » de la connaissance historique.

Le colonel de La Rocque et son mouvement Croix-de-Feu sont depuis longtemps au cœur des débats. La raison majeure en est que de par sa masse, ce mouvement n'a pas d'équivalent dans l'entre-deux-guerres. Il manquait, sur cet « archétype de la ligue[2] » et sur La Rocque, une synthèse d'ensemble. Elle a été réalisée *in fine* par un « historien du dimanche », selon la formule que Philippe Ariès utilisait pour qualifier son apport à l'histoire des mentalités. Jacques Nobécourt, après un travail acharné d'une dizaine d'années dans les fonds d'archives, a comblé cette lacune[3]. Sa philosophie méthodologique se situe clairement dans le prolongement des thèses de l'allergie française au fascisme. Paradoxalement, elle semble avoir été lue avec plus d'attention par ceux qui contestent l'existence de cette allergie que par ceux qui en défendent l'existence. Il a ainsi participé à la relance du questionnement sur ce mouvement. C'est le cas en particulier de Zeev Sternhell. Dès la publication du *Colonel de La Rocque ou les pièges du nationalisme chrétien*, il souligne l'importance de cette biographie qui, à ses yeux, ne clôt pas le débat mais le rouvre [4].

Car les enjeux autour du colonel de La Rocque ne sont pas minces pour l'interprétation historique des années 30 et de la fin de la IIIe république. D'où l'importance de revisiter quelques points, d'y voir d'un peu plus près dans ces questionnements qui demeurent. Le « nationalisme chrétien » incarné par La Rocque a-t-il été une variante du conservatisme, ou d'un « christianisme social » de droite ? A-t-il exprimé une potentialité de type franquiste ou salazariste, expériences que La Rocque a regardé évoluer avec intérêt ? Ou enfin, selon la formule de Zeev Sternhell, « un fascisme embourgeoisé, plus prudent parce que contraint à opérer en terrain

1. Kevin PASSMORE, « The French Third Republic : Stalmate Society or Cradle of Fascism ? », *French History*, vol. 7, décembre 1993, p. 442.

2. René RÉMOND, *Les Droites en France*, rééd. Paris, Aubier, 1982, p. 211.

3. Philippe Machefer, trop tôt décédé n'a pas pu finir sa thèse sur ce sujet mais a livré des articles importants. Ses travaux inédits sont assemblés dans le fonds La Rocque à la Fondation nationale des sciences politiques.

4. Jacques NOBÉCOURT, *Le Colonel La Rocque, 1885-1946, ou les pièges du nationalisme chrétien*, Paris, Fayard, 1996.

moins favorable, face à un régime infiniment mieux enraciné que ne l'était la démocratie dans les pays voisins[1] ? » Peu ou prou, c'est autour de ces interrogations que les écoles historiques débattent.

Si René Rémond a, très tôt, souligné l'importance numérique du phénomène Croix-de-Feu, son appréciation conduisait à en minorer l'importance politique. Sa thèse affirmant qu'il ne pouvait y avoir de fascisme français, sinon très marginal, du fait de la culture politique dominante, a écarté les Croix-de-Feu de toute curiosité assidue. Dès lors que la permanence de traditions structurantes dans la vie politique française ne laissait pas de place au fascisme, il valait mieux s'intéresser aux courants majeurs que sont le conservatisme, l'orléanisme libéral et le bonapartisme. Ces courants étant la matrice de la variété des droites, la France n'a connu, écrivait le grand historien de la droite française, au pire, que des « avatars du bonapartisme », en aucun cas une droite révolutionnaire, jamais un phénomène de masse comparable au fascisme. C'est cette interprétation globale, à « statut quasi-officiel », de « l'école Siegfrieg-Rémond[2] » que Zeev Sternhell a contestée, d'abord en faisant du fascisme une production intellectuelle française. Et, depuis 1984, les historiens de la rue Saint-Guillaume argumentent en défense. Serge Berstein affirme, contre « une historicité douteuse », que pris dans « la culture politique acquise de longue date », les « traditions », les « habitudes », « force est de constater que le PSF de La Rocque et même Doriot n'ont dans [le domaine politique], rien à proposer qui soit incompatible avec les traditions nationales[3] ». La « dérive fasciste[4] » de Doriot, du fait de son attitude durant la guerre et surtout de son origine communiste, a fait l'objet d'une attention soutenue. La Rocque n'ayant pas produit de programme intellectuellement aussi attrayant que la pensée de Maurras – Serge Berstein qualifie sa pensée de « vide

1. Zeev STERNHELL, *La Droite révolutionnaire*, rééd. Paris, Gallimard, « Folio », 1997, p. LVII.

2. Zeev STERNHELL, *Ni droite ni gauche. L'idéologie fasciste en France*, 3e édition refondue et augmentée d'un essai inédit, Paris, Fayard, 2000, p. 38.

3. Serge BERSTEIN, « La France des années 30 allergique au fascisme... », *loc. cit.*, p. 84.

4. Philippe BURRIN, *La Dérive fasciste : Doriot, Déat, Bergery, 1933-1945*, Paris, Le Seuil, 1986.

doctrinal » –, et n'ayant pas été un supplétif du nazisme, n'était pas jugé digne de la même attention. De plus, le fait que La Rocque « en 1936 ne transforme pas les Croix-de-Feu en association clandestine et subversive[1] », joint au flou programmatique réel, amenait à lui conférer un label de démocrate, à défaut d'une autre qualification, et la messe était dite.

Dans ce contexte, ceux qui ont soutenu que le mouvement de La Rocque a joué un rôle de première importance demeurent très minoritaires. De plus, Robert Soucy[2], W. D. Irvine[3] et K. Passmore, qui partagent ce diagnostic, n'ont pas la même appréciation suivant que l'on parle des Croix-de-Feu ou, après juin 1936, du Parti social français. Kevin Passmore, le plus proche de l'école historique française, distingue deux phases. La première est celle des Croix-de-Feu qui constituent à ses yeux, sans conteste, un mouvement fasciste dont il a étudié à Lyon, au jour le jour, la politique d'affrontement contre ses ennemis de gauche, mais aussi de la droite conservatrice[4]. Cependant, dans cette crise des années 30 qui « a produit une variété de mouvements autoritaires, dont les Croix-de-Feu et le Parti social français[5] », il considère, rejoignant ses collègues français, que La Rocque a abandonné toute dimension violente ou putschiste avec la création du PSF. S'il pouvait y avoir un doute sur sa stratégie de conquête du pouvoir, il se serait dissipé entre 1935 et 1936, période où il aurait pu, mais où il n'a jamais tenté une insurrection[6]. C'est une argumentation qui ne convainc, en revanche, ni Irvine ni Soucy. Reprenant une démonstration développée par Michel Dobry sur laquelle nous reviendrons[7],

1. Pierre MILZA, *Les Fascismes*, Paris, Le Seuil, 1991, p. 343.

2. Robert SOUCY, *Le Fascisme français*, PUF, 1989 ; *French Fascism. The Second Wave, 1933-1939*, New Haven-Londres, Yale University Press, 1995.

3. W. D. IRVINE, « Fascism in France and the strange case of the Croix-de-Feu », *The Journal of Modern History*, 63 (2), University of Chicago Press, 1991.

4. Kevin PASSMORE, *From Liberalism to Fascism. The Right in French Province, 1928-1939*, Cambridge, Cambridge University Press, 1997.

5. Kevin PASSMORE, « The French Third Republic... », *loc. cit.*, 1993, p. 418.

6. Kevin PASSMORE, « Boy Scouting for Grown-ups ? Paramilitarism in the Croix-de-Feu and the Parti Social Français », *French historical studies*, vol. 19, n° 2, 1995, p. 552 *sq.*

7. Michel DOBRY, « Février 1934 et la découverte de l'"allergie" de la société française à la révolution fasciste », *Revue française de sociologie*, vol. XXX, n°s 3-4, juillet-décembre 1989.

ces deux historiens soulignent que la participation aux élections n'exonère en rien du fascisme, ni même de l'autoritarisme. Or, pour Passmore, selon une argumentation comparable à celle de Pierre Milza et René Rémond, c'est la volonté de participer aux échéances électorales qui, en quelque sorte, a déradicalisé le colonel de La Rocque. L'imprégnation républicaine aurait, contrairement à l'expérience italienne ou allemande, amené à une adhésion au régime.

Dans son étude publiée en France en 1989 sur le fascisme français, Robert Soucy prétend que le fascisme français faisait partie essentiellement d'« une réaction de la classe moyenne contre le marxisme et la IIIe République qui lui avait permis de se développer et que les dénominateurs communs que le fascisme français partageait avec les autres mouvements conservateurs de l'époque contribuèrent plus à déterminer sa conduite que les différences qui les séparaient[1] ». Le fascisme français serait ainsi un conservatisme au style plus radical, aux liens multiples avec les partis conservateurs. Et l'auteur précise : « ce qui séparait en France les fascistes des conservateurs parlementaires était avant tout une question de tactique et de style : les fascistes avaient plus de hâte que les conservateurs d'abandonner la démocratie politique et d'avoir recours à une force paramilitaire et ils avaient un style plus militaire que bourgeois[2] ». Non seulement le fascisme aurait eu une ampleur importante dans l'entre-deux-guerres, mais de plus il aurait été une variante radicale du conservatisme. Dans sa démonstration, les Croix-de-Feu puis le Parti social français occupent la place centrale, et la Fédération républicaine de Louis Marin un des principaux lieux du compagnonnage intellectuel entre fascisme et conservatisme. Nous sommes très loin de René Rémond.

La sensibilité des historiens de « l'allergie française », lors de la publication de *La Droite révolutionnaire. Les origines françaises du fascisme* et de *Ni droite ni gauche. L'idéologie fasciste en France*, avait été heurtée par la mise en cause de l'idée que la prégnance d'une culture politique républicaine aurait été décisive dans la non-émergence du fascisme. En effet, Zeev Sternhell

1. Robert SOUCY, *Le Fascisme français, op. cit.*, p. 19.
2. *Ibid.*, p. 14.

plaidait, au contraire, que l'effondrement de la IIIe république et l'avènement du régime de Vichy, considéré par lui comme un régime fasciste, s'expliquait par « l'imprégnation » profonde et sur un long temps d'une idéologie permettant la formation d'un mouvement de masse contre l'héritage des Lumières, imprégnation qui aurait touché toute la vie intellectuelle et politique. À des degrés divers, des travaux comme ceux de Gérard Noiriel sur les origines républicaines de Vichy, ou encore de Marc-Olivier Baruch sur le comportement de la haute fonction publique avant et pendant l'Occupation[1] ont conforté son propos. Mais là où Robert Soucy demeurait approximatif, se lançant de manière inconsidérée, par exemple, à la recherche d'un antisémitisme théorique de La Rocque érigé en critère décisif, Sternhell décortique discours et pratiques au plus serré des textes, fait apparaître l'ampleur de l'imprégnation antirépublicaine[2]. Jacques Julliard verra dans cette relecture des textes la recherche d'un « fascisme imaginaire »[3] et s'interrogera sur ce « fascisme français qui ne se réalise jamais ». Ironie du débat, dans le même article, il reproche à Sternhell de répudier « un peu trop radicalement [...] les partis authentiquement fascistes » et les « ligues de la même époque, qui pourtant devraient autant importer à l'idéologie fasciste que la revue *Esprit* ou certains écrits de jeunesse de Pierre Mendès France »[4].

C'est à la suite de la publication de la masse d'informations contenue dans la biographie de Jacques Nobécourt que Sternhell décide de porter une attention plus grande à la principale ligue de l'entre-deux-guerres. Même, écrit-il, s'il « a toujours eu la conviction que les Croix-de-Feu ont été bien autre chose que le fruit du sentiment exaltant pour les adultes de revivre leur enfance en

1. Gérard NOIRIEL, *Les Origines républicaines de Vichy*, Hachette, 1999 ; Marc-Olivier BARUCH, *Servir l'État français. L'administration en France de 1940 à 1944*, préface de J.-P. Azéma, Paris, Fayard, 1997.

2. Travailleur inlassable, Zeev Sternhell livre dans la troisième édition de *Ni droite ni gauche...*, Paris, Fayard, 2000, un essai inédit où il conforte encore sa démonstration en répondant à ses contradicteurs.

3. Jacques JULLIARD, « Sur un fascisme imaginaire : à propos d'un livre de Zeev Sternhell », *Annales ESC*, 39, n° 4, juillet-août 1984.

4. *Ibid.*, p. 851.

participant à une sorte de grand jeu scout[1] », ce n'est que vingt ans après la publication de ses travaux sur cette période qu'il se décide à un jugement sur La Rocque. Il se refuse à croire à une conversion à la démocratie du colonel avec la constitution du PSF. Même « s'il est possible que l'homme La Rocque ait été assez rapidement dépassé par les événements et n'ait pas toujours compris la signification de son mouvement[2] », celui-ci, estime t-il, est plus proche du fascisme que de la République.

Refusant de se placer sur le terrain des définitions du fascisme et des degrés de concordance entre les définitions proposées et les Croix-de-Feu ou le Parti social français, Michel Dobry s'est livré, en 1989, à une critique au scalpel de « la découverte de l'"allergie" de la société française à la révolution fasciste » dont la description par ses auteurs semble décrire une véritable « immunité » de la société française au fascisme. L'analyse de Michel Dobry sera pour beaucoup dans l'évolution de la pensée critique de Zeev Sternhell sur les Croix-de-Feu et le Parti social français.

Soulignant qu'il est absurde de ne considérer comme authentique que ce qui serait achevé, ou de ne penser les crises qu'en partant de leurs issues, Michel Dobry considère que l'échec relatif de La Rocque et des nationaux le 6 février 1934 n'est pas en soi une clé de leur nature, et plus globalement, que la non-prise du pouvoir par La Rocque n'est pas la preuve d'une nature démocratique de son mouvement. Au fond, pour prendre un exemple à l'opposé du champ politique, l'échec de la révolution spartakiste n'indique en rien que Rosa Luxembourg n'était pas une révolutionnaire. Nous y reviendrons. Mais c'est sans doute sur le problème des définitions et du « flou des idéologies et des frontières » que sa critique est la plus percutante. Refusant une naturalisation des catégories qui empêcherait de voir l'essentiel, il estime que le flou du programme souvent attribué à La Rocque, inhérent aux bricolages intellectuels des « nationalistes autoritaristes », s'est révélé une force. Sa capacité à ne pas être là où on souhaiterait le stigmatiser est considéré par Michel Dobry comme l'un des principaux ressorts du succès des Croix-de-Feu et du Parti social français. Dans le cas de La Rocque,

1. René RÉMOND, *Les Droites en France*, *op. cit*, p. 214 cité par Zeev Sternhell, *Ni droite ni gauche*, préface de la troisième édition, *op. cit.*, p. 82.

2. *Ibid.*, p. 86.

ces flous ont favorisé l'adhésion de larges secteurs de la société en recyclant le fond idéologique commun aux courants nationalistes. Ce qui explique que leurs frontières aient été poreuses et les conflits de personnes plus grands que les conflits programmatiques. Michel Dobry souligne que ces bricolages, ces flous, ou, dit différemment, cette volonté de ne pas durcir les critères d'adhésion – à l'inverse de l'Action française – ont aussi permis à ces nationalistes sourcilleux d'éviter « le dilemme » de devoir apparaître comme reprenant à leur compte des modèles étrangers. D'où la nécessité de démarquages constants, de réfutation d'étiquettes pour préserver une identité nationale. Dans cet exercice, La Rocque aura été le plus assidu, ce qui lui permettra de s'armer d'une capacité de rassemblement supérieure à celle de l'Action française, son principal concurrent dans les premières années. Indépendamment de la définition du fascisme que l'on souhaite adopter, le mouvement du colonel de La Rocque est pour Michel Dobry tout sauf marginal ou d'inspiration démocratique. Il est au contraire d'une importance majeure par sa masse et sa place politique et participera très largement au consentement à la mise à mort de la République.

Dans ce parcours singulier qu'a été celui du colonel de La Rocque et du mouvement dont il a été le chef incontesté, inspirant des fidélités au-delà de la mort, quelques points nodaux peuvent permettre de resserrer le débat. Sans nécessairement suivre la chronologie de ce parcours, les conditions d'émergence des Croix-de-Feu au sein des milieux anciens combattants et les rapports entretenus par La Rocque avec les milieux militaires dont il était issu ne cessent d'interroger. La transformation réussie de cette association d'anciens combattants en entreprise politique tout public, aussi.

L'ACCRÉDITATION DE LA SOCIABILITÉ MILITAIRE

Les Croix-de-Feu, nationalistes aux allures paramilitaires, isolés au sein d'une sociabilité des anciens combattants « républicaine » – c'est la thèse classique d'Antoine Prost qui a longtemps servi de référence aux historiens de l'allergie française aux fascismes : « Trop souvent [le mouvement des anciens combattants] est confondu avec les Croix-de-Feu : après avoir capté l'attention des journalistes du temps, l'habileté du colonel de La Rocque à se réclamer de l'esprit du front risque, aujourd'hui encore, de tromper les historiens. Il n'est pas rare de voir présenter cette minorité de ligueurs (1,2% des titulaires de la carte du combattant dans la Seine), qui défilaient au pas cadencé sous les ordres d'un officier supérieur, comme la quintessence même de l'esprit combattant, alors qu'à côté d'eux, trois millions de citoyens démobilisés, patriotes mais pacifistes, spontanément antimilitaristes, démocratiquement regroupés dans une confédération à laquelle les Croix-de-Feu n'ont jamais appartenu, ne semblent pas mériter la moindre considération. L'assimilation des combattants aux Croix-de-Feu est totalement abusive : c'est prendre un arbre, exotique de surcroît, pour la forêt tout entière[1]. »

Cette appréciation a longtemps occulté une réalité différente. Ces ligueurs qui défilaient au pas cadencé ont été, dès leur lancement, parfaitement insérés dans la sociabilité des anciens combattants. Ils n'ont été l'objet d'aucun rejet. Mieux, ils ont bénéficié d'une action constante d'accréditation de la part des plus hautes autorités morales de ce monde combattant. Le style paramilitaire et l'antiparlementarisme des Croix-de-Feu ne les ont rendus ni marginaux, ni illégitimes chez les anciens combattants. Cette insertion peut se mesurer au nombre de parrains illustres qui ont accompagné les premiers pas de ceux qui se sont présentés devant leurs condisciples du front comme ayant « été victimes d'un oubli au profit de moins exposés qu'eux ». Ces parrainages les ont aidés à accréditer cette idée qu'ils étaient différents de la masse et seuls à pouvoir « être une grande force antirévolutionnaire et antidéfaitiste de la plus incomparable valeur morale parce qu'elle sera formée d'éléments de la plus incomparable valeur militaire[2] ». Dix ans après la fin de la guerre, la propulsion des Croix-de-Feu a correspondu à une évolution des mentalités des anciens combattants qu'atteste la littérature qui prospère en leur sein et où l'exaltation des héros l'emporte sur la victimisation[3].

1. Antoine PROST, *Les Anciens Combattants et la société française, 1914-1939*, vol. III, Paris, Presses de la FNSP, 1977, p. 119.

2. « Manifeste des Croix-de-Feu », *Le Flambeau*, novembre 1929.

3. Didier LESCHI, « Les anciens combattants et l'apolitisme », *Tumultes*,

Au nombre de ces autorités légitimantes des Croix-de-Feu figurent d'abord les hauts cadres militaires en activité et les chefs prestigieux. Avant même l'adhésion de La Rocque, l'association, lors de son assemblée constitutive, bénéficie ainsi d'un message de soutien du maréchal Foch. Ce sont de grandes figures comme Pétain, Weygand ou Lyautey qui parrainèrent l'adhésion de La Rocque au groupement et l'aidèrent à prendre le contrôle du mouvement[1]. Il n'est, du reste, pas exclu que l'opération de captage de l'entreprise contre son fondateur d'Hartoy, en 1931, ait été faite explicitement en liaison avec des secteurs de la hiérarchie militaire[2]. Elle a été pour le moins implicite. Maurice Genay, l'un des fondateurs des Croix-de-Feu, attestera avoir effectué des démarches de vérification des soutiens de La Rocque auprès de Lyautey, alors grande figure politico-morale des nationalistes anciens combattants.

De haut en bas, ces parrainages ont été sollicités dans le fonctionnement régulier de l'association. Ainsi, Weygand parraine des sections[3] et répond chaleureusement au témoignage de sympathie des Croix-de-Feu lors de sa nomination comme chef d'état-major de l'armée[4]. Le général Noguès dédicace en ces termes sa photo publiée à la une du mensuel des Croix-de-Feu *Le Flambeau* : « Aux camarades Croix-de-Feu cordial hommage ». Le général Caloni devient président d'honneur de la 63ᵉ section[5] ; le

---

Cahiers du centre de sociologie des pratiques et des représentations politiques, Paris, L'Harmattan, n° 8, septembre 1996.

1. Témoignage recueilli par Philippe Machefer entre 1966 et 1976. Georges Riché ajoute que l'idée de faire appel à La Rocque date de 1928.

2. En 1937, Pozzo di Borgo, entré en dissidence, évoque le parrainage de ces généraux. Pozzo DI BORGO, *La Rocque fantôme à vendre*, Sorlot, 1938, p. 105. Georges Riché, compagnon de route de La Rocque jusqu'à la fin, confirmera cette thèse. Témoignage recueilli par l'historien Philippe Machefer en 1966, thèse inédite dactylographiée, FNSP, Archives La Rocque, thèse Machefer.

3. « À travers les sections », *Le Flambeau*, décembre 1929, p. 4.

4. 451 AP/80. En février 1932, Weygand, hospitalisé au Val-de-Grâce, bénéficie d'une garde permanente de Croix-de-Feu, *Le Flambeau*, mars 1932. En novembre 1932, *Le Flambeau* reproduira une lettre de soutien des Croix-de-Feu « au fils spirituel de Joffre et de Foch » qui manifeste encore de ce lien symbolique. Enfin, en 1935, au moment du débat sur la loi de deux ans et de la mise à la retraite de Weygand par Daladier, la photo de l'ex-chef d'état-major orne *Le Flambeau* accompagné d'un article de soutien de La Rocque.

5. *Le Flambeau*, 1 juin 1931, p. 1.

maréchal Franchet d'Espérey, président d'honneur du Morbihan[1] ; les généraux Nisselet et Féraud de la 7e section de Paris, en novembre 1931[2].

Les autorités gouvernementales ou parlementaires sont aussi présentes. En décembre 1929, Marcel Héraud, secrétaire d'État, assure la présidence d'honneur du gala des 5e et 6e sections Croix-de-Feu de Paris. En décembre 1930, André François-Poncet, sous-secrétaire d'État et député du 7e arrondissement, assiste à la fête de la 7e section Croix-de-Feu. Lors des cérémonies publiques des Croix-de-Feu sont présents des gouverneurs militaires[3]. Ainsi le général Gouraud, Gouverneur militaire de Paris, assiste à la fête de la 18e section des Croix-de-Feu[4], et devient un habitué des réunions. Le 27 avril 1930, la remise du fanion à la section du Var se fait en présence de « l'autorité maritime et de son distingué chef, le vice-amiral Vindry, préfet maritime ». Il est accompagné par une partie de ses officiers et de la musique militaire, la Nouba du 4e R.T.S. Les autorités locales sont aussi là. « M. Mativat sous-préfet accompagné de M. Bernard, Secrétaire général de la préfecture, Mme Poileroux, présidente de la Croix Rouge, Mmes Georges et Crispin de l'Union des Femmes de France, le colonel Petit-Jean...[5] » À Reims, la section des Croix-de-Feu organise la remise de son fanion en même temps que l'inauguration du Monument aux morts, en présence du maréchal Pétain et du ministre de la Guerre, le « sergent Maginot[6] ».

Il faut ajouter, à ces autorités civiles, les autorités religieuses de toutes confessions. Elles président des offices et bénissent

1. La photo du Maréchal remettant le drapeau de la section et le saluant est publiée à la une du *Flambeau*, septembre 1931.

2. *Le Flambeau*, janvier 1932. Entre 1931 et 1932, sont annoncés comme présidents de section à titre honorifique les généraux Grollemund (Lyon), Camors (Tours), Zeller (Colmar), ou encore Cordonnier (Neuilly-sur-Seine), etc.

3. Depuis 1919, la présence des généraux aux cérémonies organisées par des associations d'anciens combattants est tolérée.

4. *Le Flambeau*, janvier 1930, p. 5.

5. *Le Flambeau*, juin 1930.

6. Issu de la grande bourgeoisie, ce conseiller d'État, mobilisé en 1914 et grièvement blessé, a gagné ses galons de sergent et la légitimité combattante dans les tranchées. C'est une grande figure du monde combattant et des associations de mutilés en particulier. Son soutien aux Croix-de-Feu est régulier.

des fanions. Des évêques participent aux activités Croix-de-Feu comme Monseigneur de Liobet à Avignon ; Monseigneur Louis à Périgueux, Monseigneur Rémond à Nice, Monseigneur Luçon à Reims. À partir de 1931, une « messe des Maréchaux » est célébrée chaque année à la mémoire des maréchaux Galliéni, Maunoury, Fayolle, Foch et Joffre[1] où sont présentes les familles ainsi que les représentants du président de la République, des maréchaux Lyautey et Pétain, du ministre de la Guerre et de la Marine et des ambassades des pays alliés de la dernière guerre, les membres du Conseil supérieur de la guerre, le général Weygand et sa femme, des députés, des académiciens comme André Chaumeix, et Jacques Le Roy Ladurie, secrétaire général de l'Union centrale des syndicats agricoles[2]. La messe est dite par un Croix-de-Feu, l'abbé Lepage et le Révérend Père Vauplane, Croix-de-Feu, fait une allocution pour saluer l'œuvre Croix-de-Feu. À la fin de la cérémonie, les fanions Croix-de-Feu sont présentés à l'assistance[3].

Nous sommes ainsi au-delà de ce que Kevin Passmore appelle « l'attitude ambiguë [des élites] avec les Croix-de-Feu[4] ». Il s'agit de l'accréditation explicite d'une association dont le propos et le style d'action sont, même pour les tenants de l'allergie française au fascisme, problématiques. Pierre Milza résume ainsi la présentation de soi des Croix-de-Feu que leurs parrains ne peuvent ignorer à la veille du 6 février 1934 : « Les Croix-de-Feu et les groupes qui en dépendent (briscards, volontaires nationaux, etc.) représentent un effectif de près de 100 000 adhérents. Leurs troupes de choc, les

1. *Le Flambeau*, avril 1932.

2. La liste complète est dans *Le Flambeau* de juin 1933, « Messe des Maréchaux », p. 5. Sur Jacques Le Roy Ladurie voir Robert O. PAXTON, *La France de Vichy, 1940-1944*, Paris, Le Seuil, 1973, p. 196 *sq.* et *Le Temps des chemises vertes, Révoltes paysannes et fascisme rural, 1929-1939*, Paris, Le Seuil, 1996. En septembre 1933 au moment où est lancé le Rassemblement national autour des Croix-de-Feu, Jacques Le Roy Ladurie bénéficie d'une tribune qui le fait apparaître comme participant à ce rassemblement. La tribune est ainsi introduite : « Il nous est particulièrement précieux de publier ici les lignes qu'a bien voulu écrire spécialement pour nous, notre ami Jacques Le Roy Ladurie [...] », « Rassemblement national autour des Croix-de-Feu », *Le Flambeau,* octobre 1933, p. 3.

3. « Messe des Maréchaux », *Le Flambeau*, juin 1933 et Dossier Messes des Maréchaux, AN 451 AP/86.

4. Kevin PASSMORE, *From Liberalism to Fascism...*, *op. cit.* 1993, p. 442.

"dispos", sont organisées militairement en "mains" (petits groupes de cinq hommes) et en "divisions" mobilisables à tout moment[1]. »

Ce travail d'accréditation « de la valeur incomparable de ce groupement » sera pour beaucoup dans l'impact des Croix-de-Feu lors des journées de février 1934. Et la masse des anciens combattants constitue bien le terreau, bien plus éloigné du « culte de l'élection, de la démocratie égalitaire, du respect de la légalité et des règles morales[2] », et bien plus hétérogène aussi, que ne le dit Antoine Prost, sur lequel l'entreprise Croix-de-Feu a prospéré. Ce travail d'accréditation n'a pas d'équivalent pour les autres groupements nationalistes. En ce sens, il est difficile d'affirmer que « le succès des Croix-de-Feu constitue la meilleure preuve que la France, dans les conditions qu'elle connaissait dans ces années-là, n'était pas portée au fascisme ; Bucard et La Rocque s'équivalaient en 1933, ce ne fut pas le premier qui s'imposa[3] ». Bucard n'a jamais bénéficié de ces parrainages qui aidèrent au développement des Croix-de-Feu.

De plus, cette attitude ambiguë des élites, militaires en particulier, confirme l'investissement de certains secteurs de la hiérarchie militaire dans l'action politique par le truchement d'un groupement dont la problématique est explicitement en dehors des règles démocratiques. Ce « parrainage des généraux », minutieusement décrit par Jacques Nobécourt, fait partie des matériaux qui, pour Zeev Sternhell, accréditent l'idée que La Rocque aurait pu être une carte dans le jeu de personnalités qui, comme Foch, ne cessaient de vilipender le système parlementaire[4] et faisaient de l'appel au chef la condition d'un renouveau français face à l'Allemagne et à l'Italie. L'adhésion de La Rocque aux Croix-de-Feu est aussi concomitante de la volonté, exprimée par Pétain en particulier, de voir s'unifier les groupements d'anciens combattants, nationalistes et conservateurs. Que La Rocque pouvait être l'agent

1. Pierre MILZA, *Les Fascismes*, Paris, Gallimard, « Folio », 1991, p. 342 (1re éd. 1985).

2. Antoine PROST, « Anciens combattants », dans Jean-François Sirinelli (dir.), *Dictionnaire de la vie politique française au XXe siècle*, Paris, PUF, 1995, p. 29.

3. Philippe BURRIN, *La Dérive fasciste, Doriot, Déat, Bergery, 1933-1945*, Paris, Le Seuil, 1986, p. 192.

4. Jacques NOBÉCOURT, *Le Colonel de La Rocque, op. cit.*, p. 180.

de ce rassemblement était explicite. Jusqu'en 1937, les rapports entre La Rocque et Pétain sont jalonnés de notes et rendez-vous. Ils ne cesseront qu'au moment où La Rocque affirmera définitivement son autonomie et son refus d'être partie prenante d'une unité qui entraverait la progression de son mouvement en figeant les rapports de force électoraux. Mais cette proximité avec les milieux militaires tout au long de l'histoire politique de La Rocque explique aussi ses choix stratégiques. L'idée bien ancrée qu'on ne peut prendre le pouvoir par la rue contre l'institution militaire, illustrée par le conseil de Weygand, « ne vous mettez jamais les premiers dans l'illégalité[1] », explique certains de ses choix. C'était une idée largement partagée par les courants nationalistes et qu'illustre la parabole du Monk de Maurras qui espérait qu'un militaire prendrait la tête d'un mouvement de restauration de la royauté. La Rocque, à ses débuts à la présidence des Croix-de-Feu, lui a sans doute inspiré cet espoir.

Au cœur du 6 février 1934

L'Affaire Stavisky est le moment qui permet à La Rocque de transformer la dimension de son entreprise. L'identité que cette grande date de l'antiparlementarisme lui permet de cristalliser sera assidûment entretenue. À partir du 6 février 1935, chaque section Croix-de-Feu, puis PSF, sera tenue d'aller « au Monument aux morts de sa ville » pour déposer « une gerbe avec l'inscription : "À ceux qui sont tombés pour l'honneur de la Patrie". Dans chaque maison, dans chaque foyer Croix-de-Feu, tous les membres de la famille observeront, à 21 heures, une minute de silence en souvenir respectueux du 6 février 1934[2] ». Pour La Rocque, il ne s'agit pas seulement de célébrer l'événement, mais aussi d'entretenir sa captation en plaçant, dans le récit de l'événement, les Croix-de-Feu au centre, à l'origine de la démission gouvernementale, comme l'illustre ce récit maintes fois reproduit :

1. Jacques NOBÉCOURT, *Le Colonel de La Rocque, op. cit.* p. 597.
2. « 6 février », *Le Flambeau*, 1er février 1936, p. 1.

Quelque chose de nouveau était apparu, provenant de toute la tradition, enchaînant celle-ci dans un avenir encore vague. Sans doute des dizaines de milliers d'hommes sortis de leur bureau, descendirent vaillamment dans la rue ; sans doute, exercèrent-ils, sous une fusillade inhumaine, l'effort héroïque de leur patriotisme, de leur honnêteté, de leur indignation aux alentours de la « maison privée de fenêtres ». Or, à côté de ce réflexe magnifique, un acte prémédité, dirigé, se produisait, dont l'ampleur et les limites étaient tracées d'avance. Déjà, la veille, cinq mille hommes avaient d'un seul élan, à l'improviste, entouré le ministère de l'Intérieur ; sans armes, sans pertes ni pour eux, ni pour le service d'ordre, ils avaient apporté un premier avertissement aux responsables. Car, un gouvernement de factieux, où se trouvaient quelques notoires protecteurs des pillards d'épargne, prétendait sauver ces derniers par un régime d'exception, générateur de guerre civile. Le 6 février, huit mille hommes, *par les voies jusqu'alors négligées*[1] de la rue de Bourgogne, de la place des Invalides et du quai d'Orsay, réitérèrent, suivant les mêmes conditions de spontanéité, de précision et de discipline, un plus solennel avertissement : autour du Palais-Bourbon, à ses portes, contre ses grilles. Comme la veille les citoyens étaient sans armes ; nulle blessure par revolver dans leurs rangs, nulle perte mortelle ; mais tous les barrages de police étaient balayés sans effusion de sang ou contournés. Et à l'heure exacte où la fin hâtive de la séance parlementaire était connue, où la fuite consécutive de ministres sans courage était désormais certaine, ces hommes, toujours groupés en une discipline parfaite, reprirent spontanément le chemin de leur foyer. Loin du lieu de leur intervention, ils se dispersèrent dignement. Toutes dispositions étaient prises afin qu'ils fussent en mesure de recommencer le lendemain ; ils y étaient décidés[2].

Ce qui a profondément marqué la mémoire des gauches, c'est le dispositif choisi, qui permettra aux Croix-de-Feu d'approcher au plus près de la Chambre des députés, ce que n'arriveront à aucun moment à faire les manifestants massés place de la Concorde. Si les affrontements, et les morts qui les accompagnèrent, ont suscité une grande émotion, la démonstration de La Rocque a provoqué l'effroi des démocrates et définitivement consacré les Croix-de-Feu comme le groupement le plus sérieux et le plus efficace dans la lutte contre le régime. Cette crédibilité acquise est d'autant plus forte que la légitimité combattante est véhiculée

1. Souligné dans le texte original.
2. LA ROCQUE, « 6 février », *Le Flambeau*, 8 février 1936.

comme une alternative à la légitimité parlementaire affaiblie, si ce n'est discréditée. Dans l'événement, le service d'ordre sera confronté à cette pression symbolique et physique. Les travaux de la commission d'enquête parlementaire mise en place le souligneront. Le 6, résumera le directeur de la police municipale, « nous abandonnions tout aux anciens combattants[1] ». Que l'armée pût tirer sur les anciens combattants dont Lyautey veut, le 7, prendre la tête si le gouvernement ne démissionne pas, était inimaginable. Les nationalistes réaliseront, après coup, l'ampleur de l'occasion manquée qu'ont constituée ces journées de symbiose entre leur combat politique et la légitimité combattante.

L'ORIGINALITÉ D'UNE IDENTITÉ

S'affranchir de la tutelle de ses parrains et conseilleurs illustres, donner la visibilité la plus grande à son action au sein de son espace politique auront été les obsessions de La Rocque. Elles sont illustrées par la devise qu'il lance alors : « On n'annexe pas les Croix-de-Feu, on les suit. » Cette autonomisation va se construire à partir d'un style d'action singulier qui habille l'identité Croix-de-Feu de manière particulièrement originale dans l'espace des ligues et groupements nationalistes autoritaristes. Cette identité de l'« œuvre Croix-de-Feu », pour reprendre l'expression utilisée par La Rocque jusqu'à sa mort, c'est à la fois un style d'action, un discours et un mode de commandement. Son succès, qui va la rendre hégémonique au sein des groupements nationalistes, va susciter des tentatives violentes pour la contenir de la part des diverses droites. Elle sera terrorisante pour la gauche qui y verra de manière concrète la dynamique d'organisation d'une contre-société totalisante. La dissolution opérée par le Front populaire en juin 1936 et, au lendemain de la mise en place du Parti social français, la poursuite de La Rocque en reconstitution de ligue dissoute en sera l'aboutissement.

Un *style d'action inédit* dans l'espace des droites se donne

1. « Déclaration de M. Marchand, directeur de la police municipale », *Rapport général fait au nom de la commission d'enquête chargée de rechercher les causes et les origines des événements du 6 février 1934*, rapporteur Marc Rucart, annexe p. 2001.

d'abord à voir comme une mise en ordre des manifestants. Celle-ci tranche avec le désordre, pas toujours bon enfant, des défilés de la gauche ouvrière, ou encore des « monômes » organisés par les Jeunesses patriotes ou les Camelots du Roi, aussi violents qu'ils aient pu être. Dans une période où, dans le répertoire d'action collective, la manifestation vient à peine de se stabiliser et n'est pas encore tout à fait démocratisée[1], l'encadrement par un service d'ordre chargé de clôturer l'espace, qui veille tout autant au maintien du bon pas qu'à la non-présence au sein du cortège d'éléments étrangers au mouvement relève du mimétisme militaire. L'ordre manifestant Croix-de-Feu est un exercice où il ne s'agit pas d'agréger, mais de se donner à voir dans la forme symbolique de l'ordre politique que l'on veut atteindre. Le *chef* y fait figure de *référent absolu* devant lequel on défile. Innovant dans le répertoire d'action collective, La Rocque emprunte aux nouvelles techniques. L'action motorisée, dont il a très tôt souligné toute l'importance dans le domaine militaire, est transposée dans la bataille civile. Il fait de l'utilisation de la mécanique une marque, tout autant qu'une arme, dans son action politique. L'utilisation de la voiture, référence aux taxis de la Marne, comme mode de transport de manifestants est initié en septembre 1934. Grâce aux véhicules, sont organisés des rassemblements qui permettent de faire la démonstration d'une organisation parfaite, capable de transporter, à l'heure H, c'est-à-dire au moment opportun choisi par le chef au gré des circonstances, des milliers de personnes dans des lieux connus, jusqu'au dernier moment, des seuls organisateurs. S'ils permettent d'éviter les affrontements avec les forces de gauche, ils n'en demeurent pas moins pour celles-ci inquiétants, car l'ennemi qui déclare à la veille du 14 juillet 1935 « l'heure de la révolution nationale va bientôt sonner. Croix-de-Feu tenez-vous prêts. Dans peu de temps nous passerons à l'action » apparaît d'autant plus dangereux qu'il est insaisissable. Le parti communiste en particulier, pris dans sa logique d'un discours révolutionnaire, y voit la préparation en acte de la contre-révolution,

1. Dominique CARDON et Jean-Philippe HEURTIN, « Tenir les rangs, les services d'encadrement des manifestations ouvrières (1909-1936) », in *La Manifestation*, Pierre Favre (dir.), Paris, FNSP, 1990, p. 136. Les auteurs soulignent la difficulté qu'il y a à manifester pour les organisations ouvrières, en comparaison avec les groupements nationalistes.

dans une période où le traumatisme est grand de l'écrasement du parti communiste allemand. Cette organisation de la puissance Croix-de-Feu il la craint, sans doute tout autant qu'il l'envie. Elle illustre les propos de La Rocque : « Il me suffit en quelque sorte d'appuyer sur un bouton pour mobiliser en moins de deux heures 20 000 hommes prêts au sacrifice de leur vie[1]. »

Des Croix-de-Feu au PSF, la démonstration de cette formule sera faite à plusieurs reprises. Le 30 septembre 1934, en quelques heures, 16 000 personnes ont été ainsi rassemblées à Chantilly, avec « sept cents fanions de section », acclamant La Rocque qui appela à établir un « ordre nouveau, social et national ». Pendant une heure ses partisans défilèrent à travers les rues de Chantilly, tandis que deux groupes de trois avions de tourisme portant l'insigne Croix-de-Feu les survolaient. Le 22 juin 1935, ce sont 25 000 Croix-de-Feu et Volontaires nationaux de Paris et des environs qui sont transportés en quelques heures à Chartres par 6 000 voitures. Si le transport de manifestants par cars et voitures n'est pas le seul fait de La Rocque et des Croix-de-Feu, c'est le caractère rapide et entre soi qui tranche avec la gauche et lui fait peur. Il n'y a pas d'appel au peuple, à une opinion publique qui viendrait montrer ainsi qu'elle adhère au mot d'ordre qui légitime le rassemblement. Les rassemblements motorisés se placent en dehors de l'arène populaire que constitue la rue. L'Action française en fera une critique sévère, reprochant à cette méthode d'accréditer le sentiment de guerre civile. Pujo écrit : « Si les Croix-de-Feu ne sont pas armés comme leur chef le proclame, cette formation en armée n'a absolument aucun sens » et, il ajoute que contrairement aux Croix-de-Feu, « les gens de gauche reconnaîtront peut-être [dans le mode d'action des Camelots du Roi] la tradition républicaine[2] ». Aux dépens de l'Action française, c'est l'ordre manifestant Croix-de-Feu, « ce petit boulangisme » selon Pujo, qui rencontre un succès foudroyant, et exercera une fascination au sein du « public flottant[3] » des nationaux.

1. Jacques NOBÉCOURT, *Le Colonel de La Rocque, op. cit.*, p. 337.

2. Maurice PUJO, *Le Problème de l'union*, Librairie d'Action française, 1937, p. 46 *sq*.

3. *Ibid.*, p. 16. L'essai de Pujo a une vision à la fois juste et de dépit sur la manière dont La Rocque à accéléré son emprise : « ce caractère militaire est certainement ce qui a le plus contribué au succès de l'organisation et ce qui l'a fait

Car l'orchestration de la technique mécanique au service d'une cause politique est aussi crédibilisée par la présence d'une grande figure de l'aventure mécanique, Mermoz, présenté comme l'enfant spirituel du colonel de La Rocque. Déjà héros légendaire de l'aviation, l'aviateur sera dirigeant des Volontaires nationaux et vice-président du Parti social français. Il est porté en exemple comme une figure saine pour la jeunesse, d'une bravoure exceptionnelle au service d'un chef dont il exalte la nécessité.

L'innovation dans le style d'action concerne aussi des domaines où La Rocque souhaite directement concurrencer les forces de gauche dans une sorte d'isomorphisme. C'est la mise en place de soupes populaires, que fustigera Jean Renoir dans le film « La vie est à nous ». Mais aussi une fédération sportive chargée de concurrencer les fédérations sportives du travail. C'est la Société de préparation et d'éducation sportive, lancée en 1934, et qui se fondra, en 1936, dans Travail et loisir, présidé par Mermoz. La Rocque met en place aussi, en juin 1936, des syndicats, les Syndicats professionnels français, pour défendre le point de vue des Croix-de-Feu au moment des grèves ouvrières. Ils rencontreront un certain succès, avec 40 000 adhérents à la fin juillet 1936 en région parisienne. En septembre 1938, la Confédération des syndicats professionnels français revendique 5 027 délégués d'entreprise, soit 41,9 % du total. Si les chiffres sont invérifiables, le succès est là encore indéniable, au point de rendre nécessaire, pour la crédibilité de l'entreprise, la proclamation d'une autonomie d'action complète par rapport au PSF, puisqu'il s'agit de fonder un syndicalisme apolitique et prônant la réconciliation entre le capital et le travail[1]. L'action sociale sera multiple, importante et même exemplaire, des centres de vacances aux centres sociaux en direction des milieux populaires, des ateliers de couture aux vestiaires où sont distribués des vêtements. Lors de la Débâcle, les structures de La Rocque fourniront une contribution particulièrement importante dans le secours aux déplacés de l'exode.

---

le mieux prendre au sérieux » et avec le PSF « se prêtant inconsciemment, je crois au jeu de nos pires ennemis (La Rocque) a simplement tout disposé pour la guerre civile », *ibid.*, p. 28 *sq.*

1. Philippe MACHEFER, « Les syndicats professionnels français », *Le Mouvement social*, avril-juin 1982.

Style d'action autoritaire et image d'engagement social constituent une synthèse particulièrement originale qui étonne et détonne, jusque dans la fameuse formule utilisée par La Rocque en mai 1936 : « Nos idées ont pris le pouvoir [...]. Bientôt nos idées elles-mêmes se chargeront de choisir leurs serviteurs[1]. » Certains de ses partisans l'interpréteront comme l'idée qu'une fois « déçus par les communistes » les électeurs « se mettront à la recherche de révolutionnaires réels et cette fois leur choix se portera sur les Croix-de-Feu[2] ». En écho, Doriot s'exclame que la France ne veut pas plus se trouver « sous la houlette de La Rocque que sous la férule de Thorez[3] ». Cette synthèse ancre profondément La Rocque comme concurrent des partis de gauche par l'attraction des couches populaires.

Antiparlementarisme et flou programmatique

Dans cette singularité de l'identité Croix-de-Feu et PSF qui se stabilise entre 1934 et 1936, le point saillant est la distanciation affirmée par rapport au parlementarisme, dans une mise en scène de quelque chose qui dépasse la rationalité, la « mystique » Croix-de-Feu et qui se veut en dehors des contingences électorales. Ce refus de la compétition parlementaire est porté au premier chef par La Rocque comme le gage de sa volonté de changer le système. Il laisse libre cours à l'idée que la transformation nécessaire se fera en dehors des échéances électorales car « les lévites de l'électoralisme sont les successeurs des hommes de la Défaite. Nous n'avons rien à faire avec eux, à attendre d'eux[4] ». La mise en scène de « l'éminente bataille entre la Révolution et l'ordre » qui suppose « l'engagement total[5] » élude les échéances démocratiques. Dans l'attente, « nous ne nous appartenons plus », « le peuple français, qui ne croit plus ni aux partis, ni aux parlementaires, quels qu'ils

1. *Le Flambeau*, 3 mai 1936.
2. Jacques NOBÉCOURT, *Le Colonel de La Rocque, op. cit.*, p. 404.
3. Philippe BURRIN, *La Dérive fasciste : Déat, Doriot, Bergery, 1933-1945, op. cit.*, p. 204.
4. Élections municipales, *Le Flambeau*, 13 avril 1935, p. 4.
5. LA ROCQUE, « 6 février », *Le Flambeau*, 6, 7 février 1935.

soient, nous demandera de les guider parce que nous ne servons, ne suivons aucune faction, aucun homme politique[1] ».

Les compétitions électorales, comme les partis politiques, sont classés du côté du mal : « Le Mouvement Croix-de-Feu n'a jamais été et ne sera jamais courtisan du suffrage universel. Pour lui, la souveraineté du peuple, si elle s'exerce à certaines échéances par le dépôt de bulletins de vote dans les urnes, est exclusive du perpétuel chantage des votants sur leurs candidats, des citoyens sur leurs représentants. L'événement qui, tous les quatre ans, renouvelle ou ne renouvelle pas les hôtes de la Chambre basse (ô combien !) et tous les trois ans, le tiers de ceux de la Chambre haute (?) forme seulement un épisode secondaire. Et si, secondaire, cet épisode joue aujourd'hui un rôle capital, la faute revient au désarroi de nos institutions, à ses auteurs[2]. » Il faut donc absolument éviter d'être contaminé. Pour cela, « aucun homme revêtu d'un mandat électoral non seulement ne pourra siéger au Comité directeur, mais être à la tête d'une section[3] », proclame le règlement intérieur des Croix-de-Feu. Cette mesure n'existait pas dans les premiers statuts du mouvement. Ainsi, des parlementaires siégèrent à la direction des Croix-de-Feu, comme le député Georges Scapini. L'exclusion des parlementaires de la direction des Croix-de-Feu est due à La Rocque, qui invite dès lors les Français à « se regrouper autour des Croix-de-Feu ; la plus puissante des associations, riche de milliers d'hommes répondant au premier appel ; la mieux organisée, indépendante entre toute ; aucun de ses dirigeants n'est parlementaire[4] ».

Cependant, cette exclusion n'empêche pas, avant même l'explosion des adhésions après le 6 février 1934, des parlementaires d'être membres des Croix-de-Feu. Car, faut-il le rappeler, la qualité de parlementaire ne vaccine pas de l'antiparlementarisme. Et des parlementaires issus de tous les courants du conservatisme accompagneront les Croix-de-Feu et le PSF. On y retrouve des figures du nationalisme comme Xavier Vallat ou Jean Ybarnégaray. La liste des parlementaires, membres et sympathisants, publiée dans

1. AN 451 AP 81, Circulaires Croix-de-Feu, note confidentielle, 25 avril 1933.
2. La Rocque, « Élections », *Le Flambeau*, 21 décembre 1935, p. 1.
3. La Rocque, « Au service du drapeau », *Le Flambeau*, juillet 1933.
4. Affiche « La politique des partis perd la France », *Le Flambeau*, avril 1933.

une circulaire interne à la veille des élections de 1932 comporte 26 adhérents et 22 sympathisants, dont Paul Reynaud, qui se défendra après le 6 février d'avoir appartenu à l'association. Au lendemain de juin 1936, 47 députés, soit près du quart de l'opposition, étaient inscrits aux Croix-de-Feu ou aux Volontaires nationaux. Nous sommes toujours au cœur du comportement ambigu des élites et des processus de légitimation d'un mouvement pourtant clairement hostile au parlementarisme.

L'antiparlementarisme n'est pas uniquement de l'ordre de la rhétorique. Il se veut une pratique sociale, un style de commandement. Il implique que le chef soit protégé de la souillure parlementaire afin d'être pur « le jour où la confiance du pays fera appel à lui[1] ». À la différence de Taittinger et d'autres dirigeants de la droite autoritaire, la particularité de La Rocque et sa crédibilité en matière d'antiparlementarisme provenaient du fait de s'interdire strictement de concourir à l'épreuve électorale. Il est fort probable que, grâce à cette pratique radicale, il ait pu ainsi plus facilement capter un héritage populaire de défiance envers les élites politiques. En 1943, réactivant cette défiance vis-à-vis des élites parlementaires, il rappellera que « les attitudes malveillantes » à son endroit « sont observées par des groupes dont les dirigeants firent pour beaucoup d'entre eux carrière de députés, de sénateurs ou de candidats alors que, dirigeant du PSF, je m'étais interdit, sans sacrifice du reste, de briguer jamais aucun mandat représentatif[2] ! » Dans les conflits internes au régime de Vichy, Déat, Doriot et Philippe Henriot sont explicitement visés, au moment où La Rocque se refuse à fondre son mouvement dans un parti unique qui aurait, justement, été dirigé par d'anciens parlementaires.

À la fin des années trente, alors que le nationalisme intégral de Maurras, dans son « été de la Saint-Martin », se notabilise, selon l'expression d'Eugen Weber, La Rocque demeure radicalement *extérieur au système*. En 1938, Bernanos salue ainsi avec sympathie

1. « Pourquoi La Rocque n'est-il pas candidat ? », PSF, *Bulletin d'information*, n° 16, 26 janvier 1937.

2. LA ROCQUE, *France d'aujourd'hui, France de demain. Réflexions à l'usage de mes collaborateurs, dirigeants de l'œuvre Croix-de-Feu*, 1er janvier 1943, bulletin imprimé, exemplaires numérotés, sur lequels est écrite la mention « il devra être rester strictement entre les mains de son destinataire ».

la position de La Rocque dans le paysage politique, elle est comparable, écrit-il, à celle « dont on ne peut se rappeler sans mélancolie de Maurras »[1] entre 1908 et 1914, époque où l'écrivain catholique était Camelot du Roi. À la veille de la guerre, La Rocque est l'opposant regroupant sur son nom la plus grande partie de ceux qui sont opposés au régime et au système parlementaire. Il est un « sauveur » pour ces publics les plus antirépublicains et ce d'autant plus qu'il « est pour les moscoutaires l'ennemi public n° 1[2] ». Dans les courtes années qui séparent le 6 février 1934 de la défaite de 1940, l'image de La Rocque, sa place dans l'espace politique le situent de plus en plus radicalement à l'extérieur du système parlementaire, alors qu'à l'inverse, dans la même période Doriot auquel il est souvent comparé – mais à contresens –, accentue « ses tendances bourgeoises » en lançant le Front de la Liberté avec la Fédération républicaine de Louis Marin[3].

Le rejet des droites

L'habileté de La Rocque et le succès qui ne l'a jamais quitté depuis les journées de 1934, sa volonté de bousculer l'espace politique pour s'y frayer une place exclusive des autres ont suscité une réaction violente du côté des droites, des courants traditionnels et conservateurs comme des courants nationalistes déjà établis. Au lendemain des journées de février 1934, les dirigeants de l'Action française vont être les premiers à tenter d'arrêter la percée de La Rocque, paradoxalement avec des accents de gauche. Jusqu'à la guerre ils fustigeront « ce petit boulangisme » que les amis de La Rocque « essayent encore de frayer en sa faveur[4] ». Ils feront du colonel le principal artisan d'une « guerre civile » qui « aura partagé en deux camps la masse des Français moyens,

1. Georges BERNANOS, *Les Grands Cimetières sous la lune*, Paris, Plon, 1938, rééd. Points, 1995, p. 50.

2. *Je suis partout*, 20 juillet 1935.

3. Pierre MILZA, *Fascisme français, passé et présent*, Paris, Flammarion, 1987, p. 176.

4. Maurice PUJO, *Le Problème de l'union*, p. 15, Librairie d'Action française, 1937.

après avoir mobilisé tout le monde à droite comme à gauche[1] », aidant ainsi la gauche à réfuter les proclamations réconciliatrices de La Rocque et, paradoxalement, à le faire prendre au sérieux comme danger pour la démocratie. Alors que La Rocque est l'objet d'attaques violentes de la part de ses concurrents de droite, les « modérés » veulent annexer Maurras, après l'avoir fait réintégrer dans la famille catholique, pour enfin l'utiliser comme une figure fédératrice. L'apogée de ces tentatives est sans doute le rassemblement du 8 juillet 1937 organisé deux jours après la levée d'écrou de Maurras. Le vieux dirigeant royaliste avait été condamné après une attaque physique contre Léon Blum opérée par des dissidents de l'Action française. La condamnation s'était accompagnée en janvier 1936 d'une dissolution des organisations de l'Action française, qui ne seront jamais reconstituées. Délestée de ces organisations tumultueuses, la récupération de cette stature dans le patrimoine vivant et commun des droites pouvait être tentée : « Les 5, 6 et 7 juillet la grande presse "d'information" lui consacra la une et publia des interviews de l'homme qui avait souffert pour ses idées. Le 8 juillet, un grand rassemblement au Vélodrome d'Hiver attirait trente mille personnes, rassemblées sous la présidence de la veuve du maréchal Joffre, pour honorer "le plus grand écrivain politique de notre temps, le plus pur, le moins contestable des patriotes". Ce rassemblement est organisé par la Fédération républicaine de Louis Marin, Xavier Vallat, Philippe Henriot, par le Parti républicain national et social de Taittinger, par le Ralliement populaire français de Jean Renaud et, bien sûr, par l'Action française[2]. » Les hommages seront rendus par Lucien Romier du *Figaro*, Bailly du *Jour*, et par les académiciens Chaumeix, Bellessort et Abel Bonnard. Moins de quatre ans après le 6 février 1934, tout oppose le trajet de Maurras et celui de La Rocque, l'un s'intègre, l'autre entretient sa distinction radicale.

Après que La Rocque eut définitivement décliné toutes les tentatives de Pétain ou d'autres hautes personnalités de la hiérarchie militaire pour l'amener à servir de porte-parole politique pour des projets liés à la droite conservatrice, la création du PSF

1. Maurice PUJO, *Comment La Rocque a trahi*, p. 137.
2. Eugen WEBER, *L'Action française*, Paris, Fayard, 1985, p. 434.

va accentuer les craintes de la droite conservatrice de se voir évincer. Les campagnes contre ce La Rocque, qui persiste à refuser toute idée de rassemblement dans un front des droites et dont la volonté d'impliquer ses troupes dans la compétition électorale, tout en maintenant pour sa personne une posture d'extériorité, en surplomb de la droite et de la gauche, met en danger les positions acquises par les différents notables du conservatisme, n'en seront que plus dures. Deux épisodes illustrent les tentatives pour mettre un terme à l'ascension de La Rocque, sans succès. Le premier est l'affaire dite des « fonds secrets ». Lancée par Pozzo di Borgo qui n'admet pas la création du PSF, elle vise à atteindre la stature politique et morale de La Rocque. L'accusation d'avoir bénéficié de fonds secrets, lancée par le dissident, lie La Rocque de la pire manière au système dénoncé comme corrompu. Elle vise à accréditer l'idée qu'il aurait trahi pour de l'argent le camp des nationalistes, en février 1934. Ces affaires marquent aussi le moment du *lâchage des parrains militaires*, qui comme Weygand ou Pétain, se refusent à servir de garants de la moralité de leur ancien subalterne. De même, La Rocque est confronté à une tentative d'étouffement à travers le lancement par Jacques Doriot et la Fédération républicaine de Louis Marin d'un Front de la Liberté qui vise, d'après ses initiateurs, à défendre les libertés menacées par le communisme et que La Rocque accusera d'utiliser à son encontre des formules de Front populaire[1]. Son refus d'intégrer cette alliance sera d'autant plus fort qu'il a la conviction que « le Front de la Liberté vise à restaurer les vieilles formations et le vieux personnel qui n'ont su ni prévoir, ni pouvoir[2] ».

À la veille de la guerre, le mouvement animé par La Rocque constitue la première force organisée du pays. Il en était peut-être la première force électorale, c'est dire l'ampleur du bouleversement du champ politique. Mais le report des échéances électorales lié à la déclaration de guerre ne permettra pas de vérifier le fait.

1. Philippe MACHEFER, « L'union des droites, le PSF et le Front de la Liberté », *Revue d'histoire moderne et contemporaine*, 1970, p. 118

2. *Gringoire*, 27 mai 1937.

LE FLOU DU PROGRAMME

La production programmatique des Croix-de-Feu puis du Parti social français avait ceci de particulier qu'elle évitait avec méthode ce qui pouvait « faire système » selon les mots du colonel de La Rocque. Ce flou programmatique en complément du style d'action a cependant fonctionné dans le champ du conservatisme et des droites comme une pompe aspirante. Michel Dobry a certainement raison de souligner qu'il a favorisé les passages, les compagnonnages entre courants de pensée, à une époque où, à l'exemple de Xavier Vallat, « maurrassien sans être royaliste », comme il se définissait lui-même, et Croix-de-Feu de 1928 à juillet 1936, il serait très présomptueux de vouloir ranger dans des catégories définitives les militants nationalistes, souvent multicartes[1]. Pozzo di Borgo synthétisera dans un document interne cette problématique de la force du flou identitaire :

> Devant le développement rapide des adhésions, développement qui ne peut que croître en raison des événements actuels, devant l'imminence probable d'occasions favorables de la prise du pouvoir, il me paraît nécessaire de préciser notre action politique. Dire qu'on se rallie autour du drapeau tricolore et qu'on est pour un gouvernement d'honnêtes gens, c'est très bien, mais à mesure que les possibilités d'une action politique se précisent, cela devient insuffisant. Comment donc préciser nos buts politiques sans effaroucher les hommes de tendances et de formations diverses que nous avons dans nos rangs ? Voilà toute la question.
>
> Pour la résoudre, il faut d'abord se dégager de toutes les catégories politiques actuellement en cours, c'est-à-dire ne se proclamer ni bonapartiste, ni royaliste, ni républicain, ni fasciste et ne jamais prononcer même ces mots qui sèment la discorde. Dans notre esprit, la forme même du régime futur ne devra être déterminée qu'après notre accession au pouvoir et que le nettoyage nécessaire aura été opéré, et

1. Voir notamment, à ce sujet, les exemples donnés par Jean-Luc PINOL, « Le temps des droites ? », in Jean-François Sirinelli (dir.), *Les Droites françaises. De la Révolution à nos jours*, Paris, Gallimard, 1992, t. 1, p. 551.

cette forme sera celle qui paraîtra à ce moment la plus réalisable, la mieux adaptée aux circonstances[1].

Drieu la Rochelle ne dit pas autre chose. L'ancien combattant, le plus âgé des rédacteurs de *La Lutte des jeunes*[2], dont l'expérience de la guerre joue un rôle fondamental dans sa sensibilité politique, inaugurant une série intitulée « Si j'étais... »[3] choisit, en mai 1934, d'écrire au chef qu'il voit dans le colonel de La Rocque. Il lui indique que l'ennemi ce n'est pas l'Action française, « qui a une fonction dans l'histoire, celle du souvenir », ni les communistes qui « sont les prêtres d'un autre souvenir [...] celui [...] des jacobins massacreurs de septembre ». La Rocque se doit d'être en quelque sorte un chef à la française car « l'Europe approche du terme d'une époque où elle aura été gouvernée par des dictateurs. [...] Un de ces jours, Mussolini ou Staline vont dévisser. Aussitôt l'Europe entrera dans le temps du désenchantement à l'égard des dictateurs : celui où il s'agit de les remplacer ». La recherche de la distinction française, et non de l'imitation : voilà ce qui permet d'envisager que le colonel de La Rocque puisse réussir.

LA MASSE CROIX-DE-FEU

Le succès de La Rocque est bien celui d'une mobilisation de publics qui ont en commun une défiance profonde vis-à-vis du jeu politique, et pour lesquels la représentation parlementaire de la droite et du conservatisme ne saurait être un rempart contre le désordre social et la révolution communiste. Alors que le Front populaire sort vainqueur de la compétition électorale, les Croix-de-Feu ne sont en rien liés à la défaite, n'ayant pas participé à cette compétition. Ils apparaissent comme un recours. Alors que les dirigeants du Front populaire espèrent que la dissolution de son

1. Archives Pozzo di Borgo, transcription faite par Jacques Nobécourt du texte, daté du 13 février 1934, p. 2.

2. *La Lutte des jeunes*, fondée par Bertrand de Jouvenel, parut de février à juillet 1934.

3. DRIEU LA ROCHELLE, « Si j'étais La Rocque », *La Lutte des jeunes*, n°s 12-13, 20 mai 1934, p. 1.

mouvement mettra un terme aux succès de La Rocque, elle a un effet contraire. La droite parlementaire en situation d'échec, le Parti social français, issu de la dissolution des Croix-de-Feu, prolonge la courbe du succès Croix-de-Feu et se pose en alternative[1]. La dissolution se joue comme la poursuite d'un combat qui dure depuis des années. En ce sens l'analyse faite par Zeev Sternhell du succès du PSF est particulièrement pertinente : « La prise d'une carte du PSF constituait, après la dissolution des Croix-de-Feu, un geste de défi, un cri de révolte, une volonté de traduire les idées en actes. Les nouveaux venus étaient là pour clamer leur engagement aux côtés de la grande force d'opposition à la démocratie libérale : ils venaient se ranger au côté de la plus puissante des ligues dissoutes, pour dire que le temps était venu de mettre fin au régime honni[2]. »

Si la mémoire collective a gardé le souvenir de La Rocque et des Croix-de-Feu, en particulier dès qu'est évoqué le 6 février 1934, elle a perdu les donnés de l'ampleur du succès rencontré par le Parti social français. Il mérite pourtant qu'on s'y arrête, car il amplifie le succès déjà important des Croix-de-Feu après le 6 février 1934. Le mouvement Croix-de-Feu revendique 35 000 inscrits à la fin de 1933. La Rocque annonce, en mars 1934, 140 000 adhérents, 50 000 Croix-de-Feu, 50 000 Volontaires nationaux, 40 000 adhérents au Regroupement national autour des Croix-de-Feu (sections féminines et hommes n'ayant pas fait la guerre). Les évaluations d'effectifs concordent pour indiquer que la progression n'ira qu'en s'accentuant jusqu'à la dissolution de juin 1936. En novembre 1934, les effectifs seraient

1. « Anciens combattants, mon Camarade et toi Français qui n'a pas connu
[les horreurs de la guerre,
Tu es sollicité par le Front populaire qui t'offre la haine, vingt ans de misère
[comme en Russie, qui t'offre la Guerre.
Tu es sollicité par les Conservateurs de droite qui se sont lamentés, qui ont crié,
[mais n'ont rien fait.
Par les conservateurs de gauche, qui s'allient hypocritement aux communistes
[pour garder leurs places et aux "modérés" pour garder leurs capitaux.
Si tu ne veux pas revoir ces deux choses abominables : le Chômage et la Guerre...
Viens avec nous, dans la camaraderie totale de nos sections, pour construire
[avec nous La France nouvelle basée sur le travail
La Rocque », PSF, *Brochure Travail, Paix et Liberté*, 1939.

2. Zeev STERNHELL, *Ni droite ni gauche..., op. cit.*, p. 92.

de 180 000, en février 1935 de 300 000, dont 80 000 aux Volontaires nationaux. En novembre 1935 de 700 000, toujours selon La Rocque. En avril 1936, La Rocque revendique un million de membres au Mouvement social français des Croix-de-Feu avec une augmentation de 300 000 adhérents pour l'année 1935. Cela représente de 30 à 40 000 adhésions par mois. Les chiffres réels demeurent invérifiables en raison de l'absence de fichiers fiables, et seules les estimations des renseignements généraux, couplées aux affirmations de La Rocque permettent de faire les évaluations. Cependant, la certitude demeure que les taux d'accroissement sont effectivement vertigineux. Il en ira de même pour le Parti social français. En juin 1937, La Rocque revendique deux millions et demi d'adhérents dont les trois quarts n'auraient pas appartenu aux Croix-de-Feu et dont 40 % seraient issus des partis du Front populaire. Si ces chiffres sont exacts, il s'agirait d'une moyenne de 2 000 adhésions par jour. Ces indications semblent dignes de foi[1]. La capacité de mobilisation qui accompagne ces chiffres est impressionnante. Dans les premiers mois de 1938, le nouveau parti est en capacité d'organiser plus de 200 réunions par jour dans toute la France. Entre décembre 1938 et janvier 1939, 400 000 auditeurs ont été rassemblés dans 1 300 réunions. Pour organiser cette mobilisation, le PSF a ouvert son école d'orateurs, où les apprentis s'imprègnent des argumentaires et apprennent à mieux parler en public. La Rocque lui-même, infatigable, ainsi qu'une dizaine de parlementaires, dont le très populaire Jean Ybarnégaray, député des Basses-Pyrénées, ancien député des Jeunesses patriotes ayant adhéré au lendemain du 6 février 1934, assument l'essentiel de la tâche. Les grands rassemblements demeurent. Le 8 mai 1938, La Rocque réunit 100 000 personnes de Paris et de la région parisienne rue de Rivoli pour un défilé devant la statue de Jeanne d'Arc. La capacité d'innovation, elle aussi, est intacte. Ainsi, le 23 juin 1938, 60 000 personnes sont réunies au Parc des Princes dans le cadre des feux de la Saint-Jean, pour un meeting spectacle musical, dansé et chanté, célébrant les provinces françaises, le patriotisme et l'esprit Croix-de-Feu. Dès son lancement, le Parti

1. Elles ont été très longuement recoupées par Jacques Nobécourt et sont conformes aux monographies locales.

social français fait preuve d'une capacité de mobilisation et de riposte au Front populaire. Les journées du 2 et du 4 octobre 1936 sont de ce point de vue tout aussi importantes pour l'identité du mouvement aux yeux de la gauche que les journées de février 1934. Après des semaines d'affrontements à travers la France où le PSF doit affirmer son droit à l'existence dans la rue face à la gauche, La Rocque appelle ses partisans à un « sursaut généralisé » contre le « danger marxiste » et décide de convoquer 40 000 de ses partisans au cœur d'un quartier populaire, au Vélodrome d'hiver, lieu traditionnel de rassemblement de la gauche. Devant les protestations, le rassemblement est interdit après que le « comité régional de coordination antifasciste » eut appelé à contre-manifester. Le soir même de cette interdiction, le Parti communiste convoque ses adhérents pour le 4 octobre au Parc des Princes. Il s'agit de provoquer « la classe dominante » dans son fief. Alors que la journée du 2 octobre n'est pas terminée, La Rocque mobilise ses partisans pour une contre-manifestation en défense « d'un des quartiers les plus paisibles de notre grand Paris ». Cette contre-manifestation, déclarée inopportune par la droite et l'Action française, est une réussite. Face à 3 000 militants et sympathisants communistes regroupés à l'intérieur du stade, deux groupes de 20 000 contre-manifestants démontrent la capacité du PSF à endiguer l'ennemi et à l'empêcher de sortir du stade pour défiler avec ses drapeaux rouges. La victoire symbolique est forte, elle provoque l'ire des partis conservateurs et nationaux, absents du succès. Elle vaut à La Rocque l'ouverture d'une information judiciaire pour reconstitution de ligue dissoute.

Les compagnons de route

À côté de ces capacités de mobilisation sans cesse démontrées, les succès de La Rocque sont particulièrement frappants dans trois domaines : les intellectuels et écrivains, les jeunes et les femmes. Parmi les écrivains ayant soutenu l'entreprise, figure Henry Bordeaux, personnalité catholique et patriotique reconnue, auteur établi. Ce n'est pas un « ancien combattant du front ». Âgé de quarante-quatre ans en 1914, il a pendant la guerre, publié des récits exaltant les exploits qui lui étaient rapportés[1]. Il est à partir d'avril 1935, au moment où les attaques contre La Rocque deviennent vives, un collaborateur du *Flambeau.* Son premier article s'intitule « La faillite des civils ». Il s'agit d'une critique de la gestion de l'après-guerre par le personnel politique[2], où le civil a failli à ce que le militaire avait gagné. Il sera, comme d'autres collaborateurs du *Flambeau*, l'un de ces « écrivains de la défaite en quête d'éternité » selon Francine Muel-Dreyfus, auteur de la formule « les murs sont bons[3] ». Ces écrivains sont aussi pris dans le flou des frontières entre courants nationalistes. À partir de 1937, Henry Bordeaux est aussi collaborateur à *L'Action française*, alors même que l'affrontement entre Maurras et La Rocque est à son paroxysme. Il finira par choisir le parti de Maurras dont il prononcera le discours de réception à l'Académie française en juin 1938[4]. Tous ces écrivains, ces producteurs de récits anciens combattants, ont à chaque étape du mouvement Croix-de-Feu crédibilisé son image de regroupement porteur de la « mystique » du front. Une note interne de janvier 1937 indique la liste des collaborateurs de la presse PSF depuis mars 1936[5]. On y trouve Octave Aubry, Auguste Bailly, Jean Balde, Henry Bidou, Gabriel Boissy, Henry Bordeaux, Pierre Benoit, Maurice Constantin-Weyer, André Demaison, François Duhourcau, Raymond Escholier, Claude Farrère, Jacques de Lacretelle, Georges Lecomte, Henry Malherbe, André Maurois, Maurice Muret, Henri Pourrat, Gaston Rageot, Firmin Roz, Charles Sylvestre, André Thérive, Marcelle Tynaire, Jean Vignaud, Paul Morand.

---

1. Par exemple, *Les Derniers Jours du fort de Vaux (9 mars-7 juin 1916)*, Plon, 1917. Bordeaux signe ce livre de son grade dans la réserve capitaine Henry Bordeaux, mais tous les récits de guerre d'Henry Bordeaux sont écrits à partir de carnets de soldats du front.

2. *Le Flambeau,* 6 avril 1935.

3. Francine MUEL-DREYFUS, *Vichy et l'éternel féminin*, Paris, Le Seuil, 1996, p. 23 *sq.*

4. Sur le rôle d'Henry Bordeaux dans l'élection de Maurras à l'Académie française, voir Eugen WEBER, *L'Action française*, Paris, Hachette, Pluriel, 1985, p. 453. Henry Bordeaux est l'auteur du célèbre succès littéraire de l'après-défaite, *Les murs sont bons. Nos erreurs et nos espérances*, Paris, Fayard, 1940, qui le place parmi les écrivains soutenant la Révolution nationale.

5. Dans le même dossier accompagnant la note, une autre note du 9 décembre 1935 indique déjà les mêmes auteurs et Auguste Bailly qui n'apparaît plus en 1937. AN, 451 AP, 133, « Collaborateurs du *Flambeau* ».

Parmi les écrivains régulièrement ou occasionnellement collaborateurs du *Flambeau*, Pierre Drieu La Rochelle. Le 27 juin 1936, Drieu La Rochelle livre une tribune au *Flambeau*, intitulée : « Pour sauver la peau des Français[1] ». Cette tribune paraît au moment où, les 27 et 28 juin 1936, se déroule « le rendez-vous de Saint-Denis », selon la formule de l'écrivain qui donnera naissance au Parti Populaire Français de Jacques Doriot[2]. C'est aussi le moment de la dissolution des Croix-de-Feu et de la constitution du Parti social français. Le numéro du 27 juin 1936 du *Flambeau* est donc tout entier consacré à la dissolution. La présence d'un texte de Drieu est un soutien explicite et marque la volonté de créer une passerelle entre ce que représente le PSF comme parti des combattants dans la société française et le Parti populaire français. Démarche que La Rocque avalise en publiant l'article dans sa presse. Dans cet article, Drieu évoque « tout ce qui est à refaire en France pour sauver le corps des Français ». On y trouve le soutien à tout ce qui porte dans ces années la marque du travail social Croix-de-Feu, du sport à la santé. L'article de Drieu voisine, à la place d'honneur, à côté de celui de La Rocque intitulé « vers le pouvoir ». Au lendemain des élections, La Rocque indique que le nouveau parti qu'il entend créer se gardera d'être à droite ou à gauche et revendique, suivant la formule reprise de la SFIO, « la conquête du pouvoir ». Drieu La Rochelle écrit en écho : « Jeunes Français, décidez-vous. Refusez de mourir, sachez que la démocratie socialiste ne vaut pas mieux que la démocratie radicale et qu'elle l'aura prouvé dans quelques jours. Interpellez les jeunes camarades communistes et obligez-les à arracher le masque dangereux et indigne que Moscou leur met sur la figure et qui les fait passer pour les défenseurs de la démocratie. Non, eux aussi veulent la destruction de cette démocratie parlementaire et capitaliste qui cache derrière l'irresponsabilité de cent ministères

---

1. Drieu LA ROCHELLE, « Pour sauver la peau des Français », *Le Flambeau*, 27 juin 1936. Ce texte ne figure pas dans les *Textes retrouvés*, Éditions du Rocher, 1992. Cet ouvrage publie les textes parus dans *La Lutte des jeunes*, en particulier « Si j'étais La Rocque ». La mention du texte paru dans *Le Flambeau* le 27 juin 1936 ne figure nulle part.

2. Jean-Paul BRUNET, *Jacques Doriot*, Paris, Balland, 1986, p. 207 ; Pierre DRIEU LA ROCHELLE, *Avec Doriot*, Paris, Gallimard, 1937, p. 24.

une bourgeoisie qui profite et qui ne gouverne pas. Que ce soit entre eux et nous une question de vitesse et d'efficacité. À qui abattra le plus vite ce régime de mort. » La publication de ce texte est d'autant plus remarquable que la particularité du *Flambeau* n'est pas de laisser place aux concurrents politiques. Alors que *Le Flambeau* ne se fait pas l'écho de la naissance du PPF, l'article de Drieu la Rochelle soutient le mouvement, dissous au nom de l'antifascisme, contre la répression exercée par le « fascisme rouge ». La confusion de Drieu la Rochelle est aussi à l'image de ce flou constant des frontières.

Les Volontaires nationaux

Cet appel aux jeunes fait écho aux succès des Volontaires nationaux[1]. Il est resté durablement dans les esprits du fait de la personnalité d'adhérents dont les destins marqueront. D'abord celui de Mermoz, héros de l'aviation postale présenté comme la figure la plus pure du mouvement et qui se fait en permanence le prêtre d'une religion du chef. Mais aussi celui de brillants jeunes gens désignés plus tard sous l'appellation des « Maréchaux », en référence aux maréchaux d'Empire, au moment où ils quitteront La Rocque. Les Volontaires nationaux se voudront la filiation des anciens combattants, la relève des défenseurs de la patrie : « Les Volontaires nationaux, ce sont les Français âgés de plus de 16 ans, trop jeunes pour avoir pris part à la guerre de 1914-1918 » et qui sont prêts « à une discipline librement consentie, exactement appliquée [...] une déférence et une gratitude affirmée à l'égard des Croix-de-Feu, sans l'appui et l'encadrement de qui vous iriez tournoyant entre des partis politiques périmés, perdant des loisirs précieux dans un scepticisme trop excusable. Je réclame de votre intelligence, de votre dévouement, une résolution toujours tendue,

1. Le « Premier appel aux Volontaires nationaux » paraît en novembre 1933 dans *Le Flambeau*.

une exécution stricte de nos consignes[1] ». Le succès de cette formule du transfert d'héritage continuera à fonctionner avec le PSF.

Parmi ceux qui rejoignent les Volontaires nationaux après le 6 février, le normalien Pierre Pucheu, déjà haut responsable du Comptoir de l'industrie sidérurgique, Bertrand de Maud'huy, Claude Popelin, avocat, membre jusqu'au 6 février du Parti radical, Robert Lousteau, polytechnicien qui participait au groupe *Ordre nouveau* fondé par Arnaud Dandieu et Robert Aron, ou encore Jean de Fabrègue, jeune catholique[2], qui a déjà connu l'Action française et qui s'en est écarté avec la création de Réaction pour l'ordre, puis, d'Ordre nouveau. Le cas de Robert Lousteau est ainsi exemplaire. Son groupe, Ordre Nouveau[3], constituait une rencontre étonnante de jeunes intellectuels, de Pierre Brossolette au philosophe Alexandre Marc, Daniel-Rops, Denis de Rougemont,

1. Appel aux VN : « Combattants du Front, nous n'avons pas achevé notre tâche ; SURVIVANTS, NOUS N'AVONS POINT ENCORE PASSÉ AUX VIVANTS LES CONSIGNES DE NOS MORTS.

Les vivants, c'est vous, nos frères cadets, que la victoire a dispensé de connaître les premières lignes. Vous avez voulu travailler au relèvement du Pays, le garantir contre les menaces de l'intérieur et de l'extérieur.

POUR CETTE ŒUVRE CIVIQUE, VOUS AVEZ CHERCHÉ DES CHEFS. VOUS N'EN AVEZ PAS TROUVÉ.

Les générations d'avant-guerre ne pouvaient pas vous comprendre. Celles de la guerre vous ont fait entendre des revendications matérielles, des harangues électorales.

CROIX-DE-FEU ET BRISCARDS, NOUS SOMMES CEUX QUE VOUS ATTENDEZ.

Indépendants, désintéressés, enthousiastes, nous sommes restés jeunes pour être vos CHEFS, vos COMPAGNONS.

Venez à notre regroupement national. Vous y retrouverez ceux de nos enfants qui sont déjà des hommes, des fils de Croix-de-Feu. AVEC EUX VOUS SEREZ LES VOLONTAIRES NATIONAUX.

Nulle condition n'est exigée de vous, sinon de servir le drapeau tricolore, d'aimer votre profession, de protéger la famille française, de vouloir la paix dans l'honneur.

2. Véronique AUZÉPY-CHAVAGNAC, *Jean de Fabrègue, persistance et originalité d'une tradition catholique de droite pendant l'entre-deux-guerres*, Paris, IEP, 1989 et « La jeune droite catholique (années 30 et 40) histoire d'une différence », *Mil neuf cent, revue d'histoire intellectuelle*, n° 13, 1995, pp. 81-102.

3. Voir Jean-Louis LOUBET DEL BAYLE, *Les Non-conformistes des années 30*, Paris, Le Seuil, 1969, p. 108. On trouvera dans ce livre une description détaillée d'Ordre nouveau. Voir aussi Pierre ANDREU, *Révoltes de l'esprit*, Paris, Kimé, 1991, p. 38.

etc. La philosophie du groupe peut se résumer par la citation des dernières lignes du livre d'Arnaud Dandieu et de Robert Aron publié en 1933, *La Révolution nécessaire* : « Quand l'ordre n'est plus dans l'ordre, il faut qu'il soit dans la révolution et la seule révolution que nous envisageons est celle de l'ordre[1]. » En 1934, La Rocque correspondait à ce programme. Ils quitteront le mouvement Croix-de-Feu en juillet 1935, sans pour autant emporter dans leur dissidence la masse des Volontaires nationaux. Pourquoi des jeunes gens n'ayant pas eu l'âge de participer au combat des pères sur la Marne ou au Chemin des Dames adhèrent-ils à l'organisation de jeunesse des Croix-de-Feu ? Dans une note communiquée à Édouard Bonnefous, Bertrand de Maud'huy décrit son passage aux Volontaires nationaux comme « une aventure brève et brutale, magnifique et pitoyable, qui a marqué pour leur vie ceux qui la vécurent, et qui a eu pour le pays des répercussions qui n'ont jamais été mesurées. Dès le premier appel, les adhésions furent nombreuses, mais le vrai départ des V.N., celui qui vit affluer par milliers, par dizaines de milliers, les Volontaires nationaux, date du 6 février 1934. Cette journée n'aurait pu laisser d'autre souvenir que celui d'une échauffourée meurtrière. Elle fut le signal d'une extrême importance, celui d'une prise de conscience de centaines de milliers, de millions de Français de tous âges et de toutes appartenances, qui comprirent brusquement qu'ils ne pouvaient rester indifférents en face du désordre qui régnait dans le pays [...][2] ». « Les Croix-de-Feu, écrit Maud'huy, avaient fait leur devoir, tout leur devoir, alors que les V.N. voulaient faire le leur. De là venaient leur impatience et cette séparation de quelques années, souvent de quelques mois, entre ceux qui avaient fait la guerre, et ceux qui n'avaient pu la faire, devint un fossé entre générations[3]. »

Pierre Andreu, après avoir assisté à un meeting Croix-de-Feu, donne une autre approche de la « crise du programme » qui est présentée comme à l'origine de la rupture entre les « Maréchaux » et La Rocque : « Les récents événements d'Allemagne éclairent

---

1. Arnaud DANDIEU et Robert ARON, *La Révolution nécessaire*, Paris, Grasset, 1933, p. XIV.

2. Édouard BONNEFOUS, *Histoire politique de la IIIe République, tome V (1930-1936)*, PUF, 1962, p. 186 *sq.*

3. *Ibid.*, p. 187.

pour moi magnifiquement cette réunion Croix-de-Feu. Ils nous ont appris à nous méfier encore plus de la confusion et de l'équivoque. Nous ne voulons pas subir le sort de nos camarades des sections d'assaut.[1] »

Les femmes actrices du travail social

Avec les jeunes, les femmes seront massivement présentes aux Croix-de-Feu et au Parti social français, mais mobilisées en priorité pour le travail social. Le mouvement de La Rocque, comme de nombreux mouvements nationalistes, est favorable à leur donner le droit de vote, dans le cadre d'un vote familial ou les pères bénéficieraient d'une prime électorale. Encore ne faut-il pas se tromper sur le sens de cette revendication qui n'a rien de féministe[2]. Il faut entendre Xavier Vallat à la Chambre des députés le 6 juin 1936, au moment même où il conteste la légitimité du Président du Conseil, Léon Blum, en le qualifiant de « talmudiste subtil » qui par nature ne pourrait être à la tête d'un « vieux pays gallo-romain ». Avant de s'en prendre à la judaïté de Blum, sa priorité est le droit de vote des femmes. Quatrième orateur inscrit de la séance, c'est lui qui inaugure dans l'enceinte du Palais-Bourbon, la formule de politesse « Mesdames, Messieurs » soulignant ainsi la présence de femmes sur les bancs du Gouvernement et la goujaterie de ceux de ses collègues qui l'ont précédé. Vallat s'adresse à Léon Blum de la manière suivante : « Je n'aurai pas beaucoup de félicitations à adresser à M. Léon Blum, je tiens à le féliciter [d'avoir fait entrer les femmes] dans le Gouvernement, parce que j'y vois la promesse formelle que le Gouvernement obtiendra très rapidement du Sénat le vote de la loi donnant aux femmes l'éligibilité et l'électorat[3]. »

---

1. Pierre ANDREU, « Les Croix-de-Feu de Magic-City », *La Lutte des Jeunes*, n° 18, 14 juillet 1934.

2. Une vision angélique de l'investissement des femmes nationalistes pour le vote des femmes amène des historiennes à faire de toutes celles qui réclament le droit de vote des femmes des « féministes » participant du même mouvement pour l'émancipation des femmes. Voir par exemple Christine BARD, *Les Filles de Marianne. Histoires des féminismes*, 1914-1940, Paris, Fayard, 1995.

3. *Annales de la Chambre des Députés*, séances du 6 juin 1936, p. 1326.

Cette revendication du droit de vote pour les femmes inscrite dans le programme des Croix-de-Feu[1], n'est pas vécue comme antagonique avec la critique générale du système parlementaire. Une des dirigeantes de la Section féminine des Croix-de-Feu, Marcelle Tinayre, met en garde les femmes contre les illusions que pourrait procurer l'obtention du droit de vote : «Je n'ai que peu d'estime pour la loi du nombre et pour le suffrage tel qu'il fonctionne. Je crois que les femmes seront déçues par cette mécanique faussée et rouillée, et que leur bonne volonté toute neuve ne pourra tirer de cet instrument usé tout le bien qu'elles en attendent. Il faut une réforme totale de la machine, qui permettra aux valeurs de toutes sortes, masculines et féminines, de servir efficacement le pays.» [2].

Les femmes ont ainsi une place particulière dans «l'œuvre Croix-de-Feu». Elles sont chargées, dès 1934, d'animer toutes les structures sociales, des soupes populaires aux vestiaires en passant par les jardins d'enfants et les centres de vacances. La création d'une école d'assistantes sociales pour «la pénétration sociale ouvrière extérieure» permettait d'utiliser des compétences pour aller au plus près des familles ouvrières.

Des valeurs tragiquement ambiguës

Même s'il est indéniable que les circonstances exceptionnelles et dramatiques de l'effondrement de la IIIe République ont bouleversé les repères, Michel Dobry a raison de souligner qu'il s'agit aussi de périodes qui permettent de jauger ce que valent les valeurs portées par les uns et les autres[3]. Le balayage rapide du parcours singulier du colonel de La Rocque ne peut de ce point de vue s'achever sans évoquer la période du régime de Vichy et ses rapports avec le maréchal Pétain. L'épreuve, si ce n'est l'errance dans les valeurs, coûtera d'autant plus cher à La Rocque et à ses partisans

---

1. La Rocque l'expose dans un chapitre intitulé «Suffrage universel», *Service public*, *op. cit.*, p. 203.

2. Marcelle TINAYRE, «Action des femmes», *Le Flambeau*, 16 mars 1935, p. 1.

3. Michel DOBRY, «Février 1934 et la découverte de l'"allergie" de la société française à la révolution fasciste», *loc. cit.*

que, contrairement à d'autres nationalistes, la boussole patriotique ne les amènera pas à rallier la France libre caractérisée comme « une pléiade politicienne où prédominent les rescapés de la IIIe République socialisante, franc-maçonne, israélite et décadente ». À cela plusieurs raisons, qui n'ont pas toutes la même portée. La première tient aux rapports particuliers que La Rocque entretenait avec Pétain, ce chef prestigieux qui a accompagné son parcours ; il espérera jusqu'au bout être à ses côtés une sorte de recours face aux politiciens ayant fait leurs armes dans le parlementarisme de l'ancienne république, et qui entourent le Maréchal. Ils ont souvent été ses ennemis de gauche, comme Doriot et Déat, ou de droite, comme Philippe Henriot, avant d'être des piliers de la collaboration. Jusqu'à son internement en Allemagne en 1943, La Rocque aura tenté de passer outre cet entourage du Maréchal pour lui proposer d'être l'artisan d'une renaissance française puisqu'il est avec le PSF « le promoteur de la doctrine dite de la Révolution nationale ».

Les raisons de ces offres de service sont bien plus profondes que le respect inspiré par la figure du vainqueur de Verdun. Elles tiennent au fond de la doctrine, dépouillée de toute enveloppe « républicaine ». Et c'est sans doute le plus déroutant de cette histoire tragique que de voir comment, dans la recherche d'une solution idéologique « novatrice, transformatrice », des courants autoritaires de la France des années trente ont tenté de phagocyter la terminologie républicaine pour contrer la stigmatisation venant de la gauche et faire « national ». Ce fut le cas des Jeunesses patriotes, mais aussi de nombre d'élus de la Fédération républicaine. Ce fut le cas de La Rocque jusqu'à la période de Vichy ; jusqu'à ce qu'il affirme alors, plus clairement qu'auparavant :

> Laissons de côté une fois pour toutes les terminologies politiciennes et tentons de désigner les choses par leur nom. Pratiquement, les doctrines anglo-saxonnes sont conservatrices puisqu'elles préconisent un ensemble d'institutions et de mœurs déjà existantes depuis plusieurs générations : peu nous importe si ces mœurs et institutions se recommandent de la démocratie, du socialisme, du parlementarisme, de ce que beaucoup appelaient « idées avancées ». L'impulsion russe et l'impulsion allemande sont novatrices, transformatrices : peu

importe si ces impulsions sont assujetties à la domination absolue des gouvernants. Les modalités sont notre affaire[1].

Cette confusion des valeurs, ce refus de la démocratie va amener La Rocque à fustiger Roosevelt qui, après le débarquement en Afrique du Nord, « a exigé de stupéfiantes mesures au profit des Juifs indigènes et des communistes ». Certes, il s'agit de l'Afrique du Nord et du décret Crémieux qui a donné la citoyenneté française aux Juifs d'Afrique du Nord, mesure contestée par toute une partie de la hiérarchie militaire avant la guerre. Mais, même s'il est dit que « la mystique inspiratrice du nazisme est incompatible avec le génie et la formation de notre race[...] », il est précisé que « la réalisation a, sur un grand nombre de points, la valeur d'un modèle ».

Cette confusion fait resurgir un antisémitisme rampant, au moment où, dans l'occupation, il s'agit de fustiger la démocratie. Il est alors question de « purulence juive » produit d'une « franc-maçonnerie, introductrice, protectrice, conspiratrice », ayant « porté un très grave préjudice à la moralité, à la santé française », d'une présence juive « exagérée » dans la fonction publique, « introduite, dans certaines heures, dans les conseils du gouvernement et aux divers postes de l'existence française[2] ». Jacques Nobécourt relativise, sans pour autant le justifier, cet antisémitisme de tradition catholique qui s'est accompagné d'actions courageuses de protection vis-à-vis de telle ou telle famille juive, ou d'anciens combattants israélites[3]. Certes, le refus de la démocratie s'accompagne d'un refus de la domination allemande. Il s'agit de promouvoir une autre voie dont le descriptif est une sorte de salazarisme aux couleurs de la France qui ne puise pas sa source dans la tradition républicaine, mais plutôt dans des sources hostiles à la Révolution française comme l'encyclique sociale de Pie XI *Quadragesimo anno*, ou encore dans une référence au

1. LA ROCQUE, *France d'aujourd'hui, France de demain, op. cit.*

2. LA ROCQUE, *Disciplines d'action*, Éditions du « Petit journal », 1941, p. 97 *sq.*

3. Voir en particulier le chapitre consacré aux Lois d'exclusion, in Jacques NOBÉCOURT, *op. cit.* p. 799 *sq.*

chancelier Dollfuss en Autriche, en tant que bases théoriques d'un corporatisme chrétien et nostalgique de l'Ancien Régime[1].

Son refus de la démocratie et son espoir en la Révolution nationale contre l'impérialisme nazi emporta La Rocque, comme elle avait emporté Dollfuss. Arrêté par les Allemands le 9 mars 1943, et déporté en Allemagne dans le cadre des « internements d'honneur » que subirent certaines personnalités politiques françaises, La Rocque sera, à la Libération, maintenu par le général de Gaulle dans un internement plus politique que judiciaire, qui s'achève le 28 avril 1946. La Rocque n'avait pas trempé dans la collaboration active et de plus avait eu le tort d'avoir été en lien avec le réseau d'information Klan monté par les services secrets américains, voulant concilier Vichy et un certain patriotisme. À sa mort, l'émotion fut vive chez ses nombreux partisans qui demeuraient fidèles à sa tentative de réconciliation française en dehors de la démocratie. Son procès était impossible sans risquer de précipiter des débats sur ces hommes et ces femmes qui massivement, pendant deux décennies, ont préparé Vichy, en se côtoyant, souvent de manière conflictuelle, mais en frappant ensemble le même ennemi. L'heure était pour de Gaulle à une autre réconciliation. Cette fidélité nombreuse a perduré dans une douloureuse confusion des sentiments.

Elle explique aussi que La Rocque soit demeuré un sujet historique problématique. Il n'a pas le tranché du brillant maurrassisme. Il n'a pas la mort éclatante d'un Brasillach, ni l'écriture d'un Céline. Sa trajectoire ne démontre pas une allergie française au fascisme, mais plutôt l'importance des volontés de différenciation nationalistes au sein des mouvements autoritaristes. Il y a chez La Rocque une discontinuité du parcours, tous les ingrédients d'une occasion manquée, à l'image de ce que sera *a posteriori* pour les nationalistes le 6 février 1934. Il n'en sera aux yeux de beaucoup, et plus encore peut-être dans son camp qu'à gauche, que plus coupable.

1. « Il a existé un ordre social qui, sans être en tous points parfait, répondait cependant, autant que le permettaient les circonstances et les exigences du temps, aux préceptes de la droite raison », *Quadragesimo anno*, 15 mai 1931, Pierre Téqui éditeur, p. 113.

5.

Figures d'écrivains fascistes

Gisèle Sapiro

Dans un article publié en 1943 sous le titre « Introduction à l'histoire de la littérature "fasciste" », et qui a valeur de manifeste, Jean Turlais définit le fascisme comme une « morale » et surtout une « esthétique » plutôt que comme une doctrine : « la vue de certaines statues d'Arno Breker nous a permis d'accéder à l'essence du national-socialisme mieux que n'auraient su le faire des dizaines de gros volumes de doctrine », explique-t-il en une image caractéristique de cette propension à esthétiser le politique qui constituait selon Walter Benjamin le trait distinctif du fascisme[1]. Recourant à l'habituelle stratégie de captation des œuvres du passé pour légitimer une tendance nouvelle, l'auteur esquisse ensuite une généalogie imaginaire de la littérature « fasciste », qui se veut aussi une définition. Une telle littérature repose, selon lui, sur la « morale guerrière », sur l'exaltation de la jeunesse qui est « l'âge de l'héroïsme », elle se nourrit « du goût des individualités supérieures selon les *Pléiades* de Gobineau, de "la ressaisie de l'homme comme animal et comme primitif" selon D. H. Lawrence, de l'appel de la race et du sens de l'honneur national selon Péguy et Bernanos, de la virilité selon Montherlant, de la notion d'Ordre selon Maurras[2] ». Programme plus que bilan, cette définition montre que la littérature fasciste est conçue comme une mise en forme de ces valeurs,

1. Jean TURLAIS, « Introduction à l'histoire de la littérature "fasciste" », *Les Cahiers français*, n° 6, mai 1943, p. 25. Voir notamment l'article de Walter BENJAMIN, « L'œuvre d'art à l'ère de sa reproductibilité technique », in *Œuvres*, t. II, *Poésie et Révolution*, Paris, Denoël, 1971, pp. 171-210, et en particulier p. 208.

2. Jean TURLAIS, *loc. cit.*, pp. 31-32.

l'esthétisation d'un idéal politique. Elle pose la question des conditions d'adhésion des écrivains français au fascisme, des années 30 à la Libération.

Cette question a fait l'objet de maintes études, qui se répartissent en deux catégories suivant la relation qu'elles établissent entre les prises de position littéraires et politiques de ces auteurs. D'un côté, les études des historiens qui abordent souvent les engagements politiques de ces écrivains en tant que tels, sans nécessairement les mettre en relation avec leurs conceptions de la littérature. De l'autre, les travaux, émanant le plus souvent de spécialistes de la littérature, qui cherchent à explorer les liens entre les conceptions esthétiques et les idées politiques des écrivains fascistes.

La première tendance englobe les approches plus générales du phénomène fasciste, amenées à traiter des intellectuels comme membres de groupements politiques et comme idéologues[1]. Elle inclut aussi l'histoire politique des intellectuels qui privilégie l'analyse des idées politiques de ces écrivains et de leurs engagements dans la cité[2]. Ce parti pris méthodologique est discutable. En effet, par-delà le risque de laisser le champ libre aux entreprises de réhabilitation fondées précisément sur la dissociation de l'œuvre et de l'engagement politique de ces écrivains[3], la question se pose de son adéquation, s'agissant de traiter d'écrivains qui ont souvent revendiqué la continuité et la cohérence de leurs choix littéraires et politiques[4].

---

1. Voir notamment, pour le fascisme en France, Jean PLUMYÈNE et Raymond LASIERRA, *Les Fascismes français, 1923-1963*, Paris, Le Seuil, 1963 ; Philippe BURRIN, *La Dérive fasciste : Doriot, Déat, Bergery, 1933-1945*, Paris, Le Seuil, 1986 ; Robert SOUCY, *French Fascism. The First Wave, 1924-1933*, New Haven et Londres, Yale UP, 1986, et *French Fascism. The Second Wave, 1933-1939*, New Haven et Londres, Yale UP, 1995.

2. Voir en particulier Zeev STERNHELL, *Ni droite ni gauche. L'idéologie fasciste en France*, nouvelle édition refondue et augmentée, Bruxelles, Complexe, 1987 [1re édition 1983].

3. Nous laissons de côté ceux qui, pour résoudre ce problème, se contentent de porter des jugements de valeur sur ces écrivains en qualifiant la plupart de « mauvais » et en minimisant les engagements politiques des « bons », comme Blanchot. Jeannine VERDÈS-LEROUX, *Refus et violences. Politique et littérature à l'extrême droite des années trente aux retombées de la Libération*, Paris, Gallimard, 1996.

4. Certains historiens avaient pourtant montré depuis longtemps que les

Ce n'est pas un hasard si la question des liens entre esthétique et politique a plus préoccupé les spécialistes de la littérature, à la suite de Walter Benjamin. On peut citer en particulier le livre d'Alice Kaplan, *Reproductions of banality*, qui se donne pour objet d'explorer, par des moyens littéraires et psychanalytiques, la « sensibilité fasciste » ou le « désir de fascisme » dans l'œuvre littéraire d'un certain nombre d'écrivains français, et celui, plus récent, de David Caroll, *French Literary Fascism*, qui a le mérite de montrer, contre la propension à assimiler le fascisme à l'irrationalisme, qu'en France, celui-ci a pu s'associer à la défense de la culture classique menacée par la modernité, de Maurras à Brasillach et à Maulnier[1]. Dans la continuité de Walter Benjamin, David Caroll définit le fascisme littéraire non pas – ou pas seulement – comme l'application du fascisme à la littérature mais comme une forme particulière de fictionnalisation ou d'esthétisation du politique. Partant de l'hypothèse que ces auteurs ont été conduits à adhérer à des politiques d'exclusion par leurs conceptions mêmes de la culture, il aborde l'œuvre politique et littéraire des écrivains fascistes à travers des thèmes tels que « l'intégrité de l'homme », « l'unité organique, totalisée de l'œuvre d'art comme but esthétique et politique », la culture comme « forme positive de la totalisation politique ».

Malgré leur intérêt, on peut reprocher aux études littéraires – tout comme à l'histoire des idées – leur tendance au substantialisme, qui les conduit souvent à établir un lien intrinsèque entre les conceptions esthétiques et les idées politiques des écrivains fascistes. S'appuyant sur une définition préalable du fascisme, ils tendent à la calquer sur des textes sans s'interroger sur les différentes manières d'être fasciste ou sur les différentes voies qui peuvent y conduire. C'est une telle approche, plus sociologique, des

---

œuvres littéraires pouvaient se révéler une source féconde pour aborder la vision du monde et les valeurs de leurs auteurs ; voir notamment Michel WINOCK, « Une parabole fasciste : *Gilles* de Drieu La Rochelle », *Le Mouvement social*, n° 80, juillet-septembre 1972, pp. 29-48.

1. Alice KAPLAN, *Reproductions of banality. Fascism, Literature and French Intellectual Life*, Minneapolis, University of Minnesota Press, 1986 ; David CAROLL, *French Literary Fascism*, Princeton New Jersey, Princeton UP, 1995.

formes d'adhésion des écrivains au fascisme, en relation avec leur *ethos* littéraire, que l'on proposera ici.

L'attrait qu'ont pu exercer, dans les années 30 et sous l'Occupation, les doctrines fascistes sur un certain nombre d'écrivains français s'explique par la conjonction de trois types de facteurs : les transformations du champ politique et des options idéologiques ; les enjeux propres au champ littéraire, qui se politise et se divise en deux camps dès le milieu des années 30, opposant les antifascistes aux pro-fascistes[1] ; les caractéristiques sociales de ces auteurs qui, sous forme de dispositions éthico-politiques, favorisent leur adhésion aux mots d'ordre fascistes. On s'interrogera sur l'articulation de ces facteurs aux différents pôles du champ littéraire. Option nouvelle dans l'espace de l'offre politique des années 30, le fascisme attire des écrivains situés à ces différents pôles, et qui, comme on va le voir, accordent leur manière d'être fasciste avec leur manière d'être écrivain. Après avoir constitué une population de 44 écrivains et critiques littéraires ayant appartenu à la droite radicale et/ou ayant plus au moins évolué vers le fascisme entre 1934 et 1945[2], nous les avons répartis selon leurs traits les plus caractéristiques aux différents pôles du champ littéraire.

Le champ littéraire français se structure à cette époque autour de deux facteurs de différenciation[3] : le premier oppose

1. Nous avons analysé ailleurs les enjeux littéraires des divisions politiques du monde des lettres à cette époque ; Gisèle SAPIRO, *La Guerre des écrivains, 1940-1953*, Paris, Fayard, 1999.

2. Les écrivains retenus dans cette population répondent à deux critères : être reconnus comme écrivains (qu'il s'agisse d'auteurs de fiction ou d'écrivains politiques) et avoir pris position en faveur de la doctrine fasciste, sous forme d'engagement ou sous forme de sympathie plus ou moins distante. Afin de mieux faire ressortir les caractéristiques des sous-groupes et les continuités avec d'autres options politiques disponibles à cette époque, nous avons inclus aussi quelques écrivains qui, sans pouvoir être véritablement définis comme fascistes, ont manifesté leur admiration pour les régimes fascistes, ont soutenu une ligue d'extrême droite, et ont revendiqué certains principes qui les rapprochent du fascisme.

3. En nous appuyant sur la théorie du champ littéraire développée par Pierre BOURDIEU, dans *Les Règles de l'art. Genèse et structure du champ littéraire* (Paris, Le Seuil, 1992), nous avons dégagé ces principes de structuration à partir d'une enquête empirique sur le champ littéraire sous l'Occupation ; cf. Gisèle SAPIRO, *La Guerre des écrivains*, *op. cit.*, en particulier p. 13 et chap. 2.

globalement des écrivains dominants à des écrivains dominés sous le rapport du degré de notoriété ; le second renvoie au *type* de notoriété, symbolique ou temporelle, selon qu'elle est plus ou moins autonome des attentes du public, un circuit restreint, fondé sur la reconnaissance des pairs, s'opposant au circuit de grande production régi par la logique de marché et les chiffres de vente. Les conceptions de la littérature et de ses rapports avec la politique, ainsi que les formes discursives adoptées pour en parler, varient selon ces deux facteurs. Ainsi, le discours tend à s'euphémiser et à se dépolitiser à mesure qu'on passe du pôle des écrivains dominés aux écrivains dominants ; du point de vue des formes que revêtent les écrits politiques, c'est ce qui différencie par exemple le pamphlet de l'essai. Selon le second facteur, qui oppose la reconnaissance temporelle à la reconnaissance symbolique, à mesure qu'on passe du pôle le plus hétéronome au pôle le plus autonome, le jugement littéraire tend à délaisser le contenu au profit du style et de la forme, le moralisme cédant le pas à l'esthétisme.

Le croisement de ces deux facteurs permet d'identifier quatre groupes de positions aux différents pôles du champ littéraire, auxquelles sont associés des modes de politisation spécifiques. En accentuant les traits caractéristiques de chacun de ces groupes, on peut définir quatre figures idéal-typiques d'écrivains : les « notables », les « esthètes », les « journalistes » et les « avant-gardes »[1]. Le pôle dominant sous le rapport de la notoriété temporelle regroupe des écrivains proches des gens du monde et du pouvoir – les « notables » –, où prévalent le « bon goût » et la respectabilité mondaine : l'art comme la politique doivent être subordonnés à la morale et à la préservation de l'ordre social. C'est de cette conception moralisatrice de la littérature et de la politique

1. S'agissant de traits idéal-typiques correspondant à des positions occupées dans le champ littéraire à un moment donné, il existe des cas intermédiaires entre les différents groupes, comme on le verra, de même que certains individus peuvent avoir évolué, dans le cas d'une trajectoire ascendante dans le champ, d'une position à une autre avec le vieillissement social (de celle d'avant-garde à celle d'esthète, par exemple, ou celle de polémiste à celle de notable), ou encore posséder des propriétés qui les rattachent à plusieurs groupes à la fois, auquel cas on les a classés selon leurs caractéristiques dominantes. Loin de remettre en cause le modèle d'analyse, ces cas intermédiaires lui donnent un caractère dynamique et une valeur heuristique.

que se démarquent les écrivains situés au pôle symboliquement dominant – les « esthètes » –, qui préconisent la dissociation de ces deux domaines afin de garantir l'autonomie du jugement esthétique. Au pôle dominé, caractérisé dans son ensemble, du fait de sa position, par une propension à politiser le discours critique, il faut également distinguer la logique de la polémique propre au pôle journalistique, qui tend à rattacher la littérature à l'actualité et aux enjeux de l'heure (c'est là qu'on trouve les « journalistes-polémistes »), des stratégies contestataires des « avant-gardes », souvent conduites à valoriser la dimension subversive de la littérature et à donner une portée politique à leur protestation, sans pour autant sacrifier l'autonomie du jugement esthétique.

Premier constat : le recrutement des écrivains fascistes à ces différents pôles est déséquilibré, le pôle journalistique – celui où se situent les « polémistes » – apparaissant comme prépondérant avec 19 individus sur 44 contre 15 pour le groupe des « notables » et 9 pour celui des « esthètes ». Aucun écrivain fasciste français n'a pu être identifié de manière indiscutable au pôle de l'avant-garde, sauf Céline, mais son évolution vers le fascisme a coïncidé avec un changement de position qui le rattache vers le au pôle des « polémistes » (ces derniers comptant alors 20 individus).

Deuxième constat : les conditions de l'engagement pro-fasciste et les chemins qui y conduisent sont divers, ce qui justifie *a posteriori* l'approche adoptée.

LES « NOTABLES »

Le groupe des « notables » rassemble des écrivains situés au pôle académique et mondain du champ littéraire. Peintres des mœurs de la bourgeoisie de province dont ils sont issus comme Henry Bordeaux, romanciers d'aventure comme Claude Farrère, satiristes des mœurs mondaines comme Abel Hermant, ou encore essayistes comme Louis Bertrand, ils publient pour la plupart chez Plon (6) et Flammarion (6), certains ayant débuté chez Ollendorf, et sont membres des instances de consécration temporelles, Académie française, Académie Goncourt. Vivant de leurs rentes ou ayant exercé une profession comme professeur ou conservateur (l'un d'eux a été militaire), ils sont plus rarement journalistes, métier dévalué que n'ont pratiqué que les moins dotés parmi eux, en tant que critiques professionnels (Jacques Boulenger, Henri Massis), ou sous la forme noble du journalisme politique (Charles Maurras, René Benjamin). Ultra-conservateurs, voire réactionnaires, ils condamnent en bloc l'individualisme, le capitalisme, le progrès, la modernité, la démocratie. Nés pour la plupart avant 1880 (11 sur 15), ils appartiennent à la génération des enfants de la défaite de 1870, élevés dans l'esprit de la revanche, et ont adhéré au nouveau nationalisme de la fin du XIXe siècle, quand ils n'en ont pas été les porte-parole, comme Charles Maurras lui-même, Léon Daudet ou André Bellessort. Issus de familles de hobereaux (Joseph de Pesquidoux, Alphonse de Chateaubriant, Paul Chack ou, plus jeune, Jean de la Varende) ou de notables de province (seuls 5 sont nés à Paris), bien dotés en titres scolaires (12 ont entrepris des études supérieures[1] ; 8 détiennent un titre équivalent ou supérieur à la licence), ils ont grandi pour la plupart dans la peur d'une révolution sociale, incarnée par la Commune[2], peur qui renaît face à la montée du communisme et à l'approche du Front populaire.

Pour ces écrivains réactionnaires qui vont former l'aile traditionaliste du régime de Vichy, l'option fasciste est moins l'expression d'une véritable évolution idéologique qu'une forme de durcissement de leur position en réaction à la politisation du monde intellectuel après le 6 février 1934 (notamment à gauche) et à l'avènement du Front populaire. Membres ou sympathisants d'Action française pour la plupart, antirépublicains et antidémocrates, ils sont séduits par le fascisme italien et par les ligues d'extrême droite, qui incarnent les principes d'autorité, d'ordre et de hiérarchie sociale : Claude Farrère est membre du

1. Neuf à la faculté de lettres et/ou de droit – dont deux reçus à l'École normale supérieure, Abel Hermant, démissionnaire, et Louis Bertrand – ; Jacques Boulenger a fréquenté l'École des chartes, Claude Farrère l'École navale, La Varende une école d'art.

2. Voir les souvenirs d'Abel HERMANT, *Une vie, trois guerres (témoignages et souvenirs)*, Paris, Pierre Lagrange, 1943, p. 16.

comité d'honneur de « la Spirale », mouvement réputé cagoulard[1], Henry Bordeaux est attiré par le colonel de La Rocque, Paul Chack et Abel Bonnard font partie du comité de défense des « patriotes emprisonnés », né à la suite de l'arrestation de Maurras et des dirigeants de la Cagoule en 1936. Bellicistes dans les années 20, ils optent, dans les années 30, pour le néopacifisme de droite : au nom de la défense de la civilisation occidentale, ils prennent position contre les sanctions que la Société des nations a prononcées à l'endroit de l'Italie à la suite de l'invasion de l'Ethiopie (Henry Bordeaux préside en 1936 le Comité d'action nationale contre les sanctions), contre une intervention française en Espagne, et expriment leur soutien aux nationalistes espagnols et au général Franco[2] : reçu par Franco, Claude Farrère le décrit dans sa *Visite aux Espagnols* comme menant une guerre sainte contre la terreur communiste ; Charles Maurras est également reçu par le *Caudillo* peu avant son élection à l'Académie française. Fidèles à la germanophobie de leur maître, les maurrassiens de cette génération restent réservés, pour la plupart, à l'égard de l'Allemagne nazie. Quelques-uns franchissent néanmoins le pas, à l'instar de Louis Bertrand, successeur de Barrès à l'Académie française, collaborateur du *Courrier royal*, qui était alors un satellite de l'Action française : conquis par la figure du Führer, il lui consacre un élogieux portrait en 1936[3] et devient membre du comité France-Allemagne. Cet intérêt pour l'Allemagne nazie lui vaut d'ailleurs de rompre avec Maurras qui a dénoncé « la poignée d'écrivains mondains qui prêchent l'hitléromanie »[4]. Ceux qui, comme le

1. Cf. Pierre-Marie DIOUDONNAT, *« Je suis partout » 1930-1944. Les maurrassiens devant la tentation fasciste*, Paris, La Table Ronde, 1973, p. 213.

2. Ils sont presque tous (sauf Ajalbert et La Varende, qui n'est pas encore intégré dans les milieux littéraires à cette époque) signataires d'au moins un des deux manifestes néopacifistes : le « Manifeste d'intellectuels français pour la défense de l'Occident » paru dans *Le Journal des Débats* et *Le Temps* le 4 octobre 1935 (nouvelles signatures le 5 octobre) ; et le « Manifeste aux intellectuels espagnols », *Occident. Le bi-mensuel franco-espagnol*, 10 et 25 décembre 1937, 10 janvier 1938. Voir aussi Jean-François SIRINELLI, *Intellectuels et passions françaises. Manifestes et pétitions au XXe siècle*, Paris, Fayard, 1990, pp. 93-110.

3. Louis BERTRAND, *Hitler*, Paris, Fayard, 1936.

4. Eugen WEBER, *L'Action française*, trad. fr., Paris, Fayard, 1985, coll. « Pluriel », p. 320, note g.

romancier régionaliste Alphonse de Chateaubriant, descendant d'une famille Bredenbek anoblie par Louis XIV, n'appartenaient pas au cercle d'Action française, pouvaient en revanche laisser libre cours à leur admiration pour Hitler. Dans *La Gerbe des forces*, un essai publié en 1937 à la gloire du régime national-socialiste, qui lui valut d'être invité à une tournée de conférences dans le IIIe Reich, Chateaubriant expliqua ainsi que le Führer réveillait le « héros » qui avait longtemps sommeillé chez l'homme d'Allemagne. Au lendemain de la défaite, il fonda l'hebdomadaire *La Gerbe*, où il s'adonna jusqu'en août 1944 au culte du Führer et du régime nazi.

Fréquentant les lieux de sociabilité officiels et mondains, ces écrivains constituent, sous l'Occupation, ce que Philippe Burrin a appelé les « notables » de la Collaboration intellectuelle[1]. Ils sont membres du comité d'honneur du groupe Collaboration, qui prolonge le Comité France-Allemagne, du comité de patronage de la Légion des Volontaires français contre le bolchevisme, ainsi que du comité d'honneur du « Cercle européen », association créée en 1942 pour favoriser la formation de « l'élite européenne » et « l'organisation rationnelle de l'économie européenne[2]. » Quatre écrivains de ce groupe ont été membres du Parti populaire français de Jacques Doriot : Abel Bonnard et Jacques Boulenger y adhérèrent dès sa fondation en 1936, Paul Chack l'année suivante (il devint membre du bureau politique), Jean Ajalbert pendant l'Occupation allemande.

Pour ces contempteurs de la modernité, il est toutefois moins question de « révolution » que de retour à l'ordre. Alors que la jeune garde de la Collaboration dénonce le caractère trop peu révolutionnaire du régime de Vichy, ils y voient la réalisation de la révolution conservatrice qu'ils n'ont cessé de réclamer. Comme l'illustre l'itinéraire d'Abel Bonnard, qui est allé le plus loin dans l'engagement fasciste, cette évolution demeure incomplète, son idéal européen restant ancré dans une France rurale, sans intégrer tous les aspects de l'idéologie fasciste[3]. Il s'agit plutôt pour lui de

1. Philippe BURRIN, *La France à l'heure allemande*, Paris, Le Seuil, 1995, p. 403 *sq.*

2. Article 3 des statuts du Cercle européen, cité dans une Circulaire du 4 février 1942, signée Édouard Chaux, industriel, et Jean Valby, journaliste.

3. Jacques MIÈVRE, « L'évolution politique d'Abel Bonnard (jusqu'au prin-

marquer la rupture avec la bourgeoisie conservatrice, attachée à la défense égoïste de ses intérêts matériels, au régime parlementaire et à une intelligence factice, ainsi qu'il l'a décrite dans son essai *Les Modérés*, publié en 1936, et à laquelle il reproche de ne pas sentir la « poésie de l'ordre »[1].

Plus que les aspects modernes et sociaux du fascisme, plus que l'étatisme et le centralisme auxquels ils ne peuvent souscrire, plus aussi que le mysticisme qui n'attire guère ces tenants du classicisme, Alphonse de Chateaubriant excepté, ils sont conquis par les principes inégalitaires, la restauration d'un ordre social hiérarchisé, la conception organique de la nation dont il faut rejeter les éléments étrangers (mais sans nécessairement souscrire au racisme biologique), et surtout la restauration de l'autorité du chef.

Contempteurs de la modernité littéraire et artistique, ces écrivains étaient parvenus à imposer provisoirement, dans le champ littéraire du début du siècle, le paradigme classiciste qu'ils associaient à l'identité nationale, mais le succès du courant subjectiviste initié par André Gide au lendemain de la Grande Guerre et les mouvements d'avant-garde, cubistes et surréalistes, les avaient enfermés dans une position conservatrice et passéiste. Il y a une forte affinité entre la conception organique de la nation, conçue comme œuvre d'art, ainsi que le souligne David Caroll[2], et celle de la culture nationale : Maurras insiste sur l'affinité entre les règles de la composition classique et le régime monarchique, Massis développe, contre le formalisme artistique, l'idée de l'unité de l'homme qui doit sous-tendre toute œuvre d'art[3]. Le jugement qu'ils portent sur l'art est un jugement moral avant tout, malgré qu'ils en aient (Maurras s'en défend, par exemple, masquant son moralisme derrière l'argument de l'harmonie de la composition et de la qualité de la « matière » qu'utilise l'écrivain, opposant les

---

temps 1942) », *Revue d'histoire de la Deuxième Guerre mondiale*, n° 108, octobre 1977, pp. 1-26.

1. Abel BONNARD, *Pensées dans l'action*, Paris, Grasset, 1941, p. 54.

2. Cf. David CAROLL, *French Literary Fascism*, *op. cit.*, p. 73.

3. Cf. Henri MASSIS, *Jugements*, t. II, Paris, Plon, 1924 ; *Les idées restent*, Lyon, Lardanchet, 1941.

matières « nobles » aux matières « viles »[1]). Romanciers de l'ordre social, ces « notables » sont aussi souvent des moralistes, peintres de la société et de ses maux dans des essais en apparence dépolitisés, qui prétendent se fonder sur l'observation pour diagnostiquer une crise et apporter des remèdes : ainsi, nombre d'entre eux font le bilan des causes de la défaite de 1940 en la présentant comme le résultat des maux qu'ils n'ont cessé de dénoncer et saluent le chef du nouveau régime de Vichy comme un sauveur[2]. Mais le genre qui manifeste sans doute le mieux leur position de proximité au pouvoir et d'illustration du principe d'autorité est le portrait du chef d'État : ainsi le portrait d'Hitler par Louis Bertrand, les portraits de Pétain par Henry Bordeaux, Abel Bonnard, René Benjamin, ce dernier ayant également dédié un livre à Mussolini[3]. L'évolution de René Benjamin, journaliste et virulent pamphlétaire qui s'est illustré dans ses combats contre la République, vers des essais au ton beaucoup plus mesuré, comme ses portraits d'hommes politiques ou son essai sur l'éducation publié en 1942[4], est emblématique du travail d'euphémisation qu'impose le vieillissement social quand il s'accompagne de la notoriété et de profits temporels (René Benjamin est élu à l'Académie Goncourt en 1938), et montre aussi la fluidité qui peut exister entre les différents groupes identifiés. Il existe aussi des positions intermédiaires entre ce groupe et le suivant, celui des esthètes.

LES « ESTHÈTES »

Le deuxième groupe rassemble les écrivains distingués de la *Nouvelle Revue française*, ceux qui forment son pôle de droite dans les années 30 et qui assureront la continuité de la revue lors

1. Voir par exemple Charles MAURRAS, « La poitrine de la France », *Le Journal*, 8 février 1941.

2. René BENJAMIN, *Le Printemps tragique*, Paris, Plon, 1940, Henry BORDEAUX, *Les Murs sont bons. Nos erreurs et nos espérances*, Paris, Fayard, 1940.

3. Henry BORDEAUX, *Images du Maréchal Pétain*, Paris, Sequana, 1941 ; Abel BONNARD, « Le maréchal Pétain chef de l'État », *Pensées dans l'action*, *op. cit.*, pp. 68-75 ; René BENJAMIN, *Mussolini et son peuple*, Paris, Plon, 1937, *Le Maréchal et son peuple*, Paris, Plon, 1941.

4. René BENJAMIN, *Vérités et rêveries sur l'éducation*, Paris, Plon, 1942.

de sa reparution sous l'Occupation : Pierre Drieu La Rochelle, Ramon Fernandez, Henry de Montherlant, Jacques Chardonne, Alfred Fabre-Luce, Marcel Jouhandeau, tous nés entre 1880 et 1899, presque tous à Paris. À ce noyau, se joindra après la défaite le jeune essayiste Armand Petitjean, entré à la *NRF* au milieu des années 30, qui évolue dans le sillage du pôle fascisant du régime de Vichy. S'y rattachent aussi Paul Morand, collaborateur de la *NRF*, et Bertrand de Jouvenel. Morand se situe entre ce groupe – il appartient à la même génération –, et le précédent, dont il se rapproche par son statut d'ambassadeur et ses fréquentations mondaines. Morand sera d'ailleurs, tout comme Montherlant, élu à l'Académie française dans les années 60. Dans l'ensemble, les représentants de ce groupe étaient, au sein de la *NRF*, les plus proches du pôle académique et mondain, par leurs origines sociales (Montherlant est issu d'une famille noble, Fabre-Luce est le fils d'un secrétaire d'ambassade et de la petite-fille du fondateur du Crédit Lyonnais, Ramon Fernandez d'un diplomate mexicain, Morand d'un directeur de l'École des beaux-arts, Chardonne d'un fabricant de Cognac qui est aussi écrivain, Bertrand de Jouvenel du célèbre journaliste Henry de Jouvenel) ou par leur formation (Drieu, Chardonne, Morand et Fabre-Luce ont fréquenté l'École libre des sciences politiques). Ils étaient issus d'une bourgeoisie plus parisienne, plus fortunée et/ou plus intellectuelle, plus brillante en tout cas, hormis Drieu La Rochelle, issu d'une famille en déclin, et Marcel Jouhandeau, le plus atypique du groupe, fils d'un boucher de Guéret, qui a néanmoins achevé sa scolarité secondaire au lycée Henri-IV et obtenu une licence de lettres, mais qui n'a pas l'agrégation et enseigne dans un collège catholique privé afin de garder son indépendance d'écrivain. À l'exception de Morand, du reste, aucun d'entre eux n'a véritablement suivi la voie à laquelle le destinaient les études entreprises : Drieu a échoué au concours de sortie de Sciences-Po, qui ouvrait la voie à la diplomatie, c'est probablement le cas aussi de Chardonne et Fabre-Luce, qui sont par ailleurs licenciés en droit (mais qui n'ont pas achevé la formation d'avocat), Montherlant a été renvoyé de Janson-de-Sailly, puis de Sainte-Croix de Neuilly (il a obtenu son bac de philosophie), etc. Ceci explique sans doute une certaine propension à l'anti-intellectualisme, chez ces héritiers déshérités par le nouveau mode de reproduction sociale à composante scolaire, qui les prédispose à afficher leur mépris du système méritocratique républicain ainsi que du rationalisme cartésien, et à se reconnaître dans une idéologie valorisant l'action et la supériorité « naturelle » des chefs et de l'élite, dotés de force de caractère et d'autorité « naturelle » (c'est-à-dire héritée) plutôt que de titres scolaires.

Mais ils n'ont pas complètement renoncé aux hautes responsabilités auxquelles leurs familles les destinaient, et s'ils ne peuvent accéder à des postes de « décideurs », les aspirations initiales placées en eux se retrouvent dans leur ambition de jouer un rôle d'idéologues et de conseillers du prince et dans leur participation aux cercles de réflexion sur l'économie et la politique. Ayant appartenu dans les années 20 au groupe des Jeunes-Turcs du parti radical, et consacré un ouvrage à Caillaux, son maître, Alfred Fabre-Luce a été sans succès candidat en 1932 aux élections législatives dans l'Ain sous l'étiquette républicain socialiste. En 1933, il a lancé l'éphémère hebdomadaire *Pamphlet*, où le fascisme italien fait l'objet d'analyses positives, et a rencontré Mussolini. L'année suivante, il fait partie des instigateurs, avec Jules Romains, du « plan du 9 juillet », projet de rassemblement des Français de tous bords qui appelait notamment au renforcement de l'exécutif, avant de devenir, en 1935, rédacteur en chef de *L'Europe nouvelle* et de fonder en 1936 un nouvel hebdomadaire, *L'Assaut*[1]. Bertrand de Jouvenel a été secrétaire de plusieurs hommes politiques avant de devenir un écrivain politique et un activiste. Il tente notamment de former un mouvement de jeunesse unique en lançant en 1934 le journal *La Lutte des jeunes*, et réalise en 1936 une interview avec Hitler[2]. Pierre Drieu La Rochelle a écrit plusieurs essais politiques, il a adhéré au *Redressement français*, mouvement fasciste qu'il quitte rapidement, puis a été compagnon de route des jeunes radicaux, avant de prendre part au Front commun de Gaston Bergery et de collaborer à *La Lutte des jeunes*, mais, à l'instar de Ramon Fernandez, qui le suit, il n'entre vraiment en politique qu'avec son adhésion en 1936 au Parti populaire français. Ils en deviennent les principaux idéologues, avec Bertrand de Jouvenel, qui assure

1. Dossier d'instruction du procès d'Alfred Fabre-Luce (AN : Z5) et Philippe BURRIN, *La Dérive fasciste*, *op. cit.*, pp. 79-83.

2. *Cf. ibid.*, pp. 83-88. Sur son évolution vers le fascisme, voir pp. 287-294.

la rédaction en chef de son organe, *L'Émancipation nationale,* de l'été 1937 jusqu'à sa démission à l'automne 1938 (Fabre-Luce s'en est également rapproché au moment de la fascisation qu'a connue ce parti[1]). Démissionnaire du PPF en 1939 après avoir appris que Doriot percevait de l'argent de l'Italie, Drieu espérait, après la défaite, jouer le rôle d'ambassadeur occulte de Vichy auprès d'Otto Abetz, mais ce dernier lui proposa plutôt de relancer la *NRF* sous sa direction. Drieu se console en fréquentant les cercles de discussion autour du projet de formation d'un parti unique[2], et adhère à nouveau au PPF en 1942 (cette fois sans être gêné par le fait qu'il est subventionné par l'Allemagne). Diplomate dont l'épouse tenait avant la guerre un salon qui réunissait des écrivains et journalistes pro-fascistes[3], auteur notamment d'une sotie dénonçant la « mainmise » des étrangers et des Juifs sur l'industrie cinématographique française[4], Paul Morand est nommé, sous le régime de Vichy, membre des instances corporatives du livre et du cinéma mises en place par le régime – le Conseil du livre en 1941, la Commission de contrôle du papier d'édition, chargée de sélectionner les manuscrits pouvant être publiés (sélection qu'elle soumettait à l'autorisation de la *Propaganda Staffel*) et la Commission de censure cinématographique en 1942 –, avant d'être envoyé comme ambassadeur à Bucarest puis à Berne. Leur cadet Armand Petitjean profite lui aussi des nouvelles opportunités ouvertes par l'instauration du régime de Vichy. Il entre à l'automne 1940 au secrétariat d'État à la Jeunesse, où il co-dirige le bureau de propagande. Ayant démissionné en décembre 1940, il fait partie des dirigeants des « Compagnons de France », et le secrétaire d'État à l'Information Paul Marion, représentant de l'aile fascisante du régime de Vichy, qui visait à constituer une Jeunesse unique, propose son nom pour en prendre la direction en mai 1941, mais

1. Son journal *L'Assaut* fusionne avec celui du PPF, *La Liberté*, en juin 1937 (*ibid.*, p. 291).

2. Pierre DRIEU LA ROCHELLE, *Fragment de mémoires 1940-1941*, précédé d'une étude sur « Le parti unique et Pierre Drieu La Rochelle » par Robert O. Paxton, Paris, Gallimard, 1982.

3. Selon un rapport de police du 13 octobre 1944, Dossier d'instruction du procès Georges Suarez, Z6 1.

4. Paul MORAND, *France La Doulce*, Paris, Gallimard, 1934.

il échoue contre le candidat catholique[1]. Il tentera ensuite, avec l'appui de Marion, de créer les Jeunesses légionnaires[2].

Appartenant à la génération qui a atteint l'âge d'homme au moment de la Première Guerre mondiale (Petitjean excepté), mobilisés pour la plupart, ils ont, à la différence du premier groupe, été partisans de la réconciliation franco-allemande dès les années 20 et ont soutenu le projet d'unification européenne, qui a été longuement commenté et débattu dans les colonnes de la *NRF*. Bien qu'ils représentent alors le pôle nationaliste à la *NRF*, ils oscillent entre cette sensibilité nationaliste et l'idée européenne, qui n'est pas complètement contradictoire pour eux : Drieu s'y rallie à la fin des années 20 après avoir renoncé à adhérer à l'Action française – il s'en explique dans des essais comme *Genève ou Moscou* (1928) ou *L'Europe contre les patries* (1931) –, mais il se sent à nouveau proche de Maurras au moment de la « drôle de guerre »[3] ; s'il adopte dans *L'Équinoxe de septembre* (1938) une position qui passe pour antimunichoise dans le contexte du pacifisme ambiant, Montherlant défend, quant à lui, une conception de la guerre comme un sport, qui fait que l'on doit reconnaître sa défaite face à l'ennemi, ainsi qu'il l'expose dans *Le Solstice de juin* (1940). Ils peuvent ainsi revendiquer la continuité de leurs positions en faveur de la constitution d'une Europe dans les années 30, puis sous l'Occupation, quand les antifascistes de la revue renoncent à leur pacifisme face à l'impérialisme hitlérien. Sous l'Occupation, Montherlant écrit ainsi :

> Cette Europe est à faire vivre historiquement et politiquement ; elle est à construire. Une lutte est ouverte : lutte de l'élite héroïque des grands aventuriers de la nouvelle civilisation européenne contre les

1. Cf. Bernard COMTE, *Une utopie combattante. L'École des cadres d'Uriage, 1940-1942*, Paris, Fayard, 1991, p. 348.

2. Armand PETITJEAN, « De 1938 à 1945 : un parcours singulier », *Esprit*, août-septembre 1995, p. 222.

3. « Je suis obsédé par l'idée que Maurras va mourir sans successeur. [...] J'aurais dû être ce successeur. C'était une de mes tâches possibles. Mais ce monde de l'AF m'est entièrement inconnu, et sans doute fermé » (Pierre DRIEU LA ROCHELLE, *Journal 1939-1945*, Paris, Gallimard, coll. « Témoins », 1992, p. 86). Cette citation témoigne aussi du poids des modes de socialisation et des cercles de sociabilité dans l'orientation des trajectoires.

Européens moyens (moyen est, ici, un mot poli pour bas : il s'agit des bas Européens), lutte des créateurs contre les créatures, lutte de l'harmonie contre le chaos[1].

Nés avec la République, ils sont moins nostalgiques de la « France des notables » que leurs aînés, et plus tournés vers l'avenir, à la construction duquel ils entendent prendre part, encore qu'on trouve chez Drieu et Montherlant, comme chez Maurras, la nostalgie – caractéristique des trajectoires en déclin[2] – d'un passé proche imaginé, qui nourrit l'idée de décadence, et d'un âge d'or mythique, qu'ils déplacent du Grand Siècle au Moyen Âge[3].

La posture d'esthète caractérise ces fervents admirateurs de Nietzsche – en qui Drieu La Rochelle voit un inspirateur du fascisme[4] –, non seulement dans le domaine des arts mais en tant qu'attitude plus générale face à la vie, comme par extension de leur *ethos* artistique, et par un souci de distinction qu'ils manifestent également à travers leur mépris de la morale bourgeoise et des conventions sociales – ce qui leur fait aussi adopter un certain relativisme. L'ascétisme requis par leur métier d'écrivain les place en porte-à-faux avec le style de vie des milieux bourgeois et mondains dont ils sont les parents pauvres. Alors que la morale conditionnait les conceptions esthétiques des « notables », la morale et la politique sont jugées ici d'un point de vue esthétique et intellectuel. Les « esthètes » condamnent ainsi le libéralisme et le capitalisme, expressions d'une société individualiste tournée vers la quête de profits matériels, ayant perdu le sens de l'honneur et de la grandeur, de la spiritualité et de la communauté, ainsi que les vertus de sacrifice et de dévouement. Armand Petitjean constate la

---

1. Henry DE MONTHERLANT, « Au-delà du Solstice de juin », *Le Matin*, 4 décembre 1941. Voir aussi Alfred FABRE-LUCE, « Lettre à un Américain », *La NRF*, n° 322, 1er décembre 1940, p. 67, et Armand PETITJEAN, « France-Allemagne 42 », *La NRF*, n° 342, 1er août 1942, pp. 129-148.

2. Cf. Hervé SERRY, « Déclin social et revendication identitaire : la "renaissance littéraire catholique" de la première moitié du XXe siècle », *Sociétés contemporaines*, n° 44, 2001, pp. 91-110. Voir aussi notre article « Entre le rêve et l'action : l'autobiographie romancée de Drieu La Rochelle », *ibid.*, pp. 111-128.

3. Voir notamment Pierre DRIEU LA ROCHELLE, *Notes pour comprendre le siècle*, Paris, Gallimard, 1941.

4. Voir Pierre DRIEU LA ROCHELLE, « Nietzsche contre Marx », *Socialisme fasciste*, Paris, Gallimard, 1934, chap. 2.

dégénérescence même des paysans normands, « l'une des plus fortes races de France », à travers ses « bâtards alcooliques », et dénonce ce « peuple de rentiers, de fonctionnaires et de petits bourgeois »[1]. « Le sentiment de l'honneur était atrophié ; c'était la possession d'une auto qui semblait désigner les aristocrates », se plaint Fabre-Luce[2] ». Leur dégoût de la démocratie s'exprime jusque dans le regard qu'ils portent sur le corps des Français ordinaires. Drieu La Rochelle écrit par exemple :

> Je peux me placer à un point de vue esthétique, il recoupera le plan moral. Ce qui me gêne : cette pauvreté physique et morale, cette absence de lien entre le physique et le moral. [...]Le corps des hommes est ignoble, en France du moins. Horrible, de se promener dans les rues et de rencontrer tant de déchéances, de laideurs, ou d'inachèvements. Ces dos voûtés, ces épaules tombantes, ces ventres gonflés, ces petites cuisses, ces faces veules. Non, je souffre trop, moi l'élite, il faut que je réagisse contre cela[3].

Après la défaite, ils marquent leur distance à l'égard de l'ordre moral du régime de Vichy auquel souscrivent les « notables » : « La zone libre "fait de la vertu"[4] », se moque Fabre-Luce en ironisant sur les tendances moralisatrices du régime et sur l'hypocrisie qu'entraîne la censure morale. De son côté, Montherlant critique le familialisme de Vichy, en opposant à l'amour familial bourgeois, maternel et donc féminin dans son essence, l'*ethos* viril de la tradition aristocratique guerrière[5].

Dissociant littérature et politique, conformément aux principes de l'art pour l'art et de l'autonomie du jugement esthétique qui prévalent à ce pôle du champ littéraire, ils sont soucieux de

1. Armand PETITJEAN, *Combats préliminaires*, Paris, Gallimard, 1941, pp. 17 et 47.

2. Alfred FABRE-LUCE, *Journal de la France, août 1940-avril 1942*, Paris, Imprimerie JEP, 1942, p. 183. Voir aussi p. 212 *sq.*

3. Pierre DRIEU LA ROCHELLE, *Socialisme fasciste*, *op. cit.*, pp. 110-111. Voir aussi *Ne plus attendre. Notes à leur date*, Paris, Grasset, 1941, p. 36. L'image des « petits Français à gros ventre » est également présente dans le roman de Robert BRASILLACH, *Les Sept Couleurs*, Paris, Plon, 1939, p. 109.

4. Alfred FABRE-LUCE, *Journal de la France, août 1940-avril 1942*, *op. cit.*, p. 22.

5. Henry DE MONTHERLANT, « Paternité et patrie », *La NRF*, n° 326, 1er avril 1941, pp. 610-611.

donner à leurs écrits politiques une forme esthétique acceptable aux yeux de leurs pairs, privilégiant, comme les précédents, la forme détachée de l'essai ou le recueil d'articles, sans toutefois tomber dans l'académisme et le conformisme[1]. Inversement, le jugement esthétique qu'ils portent sur tous les domaines de la vie, leurs schèmes d'appréciation, leurs valeurs – esprit chevaleresque, vertus viriles, maîtrise de soi, héroïsme, courage (l'engagement du héros dans les rangs des nationalistes espagnols dans *Gilles* de Drieu La Rochelle ou le thème du chef dans *L'Homme à cheval*), noblesse des sentiments, individualisme égotiste dans la tradition gidienne (Montherlant, Jouhandeau), sincérité (l'autobiographie est un genre qu'affectionnent aussi bien un Jouhandeau qu'un Drieu La Rochelle) – et leurs objets de répulsion – le féminin (Montherlant a fait de la misogynie un thème privilégié de son œuvre ; chez Drieu, les héros qui cèdent à l'attrait des femmes et sont esclaves de leurs désirs perdent leur force virile), la médiocrité de l'homme moyen, la lâcheté, l'hypocrisie de la morale bourgeoise (que défendent les représentants du groupe précédent), l'idéal de la famille bourgeoise (auquel un Jouhandeau ou un Chardonne opposent la féroce réalité de la vie de couple) – essaiment dans leurs œuvres et en forment souvent la trame même, à la manière de leur homologue allemand Ernst Jünger, traduit chez Gallimard, et qu'ils fréquentent d'ailleurs pendant l'Occupation[2].

Déçus par l'expérience d'une guerre industrielle qui ne correspondait pas à l'idée romantique qu'ils s'en faisaient[3], ils n'ont pas renoncé à célébrer l'esthétique du combat et les valeurs de l'héroïsme et du courage. À un moment où la littérature de témoignage et les romans de guerre, du *Feu* de Barbusse au *Voyage au bout de la nuit* de Céline, dévoilent l'horreur des charniers et tournent en dérision l'héroïsme guerrier, l'épopée faisant place au roman picaresque, ils décrivent, au contraire, l'expérience de

---

1. Voir Philippe OLIVERA, *La Politique lettrée en France. Les essais politiques (1919-1932)*, thèse de doctorat, Université de Paris I, 2001, chapitre 6.

2. Voir Ernst JÜNGER, *Journaux de guerre*, Paris, Julliard, 1990, p. 230 *sq.*

3. « La guerre militaire moderne est sur toute la ligne une abomination. Je me suis efforcé depuis quinze ans de démontrer et de faire sentir que cette guerre, en effet, détruit toutes les valeurs viriles ». Pierre DRIEU LA ROCHELLE, *Socialisme fasciste*, *op. cit.*, p. 137.

l'acte guerrier dans toute sa volupté, comme une explosion de joie virile, dionysiaque, comparable à l'instinct de procréation et – significativement – à la pulsion créatrice. Opposant, dans *Le Songe* (1922) – le titre est la seule marque de l'écart entre le fantasme et la réalité de la guerre –, l'héroïsme masculin à la sensibilité féminine, selon un thème qui structure toute son œuvre, Montherlant le décrit en ces termes :

> [...] quand il musait avec intention dans un lieu battu par une mitrailleuse, il sentait quelque chose de pareil, peut-on croire, à ce que demandent à l'ivresse certains artistes, une accélération de la pensée, un flux de mémoire, un épanouissement d'images [...] jusqu'à des explosions de joie créatrice qui lui faisaient s'écrier : « J'aurai beaucoup d'enfants ! » [...] Puis toute cette joie était couverte de sang. La guerre existera toujours parce qu'il y aura toujours des garçons de vingt ans pour la faire naître, à force d'amour[1].

Dans *La Comédie de Charleroi* (1934) de Drieu La Rochelle, qui présente, avec quinze ans de recul, un tableau plus réaliste de la guerre, l'acte d'héroïsme s'oppose à la médiocrité ambiante, caractéristique du régime démocratique :

> Je m'élançai à travers les balles, avec une étrange allégresse. Allégresse d'être seul et de me séparer, autant que de me distinguer des autres, par un acte surprenant. [...] Au fond, j'avais senti autour de moi l'accablement de toute cette médiocrité qui fut pour moi le plus grand supplice de la guerre [...][2].

Cet acte a sur le protagoniste, comme sur Alban, le héros de Montherlant, un effet de révélation des potentialités qui sommeillaient en lui : il se découvre la personnalité d'un chef.

> Alors, tout d'un coup, il s'est produit quelque chose d'extraordinaire. Je m'étais levé entre les morts, entre les larves. J'ai su ce que veulent dire grâce et miracle. [...] Ils veulent dire exubérance, exultation, épanouissement – avant de dire extravasement, extravagance, ivresse.

1. Henry DE MONTHERLANT, *Le Songe*, Paris, Grasset, 1922, rééd. Gallimard, coll. « Folio », 1954, p. 108.
2. Pierre DRIEU LA ROCHELLE, *La Comédie de Charleroi*, Paris, Gallimard, 1934, p. 36.

> [...] C'était donc moi, ce fort, ce libre, ce héros. [...]
> Qu'est-ce qui soudain jaillissait ? Un chef. Non seulement un homme, un chef. Non seulement un homme qui se donne, mais un homme qui prend. Un chef, c'est un homme à son plein ; l'homme qui donne et qui prend dans la même éjaculation[1].

L'idéologie fasciste et les régimes qui s'en réclament répondent à leur conception esthétique du politique. Le culte du corps vigoureux et de la jeunesse est un élément essentiel de l'attrait exercé par le fascisme sur ces esthètes. Le dressage du corps par le sport (thème de prédilection de l'œuvre de Montherlant), la discipline, l'entraînement militaire, est une condition de la santé morale d'un peuple et de l'entretien des qualités de la « race ». Selon Drieu La Rochelle : « L'Europe des démocraties viriles et l'Europe des fascismes ont été transformées par la grande révolution du XXe siècle, qui est la révolution du corps[2]. »

Cette conception ne se limite pas aux corps des individus, mais doit s'étendre au « corps social » dans son ensemble, selon une vision organiciste de la nation partagée par toutes les tendances fascisantes. Cérémonies et rituels incarnent cette mystique de la nation unifiée et ordonnée selon les hiérarchies « naturelles ». Elles exercent une fascination particulière auprès de ce groupe des esthètes, auxquels, sous ce rapport, se rattache Robert Brasillach. Les descriptions qu'il fait du congrès de Nuremberg, qualifiant le national-socialisme de « poésie[3] », sont en effet emblématiques de cette esthétisation du politique. Au milieu des *Sept Couleurs*, roman dont une partie se passe dans l'Italie fasciste et une autre dans l'Allemagne nazie – Alain Laubreaux le décrit comme un « arc-en-ciel fasciste[4] » – et qui a recueilli trois voix au scrutin pour l'attribution du prix Goncourt de 1939, se trouve une longue description du congrès :

---

1. *Ibid.*, p. 57.
2. Pierre DRIEU LA ROCHELLE, *Avec Doriot*, Paris, Gallimard, 1941, p. 137.
3. Robert BRASILLACH, *Une génération dans l'orage. Notre avant-guerre. Mémoires*, Paris, Plon, 1941, rééd. 1973, p. 355.
4. Alain LAUBREAUX, *Écrit pendant la guerre*, Paris, Éditions du Centre de l'agence Inter-France, 1944, p. 113.

> Sur les gradins, il peut tenir cent mille personnes assises, dans l'arène deux ou trois cent mille. Les étendards à croix gammée, sous le soleil éclatant, claquent et brillent. Et voici venir les bataillons du travail, les hommes de l'*Arbeitskorps*, la pelle sur l'épaule. [...] On présente les pelles, et la messe du travail commence.
>
> – Êtes-vous prêts à féconder la terre allemande ?
>
> – Nous sommes prêts.
>
> Ils chantent, le tambour roule, on évoque les morts, l'âme du parti et de la nation est confondue, et enfin le maître achève de brasser cette foule énorme et d'en faire un seul être et il parle[1].

De même, évoquant le premier congrès du PPF qui s'est tenu le 14 novembre 1936, Drieu La Rochelle dit qu'« une grande émotion virile [...] nous a traversé le corps[2] ». Les hommes réunis là, soudés par la personnalité de leur chef, en seraient sortis métamorphosés.

De ce corps social unifié doivent être éliminés les éléments étrangers qui perturbent la « pureté de la race », qui ont contribué à sa « déchéance ». La plupart des « esthètes » adhèrent spontanément à l'antisémitisme qui connaît, sous l'influence de l'Allemagne nazie, une forte poussée en France dans la deuxième moitié des années 30. Si l'antisémitisme littéraire revêt sa forme la plus virulente dans le troisième groupe, il est très présent ici, sous une forme qui se veut plus « raisonnée » et « policée ». On notera, sous ce rapport, l'écart entre la violence de l'antisémitisme de Drieu dans son journal et le ton beaucoup plus mesuré qu'il adopte dans ses publications, signe du travail d'euphémisation réalisé à ce pôle. De son côté, Marcel Jouhandeau, auteur du *Péril juif* (1937), dont la première profession de foi, refusée par Paulhan à *La Nouvelle Revue Française*, paraît dans les colonnes de *L'Action française*, mène depuis 1936 un combat pour la défense de la « culture française » contre les juifs et les « métèques » qui

1. Robert BRASILLACH, *Les Sept Couleurs*, *op. cit.*, pp. 110-111 (et p. 157). Dans *Notre avant-guerre* (*op. cit.*, p. 362), Brasillach revient sur le Congrès de Nuremberg, et s'il avoue son dépaysement face à ce qui lui apparaît comme une forme d'orientalisme, il n'hésite pas à comparer la cérémonie du « drapeau du sang » à l'Eucharistie, exprimant sa fascination pour ces fêtes païennes et pour « la prédication soutenue qui est faite à la jeunesse pour la foi, le sacrifice et l'honneur » (seule la militarisation des femmes lui demeure intolérable), évoquant la « joie fasciste ».

2. Pierre DRIEU LA ROCHELLE, *Avec Doriot*, *op. cit.*, p. 83.

ont pris « toutes nos premières places »[1]. Sous l'Occupation, il manifeste dans des lettres privées à Jean Paulhan son admiration pour Hitler qui a su « redresser l'âme de son peuple » alors que la France lui paraît en pleine « décomposition », et sa préférence pour l'hégémonie de Berlin et de Hitler à celle des Juifs de Londres et de New York[2]. Les frontières se brouillent entre les arguments de l'antisémitisme acclimatés depuis le XIXe siècle par *La France juive* d'Édouard Drumont, qui avait fait « une synthèse de l'antijudaïsme chrétien et des critiques de gauche contre la ploutocratie juive », et l'antisémitisme raciste auquel l'Allemagne hitlérienne a donné force de loi, propagé en France par des hommes jeunes ou dans la force de l'âge[3]. S'écartant du maurrassisme qui avait promu la latinité comme fleur de la civilisation occidentale face à la barbarie orientale, dans laquelle il incluait l'Allemagne, certains d'entre eux réactivent, sous l'influence du nazisme, le mythe de la supériorité des races nordiques et de l'aryanité que les théories racistes viennent « étayer ». Qu'ils opposent les vertus viriles du paganisme allemand au christianisme comme source de décadence (Montherlant), ou qu'ils valorisent au contraire les sources païennes du christianisme et le « christianisme viril » du Moyen Âge qui ne séparait pas l'âme du corps (Drieu La Rochelle), ils recherchent une « pureté » originelle dans un âge d'or médiéval depuis lequel l'humanité n'aurait cessé de déchoir[4].

Mêlant les éléments traditionnels à la modernité, l'idéologie fasciste réconcilie en outre leurs dispositions éthico-politiques contradictoires, résultant entre autres de la collision entre les valeurs

---

1. Marcel JOUHANDEAU, « Comment je suis devenu antisémite », *L'Action française*, 8 octobre 1936, repris dans *Le Péril juif*, Sorlot, s.d. [1937], p. 10. Cité par Pierre HEBEY, *La NRF des années sombres (juin 1940-juin 1941). Des intellectuels à la dérive*, Paris, Gallimard, 1992, p. 351.

2. Lettres de Marcel Jouhandeau à Jean Paulhan, 18 mars 1941 et s.d., Fonds Jean Paulhan, Archives IMEC.

3. Voir Ralph SCHOR, *L'Antisémitisme en France pendant les années trente. Prélude à Vichy*, Bruxelles, Éditions Complexe, coll. « Questions au XXe siècle », 1992, p. 10 *sq*.

4. Cf. Henry DE MONTHERLANT, « Le solstice de juin » (juillet 1940), in *L'Équinoxe de septembre*, suivi de *Le Solstice de juin*, Paris, Gallimard, 1976, pp. 254-268 ; Pierre DRIEU LA ROCHELLE, « Le corps », *NRF*, n° 324, 1er février 1941, p. 352-355, et *Notes pour comprendre le siècle*, *op. cit.*

familiales héritées et celles propres au monde intellectuel dans lequel ils ont été socialisés. C'est ce que formule ici Drieu La Rochelle :

> [...] républicain mais soucieux d'entre-aide sociale, laïque mais nullement anti-religieux, patriote mais non sans ironie et non sans un regard inextinguible au-delà des frontières – et toujours désireux, à propos de chaque événement, d'éprouver une opinion par l'opinion contraire. Je méprisais à jamais l'esprit étroit des droites, le contraste entre leur chaleur patriote et leur froideur sociale ; mais j'appréciais la vague aspiration qu'elles gardent pour la tenue. Je méprisais le débraillé des gauches, leur méfiance devant toute fierté du corps et pourtant je goûtais leur amertume[1].

Ces dispositions contradictoires s'expriment dans les options politiques entre lesquelles ils balancent : nationalisme et cosmopolitisme, dégoût de la bourgeoisie et de sa morale mais goût de l'ordre et de l'autorité, rejet du libéralisme économique capitaliste mais refus de la collectivisation de la propriété, attachement à un État fort mais dégoût des « fonctionnaires » et refus de la « fonctionnarisation » des professions libérales, rejet du régime monarchique, trop archaïque à leur goût[2], mais culte du chef.

Le fascisme réalise selon eux la synthèse qu'ils appelaient de leurs voeux du national et du social, du maurrassisme et du syndicalisme révolutionnaire, synthèse qui avait été tentée par le Cercle Proudhon avant la Première Guerre mondiale[3]. Le corporatisme associé à l'autorité du chef, celle-ci s'exerçant par le

1. Cf. Pierre DRIEU LA ROCHELLE, *Socialisme fasciste*, *op. cit.*, pp. 219-220. Voir aussi pages suivantes.

2. Le rejet de la monarchie est l'une des raisons pour lesquelles Drieu La Rochelle n'a pas adhéré à l'Action française, ainsi qu'il l'explique dans *Socialisme fasciste*, *ibid.*, p. 221. Il revient sur cette question pendant la guerre dans sa correspondance avec Jean Paulhan (lettres du 7 novembre 1942 et du 11 janvier 1943, Fonds Jean Paulhan, Archives IMEC) : alors que Paulhan tente de le convaincre que seule une monarchie sortirait la France de la situation dans laquelle elle est, Drieu lui répond que la monarchie n'est rien sans institutions, sans groupement autour du roi. Le retour d'un monarque après une si longue interruption devrait nécessairement passer par une dictature, ce qui ramène au fascisme.

3. Cf. *ibid.*, pp. 94-96 ; Armand PETITJEAN, « L'Appel de l'histoire », *Idées*, n° 12, octobre 1942, p. 20. Sur le Cercle Proudhon, voir Géraud POUMARÈDE,

truchement d'un État militarisé et puissant ainsi que par le biais du parti unique, telle est la solution qu'ils prétendent apporter aux maux de la société moderne. Comme les « notables », ils voient dans le corporatisme un moyen de résoudre à la fois le problème de la régulation de l'économie par l'État sans collectivisation – troisième voie entre libéralisme et communisme qui devrait permettre à terme la disparition du prolétariat comme classe – et celui de la représentation sociale (ils récusent le parlementarisme comme mode de représentation). Mais, à la différence des premiers, c'est un corporatisme plus étatique et plus centralisé qu'ils préconisent. Comme dans le fascisme italien, le syndicalisme unique en est l'instrument, qui doit intégrer les communautés de métier au niveau local, puis régional, puis national, selon le programme du PPF[1]. Le fascisme apporte également des solutions à l'organisation des professions intellectuelles et assigne aux intellectuels un rôle social et une tâche de propagande. Inspiré du travail d'organisation des intellectuels réalisé par le Parti communiste, Jacques Doriot chargea Ramon Fernandez, à la fin de l'année 1937, d'élaborer un projet de « Cercles populaires français ». Le projet, patronné par des « notables », Abel Bonnard, Paul Chack et Jacques Boulenger, comprenait deux volets : jeter les bases d'une organisation corporative des professions libérales et organiser des réunions en France et dans l'Empire pour diffuser les idées du PPF. Vers 1942, une réflexion se développait, sur le modèle de l'expérience communiste de la Maison de la Culture, pour établir « une liaison étroite, par la brochure, le livre, le journal, la conférence, par une manière de club, où intellectuels et ouvriers pourraient se rencontrer[2]. »

Si les « esthètes » partagent avec les « notables » le culte du chef, de manière plus affirmée qu'avec les « polémistes » qui, du fait de leur position dominée, se préoccupent de contester l'ordre établi avant de rechercher des solutions « constructives », il s'agit ici moins

« Le Cercle Proudhon ou l'impossible synthèse », *Mil neuf cent*, n° 12, 1994, pp. 51-87.

1. Voir, par exemple, Pierre DRIEU LA ROCHELLE, « Notre programme vivant », *Avec Doriot*, *op. cit.*, pp. 116-120.

2. Ramon FERNANDEZ, « Les cercles populaires français » [s.d.], Document dactylographié, Dossier d'instruction cité au procès d'Abel Hermant (AN : Z6).

de l'attrait que les chefs réels exercent sur les seconds, expression de leur fascination pour le pouvoir, que de l'idée de chef en elle-même, comme principe d'autorité pure, comme figure inspirée de l'histoire ou de la littérature (des tragédies antiques notamment), qui alimente leur imaginaire et leurs œuvres. Drieu La Rochelle écrit ainsi :

> C'est une fatalité terrible que d'être un chef. [...] Parce que véritablement, c'est tragique d'être un chef, un vrai chef, un homme qui se sent entraîné par une fatalité irrésistible, continue, toujours égale à elle-même[1].

À la différence des « notables », pour qui la « Révolution nationale » mise en œuvre par le régime de Vichy est plus, on l'a vu, un « retour » à l'ordre ancien, une « réaction » aux conséquences de la Révolution française, les « esthètes » ne récusent pas le passé révolutionnaire de la France et conçoivent même la « Révolution nationale » – celle qui doit encore advenir – comme son parachèvement[2]. Ils ne récusent pas non plus le politique en tant que tel. Le Parti unique doit être la courroie de transmission entre le chef et son peuple, de même que la jeunesse doit être unifiée. La rivalité entre les prétendants, PPF d'un côté, groupement réuni autour du Rassemblement national populaire NP de l'autre, a fait obstacle à la mise sur pied d'une proposition viable pendant l'Occupation, et l'on peut penser que les Allemands, plus soucieux de diviser et d'affaiblir les Français que d'exporter le modèle

1. Pierre DRIEU LA ROCHELLE, « Être un chef », *Avec Doriot*, *op. cit.*, pp. 209-210. En 1943, il y revient à propos de *La Reine morte* de Montherlant, qui traite du thème de la responsabilité du chef de l'État, ainsi que dans un entretien où il évoque ce thème dans sa propre œuvre. Entretien avec Drieu La Rochelle, N. B. DE LA MORT, « Drieu La Rochelle », *L'Appel*, 17 juin 1943. Pierre DRIEU LA ROCHELLE, « La Reine morte », *NRF*, 1er février 1943, repris in *Le Français d'Europe*, Paris, Éditions Balzac, 1944, pp. 220-231.

2. Drieu La Rochelle voit même dans les Jacobins de 1792 les précurseurs de Staline et d'Hitler, les inventeurs du nationalisme, du militarisme, de l'autoritarisme, du totalitarisme, du parti unique et de la « dictature issue de la poussée plébiscitaire ». Pierre DRIEU LA ROCHELLE, *Ne plus attendre*, *op. cit.*, p. 10. Ce n'est pas un hasard si, contrairement aux fascistes issus d'Action française, on trouve des représentations positives de la Révolution française chez les intellectuels fascistes issus de la gauche ou ayant des liens à gauche. Voir Shlomo SAND, « Les représentations de la Révolution dans l'imaginaire historique du fascisme français », *Mil neuf cent*, n° 9, 1991, pp. 29-48.

fasciste, n'y tenaient pas. Mais cela n'a pas empêché un Drieu La Rochelle, et ceux qui comme Ramon Fernandez appartenaient à l'un de ces partis (le PPF en l'occurrence), de prendre une part active aux tentatives de mise en place d'une telle proposition. Les projets d'unification de la jeunesse, portés par Armand Petitjean entre autres, ont échoué, on l'a vu, devant l'aile traditionaliste et catholique du régime de Vichy. C'est, en revanche, du côté du troisième groupe que se manifeste le plus grand attrait pour la Milice, expression de la militarisation du régime. Se démarquant des « notables », les esthètes partagent, dans une certaine mesure, le goût des « polémistes » pour la violence, mais avec une préférence pour la violence réglée, dans ses formes « nobles », guerrière, sportive, tauromachique, etc., ou lorsqu'elle heurte les préjugés bourgeois.

Les « polémistes »

Le troisième groupe est le plus important numériquement : il rassemble les écrivains-journalistes (19 sans Céline), critiques pour la plupart, qui publient chez Plon, Albin Michel et Denoël (ainsi que Gallimard pour trois d'entre eux). Bien que le plus homogène sur le plan professionnel, ce groupe est socialement le plus hétérogène. Ceci s'explique en partie par l'âge de ses membres : treize, soit près des deux tiers, ont moins de 35 ans en 1934. Le journalisme est pour eux un gagne-pain et une manière d'accéder, en l'absence de ressources économiques et sociales suffisantes, aux deux mondes qu'ils tentent de pénétrer : le monde littéraire et le monde politique. Leur carrière est en cours de construction : Robert Brasillach a déjà publié des romans avant la guerre, Lucien Rebatet, en revanche, a le sentiment de sacrifier son œuvre littéraire à ses « responsabilités » politiques[1]. Et si le bouleversement social occasionné par l'Occupation fut pour eux un accélérateur de carrière, comme en témoigne le large succès qu'a connu le pamphlet *Les Décombres*, l'épuration y a mis un terme (Rebatet publiera

1. Lucien REBATET, *Les Mémoires d'un fasciste*, t. I, *Les Décombres, 1938-1944*, Paris, Pauvert, 1976, p. 19.

néanmoins un roman chez Gallimard en 1951, *Les Deux Étendards*, puis ses *Mémoires d'un fasciste* en 1976, mais, n'ayant pas accumulé de capital symbolique avant la guerre à l'instar de Céline, et s'étant discrédité par son ultra-collaborationnisme outrancier, il n'a pas obtenu la reconnaissance escomptée).

L'hétérogénéité est visible dans leurs origines sociales[1] : 4 sur 19 sont issus de la petite bourgeoisie et des classes populaires, taux relativement élevé par comparaison aux groupes précédents, mais qui est proche du recrutement du champ littéraire dans ces catégories à la même époque[2]. L'appartenance de ces intellectuels de première génération au « peuple » est d'ailleurs soulignée par leur entourage. Le secrétaire de rédaction de *Je suis partout*, Henri Poulain, fils de serrurier, qui mène dès 1937 les enquêtes littéraires du journal, et qui s'imposera sous l'Occupation dans les pages littéraires avant de se retirer avec Brasillach en 1943, est décrit par Lucien Rebatet en ces termes : « [...] le seul de notre équipe qui fût sans talent de plume, Normand, procédurier, tirebouchonné, animé contre Lesca [l'administrateur de *Je suis partout*] d'une haine prolétarienne[3] ». Lucien Combelle, fils d'un ouvrier socialiste et de la fille d'un patron de bistrot, se décrit dans ses mémoires comme « un gamin certifié par la communale et que Maurras, la Sorbonne et Gide réunis ont déphasé », évoquant à la fois sa fascination et son malaise à l'égard de ceux qu'il pense être des normaliens de la rue d'Ulm[4]. Et c'est sur le thème de « l'homme du peuple » – il est fils de boulanger – que l'avocat d'Henri Béraud centrera sa plaidoirie lors de son procès à la Libération[5]. Leur ascension sociale, ils l'ont faite grâce à l'école, comme l'explique un rapport de police à propos de Noël Bayon (qui signe sous l'Occupation Noël B. de la Mort) :

1. Pour deux d'entre eux, cependant, nous n'avons pas pu trouver la profession du père.

2. Nous avions établi un taux de 27 % pour une population de 185 écrivains en activité en 1940. Cf. Gisèle SAPIRO, *La Guerre des écrivains, 1941-1947*, Paris, Pauvert, 1976, p. 707.

3. Lucien REBATET, *Les Mémoires d'un fasciste*, t. II, *1941-1947*, Paris, Pauvert, 1976, p. 126.

4. Voir Lucien COMBELLE, *Péché d'orgueil*, Paris, Olivier Orban, 1978, pp. 176 et 179.

5. Plaidoirie de Me Leroy, Procès Henri Béraud. Sténographie René Bluet (AN : 334 AP).

« Issu d'une modeste famille, il a pu néanmoins faire de très bonnes études, aidé par un de ses oncles[1]. » De même, Henri Béraud a fait des études au lycée Ampère à Lyon, mais a dû les interrompre à quinze ans pour travailler. Ces auteurs sont le plus clairement situés à la frontière entre le champ journalistique et le champ littéraire, dont ils représentent les limites sur le plan social (du point de vue des conditions d'accès) et sur le plan professionnel (en particulier les prétendants comme Henri Poulain et Lucien Combelle, qui n'ont pas d'œuvre propre).

À l'opposé, on trouve des fils de familles de notables de province comme Lucien Rebatet, fils de notaire, Robert Brasillach, fils d'un officier colonial mort lorsqu'il était enfant, dont la mère s'est remariée avec un médecin, Thierry Maulnier, fils de professeur, Kléber Haedens, fils d'un officier d'artillerie coloniale, Alain Laubreaux, fils d'un représentant de commerce[2], etc. Quelques autres sont issus de la moyenne bourgeoisie parisienne, comme Jean Variot, fils d'un médecin militaire, les frères Robert Francis et Jean-Pierre Maxence, dont le père était entrepreneur de travaux publics, ou Georges Blond, fils d'un journaliste. La plupart d'entre eux (8 sur 10 pour lesquels on dispose des renseignements) ont fait des études secondaires dans un établissement public. Seuls trois d'entre eux, Robert Vallery-Radot, Lucien Rebatet et Alain Laubreaux, ont fréquenté un collège catholique, le dernier ayant poursuivi ses études au lycée Louis-le-Grand, comme Robert Brasillach, Maurice Bardèche et Georges Pelorson – ils y ont eu comme professeur un membre actif d'Action française, André Bellessort. Ces trois derniers sont entrés, avec Thierry Maulnier, à l'École normale supérieure (ils appartiennent à la promotion de 1928). Agrégé de lettres, à la différence de ses condisciples qui ont échoué au concours, Maurice Bardèche est le seul à suivre la voie de l'enseignement (il est professeur dans un lycée et fait une thèse de doctorat), sans rompre cependant avec ses amis (il a épousé la sœur de Brasillach auquel il est très lié). Il quittera cependant l'enseignement après l'exécution de Brasillach à la Libération pour

---

1. Rapport de police du 11 octobre 1944. Dossier d'instruction de Noël Bayon (AN : Z6).

2. Le frère d'Alain Laubreaux était directeur des Imprimeries réunies à Nouméa et un de ses cousins, agent d'affaires.

devenir un journaliste pamphlétaire et un idéologue fasciste. La moitié d'entre eux (10) ont un diplôme d'études supérieures, dont huit une licence de lettres (et un second agrégé de lettres, non normalien : André Thérive). Cette formation scolaire en lettres les prédispose à la critique littéraire, par laquelle ils font leur entrée dans le champ littéraire.

Notons que deux d'entre eux ont une formation militaire : Georges Blond, officier de la marine marchande, et Kléber Haedens, scolarisé au Prytanée militaire de la Flèche. C'est le cas aussi de leur aîné Paul Chack. Nombre de ces écrivains, comme de ceux des groupes précédents, comptent en outre des militaires dans leur famille : comme Claude Farrère, lui-même formé à l'École navale, Haedens et Brasillach sont, on l'a vu, fils d'officiers coloniaux et Jean Variot, d'un médecin militaire. Laubreaux est petit-fils d'officier, Henry Bordeaux a un frère général. Drieu La Rochelle descend quant à lui d'une lignée de soldats de l'empire. Il faudrait pouvoir mesurer le poids spécifique de cet héritage militaire dans l'engagement profasciste de ces intellectuels, qui peut apparaître comme un mode de reconversion de certaines valeurs, notamment l'adhésion à une idéologie qui valorise l'ordre, la hiérarchie et l'action, et surtout l'approbation de la militarisation de l'État (qui se manifestera en particulier dans leur appui à la Milice).

Leur capital scolaire les autorise à prétendre jouer un rôle de leaders d'opinions. Ayant été pour la plupart d'entre eux (11) membres ou proches sympathisants d'Action française et s'étant formés dans le journal de la Ligue à l'école de ses deux leaders qui s'illustraient quotidiennement dans le style pamphlétaire, ils vont bientôt s'affranchir de leurs maîtres et voler de leurs propres ailes à l'hebdomadaire *Je suis partout*, d'abord spécialisé dans la politique étrangère (un des domaines les plus nobles du journalisme[1]), puis s'orientant vers le fascisme, jusqu'à provoquer la rupture avec Maurras. Ils reprochent en particulier à leur maître son inaction le 6 février 1934.

Par-delà le caractère illusoire d'un retour du régime mo-

1. C'est à *Je suis partout* qu'on trouve le plus grand nombre de normaliens (6, avec Claude Jeantet). Cf. Diane RUBINSTEIN, *What's Left ? The École Normale Supérieure and the Right*, Madison, University of Winsconsin Press, 1990, p. 106 *sq.*

narchique en France, plusieurs facteurs rendent la doctrine d'Action française incapable de continuer à incarner les aspirations diffuses de ces jeunes prétendants. Premièrement, à la différence des « notables », enfants de la défaite de 1870, la génération intellectuelle née au tournant du siècle, et qui s'affirme dans les années 30, n'est plus animée par l'esprit de revanche à l'égard d'une Allemagne dont la France vient de triompher. Bien qu'ayant été nourrie de la germanophobie de Maurras, elle a grandi dans l'atmosphère pacifiste de l'après-guerre. Ayant hérité, comme les « esthètes », de la hantise de la décadence française sans que la pulsion germanophobe soit aussi fortement enracinée chez elle, elle est séduite par le redressement allemand. Elle y voit non plus une menace pour la civilisation occidentale, mais un rempart contre la « barbarie » asiatique incarnée sous les traits du bolchevisme, d'autant que la propagande hitlérienne a adopté le thème de la « défense de l'Occident ». Plus généralement, la politique étrangère d'Action française paraissait de plus en plus inadaptée aux évolutions des rapports de force sur la scène internationale, avec la création de la Société des nations et la perspective européenne. Dénonçant, dans un ouvrage collectif rédigé au lendemain du 6 février 1934, « l'européanisme économique » de la finance internationale et le juridisme abstrait de Genève, fondé sur la solidarité des régimes démocratiques, Robert Francis, Thierry Maulnier et Jean-Pierre Maxence saluent la constitution d'une Europe fasciste opposée à la SDN et formée de nationalismes impérialistes (ils citent, outre l'Allemagne et l'Italie, les partis fascistes existant en Hollande, en Angleterre avec Mosley, en Espagne avec le fils de Primo de Rivera)[1]. L'évolution du journal *Je suis partout* du nationalisme intégral au fascisme s'effectue par ce même truchement.

Deuxièmement, l'Action française avait fondé sa défense de l'identité et de la culture française sur le retour au classicisme. Or si le classicisme fut le mot d'ordre de toute la génération littéraire post-symboliste, de Maurras à Gide, la nouvelle génération, les surréalistes en particulier, avait entrepris de réhabiliter le

1. Robert FRANCIS, Thierry MAULNIER et Jean-Pierre MAXENCE, *Demain la France*, Paris, Grasset, 1934, pp. 47, 53, 56, 58, et *passim*.

romantisme. Après l'accession d'Hitler au pouvoir, la jeune génération fasciste, d'abord attirée par le classicisme maurrassien, va également remettre en cause la suprématie de la culture latine, à la faveur de la résurgence d'un romantisme qui trouve dans le fascisme et dans le mythe de la supériorité nordique de quoi alimenter sa fascination pour la force hitlérienne[1].

Troisième facteur, un des points faibles de la doctrine d'Action française était la question sociale et économique. Il est significatif que celui qui tenta de développer ces questions au sein de la ligue, Georges Valois, ait été le fondateur du premier parti fasciste français, le Faisceau. Or, si l'on pouvait encore essayer de l'esquiver dans les années 20, cette question est devenue incontournable dans le débat intellectuel des années 30, marqué, on l'a vu, par la recherche d'une troisième voie entre socialisme étatique et libéralisme capitaliste. Cette recherche caractérise autant le courant réformiste que le catholicisme social. La diversification de l'offre politique à l'extrême droite, à l'étranger avec les régimes fascistes, en France avec les ligues (Maxence adhère en 1933-1934 à Solidarité française) et la création du PPF de Doriot ouvrent de nouvelles perspectives. Mais, de ce groupe, seul Georges Suarez adhère au PPF. Méfiants, voire hostiles, aux « fascistes de gauche », en qui ils voient des « parasites » et des « profiteurs » de la démocratie parlementaire[2], ces jeunes « polémistes » sont, certes, globalement moins portés sur l'aspect « social » du fascisme, mais ils reconnaissent néanmoins le problème économique et celui de la lutte des classes comme facteur de division de la communauté[3].

Le vieillissement social de l'Action française, l'élection de Maurras à l'Académie française, les compromis qu'il accepte pour faire lever en 1939 l'interdit pontifical qui pesait sur le nationalisme intégral depuis 1926, conduisent à son ralliement au régime de Vichy. Les membres d'Action française vont former, avec une bonne partie de la droite conservatrice, l'aile traditionaliste du

1. Voir, par exemple, Lucien REBATET, *Les Mémoires d'un fasciste*, t. I, *op. cit.*, p. 19.

2. Robert FRANCIS, Thierry MAULNIER et Jean-Pierre MAXENCE, *Demain la France*, *op. cit.*, p. 24 *sq.*

3. Voir, par exemple, Thierry MAULNIER, *Au-delà du nationalisme*, Paris, Gallimard, 1938.

régime de Vichy. S'ils partagent avec ces derniers le rejet du libéralisme économique et politique ainsi que du parlementarisme, la plupart des jeunes prétendants s'en démarquent par leur posture révolutionnaire, par leur étatisme et leur volonté centralisatrice (notamment par le biais du parti unique), ainsi que par le choix de l'ultra-collaborationnisme avec l'Allemagne nazie, à l'exception de Thierry Maulnier et de Kléber Haedens qui, comme on l'a vu pour le premier, restent, avec l'ancien rédacteur en chef de *Je suis partout* Pierre Gaxotte, fidèles au nationalisme maurrassien et refusent le faux « dilemme conservation-révolution[1] ». Ils s'en démarquent aussi, on va y venir, par leurs conceptions littéraires.

Quelques-uns des auteurs classés dans ce groupe des « polémistes » se situent à l'intersection avec les autres groupes. C'est le cas des plus âgés qui, lorsqu'ils ont des capitaux de reconnaissance sociale suffisants pour y prétendre, s'orientent vers le pôle des « notables[2] ». On a déjà évoqué l'exemple de René Benjamin, classé dans le premier groupe. Proche de Pierre Gaxotte et de Thierry Maulnier (lesquels seront élus à l'Académie française dans les années 60), par une conception de la culture et de la civilisation françaises, fruit de leur formation de normaliens, et qui fonde leur nationalisme, Robert Brasillach s'apparente aussi, par certains traits, notamment sa propension à l'esthétisation du politique, au second groupe, comme on l'a vu, et il continue à représenter, sous l'Occupation, le pôle nationaliste de l'équipe *Je suis partout* (avec laquelle il finit par rompre en 1943), mais il reste représentatif du présent groupe par le ton polémique et

1. Thierry MAULNIER, *La France, la guerre et la paix*, Paris, Lardanchet, 1942, p. 207.

2. Les autres, nés en 1881 et 1890, sont : le romancier Henri Béraud, lauréat du prix Goncourt 1922, célèbre polémiste de l'hebdomadaire de l'extrême droite populiste *Gringoire* ; José Germain, ancien élève de l'École des hautes études sociales, un des fondateurs de la Société des écrivains combattants et de la Confédération des travailleurs intellectuels, qui publie sous l'Occupation dans la presse collaborationniste, participe au Comité d'organisation de la presse et est membre du Cercle européen ; Robert Vallery-Radot, un des animateurs du mouvement de « Renaissance littéraire catholique » au début du siècle, ami de Bernanos, proche d'Action française, spécialiste de l'antimaçonnisme, qui adhère au Parti national communiste de Clementi à la veille de l'Occupation et dirigera le Bureau des liaisons européenne du régime de Vichy ; et enfin le maurrassien catholique Jean Variot, déjà cité, collaborateur de *Je suis partout*.

virulent de nombre de ses articles et par de fréquents glissements du jugement esthétique au jugement politique et social. Malgré sa défense de la langue et de la grammaire, André Thérive ne devait pas, quant à lui, être élu à l'Académie. Si son classicisme le porte vers le premier groupe, son *habitus* de grammairien, agrégé de lettres, son souci de la langue pour elle-même le rapproche du second groupe (il collabore d'ailleurs à la *NRF* sous l'Occupation). Mais en tant que journaliste et animateur du groupe des écrivains « populistes » qui avait pris position dans les années 30 contre la « littérature du XVIe arrondissement » tout en rejetant la littérature « prolétarienne », il demeure proche des « polémistes ». On notera que, parmi les écrivains journalistes, ceux qui ont suivi une formation d'enseignants (ENS et/ou agrégation), et ayant de ce fait des formes d'expression plus policées que leurs confrères ainsi qu'une propension plus marquée au moralisme dépolitisé dans la forme, tendent à s'orienter vers le pôle des « notables ». Significatif, sous ce rapport, est l'exemple déjà cité de Maurice Bardèche, qui se tient à l'écart de la polémique tant qu'il mène sa carrière universitaire, et qui l'abandonne après la guerre pour devenir un pamphlétaire et un meneur fasciste. Enfin, plusieurs d'entre eux, parmi lesquels Rebatet et Combelle, prétendent se rattacher au quatrième type de profil, celui de l'avant-garde. Or, on l'a déjà dit, aucun écrivain fasciste français ne peut être rangé de manière univoque dans cette dernière catégorie. Mais c'est à l'intersection de ces deux catégories, les écrivains polémistes et l'avant-garde, que l'on trouve ce qui se rapproche le plus, sinon d'une littérature, du moins d'une critique « fasciste ».

La forme et le style pamphlétaire sont une des formes de politisation des dominés dans le champ littéraire. Selon l'analyse de Marc Angenot, la parole pamphlétaire met en scène un personnage solitaire non mandaté qui fait montre de courage intellectuel en élevant la voix pour crier son indignation contre un scandale, la « vérité » contre un « mensonge » institué[1]. À l'opposé des écrivains établis dont le discours est autorisé par des institutions (comme les académiciens) ou par un groupe doté d'un capital de

1. Voir Marc ANGENOT, *La Parole pamphlétaire. Typologie des discours modernes*, Paris, Payot, 1982, p. 73 *sq*.

reconnaissance, le pamphlétaire tire sa légitimité de son isolement et des risques objectifs qu'il prend – preuve de sa bonne foi – en combattant une idéologie dominante ou ses représentants. La rupture avec les conventions langagières et discursives du discours policé est la marque de son anticonformisme, et lui confère un potentiel subversif. L'invective, la stylisation de la violence, la politisation du discours sont autant de moyens de marquer la rupture avec le conformisme et le moralisme bon teint du pôle académique. Le pamphlet est, par conséquent, un des genres favoris de ces « polémistes ». S'inscrivant ainsi dans la continuité des pamphlets de Bernanos *(La Grande Peur des biens-pensants)* et de Céline *(Bagatelles pour un massacre, L'École des cadavres)*, Lucien Rebatet publie en 1942 *Les Décombres*, qui a obtenu une voix lors de l'élection du prix Goncourt de cette année, celle d'Ajalbert. Il y adopte le ton de l'invective, notamment dans ses attaques contre les écrivains institutionnalisés et bien-pensants comme François Mauriac, qui sont représentatives de la posture anticonformiste et anti-académique :

> [...] le bourgeois riche, avec sa torve gueule de faux Gréco, ses décoctions de Paul Bourget macérées dans le foutre rance et l'eau bénite, ces oscillations entre l'eucharistie et le bordel à pédérastes qui forment l'unique drame de sa prose aussi bien que de sa conscience, est l'un des plus obscènes coquins qui aient poussé dans les fumiers chrétiens de notre époque[1].

Cependant, l'anticonformisme ne suffit pas à fonder la revendication d'avant-gardisme de ces critiques. En effet, le même principe par lequel les « esthètes » se démarquaient des « notables » différencie les « avant-gardes » des simples « polémistes », à savoir l'autonomie du jugement esthétique et l'attention portée à la forme plutôt qu'au contenu. Comme les « notables », les « polémistes » restent donc centrés sur le contenu de l'œuvre et, n'hésitant pas à glisser de la moralité de l'œuvre à la moralité de l'auteur et inversement, font intervenir des critères extra-littéraires – politiques et sociaux – dans le jugement esthétique, qu'ils tendent à ramener à un jugement social. Ils cherchent néanmoins à se démarquer

1. Lucien REBATET, *Les Décombres*, *op. cit.*, p. 49.

du moralisme des « notables » par deux moyens : la politisation et ce qu'on peut appeler la « médicalisation » de la critique[1]. C'est pourquoi, à l'instar de Brasillach, ils font de Céline leur « prophète » :

> Le *Voyage [au bout de la nuit]* est un acte d'accusation total, et la suite des œuvres de Céline n'est qu'une série d'accusations fragmentaires contre le Juif, contre la société, contre l'armée, contre Moscou, contre la République. Quelle ironie de penser qu'il eût pu être embrigadé malgré lui chez les littérateurs petits bourgeois du Front populaire[2] !

La littérature devient un instrument « d'assainissement » du corps social. Pour se distinguer du moralisme de Vichy, les critiques fascistes établissent en effet une distinction entre le « sain » et le « moral », sur la base d'un vitalisme nietzschéen et d'un panthéisme qui font valoir le principe dionysiaque sur le principe apollinien, l'instinct sur la raison, le corps sur l'esprit. On assiste ainsi, pendant l'Occupation, à une forme de biologisation de la critique littéraire bien faite pour s'accorder avec la conception organiciste du corps social et le racisme doctrinaire. D'inspiration rabelaisienne, témoignant d'une « énorme virilité », la prose de Céline est présentée comme l'incarnation de cette littérature d'avant-garde qui doit contribuer à « assainir » le peuple français. Selon Lucien Combelle : « La démesure célinienne veut que le lecteur ait bon estomac et bon esprit. Son génie touche esprit et corps. C'est pourquoi il est sain en dépit de sa boue[3]. » Dans l'hebdomadaire antisémite *Au pilori*, André Gaucher file quant à lui la métaphore médicale : le Dr. Destouches, à l'aide d'un « scalpel sûr » qu'est la langue française, a procédé à la « vivisection » du

1. « L'erreur des critiques qui ont parlé de M. Benda est d'en avoir parlé avec les armes de la logique, alors qu'il faut en parler avec celles de la médecine », écrivait en 1936 Robert Brasillach, « La quatrième jeunesse de Julien Benda », I, « Délices sans amours » [1936], repris *in Les Quatre jeudis*, Paris, Éditions Balzac, 1944, p. 240.

2. Robert BRASILLACH, « Céline, prophète », I, « Voyage au bout de la nuit » [1943], *Les Quatre jeudis*, *op. cit.*, p. 226.

3. Lucien COMBELLE, « Céline et notre temps », *La Gerbe*, 13 mars 1941.

« Juif, produit du métissage hideux “de barbares asiates et de nègres” » et réaffirmé la « supériorité biologique de l'Aryen[1] ».

Le dialogue mis en scène par Alain Laubreaux à propos de l'interdiction de la pièce de Jean Cocteau *Les Parents terribles*, dont il veut montrer qu'elle est juste parce que conforme à « l'ordre », garante de la « beauté », illustre la propension de la critique, à ce pôle, à recourir aux arguments racistes plutôt qu'à ceux de la morale :

> – Les héros de sa pièce, comme ceux de *La Machine à écrire*, sont des êtres flasques et veules glissant sur la planche de leurs passions selon les lois de l'inertie. Le style, c'est l'homme, et même le faux-homme. Mais, de plus, *Les Parents terribles* résument tous les lieux communs démodés où, pendant quarante ans, s'est complu en France le théâtre juif de Bernstein et le théâtre enjuivé de Bataille. Caractères, situations, tout est bas, triste et vieillot dans le théâtre post-boulevardier de M. Cocteau. Cet auteur projette sur la scène son personnage intérieur contaminé par les sémites qui régnèrent avant lui sur la scène française. Avoir banni Bernstein et Porto-Riche pour retrouver leur pastiche ou leur parodie dans les comédies de M. Cocteau, c'est une duperie à laquelle nous refusons de prêter la main.
>
> – [...] Vous avouez donc que votre critique est avant tout raciste ?
>
> – Je vous ai dit que ma critique est au service de l'ordre.
>
> – Alors, le racisme, c'est l'ordre ?
>
> – Telle est, en effet, ma pensée profonde[2].

Si les « esthètes » représentaient le mieux la propension à esthétiser le politique, c'est donc dans le groupe hétérogène des journalistes polémistes, qui rassemble des écrivains occupant une position temporellement et symboliquement dominée dans le champ littéraire et aspirant à l'une des trois autres positions, que l'on approche le plus d'une critique « fasciste », subordonnant le jugement esthétique à un jugement politique et social et aux préceptes du racisme biologique.

---

1. André GAUCHER, « Céline, le Génie Français et le Juif », *Au pilori*, n° 25, 27 décembre 1940.

2. Alain LAUBREAUX, « La querelle des parents terribles », *Je suis partout*, 15 novembre 1941.

UNE « AVANT-GARDE » FASCISTE ?

Peut-on parler d'une « avant-garde » fasciste en France ? Existe-t-il l'équivalent de Marinetti et du futurisme qui ont accompagné le mouvement fasciste italien à ses débuts (Marinetti s'étant par la suite « institutionnalisé » et étant devenu académicien et « notable » du régime) ? La réponse est négative. Si l'on peut retrouver de manière éparse des inspirations futuristes – thèmes de la vitesse, de la machine, « beauté » de la guerre, esthétique de la destruction, nationalisme – chez certains poètes français pendant la Première Guerre mondiale, qu'il s'agisse d'Apollinaire ou des premiers poèmes de Drieu La Rochelle, ils n'ont aucun lien avec un quelconque mouvement fasciste, alors inexistant en France. Inversement, l'éclosion des groupements fascistes ou fascisants dans la France des années 30 ne s'est pas accompagnée d'un mouvement littéraire novateur, puisqu'ils ont recruté soit parmi des écrivains déjà reconnus, dans le cas des « esthètes », qui avaient tourné le dos à l'avant-garde comme Drieu La Rochelle, soit parmi la jeune génération d'Action française qui avait adhéré aux conceptions très classiques et conservatrices de la littérature de son maître Maurras, pourfendeur de la modernité littéraire (le vers libre, par exemple).

Céline est le seul écrivain rompant avec les codes littéraires établis que l'on pourrait ranger dans la catégorie d'« avant-garde » fasciste. Mais au moment où il occupe une position d'avant-garde – qui n'exclut d'ailleurs pas de sa part la recherche du succès commercial –, c'est-à-dire lorsque paraissent ses deux premiers romans, on ne peut encore l'identifier comme un écrivain fasciste. Il y a une évolution dans la production célinienne, du *Voyage au bout de la nuit*, qui fut salué par la gauche comme par la droite[1], aux pamphlets, genre qui l'inscrit dans le groupe des « polémistes » plutôt que dans celui de l'avant-garde, bien que

1. Voir l'analyse de la réception de ce roman (ainsi que celle des autres publications de Céline) par Philippe ALMÉRAS, *Les Idées de Céline*, Paris, Berg International, 1992, p. 63 *sq*.

la lecture métaphorique qu'a tenté d'en faire André Gide visait précisément à le détacher de ce pôle[1].

Partagé entre la fascination pour l'art pur (symbolisé par la danse) et la répulsion populiste pour le snobisme esthète de la bourgeoisie (il s'est fait refuser sa première pièce, *L'Église*, chez Gallimard), Céline est déçu de la réception de ses livres qui, malgré un large succès, ne lui ont pas rapporté les gratifications symboliques et temporelles escomptées : *Voyage au bout de la nuit* a raté de peu le prix Goncourt 1932, et surtout, la critique qui avait salué ce dernier est beaucoup plus réservée à l'égard de *Mort à crédit*. C'est dans le cadre d'une stratégie visant ouvertement le succès commercial qu'il réoriente son écriture vers la veine pamphlétaire, à un moment où le champ littéraire se politise et où l'antisémitisme devient un thème porteur. Si *Bagatelles pour un massacre* mêle le genre pamphlétaire, l'autobiographie et la fiction, mettant en scène des personnages qui renvoient à ses romans, l'antisémitisme forcené et le racisme biologique, thématisés dans ce pamphlet, ne peuvent cependant être lus au niveau métaphorique : ne prétendent-ils pas dire la « vérité », en s'appuyant sur les théories racistes pseudo-scientifiques (celle de l'ethnologue Georges Montandon en particulier) et en donnant des « preuves » (données chiffrées, documents, etc.), directement puisées dans les écrits antisémites les plus virulents de l'époque[2] ? Sans se déclarer fasciste, il y manifeste sa sympathie pour Hitler, qu'il préfère, il va sans dire, au Front populaire[3], sympathie qu'il réaffirmera dans *L'École des cadavres*.

Atypique et improbable, sa trajectoire le rend inclassable. S'il appartient à la génération des « esthètes », avec qui il partage l'expérience de la guerre, le dégoût esthète de la démocratie et

---

1. André GIDE, « Les Juifs, Céline et Maritain », *NRF*, 1er avril 1938, pp. 630-636.

2. Alice YAEGER KAPLAN, *Relevé des sources et citations dans* Bagatelles pour un massacre, Tusson, Du Lérot, 1987. Sur la rhétorique de persuasion et la « pédagogie de la démystification » des pamphlets de Céline, voir Annick DURAFFOUR, « Céline, un antijuif fanatique », in Pierre-André Taguieff (dir.), *L'Antisémitisme de plume. 1940-1944. Études et documents*, Paris, Berg international, 1999, p. 150 *sq*.

3. Louis-Ferdinand CÉLINE, *Bagatelles pour un massacre*, Paris, Denoël, 1937, pp. 80-83 et 317-318.

du « métissage », la fascination pour le « génie nordique », il s'en distingue par un rejet des valeurs aristocratiques, auxquelles il ne peut prétendre du fait de ses origines sociales relativement modestes (il est issu de la petite bourgeoisie commerçante, mais signait, au moment de son entrée dans la vie adulte, Louis-Ferdinand Des Touches), et par un pacifisme fondé sur l'horreur des vertus guerrières chères à Drieu et à Montherlant. Par ses origines sociales, par son populisme comme par son style pamphlétaire, par la virulence de son antisémitisme et de son racisme biologique, principes qui fondent toute sa vision sociale et politique du monde, Céline est plus proche du groupe des « polémistes », notamment ceux de l'extraction la plus modeste comme Béraud, dont il se démarque cependant par son activité professionnelle. Ayant achevé ses études de médecine après avoir bénéficié des conditions spéciales permettant aux anciens combattants de passer le baccalauréat après la Grande Guerre, il exerce ce métier. Certes, espérant pouvoir désormais vivre de sa plume, il quitte le dispensaire de Clichy (mairie communiste où l'on accepte mal l'anticommunisme et l'antisémitisme virulents de ce médecin-écrivain) au moment où il publie *Bagatelles pour un massacre*, en 1937. Mais, jaloux de son indépendance, il décline l'année suivante l'invitation de Brasillach, transmise par Henri Poulain, qui le convie à collaborer à *Je suis partout*. Après l'échec de *L'École des cadavres*, et après avoir tenté en vain de se créer une clientèle privée, il devra se résoudre à réintégrer un dispensaire.

Significativement, ce n'est qu'à partir de la publication de ses pamphlets que la prose de Céline trouve grâce aux yeux des critiques au goût classique de *Je suis partout*, Brasillach en particulier. En retour, Céline applaudit leur subordination du jugement esthétique au jugement politique et social, comme en témoigne sa lettre de félicitations à Alain Laubreaux pour sa critique raciste, citée ci-dessus, des *Parents terribles* de Cocteau (elle est publiée dans *Je suis partout*, le 22 novembre 1941). Il s'en explique dans une lettre à Cocteau en ces termes : « Raison de race surpasse chez moi Raison d'Art ou Raison d'Amitié[1]. »

1. Lettre de Céline à Jean Cocteau, *Cahiers Céline*, n° 7 ; citée par Annick DURAFFOUR, « Céline, un antijuif fanatique », in Pierre-André Taguieff (dir.) *L'Antisémitisme de plume*, *op. cit.*, p. 159.

Sous l'Occupation, bien que son style grossier ne fasse pas l'unanimité auprès des instances allemandes chargées du contrôle de la littérature[1] et que ses propos outranciers choquent parfois des gens du monde et des « esthètes » comme Jünger[2], il est encensé par la presse collaborationniste comme précurseur et annonciateur du moment présent. Très sollicité, il donne des entretiens et adresse des « lettres ouvertes » à la presse collaborationniste fasciste et raciste (*Au pilori* notamment), ce qui le rapproche encore des « polémistes », mais en limitant ses engagements politiques au strict nécessaire pour assurer la diffusion de son œuvre et en particulier de ses pamphlets, qui sont réédités et qui s'augmentent des *Beaux-Draps* (1941). Il apporte aussi sa caution à des instances comme le Cercle européen (il est membre de son Comité d'honneur), à des manifestations comme l'inauguration de l'Institut d'étude des questions juives, les expositions « La France européenne » et « Le Juif et la France », ainsi qu'à une personnalité comme Doriot, dont le populisme « viril » et de plus en plus antisémite et raciste correspond le mieux à sa vision du monde. Apportant sa légitimité charismatique aux pouvoirs en place, disposé à mettre la littérature au service de son idéal raciste, Céline n'a plus rien d'un écrivain d'avant-garde. De « polémiste », il tend à devenir alors un « notable » de la Collaboration, comme en témoignent les sollicitations et invitations officielles dont il fait l'objet.

1. Soutenu par Karl Epting, le directeur de l'Institut allemand, Céline est fortement critiqué par Bernhard Payr, directeur de l'*Amt Schrifttum*, « service du Reich pour la promotion de la littérature allemande », qui dépend de l'Office Rosenberg : dans son anthologie de 1943 consacrée à la littérature française, Payr salue certes l'auteur des pamphlets antisémites, mais pour aussitôt exprimer ses réserves à l'égard du pacifisme de Céline et de son « argot effréné ». Cf. Gérard LOISEAUX, *La Littérature de la défaite et de la collaboration d'après* Phönix oder Asche ? (Phénix ou cendres ?) *de Bernhard Payr*, Paris, Fayard, 1995 [1re éd. 1984], p. 181.

2. Lors d'un dîner à l'Institut allemand, les propos de Céline auraient gêné les convives et fait fuir Jünger (voir Philippe ALMÉRAS, *Les Idées de Céline*, *op. cit.*, p. 234). On connaît les passages des journaux d'Ernst Jünger consacrés à l'écrivain « Merline », où le dégoût se mêle à la fascination, notamment lors de leur première rencontre, quand celui-ci lui dit « combien il est surpris, stupéfait, que nous, soldats, nous ne fusillions pas, ne pendions pas, n'exterminions pas les Juifs » (Ernst JÜNGER, *Journaux de guerre*, Paris, Julliard, 1990, p. 248).

En conclusion, l'analyse de ces groupes de trajectoires d'écrivains fait non seulement apparaître différentes voies conduisant au fascisme mais aussi différents modes d'adhésion à l'idéologie fasciste : si tous ont une vision organiciste de l'ordre social et une conception autoritaire du pouvoir, ils ne leur donnent pas un même fondement. En outre, le poids relatif des différents facteurs expliquant l'adhésion, propriétés sociales, dispositions éthico-politiques et *ethos* professionnel, et leur imbrication varient aux différents pôles. Au pôle des « notables », l'effet générationnel et les dispositions éthico-politiques héritées ont le poids le plus important, même si elles subissent un travail de théorisation et de mise en forme qui tend à les rendre méconnaissables, comme l'illustre de manière extrême la doctrine de Charles Maurras. Le pouvoir doit avoir, selon eux, un fondement traditionnel, selon la terminologie de Max Weber. L'ordre social doit découler d'une hiérarchie fondée sur la famille et l'héritage, sur les ressources économiques et l'éducation (qui doit être réservée à ceux qui ont les moyens économiques et spirituels d'en faire un « bon » usage), sur l'ancienneté de l'appartenance à la communauté nationale et sur l'enracinement, sur une institution assumant la direction spirituelle et l'ordre moral (l'Église). La littérature doit être subordonnée à ce même objectif : romans de l'enracinement de la bourgeoisie de province, critique sociale de la modernité et des mœurs mondaines, diagnostics indiquant la solution, elle doit être un des moyens mis au service de la reproduction de la classe dominante. Hostile à la modernisation, cette fraction attachée à la « France des notables » voit dans la littérature moderne, dans l'urbanisation, dans la centralisation étatique les sources de la décadence nationale, et dans l'autoritarisme et le corporatisme des régimes fascistes un modèle de redressement et une révolution conservatrice propres à satisfaire ses dispositions réactionnaires. Pour les « esthètes », c'est, on l'a vu, la contradiction entre les dispositions éthico-politiques et l'*ethos* littéraire qui favorise l'adhésion au fascisme, l'élitisme intellectuel les conduisant à se démarquer de la bourgeoisie dont ils sont issus, sans renoncer à leur conception hiérarchique de l'ordre social, qu'ils veulent « esthétique ». Marquant leur différence, ils se réfèrent au modèle de l'ordre féodal, fondé sur l'honneur et les sentiments de fidélité, et conçoivent l'élite comme une aristocratie fondée non sur le sang mais sur la supériorité intellectuelle, laquelle n'a pas pour base la compétence scolaire mais les qualités personnelles. Attachés aux rites et aux cérémonies qui symbolisent la communion du peuple avec son chef, dont l'autorité s'exerce sur le mode charismatique propre au prophète selon la conception wébérienne, ils incarnent la propension à l'esthétisation du politique telle que l'a décrite Walter Benjamin. Ces thèmes nourrissent leur imaginaire et leur œuvre, les rapprochant le plus de la définition que Jean Turlais donnait de la « littérature fasciste ». Plus avides de destruction que de construction du fait de leur jeune âge et de leur position sociale dominée, de leur culture militaire aussi dans certains cas, les « polémistes » sont quant à eux disposés à recourir à la force physique et à la violence pour renverser l'ordre établi. Loin de chercher, comme les notables, à l'euphémiser, la violence est pour eux un style, celui de leur discours critique et de leur mode d'intervention politique (dénonciation, appels à l'exclusion, racisme outrancier, etc.). Prompts, par leur pratique professionnelle de journalistes, à ramener les enjeux littéraires à l'actualité, ils affichent leur distance par rapport au conformisme académique et au moralisme des « notables » en politisant ces enjeux et en remplaçant la « morale » par un discours politique et « social », voire « biologique », qu'ils importent au cœur même du discours critique.

6.

Labels politiques et construction de l'identité militante : le cas du Front national

Violaine Roussel

Ce chapitre analyse la manière dont des militants du Front national (FN) définissent leur identité en mobilisant des catégories et des labels politiques. Il s'intéresse plus spécifiquement aux opérations de définition de soi avec des catégories socialement chargées négativement, discréditantes en vertu des valeurs et représentations officielles dominantes dans une société à un moment donné, c'est-à-dire fonctionnant comme des *stigmates* : il en est ainsi lorsqu'un individu se présente comme d'« extrême droite ». Une série diversifiée de labels et de marques politiques – Front national, extrême droite, droite radicale, fascisme, nationalisme, patriotisme, pétainisme, etc. – sont potentiellement disponibles pour les militants du FN, qui sont conduits à les mobiliser ou à se positionner par rapport à eux lorsqu'ils ont à se présenter, à rendre compte de leur identité politique.

Mais ces catégories politiques sont aussi au centre de l'argumentation dans nombre de travaux en science politique concernant le Front national. La question de la juste qualification de cette organisation, de son inscription dans des typologies préexistantes ou partiellement construites à cette occasion – celle de savoir principalement si le FN constitue bien une « authentique » extrême droite – a été maintes fois discutée. Les classifications proposées vont souvent de pair avec l'établissement de « filiations légitimes » entre le FN et ses prédécesseurs supposés (poujadistes, royalistes,

Parti social français, etc.). La tentation est alors de choisir et stabiliser une *nature* de l'organisation, une *véritable identité* de ses membres et un *héritage* unifié, à l'exclusion d'autres possibles. Sans discuter ici plus avant les biais attachés à des approches typologiques de cet ordre, qui ont déjà été souvent soulignés[1], il suffit de se confronter aux discours et aux expériences des acteurs sociaux considérés pour prendre ses distances vis-à-vis d'une perspective qui homogénéise artificiellement aussi bien les mécanismes de fonctionnement de l'organisation que les logiques militantes et, *a fortiori*, celles du vote frontiste[2]. Les entretiens menés avec un ensemble de militants du FN, principalement en région parisienne[3], conduisent en effet à ne pas donner plus de consistance, de contenu et d'homogénéité aux investissements de sens qu'ils n'en ont, en cédant à un fétichisme des idées ou des idéologies politiques (ou même plus modestement des croyances) qui sont alors supposées déterminer l'engagement. Il ne s'agit pas de suggérer que les individus qui adhèrent ou militent au FN n'ont pas de représentations, de croyances, de valeurs ou même (pour certains) d'idéologies. Mais à trop prendre les discours politiques au mot, on pourrait oublier que les thèmes (« le problème de

---

1. Pour une discussion plus détaillée de ce point, cf. V. ROUSSEL, « Le Front national en France : quelques problèmes d'interprétation sociologique », in M. Dobry (dir.), *Autoritarismes et fascismes en perspective*, à paraître.

2. Précisons que l'ambition de cet article n'est pas d'expliquer le militantisme au FN (encore moins le vote FN). Cependant, la manière dont les individus se définissent comme militants, dont ils présentent leur entrée au FN notamment, n'est pas – on le verra – sans rapport avec les modes d'action qu'ils sont susceptibles de privilégier (action ouverte ou discrète, etc.). Plus largement, si ce travail peut contribuer à une sociologie du militantisme, c'est en ce que comprendre le sens que les acteurs affectent à leurs activités est l'une des conditions pour rendre raison de leur action.

3. J'ai mené une quinzaine d'entretiens avec des militants du Front national, parisiens et de la région parisienne. L'enquête s'est déroulée en deux temps, entre février et juin 2000, donc après la scission entre FN et MNR. Une première série d'entretiens a concerné des militants de la fédération de Paris du FN, trois hommes et six femmes, très majoritairement bénévoles et retraités. Elle a été complétée par des entretiens avec des militants du Front national de la jeunesse (quatre hommes, dont trois étudiants en licence de droit, école de commerce et école d'ingénieur, trois d'entre eux exerçaient également des responsabilités – parfois multiples – au sein du FNJ). Deux autres responsables du FN ont été rencontrés au siège du FN, à Saint-Cloud.

l'immigration ») et les labels (« le FN ») dissimulent, sous l'unicité des termes, la pluralité des trajectoires qui conduisent au FN, des significations données à cet engagement, des entreprises de construction identitaire dont il est le cadre. Les logiques conduisant les militants à mobiliser publiquement le nom du parti, tel label ou telle thématique politique (nationalisme, droite radicale, etc.), ou à ne pas s'en revendiquer, sont plus changeantes et complexes que ne le suggère la fixité des approches typologiques. Ces dernières négligent également trop les capacités des acteurs, même les plus démunis, à faire des usages stratégiques des catégories, thématiques et labels politiques – en particulier quand ils sont mis en demeure de rendre compte de façon cohérente de leur activité, par exemple dans un sondage, un questionnaire ou un entretien.

Si le souci du bon classement conserve, en dépit de critiques déjà classiques, une réelle emprise sur les travaux concernant l'extrême droite et le FN, ce n'est sans doute pas par hasard. La charge normative négative d'un tel objet n'est, plus généralement, pas sans rapport avec le choix massif d'adopter, dans les recherches, des méthodes et des outils théoriques exceptionnels, à la mesure de la nécessaire « exceptionnalité » politique de l'objet. La posture intellectuelle à l'égard de l'extrême droite est alors dictée discrètement par l'exigence d'un positionnement éthique et politique vis-à-vis d'elle. Pourtant l'analyse a tout à gagner d'une *normalisation méthodologique* de l'objet « FN », qui se sépare du registre politique – légitime *par ailleurs* – de la controverse sur la « banalisation »/« dramatisation » de l'extrême droite. Ce n'est que par le recours aux mêmes instruments théoriques et méthodologiques qui servent à comprendre le discours et l'action militants dans d'autres organisations que l'on préserve la possibilité de relever éventuellement des différences dans les mécanismes de construction de l'identité militante et de présentation en public ici examinés, ou de comprendre comment le jeu de mécanismes similaires, ordinaires, conduit à un militantisme que l'on peut être tenté de juger spontanément comme incomparable ou d'une tout autre nature.

Dans la manière dont les militants interrogés pour cette étude forment et présentent leur identité politique, dont ils se saisissent du discours officiel du parti et de la marque « FN » elle-même, dont ils vivent et décrivent leur engagement militant, se manifestent d'abord des phénomènes et des mécanismes qui n'ont rien de spécifique aux individus mobilisés dans cette organisation. Il en est ainsi de l'hétérogénéité des investissements dans la marque FN, ou de la diversité des rapports à l'engagement militant (celui-ci est, en particulier, inégalement affecté d'une signification politique, et plus ou moins différencié d'autres activités sociales). De même, pour les militants du FN comme pour ceux d'autres organisations, les propriétés sociales et les parcours suivis, les conditions d'entrée dans le parti, sont étroitement liés au « destin militant » des intéressés, aux formes d'action qu'ils privilégient et – ce qui sera davantage l'objet des pages qui suivent – au sens investi dans l'engagement, à l'usage plus ou moins développé de catégories et labels politiques consacrés, à la mobilisation de certains plutôt que d'autres, à la revendication ou à la dénégation de diverses identités. Dans tous les cas, les individus ne peuvent se constituer une identité signifiante et présentable qu'en se saisissant de matériaux déjà disponibles socialement, en particulier en se définissant avec – ou contre – des catégories préexistantes, *déjà investies de sens*. Dans le même temps, les militants FN sont placés, pour accomplir cette activité ordinaire de définition et de présentation de soi, dans les conditions spécifiques d'avoir à gérer des identifications particulièrement disqualifiantes : l'enjeu de cet article est donc également de comprendre, au-delà des modalités de bricolages identitaires rencontrées, le sentiment plus ou moins affirmé de stigmatisation et les modes de gestion des stigmates dont les individus sont capables.

1. Construction de l'identité militante et catégories politiques

S'interroger sur l'identité militante suppose qu'on la considère comme – au moins analytiquement – séparable d'autres identités de la personne. Cela implique en particulier de ne pas concevoir *a priori* l'identité comme une totalité unifiée, innée et immuable, déterminant l'individu sans qu'il ait prise sur elle, sur le mode de la personnalité profonde telle qu'une tradition psychologique l'a définie. On se met ainsi à même de prêter attention à la spécificité éventuelle de représentations politiques ou militantes que l'individu peut avoir et donner de lui-même et de ses pratiques. Cette posture ne signifie pas qu'il faille artificiellement isoler une « histoire militante » des adhérents du Front national, radicalement extraite de l'ensemble de la vie sociale des individus, ou qu'on doive négliger les expériences dans lesquelles le militantisme s'emboîte. Si les investissements observables sont inégaux – allant d'un militantisme prenant et actif à des formes minimales d'implication de soi – et inégalement politiques, c'est aussi que la « vie militante » est toujours étroitement encastrée dans des expériences qui renvoient à d'autres registres de signification, et qui forment avec elle le système complexe d'expériences vécues d'un individu.

Mais analyser la construction d'identités politiques ou militantes a d'abord un sens en ce que les intéressés séparent couramment pour eux-mêmes ce qui relève de leur activité politique et qu'ils dotent d'un sens politique, et ce qui concerne, par exemple, leur vie religieuse, professionnelle ou familiale. L'identité militante dépend en effet, dans une société différenciée comme la nôtre, de règles, de codes, de langages spécifiques au jeu du militantisme politique[1]. Quelle que soit leur aisance à en faire usage, quelle que soit en définitive la signification que les militants donnent à leur engagement, ils ne peuvent jamais entièrement s'en affranchir ; ils s'inscrivent de fait dans un espace du militantisme politique partiellement autonome par rapport à d'autres sphères d'action sociale. Ainsi, tous les militants sont captés, dans leur action militante et dans la définition de ce qu'ils sont en tant que militants, par des enjeux, des temporalités ou des divisions proprement politiques : ils se situent par rapport à des oppositions politiquement constituées, séparant droite et extrême droite, ou FN et MNR (Mouvement national républicain de Bruno Mégret), par exemple. En ce sens, l'individu ne se présente pas comme

1. Ces repères peuvent être partiellement empruntés au jeu politique, partiellement engendrés dans un espace du militantisme ou des mouvements sociaux non entièrement confondus avec le premier. Sur l'utilité de cette distinction, cf. L. MATHIEU, « Rapport au politique, dimensions cognitives et perspectives pragmatiques dans l'analyse des mouvements sociaux », *Revue française de science politique*, vol. 52, n° 1, 2002, pp. 75-99.

doté d'une personnalité ou d'un moi unifié déterminant son comportement dans tous les domaines de la vie sociale mais comme composé d'une pluralité d'identités sociales interconnectées. Cette connexion tient d'abord à l'imbrication *concrète* du rapport au politique dans un ensemble de rapports sociaux plus vastes dans lequel un individu s'inscrit : de ce point de vue, les mécanismes de construction identitaire dans différentes situations sont étroitement liés et interdépendants. Qui plus est, les individus ont la capacité de mettre en cohérence – même imparfaitement et ponctuellement – des expériences produites selon des logiques diverses et de décrire si nécessaire leur existence sous la forme d'une trajectoire unique « qui se tient ». La vigilance vis-à-vis de l'unité sociale de la trajectoire et de l'identité ne conduit donc pas à postuler un cloisonnement absolu entre « l'identité militante » et d'autres rôles sociaux, mais elle débouche sur l'examen des mécanismes et processus qui structurent des visions et des présentations de soi partiellement éclatées, différenciées, et sur l'attention portée au travail de mise en cohérence impliqué par la construction (auto)biographique.

1. La constitution de trajectoires « qui se tiennent »

Cette vigilance s'exerce d'abord sur la tendance spontanée à rechercher l'unité *dans le temps* des trajectoires militantes, en inscrivant l'entrée en politique et les activités dans le parti *dans la continuité* d'engagements antérieurs, cette série d'engagements étant supposée provenir logiquement de la cohérence et de la constance des choix politiques des individus. Des trajectoires politiques continues à l'extrême droite peuvent ainsi être reconstituées en remontant le temps à partir de l'adhésion au FN. Pour les militants frontistes, plusieurs parcours sont bien sûr possibles en amont, plusieurs traditions peuvent être posées en héritage (et éventuellement cumulées) . que l'on établisse une filiation poujadiste – lepéniste, royaliste – lepéniste, ou autre, cet enchaînement linéaire est toujours considéré comme allant de soi, comme relevant de mécanismes de causalité naturels. En établissant ce tracé d'une histoire plus ou moins linéaire du militant qui constitue une mise en ordre *a posteriori* de son parcours, le chercheur ne fait souvent que suivre les perceptions et les propos des militants eux-mêmes. Ces derniers peuvent vivre leur engagement sur le mode de la continuité évidente et du destin collectif, celui d'une famille par exemple. Pour cette militante de la fédération de Paris, infirmière retraitée[1], l'engagement au FN, est « familial d'abord. J'ai suivi les idées de mon père, qui était de l'Action française, qui après a été pétainiste, etc., et puis qui est resté très patriote. Et au moment où le Front national s'est créé, j'ai été entraînée parce que, pour moi, ça ne faisait pas l'ombre d'un doute, c'était ça, bon. [...] Je ne sais pas en quelle année c'était, mais tout de suite ça a été, les idées nous ont paru tout à fait saines et bonnes ».

La même vision unifiante et rationalisante de l'histoire individuelle est finalement à l'œuvre dans les analyses qui considèrent l'engagement au FN comme un tournant ou une *rupture* dans le parcours d'une personne. La vision de l'entrée au FN comme une rupture dans la trajectoire est également présente chez les acteurs : « Non, j'ai des parents qui ne sont pas du tout engagés politiquement, je ne connaissais vraiment personne d'engagé politiquement, *c'est un inédit dans la famille*[2]. » Cette mise en scène du passé est d'abord le fait de l'individu auquel la situation d'entretien impose la présentation d'un discours cohérent. La difficulté apparaît lorsque le biographe des militants est tenté de reprendre purement et simplement à son compte cette reconstruction (ou d'en poser une autre, alternative) : il fait alors croire à l'unité ou à la cohérence *objective* des trajectoires en dissimulant les opérations de (ré)invention et de mise en ordre du passé dont ces présentations de soi sont faites. Pourtant, les jeux sur la construction biographique dont les individus sont capables peuvent être facilement mis en évidence : Valérie Lafont relève ainsi l'effort fourni par les militants frontistes qu'elle a interrogés pour faire apparaître leur parcours comme le produit d'une tradition et d'une continuité familiale ou comme celui d'un changement radical,

1. Parmi les personnes interrogées se trouvent deux infirmières retraitées militantes à la fédération de Paris du FN ; par commodité, je les distinguerai dans la suite de cet article en mentionnant pour la première, citée ci-dessus, « infirmière A », et pour la seconde, ancienne infirmière hospitalière, « infirmière B ».

2. Responsable départemental et régional du Front national de la jeunesse (FNJ) en province, étudiant en licence de droit, adhérent depuis deux ans, souligné par moi.

alors que l'on a affaire dans l'un et l'autre cas à des trajectoires plus complexes et contradictoires qu'il n'y paraît[1]. L'obligation de produire une identité un tant soit peu unifiée, liée notamment aux contraintes sociales de présentation de soi[2], a été soulignée dans de nombreux travaux sur la biographie[3]. Mais ce qui est également remarquable, ce sont les modalités hétérogènes de cette mise en cohérence, plus ou moins rationalisée et aboutie.

Si, dans la manière dont les militants interrogés ici mettent en scène leur histoire, on retrouve cette division entre rupture et continuité, et si elle tend à recouper une division générationnelle – les militants de l'organisation de jeunesse présentant beaucoup plus souvent leur entrée au FNJ sur le mode de la coupure, de la nouveauté, alors que pour les aînés, c'est l'idée d'une continuité, d'un héritage familial, parfois depuis plusieurs générations, qui domine –, ce ne sont pas avant tout les propriétés de l'âge qui peuvent expliquer *en elles-mêmes* cette différence. Mais on peut faire l'hypothèse que cette césure ne se fait pas non plus entièrement par hasard, qu'elle tend à opposer des individus dont le rapport à l'engagement politique et au militantisme s'est structuré dans des conditions historiques et à des périodes différentes. Les représentations dominantes de la politique, du militantisme (au-delà du seul cas de l'extrême droite), à un moment donné – comme plus ou moins valorisés, admis, ou désuets, dévalués –, participent, à côté de mécanismes plus spécifiques, à engendrer des visions différentes de l'engagement. Il n'y a peut-être pas tant lieu de s'étonner de ce que, dans un contexte actuel de dénonciation médiatique de la « crise du politique », de mise en scène du « désengagement militant » (quelle que soit, par ailleurs, sa réalité) et de la « fin des

1. V. LAFONT, « Comprendre le militantisme au FN », Contribution à l'atelier « Carrières militantes », Congrès de l'Association française de science politique, Rennes, septembre 1999 ; « Les jeunes militants du Front national : trois modèles d'engagement et de cheminement », *Revue française de science politique*, 2001, n°s 1-2, pp. 175-198.

2. E. GOFFMAN, *La Mise en scène de la vie quotidienne*, 2 vol., Paris, Minuit, 1973.

3. P. BOURDIEU, « L'illusion biographique », *Actes de la recherche en sciences sociales*, 62-63, 1986, pp. 69-72 ; A. COLLOVALD, *Jacques Chirac et le gaullisme*, Paris, Belin, 1999, pp. 7-22 ; B. GAÏTI, *De Gaulle, prophète de la cinquième République*, Paris, Presses de Sciences-Po, 1998.

idéologies », l'engagement politique prenne davantage aux yeux des individus le sens d'un coup de force, d'un acte de rupture. Cela vaut sans doute au-delà du seul cas du FN :

> L'engagement politique, ce n'est quand même pas un acte anodin. Pendant environ deux ou trois ans, je voulais, j'aurais bien aimé m'engager au Front national, mais finalement je n'osais pas vraiment franchir le pas. [...] Le simple fait d'adhérer déjà dans un parti politique, c'est un acte quand même fort. Fort et finalement assez rare, parce que si on regarde le nombre de personnes dans la population totale qui ont une carte d'un parti politique, c'est assez marginal. Non, je ne pense pas que ce soit le fait de s'engager au Front national, dans un parti x ou y, c'est le fait tout simplement de « s'engager ».
>
> Militant du FNJ, province, étudiant.

S'il n'est pas question de reprendre ici cette division entre continuité et rupture pour l'instituer en critère d'un classement des militants, il est utile de relever que ces individus peuvent donner sens à leur trajectoire selon cette division, qu'elle constitue une ressource disponible pour se définir. Elle se combine, dans cette activité de présentation de soi qui constitue une mise en scène pour l'extérieur en même temps qu'un bricolage pour soi, avec d'autres manières de se penser et de se décrire, communes à certains individus, et en vertu desquelles ils se séparent d'autres militants.

2. Engagement politisé, engagement indifférencié

Ces modes de classement indigènes ne suivent pas toujours la frontière, familière aux chercheurs, entre ce qui est politique et ce qui ne l'est pas. Autrement dit, certains militants vivent et décrivent leur activité militante dans des catégories peu ou pas politiques ; ils mettent en particulier en forme l'unification de leur existence et de leurs initiatives autour de structures familiales. Ils se rattachent ainsi très largement à ce qu'on pourrait désigner comme un registre domestique de justification et d'argumentation[1]. On a là un type de rapport au militantisme dans lequel l'engagement partisan est *faiblement différencié* d'autres engagements, au sens où

1. L. BOLTANSKI et L. THÉVENOT, *De la justification. Les économies de la grandeur,* Paris, Gallimard, 1991.

il est fondu dans un ensemble plus large d'activités et interprété dans un registre qui n'est pas d'abord politique. D'autres militants présentent au contraire leur activité au FN comme spécifiquement politique, dotée d'un sens politique, séparée d'autres activités. Ils développent en ce sens un rapport *politisé* à l'adhésion et aux pratiques militantes. Cette opposition se révèle déterminante parce qu'elle correspond à des constructions identitaires et à des figures du militantisme très différentes, et que les militants rencontrés se départagent nettement suivant cette césure.

Ainsi, pour un premier ensemble d'individus, la mise en forme *politique* de l'engagement suppose que l'activité militante n'est pas présentée comme se confondant avec d'autres actions : tout particulièrement, elle ne découle pas des convictions religieuses et ne s'identifie pas à elles. Cela ne signifie pas que ces militants n'ont pas eu une éducation catholique traditionnelle, que celle-ci n'a pas joué sur leur engagement et ne continue pas de produire des effets importants. Mais, dans la définition donnée des pratiques, elle est séparée strictement du militantisme politique. De plus, les individus concernés sont peu investis dans des activités religieuses : ils se décrivent comme croyants mais non pratiquants. C'est dans ce groupe qu'on retrouve les individus détenant le plus de ressources économiques et culturelles. C'est aussi ici que l'on retrouve les hommes de l'échantillon[1]. Ces acteurs sont ceux qui font le plus usage des catégories et labels politiques pour décrire leur activité et donner sens à leurs pratiques et ce sont ceux qui mobilisent le plus, bien qu'avec une maîtrise inégale, les thématiques politiques officielles du parti.

Il ne faudrait cependant pas prêter à cet ensemble de militants plus d'homogénéité qu'il n'en a. En effet, ces militants manifestent inégalement un sentiment de compétence politique[2]. Une partie d'entre eux se montre capable de parler avec aisance des problèmes

1. Sans en tirer de conséquences trop générales, on peut suggérer que la division sexuelle du travail et des compétences dans le couple dans la petite et moyenne bourgeoisie ici représentée fournit des éléments pour comprendre que les femmes ont souvent un rapport au militantisme moins politisé et plus pensé comme la continuation des « valeurs » et des actions familiales et religieuses dont elles sont les garantes.

2. D. GAXIE, *Le Cens caché*, Paris, Le Seuil, 1978.

politiques et économiques consacrés, maîtrisant le vocabulaire politique[1]. Ils se repèrent finement dans les mouvements politiques, se rattachent clairement à des organisations politiques auxquelles ils ont pu appartenir successivement avant la création du FN et peuvent fixer une chronologie précise de ces engagements. D'autres mobilisent davantage un registre éthique que des catégories politiques, ou allient les deux : ils défendent par exemple « la Nation » et sa morale, contre le communisme. Ils présentent la probité morale et la fidélité à un homme – Le Pen – comme ressort et justification de leur engagement[2]. Ils se repèrent moins que les premiers dans un système d'organisations et de mouvances politiques qu'ils ne maîtrisent pas toujours. Les uns et les autres partagent néanmoins une propriété, qui marque massivement les militants frontistes : l'engagement multiple. Mais il est ici exclusivement politique ou quasi-politique (syndicat, mouvement d'anciens combattants, etc.).

À l'opposé de l'engagement politisé, *l'indifférenciation de l'engagement* militant ne signifie pas seulement qu'il passe inaperçu aux yeux des individus, qui sont incapables d'en donner une période de commencement, par exemple, et qui ont le sentiment qu'il dure « depuis toujours », qu'il s'inscrit dans une continuité indistincte des trajectoires. Elle veut dire aussi qu'il se confond avec ce qui est au principe d'autres activités : ce qui détermine les pratiques familiales, religieuses, politiques est décrit comme unique. La signification de l'engagement est reformulée comme globale, le discours s'organise souvent autour d'une catégorie centrale : la famille et ses valeurs qui doivent être transmises. L'engagement au FN prend ici un *sens social* et non exclusivement politique, aux yeux de l'intéressée :

1. « En France, on se trouve confronté avec de tels problèmes actuels, des problèmes majeurs, les problèmes d'insécurité, les problèmes de fiscalisme, il y a des problèmes dramatiques en ce moment, la montée du chômage, les gens qui réfléchissent sont obligés de se dire : "Après tout, elle a raison dans ses idées" », militante FN, Paris, ancien fonctionnaire international.

2. « Jean-Marie, c'est l'homme fort, il n'y a pas de doute. C'est dommage qu'il n'ait pas 20 ans de moins. [...] De mon côté, je ne vois pas de bonne relève. C'est pas évident de remplacer un homme fort comme Jean-Marie », militant FN, Paris, ancien militaire.

> Pour moi, c'est une sorte de militantisme que d'élever ses enfants dans certaines valeurs, donc c'est pas [...] on continue à militer mais on fait ce qu'on peut et quand on a des enfants, je trouve que [...] je laisserai ma place à quelqu'un qui n'en aura pas. [...] [Ce qui motive mon action au FN, c'est] la famille, le droit à la vie, parce que j'ai commencé par militer avec le docteur Dor, les mesures sociales du Front, notamment sur la famille, tout ce qui concerne la famille, le social. Après, je me suis bien entendu intéressée un peu parce qu'il le fallait, parce qu'avant d'appartenir à un parti on doit se renseigner sur toutes ses idées, sur les idées économiques, etc., c'est moins mon dada, mais c'est surtout les valeurs, la famille, le droit à la vie, pour reprendre l'expression du Général, une certaine idée de la France, un peu tout ça.
>
> Jeune permanente du FN, Paris.

Les pratiques politiques sont aussi décrites selon les principes du discours religieux (catholique) : c'est le don de soi, l'action par devoir. Cette manière de donner sens à son militantisme a des effets sur la plus faible mobilisation de labels et thématiques proprement politiques. Mais, dans cet ensemble également, les militants se séparent en fonction des types de représentations de l'engagement et de modes d'action suivis : d'un côté, ceux qui se présentent comme artisans d'une conservation, de la défense d'une tradition dans tous les domaines de la vie sociale. Ils se situent dans une lignée, la vie et l'action de leurs ancêtres font figure de modèle. Ces militants sont engagés dans de multiples organisations dans différents champs, en particulier dans l'univers religieux (le scoutisme tient ainsi pour les plus jeunes une place importante, reliée à l'adhésion au FN). Face à ces individus pour lesquels le passé est décrit sous une forme enchantée et doit simplement être prolongé et préservé, d'autres militants – présentant des trajectoires accidentées, associées à un sentiment de déclin ou à la déception d'attentes préalables en terme de statut social[1] – donnent à leur engagement politique le sens d'une tentative pour revenir vers le passé, pour faire renaître une époque perdue. Leurs parcours ont à voir avec la défense d'une image idéale de

1. C'est notamment le cas de ceux aux trajectoires interrompues par des changements radicaux de lieu et de mode de vie, en particulier par un retour en France après une enfance ou de longues années à l'étranger ou dans d'anciennes colonies françaises.

la France, d'une grandeur passée révolue, défense au travers de laquelle sont en jeu des formes de rattrapage social symbolique. Certains de ces militants manifestent les peurs qui les habitent et une vision catastrophique de la/leur situation (« l'atmosphère me rend pessimiste. Parce que c'est tellement énorme ce qu'il faudrait sauter comme montagne que je me dis [...] si ça peut se faire tant mieux, ça irait plutôt dans le sens de mes idées évidemment, mais on est tombé tellement bas que... il va falloir faire un sérieux effort[1] ! »), tandis que d'autres demeurent plus assurés. Ils partagent néanmoins la faible politisation de l'engagement, auquel ils donnent souvent une signification religieuse. Suivant les ressources politiques et sociales qu'ils détiennent, ils peuvent manifester un sentiment d'incompétence politique prononcé. Certains se trouvent incapables de dire spontanément quelles idées leur plaisent au FN (« C'est un peu un ensemble. Il y a des choses auxquelles j'attacherais plus d'importance peut-être... [silence] L'immigration, hein, c'est ça [...] l'éducation, c'est quand même la base, c'est la base d'un peuple[2]. ») Ils sont cependant toujours capables d'emprunter, au bout d'un moment, au moins des bribes du discours officiel des leaders pour justifier leur présence.

L'utilité de la distinction présentée ici entre engagements « politisé » et « indifférencié » réside en ce qu'elle fait voir non seulement la coexistence d'engagements générés par des principes dissemblables mais le fait qu'ils prennent aux yeux des individus des sens différents. Ainsi, l'hétérogénéité des engagements signifie en particulier leur inégale politisation, en partie par suite d'inégalités de compétence, en partie parce que l'adhésion au FN peut constituer le prolongement dans le jeu politique d'autres insertions sociales à partir desquelles le militantisme est appréhendé et marqué d'une signification faiblement politique. Les logiques différenciées d'entrée dans l'action militante et les inégalités de maîtrise des discours et catégories proprement politiques permettent aussi de comprendre pourquoi les propos des militants interrogés sont souvent en décalage net avec les « thématiques » et les « valeurs » officiellement affichées par le mouvement (il est à noter que

1. Militante FN, Paris, infirmière A.
2. *Idem.*

ces thèmes et idées ont eux-mêmes pour propriété un *flou* qui n'est pas sans efficacité politique et sociale). On le voit quand on considère le poids quantitatif de l'anticommunisme comme motivation de l'engagement dans les entretiens menés, alors qu'il est aujourd'hui peu présent dans les discours des porte-parole du FN. On comprend qu'il s'agit largement de représentations et de systèmes d'argumentation importés d'une époque et d'un état du jeu politique antérieurs. Cependant, les militants sont toujours à même, avec plus ou moins de virtuosité dans l'argumentation, de reprendre aussi les discours officiels les plus médiatisés quand ils doivent justifier publiquement leur engagement. Certains d'entre eux se rabattent alors sur un discours partiellement emprunté, mais disponible et efficace, comme celui sur l'immigration. On comprend que les travaux qui focalisent l'attention sur les « idées » et thèmes affichés par les porte-parole officiels du parti et discutés dans « l'espace public » (médiatique, politique, intellectuel) – le « refus de l'immigration », le « sentiment d'insécurité », la « peur du chômage », le « nationalisme » etc. –, pour y voir des causes directes de l'adhésion ou du militantisme au FN (voire du vote FN), concluent sans doute trop vite en supposant à la fois une force spécifique des idées frontistes et une communauté de logiques d'adhésion propre à ce parti[1].

3. Polysémie et usages des thématiques officielles du parti

En effet, les propos des militants mettent immédiatement en lumière les *usages différenciés des labels politiques* dans la présentation de soi (publique et privée) et la construction – toujours pour une part stratégique – de l'identité. Les significations que les militants interrogés prêtent à la défense de « la Nation » diffèrent par exemple suivant leurs expériences. Le passé et l'engagement pour l'Algérie française de cette militante marquent sa lecture des thèmes frontistes, tels que « la Nation » ou « l'immigration ». Elle affirme ainsi que son nationalisme signifie « d'abord l'intégrité de la France, l'intégrité du territoire ». De même, déplorant l'action

1. Notamment P. PERRINEAU et H. LAGRANGE, « Le syndrome lepéniste », in N. Mayer et P. Perrineau (dir.), *Le Front national à découvert*, Presses de Sciences-po, 1996, pp. 228-246.

de la France vis-à-vis de la Serbie lors de la crise au Kosovo, elle compare :

> Les Albanais musulmans sont arrivés, un peu comme chez nous les Algériens, ils sont venus travailler, habiter, ils ont eu des enfants, les enfants ont été considérés comme nationaux. Et puis maintenant ils veulent que la province soit à eux seuls ! Ils veulent en chasser ceux qui sont à l'origine. Et nous, on a soutenu ces gens. Je dis franchement j'ai peur de cet islam dur, dur, qui se propage [...]. Il ne faut pas se leurrer, quand on voit ce flot, cette invasion d'immigration qu'on a chez nous, nous savons très bien qu'il y a des gens armés jusqu'aux dents, des entrepôts, des armes cachées, si un jour ça doit exploser, il y a de quoi mettre Paris à feu et à sang. Et à qui on fera appel ? Eh bien, à nous, parce que nous aurons été les seuls à tirer le signal d'alarme. Les autres n'ont pas le courage, ils n'ont pas le courage de faire face. Des fois, je me dis : mais enfin tout de même ces gens qu'ils soient de gauche, qu'ils soient de droite, ce sont tout de même des Français ! Pourquoi ... ils ont ce mot à la bouche, ils veulent l'Europe des régions, même plus des Nations, ils veulent détruire la Nation, c'est ça qui est dangereux.
>
> Militante du FN, Paris, ancien fonctionnaire international.

En décalage avec cet emploi du terme, une autre militante en se prononçant pour « la Nation » veut défendre :

> Le drapeau d'abord. Le drapeau français. Je suis un peu comme ceux qui sont en train de manifester là-bas en Amérique, anti-mondialiste, parce qu'on est en train de détruire la France, on commence par nous prendre nos monnaies, on va nous prendre notre drapeau, pour détruire la Nation, on a détruit déjà les valeurs morales, on a commencé par ça, détruire les valeurs morales, c'est pour détruire les Nations. Voilà. Alors moi, je défends la Nation, et le drapeau, et le drapeau du Front national, je ne le mets pas dans ma poche.
>
> Militante FN, Paris, infirmière B.

Cette hétérogénéité des représentations et la polysémie des catégories mobilisées ne sont sans doute pas dysfonctionnels pour le FN. On peut même penser que l'on tient là l'une des conditions de succès des thématiques et des labels dans lesquels des individus diversifiés peuvent d'autant mieux se reconnaître qu'ils sont susceptibles d'interprétations et d'usages multiples.

Néanmoins cette hétérogénéité peut peser sur les responsables de l'organisation et leur apparaître comme une contrainte à gérer :

> En tant que responsable départemental, on a souvent un peu l'obligation de savoir faire le grand écart idéologique entre ceux qui sont vraiment très à droite et celui qui est tout calme, tout gentil, et mon rôle, c'est un peu d'arriver à représenter un peu tout le monde.
>
> Responsable FNJ, étudiant en école d'ingénieur, région parisienne.

Les usages des catégories politiques ne sont pas seulement une affaire de compétence ou de dispositions sociales des militants : ils prennent sens si on les resitue dans *les conditions concrètes* qui forment leur cadre. La capacité stratégique des individus à jouer avec les labels et à gérer des identités qui leur sont renvoyées par d'autres se manifeste *en situation*. Simultanément, comme toutes les opérations d'identification des personnes – qu'elles marquent ou non d'un stigmate –, et comme la définition de situations dans lesquelles on peut s'y retrouver, ces impositions ou appropriations d'identités ne sont possibles que parce que préexistent des représentations disponibles, des types sociaux préalablement stabilisés, dont on a appris l'existence, qui pourront servir d'étalon pour établir la signification de ce que l'on voit, pour assigner une place à ceux que l'on rencontre et se situer par rapport à eux. De même, quelle que soit l'organisation dont ils se réclament, les militants ont affaire à des catégories politiquement constituées, stabilisées, disponibles, qui se présentent à eux comme contraignantes, non pas en ce qu'ils seraient obligés de s'y couler, mais en ce qu'ils ne peuvent pas faire autrement que de s'orienter par rapport à elles, en les adoptant, en les rejetant, ou en les subvertissant. Parmi elles, le label d'extrême droite est accolé au Front national. Il s'agit là du classement dominant, politiquement et médiatiquement, même si le FN a fait et fait encore ponctuellement l'objet de luttes de classement. Les militants frontistes n'ignorent pas que ce label renvoie à de l'indigne, à de l'ignoble, à du « non accepté » et du « non présentable » socialement, qu'il appelle une image dégradée, jugée handicapante pour celui qui la porte. Ils savent également que d'autres dénominations y sont associées et qu'ils risquent toujours d'être dénoncés en tant que « fascistes »,

« nazis », « racistes » ou « xénophobes », autant de qualificatifs susceptibles d'enfermer leur vie tout entière dans une identité socialement infamante, fonctionnant comme des *stigmates*[1]. Mais en partant de l'observation selon laquelle les mécanismes de stigmatisation sont diversement vécus et gérés par les individus, on ouvre la possibilité d'éclairer ces différences et de comprendre comment les militants opèrent ces bricolages identitaires, oscillant entre la gestion d'identités « obligées » et la construction d'identités stratégiques.

II. Gestion et retournement du stigmate

Conscients que le dévoilement de leur appartenance politique les expose à la stigmatisation, les militants frontistes peuvent encore développer plusieurs modalités d'évitement du marquage. Goffman, dans son travail sur les usages sociaux des handicaps, notait que l'apprentissage du faux-semblant et de la dissimulation constituait un élément de la socialisation des stigmatisés. Cette observation est largement confirmée dans le cas des militants interrogés ici. Les modes de gestion du stigmate ne se limitent pourtant pas à ce retrait dans le silence : les individus pourront se taire, dénier ou endosser le stigmate suivant les ressources (en terme de position, de maîtrise du langage etc.) dont ils disposent pour sauver la face dans des interactions, suivant les situations ponctuelles dans lesquelles ils se trouvent ou leur degré d'engagement au sein du FN, par exemple.

1. La dissimulation de l'engagement

Préserver le secret sur son engagement, notamment refuser de parler pour ne pas se dévoiler, est le mode de gestion du stigmate le plus radical, mais aussi le plus couramment rencontré parmi les individus sollicités pour cette recherche. L'individu qui veut véritablement préserver le secret sur son appartenance militante est

---

1. E. Goffman, *Stigmate, op. cit.* Sur les mécanismes d'étiquetage : H. Becker, *Outsiders*, trad. fr. J.-P. Briand et J.-M. Chapoulie, Paris, Métailié, 1985 [1963].

en réalité (auto)exclu par définition des enquêtes, y compris de la présente étude, puisque les militants qui ont accepté de jouer le jeu de l'entretien sont sortis de la logique du secret. Un tel retrait dans le silence n'est pas spécifique à ce type de militants, on peut retrouver des stratégies semblables chez nombre d'individus qui refusent, pour des raisons différentes – sentiment d'incompétence, de sur-compétence, volonté de dissimuler certaines informations –, de répondre à des enquêtes par entretiens, questionnaires ou sondages[1]. Cependant la place quantitative qu'il prend ici mérite attention. La forte proportion de ces refus de parler, et donc de se faire reconnaître, parmi les militants FN constitue probablement l'une des propriétés qui les distinguent notablement de ceux d'autres mouvements ou partis politiques. Elle signale d'abord *la puissance du stigmate* et de ses effets aux yeux des intéressés : pour ces derniers, il s'agit bien d'une appartenance *indicible*. Ils refusent d'être vus et interrogés pour éviter que « cela se sache », c'est-à-dire pour ne pas s'exposer aux risques de l'étiquetage « Front national », surtout lorsqu'ils sont concrètement peu engagés dans l'organisation, qu'ils n'y occupent pas de poste, ou qu'ils ont quitté le parti et tentent de passer sous silence des expériences qu'ils auraient du mal à justifier dans le présent et à inscrire dans la ligne d'une trajectoire cohérente. Le silence est alors un moyen de gérer à la fois un problème de fidélité pour soi-même et une image publique, en particulier lorsque d'autres engagements politiques ont succédé à un passage au FN. Le coût redouté d'une telle identification politique – dont on sait, de plus, qu'elle n'est pas la mieux admise socialement – augmente avec le travail effectué, parfois pendant de longues années, pour dissimuler, sur son lieu de travail par exemple, une « identité politique » encombrante (que ce soit l'adhésion préalable ou actuelle au FN, ou simplement le vote frontiste) et se soustraire à l'étiquetage. Cette tentative pour cloisonner l'activité politique et les autres domaines de l'existence sociale se combine souvent avec l'adoption des formes les plus prudentes et minimales de militantisme.

1. F. DE SINGLY, « La gestion sociale des silences », *Consommation. Revue de socio-économie*, n° 4, 1982, pp. 37-63.

> Moi, je suis discret, si je ne suis pas certain, je ne parle pas du Front national. Mais enfin, j'essaie quand même de placer mes billes, selon l'ambiance de la conversation, il faut, parce que... si une dame se plaint qu'il y a trop d'immigrés, je lui dis : « vous avez totalement raison Madame », et après j'enchaîne.
>
> Militant FN, Paris, militaire retraité.

À cet investissement discret, voire secret, en politique s'opposent l'engagement et l'action *affichés,* ouvertement revendiqués. L'affichage de l'étiquette FN en public (dans le discours ou en portant des insignes reconnaissables) est corrélé fortement à la description de la trajectoire militante comme ancienne et continue. On comprend aisément que le fait d'avoir été d'ores et déjà engagé explicitement à l'extrême droite – parfois dans d'autres organisations que le FN, avant sa création, et dans des organisations aussi « marquées » politiquement que le Parti social français (PSF) – ôte toute signification au risque de l'étiquetage, alors même que le coût du désengagement est d'autant plus élevé qu'on a l'impression d'avoir beaucoup investi – et parfois beaucoup sacrifié – à cet engagement[1]. Ainsi, pour stigmatisante que puisse être l'étiquette FN, elle participe, pour nombre des militants, d'une identité à laquelle il est d'autant plus difficile de renoncer qu'ils ont lourdement (et depuis longtemps) investi dans l'organisation, et qu'ils ont éventuellement déjà payé un prix élevé – professionnel, par exemple – pour leur engagement. Pour cette raison, il est évident que tous les militants ne sont pas également sensibles aux effets de stigmate, et que l'ensemble de leurs expériences, et pas seulement leurs expériences militantes, déterminent la manière dont ils construisent leur identité et leur visage public militants. Pour des raisons similaires, l'affichage est d'autant plus facile que les activités professionnelles tendent à se confondre avec les pratiques militantes, tout particulièrement lorsqu'un individu devient permanent de l'organisation, ou même lorsqu'il détient des responsabilités dans le parti, sans être rémunéré par lui. L'anticipation d'un danger fort de stigmatisation est enfin décelable

---

1. E. GOFFMAN, *Strategic Interaction*, Oxford, Basil Blackwell, 1970, p. 114 ; A. O. HIRSCHMAN, *Face au déclin des entreprises et des institutions*, Paris, Éditions ouvrières, 1972.

dans les efforts que font des militants plus investis dans le parti, et qui acceptent de parler, pour obtenir des garanties de l'organisation sur la fiabilité de l'enquêteur : plusieurs militants rencontrés ont ainsi cherché à savoir si la hiérarchie du FN avait bien vérifié l'identité (et les intentions) du chercheur qui les sollicitait[1]. Les militants tentent, autrement dit, de s'assurer qu'ils sont *couverts* par le parti et qu'ils ne prennent pas de risques inconsidérés à parler.

2. Le rejet du stigmate

Lorsqu'ils acceptent de parler, les militants multiplient souvent les efforts d'argumentation tournés vers *la dénégation de l'infamie* que l'on pourrait associer à leur appartenance partisane. En fonction de l'habitude de (et de l'aptitude sociale à) parler de soi, de se présenter pour l'extérieur, on recueille soit un discours par tâtonnements, plutôt chaotique, soit un raisonnement bien rodé, consistant à devancer les dénonciations pour les contredire préventivement. Même les militants qui se présentent le plus confusément sont capables de reconnaître les labels les plus stigmatisants et de les contourner : il en est ainsi de cette militante qui refuse de se définir comme nationaliste.

> Je ne sais pas pourquoi, nationalisme, ça sonne mal. Pourquoi, je n'en sais rien personnellement. Mais national, oui, oui peut-être. National, c'est la Nation, c'est pas actif ; nationalisme, c'est une action un petit peu.
>
> Militante FN, Paris, infirmière A.

De même :

> [Je ne suis pas nationaliste]. Patriotiste, plutôt. Oui. Complètement. Mais pas dans le sens de renfermement sur une nation, dans

1. Il s'ensuit une nécessité de passer, au moins partiellement, par certains responsables nationaux du parti afin d'obtenir l'accord de militants pour participer à des entretiens. Cette exigence pratique informe au moins autant sur la structure de l'organisation partisane, étroitement hiérarchisée, que sur la « méfiance structurelle » qui habite les militants et qui n'est pas exclusivement le produit d'expériences malheureuses (d'enquêtes vécues comme des tromperies, telle que celle, célèbre, d'Anne Tristan ; cf. A. TRISTAN, *Au Front*, Paris, Gallimard, 1987) qu'ils ont plus ou moins directement pu faire.

le sens de la défense des intérêts, dans le sens de la défense de la souveraineté des nations. Une nation doit pouvoir encore gérer ses intérêts à l'intérieur de l'Europe, il faut que ce soit quand même la France qui gère les intérêts de la France, c'est pas elle qui gère ceux de l'Espagne, c'est pas un conglomérat de représentants qui n'ont pas été élus par le peuple, ce qui est un peu le cas, qui décide pour les uns et pour les autres.

Permanente du FN, Paris.

De même, le souci spontané des militants est souvent d'assurer qu'ils ne sont en rien « racistes », « xénophobes », ou « antisémites », autant de qualificatifs vis-à-vis desquels ils se sentent contraints de se situer en s'en distinguant. Ils mobilisent alors leur expérience personnelle, les relations qu'ils ont ou que d'autres militants entretiennent avec des individus, à l'appui de leur argumentation[1]. Cette forme de la démonstration par l'exemple, qui est reproduite des discours des leaders, comme Jean-Marie Le Pen, peut parfois en emprunter aussi partiellement le contenu :

Les médias nous ont fait tellement de tort, ils ont dit que nous étions un parti extrémiste, antisémite, que nous étions xénophobes, ce qui est faux. Nous ne sommes pas antisémites, parce qu'il y a beaucoup de juifs qui nous ont rejoints. [...] On a beaucoup de juifs chez nous, on a des musulmans, des musulmans français bien sûr. Des musulmans parfaitement intégrés. Aucun problème. *Jean-Marie Le Pen, lui, a depuis des années un maître d'hôtel qui est noir, il est réunionnais. Il est noir. Il est entièrement dévoué, il est le parrain d'un des enfants.* Nous avons une Martiniquaise très très gentille, très foncée de peau, mais qui fait partie du bureau politique ! Et tout ça, ce sont des Français.

Militante FN, Paris, fonctionnaire international retraitée (souligné par moi).

Ces discours de dénégation coexistent cependant sans difficulté avec l'usage d'arguments en partie au moins contradictoires, ici avec

1. « Il y a une chose à laquelle on ne s'habitue pas facilement, c'est d'être traité de raciste. Moi, j'étais à l'école, j'étais la seule blanche au Zaïre, si j'avais été raciste je l'aurais mal vécu, alors que je l'ai très très bien vécu, j'ai encore des amis, ça ne me dérange pas. Mais dans les associations antiracistes, dans les manifestations antiracistes, les gens qui nous traitent de racistes, on voit rarement des noirs ! », permanente FN, Paris.

celui de la nationalité, mentionné par la même militante, citée ci-dessus :

> Mais ceux qui posent problème, c'est cette immigration facile, incontrôlée, tous ces clandestins, et puis un beau jour qu'on régularise et qui sont français. Je vous donne un exemple qui est arrivé pas plus tard que la semaine dernière : j'ai une de mes amies, il y a de ça 4 semaines, qui a été attaquée chez elle, à midi et demie, dans son ascenseur, une vieille dame de 80 ans, pas très grande. [...] Et on a décidé à plusieurs d'aller la soutenir parce que les garçons qui l'ont attaquée ont été arrêtés. [...] Donc au tribunal, on convoque tout le monde à 13h30, mais votre cas ne passe pas toujours en premier, là c'était le cas, avant nous il y avait deux-trois affaires : écoutez, j'étais stupéfaite ! Il y avait d'abord trois hommes qui sont arrivés, et là une affaire avec un blessé grave, cet homme était toujours à l'hôpital en soin, donc l'affaire a été reportée, mais enfin quand même, le juge a demandé à chacun d'eux son nom : Mohamed machin truc, etc.
>
> – Votre nationalité ?
>
> – Française.
>
> Et en fait ils étaient tous français ! Je vous assure, vous auriez vu la tête de ces garçons, à ne pas rencontrer au coin d'un bois ! Ils étaient tous, les trois-quatre qui sont passés avant nous, ils étaient tous, c'étaient des Algériens, nés à Alger, à Oran, tous, tous, et ils avaient tous la nationalité française ! C'est pour ça. C'est pas possible. Toutes les affaires qui ont été jugées ce jour-là, c'était tous des cas de musulmans, qui avaient fait des actes, avec récidive.
>
> Militante FN, Paris, fonctionnaire international retraitée.

Dans la hiérarchie sociale des stigmates en vigueur dans notre société, celui du « fascisme » n'est pas le moindre. Dénoncer le fascisme ou le nazisme d'un individu ne souffre, de plus, pas d'ambiguïté dans la signification : le terme de « nationalisme » pourrait être revendiqué avec une connotation positive. Avec celui de « fasciste », l'infamie est absolue. Cette labellisation est une arme courante mais efficace de disqualification d'un adversaire dans la compétition politique, pour peu que la dénonciation ainsi effectuée ait un minimum de crédibilité sociale. En effet, il n'est pas toujours aussi aisé ou payant de qualifier un individu ou un groupe de « fasciste » : cette labellisation peut rapidement se révéler inopérante, incongrue ou illégitime, si certaines conditions ne sont pas réunies qui rendent ce stigmate opératoire, si, en particulier, les classements déjà effectués par des acteurs sociaux (politiques, universitaires…) dotés d'une autorité sociale suffisante pour intervenir dans le débat public ne garantissent pas la validité et la légitimité de l'étiquetage. Ces conditions de disponibilité et d'efficacité du stigmate du « fascisme » sont réunies en ce qui concerne le FN et ses militants en ont souvent fait personnellement l'expérience, c'est pourquoi ils se définissent immédiatement par opposition à ce classement – même lorsqu'ils font état, par ailleurs, d'affinités pétainistes dans leur propre parcours ou dans leur famille :

> Même quand je colle des papillons, ou quand je boite, j'entends : « nazie, fasciste ! », ils ne savent dire que ça. Alors que nous ne sommes pas nazis, nous ne sommes pas fascistes, nous sommes français ! Nous sommes un parti national français, mais ni nazi ni fasciste. Mais évidemment, nous parlons de patrie, nous disons « les Français d'abord ».
>
> Militante FN, Paris, couturière retraitée.

Cette manière de se définir en se distinguant du stigmate violent du nazisme et du fascisme peut reposer, dans certains cas, sur la mise en scène d'une *histoire résistante*, vécue directement ou indirectement. Il s'agit alors de mobiliser un élément de valorisation ayant une valeur sociale permettant de contrebalancer le danger d'un marquage discréditant :

> J'ai fait de la résistance fin 1942 et 1943, j'ai fait de la résistance parce que je ne voulais pas que la France soit occupée par des gens qui n'avaient rien à y faire, à cette époque-là c'étaient les Allemands, c'était pas par la haine d'Hitler, je n'y connaissais pas grand-chose, d'ailleurs la majorité des Français ne savait pas trop ce qui se passait au juste. [...] Donc vous voyez c'est un enchaînement depuis ma jeunesse.
>
> Militante FN, Paris, infirmière B.

On touche déjà, avec la construction d'un tel héritage résistant, à la mise en place d'*identités de substitution* à celles porteuses de dévalorisation. Dans la mesure où les individus sont capables d'anticiper la stigmatisation, ils peuvent aussi travailler à la déjouer, de manière plus ou moins stratégique. Des éléments alternatifs d'identification, plus ou moins complexes et interconnectés, sont alors conçus et mobilisés, d'abord pour soi-même et pour l'entre-soi (certaines composantes de ces identités de substitution sont d'ailleurs produites et maintenues dans l'organisation elle-même), mais aussi à des fins de justification publique, de présentation d'une identité tenable, voire avantageuse, à l'extérieur. Le refus du label d'« extrême droite » se fait ainsi au profit de l'adoption d'autres dénominations qui ne transportent pas les mêmes représentations et la même réprobation sociales, celles de « droite nationale[1] » ou de « droite droite[2] ». L'abandon courant du label d'« extrême droite » est indissociable de sa mise en équivalence – à la faveur d'activités diverses et successives (politiques, journalistiques, d'historiens, etc.) – avec la Seconde Guerre mondiale, le nazisme et le gouvernement de Vichy[3], et son remplacement par d'autres catégories a à voir avec la construction évoquée d'une identité résistante :

> *Le Front national, contrairement à d'autres, je pense que c'est quand même un parti de droite, on va dire, droite dure, donc conservatrice*, et moi, le Front national, j'ai l'impression d'y reconnaître les idées d'ordre, de justice, de liberté, de politique pour la vie, *j'ai vraiment moi personnellement l'impression d'avoir affaire à un parti assez modéré, et finalement idéologiquement assez proche du gaullisme dur,* j'y fais souvent référence parce que je pense aussi à mon père, *mon grand-père était par exemple résistant, son frère est mort en déportation*, on a d'ailleurs, le 18 juin, commémoré sa mort. Je pense être quelqu'un honnêtement de modéré, et je comprends mal pourquoi on nous taxe si facilement d'extrémistes. Parce que quand on regarde plus anciennement en politique, on va chercher 50 ans en arrière, on s'aperçoit que le Front national aurait été un parti qui n'était pas du tout le plus à droite et qui aurait été largement dépassé

1. Militant FN, Paris, ancien militaire.
2. Militante FN, Paris, infirmière A.
3. « [Le terme d'extrême droite est gênant], parce que vous trouverez toujours plus extrême que nous. Oui, c'est gênant parce que c'est très péjoratif [...] le terme d'extrémiste, ça veut dire qu'on aurait repoussé nos idées aux dernières limites, qu'on ne peut pas faire plus ultra que nous, si, parce que [...] on peut toujours faire plus ultra, *en plus il y a une notion avec le mot extrémisme, une notion très péjorative. Je comprends que les gens se disent très à droite, la vraie droite, ou la droite nationale. Moi, je me dis ni gauche ni droite.* [...] Non, *extrême droite, c'est péjoratif, c'est vrai que quand on parle de l'extrême droite, on pense toujours aux croix gammées, on pense toujours à la dernière guerre et on nous le ressort régulièrement*, moi j'ai des amis, ça m'énerve quand ils me parlent de la dernière guerre, quoi », permanente du FN (souligné par moi).

> idéologiquement sur sa droite. Et c'est d'ailleurs ce qui est en train de se passer avec le MNR, qui, à mon sens, ne fait pas des dérapages, mais cherche à se positionner plus à droite, en particulier au niveau de l'immigration et sur certaines choses.
>
> Responsable départemental du FNJ (souligné par moi).

Les tentatives pour échapper au stigmate passent donc aussi par la stigmatisation d'autres acteurs, d'adversaires actuels, tels que le MNR, sur lequel ce militant peut rejeter la qualification coûteuse d'« extrémisme ». Les militants sont capables de faire usage de cette philosophie pétrifiée du social – selon l'expression de Pierre Bourdieu – inscrite dans le langage : en se saisissant du mot « résistance », ils tentent ainsi de capter les profits de valorisation attachés à ce terme, socialement chargé en positif, alors même que le contenu qu'ils lui affectent peut s'écarter sensiblement – quand ils établissent une continuité entre la résistance durant la Seconde Guerre mondiale et le combat pour l'Algérie française, les assimilant discrètement, par exemple[1] – de celui que leur interlocuteur prête au mot spontanément. Ce sont donc avant tout des stratégies de présentation de soi qui se donnent à voir, sans qu'il faille surcharger de sens l'usage d'un terme plutôt qu'un autre. L'observation de ce jeu sur la labellisation ne doit donc pas conduire à la stabilisation d'une *définition* des termes et labels, sous peine de s'interdire justement d'apercevoir ces opérations stratégiques d'identification.

3. Revendication et détournement de l'identité stigmatisée

Il reste enfin possible pour les militants d'*endosser le stigmate* dont ils sont marqués de l'extérieur[2] : c'est ce que font, par exemple, ceux qui affichent et revendiquent l'héritage pétainiste.

> C'est les valeurs de la famille, de la patrie, du travail, ça remonte un peu loin, ça remonte, vous voyez, à l'époque du Maréchal. Mais elles sont toujours valables. Je pense que c'est ça que nous défendons. Une certaine idée de la France.
>
> Militant FN, Paris, ancien chef d'entreprise.

---

1. « Mon grand-père maternel a fait de la résistance, Indochine, Algérie, donc je pense, c'est le militantisme de l'époque, c'est qu'il s'est battu pour ses idées », militant FNJ, province, étudiant en école de commerce.

2. Sur ce type de stratégies, bien que dans un tout autre contexte, cf. A. COLLOVALD, *Jacques Chirac..., op. cit.*

Dans ce cas, parler d'endossement du stigmate est déjà partiellement trompeur, dans la mesure où l'affirmation de cet héritage pétainiste n'est pas vécue comme handicapante. Il ne s'agit donc plus exactement d'un stigmate, au sens de Goffman. Pour ce dernier, le stigmate est indissociable du *discrédit* : il s'agit d'un marquage qui signale toujours une identité détestable, conduisant à la disgrâce, à l'exclusion du monde des « normaux ». À partir d'une caractéristique qui distingue l'individu, son identité tout entière est définie : elle peut être inférée d'une marque corporelle – non seulement la présence d'un badge ou insigne du parti mais, plus involontairement, une manière de parler, de s'habiller, de bouger, etc.[1] – qui donne de l'information sur celui qui la porte. Mais ce qui est notable, c'est qu'en dépit des nombreuses situations dans lesquelles des militants frontistes se présentent comme stigmatisés, et contre nos manières spontanées de classer ce qui implique crédit ou discrédit, d'autres militants, dans certains contextes, en exhibant leur appartenance au FN, ou leur filiation pétainiste, etc., n'entendent pas dévoiler une propriété infamante. L'enjeu de cet exemple est donc l'examen de *ce qui fait stigmate, en pratique.*

L'attention à l'usage des labels et catégories politiques fait ici vite apparaître qu'aucun ne constitue en lui-même, *par nature*, un attribut valorisant ou dévalorisant, avantageux ou contraignant. Même celui qui paraît, dans un état donné des significations sociales dominantes, le plus discréditant n'est pas *en lui-même un stigmate,* au sens de quelque chose qui marque *négativement*. Le marquage des individus, qu'il soit connoté positivement ou non, n'a pas de sens en dehors des situations, locales et ponctuelles, elles-mêmes socialement définies, à l'intérieur desquelles un objet, un geste, une manière d'être et de faire deviennent signifiants. Cependant, *dans une société et à un moment donnés*, certains labels, certains objets et certains comportements se révèlent bien dotés d'une *signification saillante* ; ils fonctionnent comme des

1. « Ce qui m'a choquée, c'est que les associations, par exemple toutes les associations qui donnent à manger aux SDF, des trucs comme ça, elles sont ultra-gauche, et ils disent qu'ils ne sont pas politisés, c'est ultra-gauche, *vous arrivez avec un certain look, bon, j'y peux rien, on a le look qu'on a, vous arrivez avec un certain look, vous êtes regardé de travers, et on ne se sent pas du tout à l'aise, moi je ne me sentais pas à l'aise* », permanente FN, Paris, 25 ans (souligné par moi).

symboles, marqués et marquants, socialement affectés d'un poids particulier, définis de manière dominante comme signes forts de quelque chose. Ainsi, aujourd'hui en France, l'individu qui se dit « pétainiste » se charge d'un attribut lourdement identifiant, que les interlocuteurs qu'il a choisis le considèrent négativement ou non (les situations dans lesquelles ce marquage ne se ferait pas négativement sont bien sûr devenues très marginales : il s'agit bien désormais d'une identification très largement stigmatisante). Cette catégorie politique fait partie des manifestations centrales autour desquelles s'organisent les représentations actuelles de « l'extrême droite » – également associée à la croix gammée, aux skinheads, par exemple –, de la même manière que les visions du FN se focalisent sur le rejet de l'immigration, la dénonciation de l'insécurité ou de la corruption, autant d'éléments qui forment, dans une conversation où un adhérent ne se présente pas ouvertement comme membre du parti, des indices solides d'identification. Le fait qu'un élément soit ainsi clairement identifié est ce qui permet de *le retourner en élément de valorisation, dans certains contextes.*

Si la force de stigmatisation attachée au label d'« extrême droite » est bien le produit d'un état historique de l'univers politique et du travail des acteurs autorisés à dire ce qui est politiquement légitime, et non d'une nature de cette identité politique – il suffit de se replacer soixante ans en arrière pour le comprendre –, le fait qu'ils puissent se trouver du côté des « perdants de l'histoire », des réprouvés et des illégitimes, n'est pas anodin pour comprendre la manière dont certains militants du FN gèrent ou instrumentalisent cette étiquette et les autres affiliations qu'ils revendiquent. Même s'ils vivent ces identités et ce passé comme un « handicap » dont ils ne peuvent pas facilement se défaire, ils ont toujours la capacité de s'en saisir, d'en faire usage, c'est-à-dire de se servir justement de l'effet de stigmate pour se poser comme victimes, ou même comme martyrs[1]. Par cette opération, le stigmate est retourné en

1. « *On nous assassinera plutôt* que [de nous voir au pouvoir] ! Parce qu'en fait en France, *nous sommes des renégats. On nous met à part [...] la guerre ! Nous avons tous les défauts, nous sommes une minorité à part en France* », militante FN, Paris, couturière retraitée (souligné par moi).

attribut dont les intéressés tirent crédit[1]. Dans le cas de ce jeune responsable du FNJ, l'exclusion de la société des « normaux » mais aussi les risques personnels et professionnels sciemment encourus sont présentés comme les signes de l'honneur et du sacrifice que représente son engagement. Quand on considère que ce militant n'a en pratique pas payé le prix – qu'il pouvait initialement réellement redouter – du dévoilement de son identité politique dans le cadre professionnel, on comprend qu'on a aussi affaire ici à une rhétorique d'autojustification et à une stratégie argumentative de valorisation, destinée à se substituer à une image publique dévaluée :

> Il ne faut pas oublier le fait qu'on est diabolisé, ostracisé, et on a le droit d'être communiste, on a le droit d'être socialiste, RPR, UDF, mais on n'a pas le droit d'être Front [...]. Je n'étais pas encarté mais j'avais déjà les idées, et c'est vrai que surtout chez les jeunes qui croient avoir tout vu, alors que moi j'avais déjà vécu 6 ans [en Afrique] et que je savais comment ça se passait, je leur ai dit qu'il fallait peut-être arrêter de dire un peu n'importe quoi, et donc j'ai été fiché tout de suite Front, ça a été l'ostracisme complet, pas de camarades de jeu, mis complètement à l'index. C'est vrai que c'était pesant. *D'un autre côté, ça vous valorise de passer pour un martyr, et moi, j'ai vécu ça en fait comme prouvant la justesse de mes idées, « beaucoup d'ennemis, beaucoup d'honneur », comme on dit.* Et j'ai vécu ça également dans le cadre professionnel, l'an dernier j'avais fait passer un communiqué de presse, qui est passé dans la presse avec mon nom en gros, indiquant mes responsabilités, etc. De toute façon, *je fais passer mon engagement avant tout, quel que soit le risque que je prenais, je savais qu'il y aurait plus ou moins de conséquences, mais ça importe peu.*
>
> Responsable FNJ national et régional, assistant d'élus FN (souligné par moi).

Les militants frontistes qui ne se réfugient pas dans le silence (en refusant un entretien) adoptent donc des stratégies de présentation de soi diversifiées. Celles-ci ne se distribuent pas au hasard, elles ne sont pas également ouvertes à tout moment et à tous les militants.

1. On rejoint les analyses d'Eleni Varikas sur la métaphore du « paria » et sur sa possible idéalisation ; cf. notamment : E. VARIKAS, « Le "Paria" ou la difficile reconnaissance de la pluralité humaine », *Revue des deux mondes*, novembre-décembre 1999, pp. 352-368 ; cf. aussi les modes de résistance à l'étiquette « terroriste » exposés par I. SOMMIER, in *Le Terrorisme*, Paris, Flammarion, 2000, p. 84 *sq*.

Il s'agit donc de dégager les logiques qui orientent, de différentes manières selon les situations, ces bricolages identitaires.

III. Les logiques du bricolage identitaire

Du point de vue de l'action individuelle, la construction identitaire est à la fois active et réactive. L'identité militante au FN se présente comme du déjà-là pour le militant : il doit « faire avec » des images préexistantes, des signes et des labels dont il peut se saisir. Les labels et les marques politiques fonctionnent comme des figures d'identification collective disponibles, dont le flou et la polysémie assurent l'efficacité en permettant à des individus divers de les investir et d'y projeter des sens partiellement hétérogènes. Ces matériaux sont notamment offerts par les organisations politiques[1] : le FN fournit ainsi, par la voie de ses porte-parole, un arsenal à la fois cognitif et argumentatif que les individus peuvent mobiliser pour se présenter. C'est ce que font, par exemple, ceux qui se disent « ni droite ni gauche ». Cette construction identitaire n'est pas un mécanisme inconscient, mais elle relève rarement pour autant d'opérations entièrement stratégiques et intentionnelles. Les militants adoptent, dans le cours de leur pratique militante, des manières de se définir, à leur propre usage ou à celui de leurs interlocuteurs ordinaires. Ce n'est que face à une demande sociale de justification ou d'explication plus pressante – tel qu'un entretien –, donc *a posteriori* par rapport à leurs pratiques militantes, qu'ils devront mettre en cohérence logique et chronologique les éléments épars et parfois contradictoires de leurs bricolages identitaires au quotidien.

On a déjà suggéré que la manière dont ils mobilisent les labels et catégories politiques pour se classer, définir leur identité, dépend d'abord des ressources offertes par leurs propriétés sociales et leur trajectoire – de ce qu'on pourrait résumer sous le terme de « dispositions », qui déterminent le stock des matériaux

1. Sur un autre terrain, cf. Cl. Pennetier et B. Pudal, « Écrire son autobiographie. Les autobiographies communistes d'institution. 1931-1939 » et « La "vérification". L'encadrement biographique communiste dans l'entre-deux-guerres », *Genèses*, 23, 1996, pp. 53-75 et 145-163.

disponibles pour construire sa/ses identité(s). Elle dépend ensuite de la reconnaissance d'une situation concrète et ponctuelle qui forme le cadre des activités de présentation de soi. Suivant la manière dont ils appréhendent le possible, le probable et le risqué dans un type d'interactions donné, les individus sont à même de dissimuler ou d'afficher l'un ou l'autre des aspects de leurs « identités stratégiques ». Ce qui est tu ou exposé est en partie lié à une évaluation du coût de l'étiquetage au FN que les individus effectuent. Ces anticipations mettent en jeu un sens pratique du dicible et du faisable dans les conditions particulières de prise de parole ou d'action des militants. On verra que l'exhibition de signes d'appartenance au FN plus ou moins aisément interprétables tend souvent à se limiter à un cercle de familiarité ou de proximité politique. La définition des discours et des modes d'action tenables, en fonction des circonstances et des interlocuteurs, suppose que les militants détiennent un savoir pratique opératoire en la matière : celui-ci résulte d'un triple mécanisme d'apprentissage, à la fois social, politique et « local ».

1. Apprentissage et stigmatisation

L'*apprentissage social* vise des mécanismes de socialisation bien connus : l'intériorisation des significations attachées au militantisme au FN, que ce soit en famille, entre amis[1], ou dans l'univers professionnel. Cet apprentissage peut passer par l'expérimentation directe du prix à payer pour le dévoilement de son appartenance politique, au travers de licenciements ou d'échecs professionnels[2]. Il renvoie donc en premier lieu aux acteurs divers qui peuplent le « monde local » du militant, notamment aux autres militants qu'il côtoie, de son bord ou non, à ses proches, aux

1. « Quand j'ai commencé à réellement travailler au Front l'année dernière, j'ai des amis dont j'ai pu effacer le numéro de téléphone de mon carnet d'adresses parce qu'ils m'ont fait comprendre ça », permanente FN, Paris.

2. « Je me suis fait licencier deux fois pour mes idées, donc maintenant je suis embauchée au Front », permanente FN, Paris ; et « J'ai été victime d'une dénonciation, d'une lettre anonyme. Et j'ai été convoquée par le directeur du personnel [...]. Et quand il s'est agi de renouveler mon contrat qui arrivait à expiration le 31 août, il n'y a rien eu », militante FN, Paris, ancien fonctionnaire international.

relations professionnelles avec lesquelles il entre régulièrement en interaction, etc. Dans ces rapports, l'individu contribue à la production et au maintien de sa propre identité ou de ses identités (variables dans le temps et selon les situations) – constamment rejouées à la faveur des interactions et interdépendances dans lesquelles il est engagé. L'identité doit donc bien être conçue davantage comme une relation que comme une propriété, un attribut, ou quelque chose qui ait à voir avec l'essence d'un individu. Ces mécanismes d'identification peuvent résulter de transactions entre une « identité pour soi » – c'est-à-dire le sentiment que l'individu a de ce qu'il est, issu de la cohérence qu'il établit, à un moment donné, entre les différentes expériences vécues au cours de son existence[1] – et des identités « sociales », vécues comme imposées de l'extérieur. Ces identités sociales n'apparaissent pas seulement aux individus à la faveur de contacts effectifs avec d'autres groupes ou personnes, lors de *face-à-face*, mais elles peuvent peser plus indirectement sur leurs représentations d'eux-mêmes, au travers de ce qu'ils croient savoir – par différents intermédiaires, tels que les médias – sur la manière dont ils sont perçus. En ce sens, l'identité militante est bien une *construction collective* : elle engage différents univers – intellectuel et universitaire, journalistique, politique – dont les acteurs concourent à la formation d'une (ou des) *image(s) officielle(s)*, publique(s), publiée(s) du militant FN. Elle dépend aussi des images publiques du parti diffusées par les médias. L'existence même de représentations publiques du militantisme au FN qui s'imposent aux intéressés, mais dont ils peuvent aussi se saisir, dépend ainsi en particulier d'activités journalistiques. Les militants découvrent rapidement quels bénéfices peuvent être attachés, par exemple, à la promotion d'une image violente, associée à celle des skinheads :

> Quelque part la mauvaise image que donnent les médias comme quoi on serait des barbares, qu'on torturerait des gens qui sont dans nos caves, j'exagère pour m'amuser, mais on nous donne une image assez mauvaise, qu'on serait tous des skinheads etc., *quelque part ça*

1. Sur l'identité pour soi, ou identité sentie, cf. E. ERIKSON, *Childhood and Society*, New York, Norton and Company, 1950 ; E. GOFFMAN, *Stigmate, op. cit.*, Paris, Minuit, 1975.

> *joue parfois en notre faveur* parce que les gens ont réellement peur, et ils se disent : « Là ils sont quatre ou cinq jeunes, on a beau être trente, non, c'est des dangereux, ils vont tous nous tuer, donc on ne s'approche pas. » Donc des fois on profite un peu de la mauvaise image qu'on nous donne.
>
> Militant FNJ, région parisienne, étudiant école d'ingénieur (souligné par moi).

De même, la simple répétition de condamnations des propos de leaders du FN, tels que ceux de Le Pen sur les chambres à gaz « détail de l'histoire », produit un effet de mise en visibilité du parti et de ses militants dont ces derniers découvrent progressivement qu'ils peuvent tirer profit[1]. L'*apprentissage politique* désigne un mécanisme davantage volontaire : il s'agit des initiatives prises *dans le parti,* et en particulier dans les écoles de formation du FN, pour mettre en scène les dangers auxquels les militants peuvent être confrontés. Les méthodes conseillées pour répondre à une agression ou se protéger d'un danger signalent l'existence d'un risque en même temps qu'elles situent le militant dans un univers décrit comme (potentiellement) menaçant[2]. De manière plus informelle et incontrôlée, les échanges entre militants participent à cette constitution progressive de savoirs concernant les infortunes des uns ou des autres et les dangers possibles. Enfin, l'*apprentissage local* se réfère à des expériences *directes* d'interactions malheureuses, qui ont mal tourné, et aux anticipations et aux pratiques qu'elles structurent lors de nouvelles interactions supposées se dérouler *dans les mêmes conditions*, ou vécues comme comparables. Les militants qui ont été pris dans des affrontements physiques lors

1. « C'est tellement des clichés que quand les médias avaient un peu transformé la phrase de Le Pen sur l'affaire du détail, et donc n'avaient sorti qu'une partie de l'interview, on a fait exploser nos adhésions, c'est l'année où nos adhésions ont explosé parce que les gens se sont rendus compte que c'était trop ridicule, ça marche plus, c'est pas être négationniste ou être révisionniste que de dire : "ça va là !" », permanente FN, Paris.

2. « On enseigne, dans nos écoles de formation, qu'en cas de problème il faut toujours crier le premier, il faut toujours menacer le premier, et que si c'est vous qui commencez à menacer même si c'est pas sérieux, même si vous n'êtes pas en position de force, en face il faudra vraiment qu'ils soient extrêmement motivés pour venir vous embêter », militant du FNJ, province. Cf. Fr. MATONTI, « Le Front national forme ses cadres », *Genèses*, janvier 1993, pp. 136-145.

de leur activité militante, ou seulement à cause du dévoilement de leur appartenance, développent ainsi de nouvelles manières d'agir (collectivement) et de se présenter (plus discrètement) considérées comme plus protectrices.

Si l'omniprésence d'un risque physique est mise en scène de manière récurrente dans l'organisation et dans le discours des militants, rares sont ceux qui témoignent d'avoir *personnellement* vécu de telles expériences. À défaut d'avoir directement éprouvé le danger, ils présentent ce dernier comme une menace toujours possible, parfois vécue par d'autres, dans un discours qui oppose, de manière paradoxale, le général (correspondant à une orthodoxie partisane[1]) au vécu :

> Le fait de s'engager sur le terrain, là, c'est s'exposer à bien plus de problèmes. On a régulièrement des problèmes quand on est au FNJ. [...] Non, le militantisme, peut-être quelqu'un dans ceux que vous allez interviewer a déjà été agressé, mais moi je n'ai jamais eu de problème, quand je vais mettre des autocollants, j'en mets partout, je suis tout seul, pas armé, rien du tout, je ne suis jamais armé, j'ai jamais rien du tout sur moi, non, je n'ai pas de problème.
>
> Militant FNJ, province, étudiant en droit.

Il peut ne pas en aller différemment du risque d'exclusion du milieu familial ou amical, pourtant mis en avant, dans un premier temps[2]. Ceux qui ont fait l'expérience directe du coût qu'il y a à se dévoiler peuvent souvent faire état de tout un dégradé de procédés

1. Cette rhétorique de la menace emprunte ici au discours officiel du FN sur le danger que constitueraient les immigrés. On voit qu'il ne s'agit pas seulement, loin de là, d'un produit des expériences :
– Il faut rester prudent, vous savez, parce qu'il suffit qu'il y ait un arabe dans le coin qui vous entende, et qui à la sortie du magasin ou autre vous attende, et voilà, pof ! Ah oui, ça il faut faire très attention quand même [...].
– Ça vous est arrivé personnellement d'avoir ce genre de problèmes ?
– Non, parce que moi je suis discret, si je ne suis pas certain, je ne parle pas du Front national (militant FN, Paris, ancien militaire).

2. « Il est vrai que dans la famille ça peut jouer, l'étiquette partisane, il n'est pas rare du tout que des gens à partir du jour, peut-être pas où ils s'engagent au Front national, mais à partir du jour où ils le disent, qu'ils soient un peu dévalués au regard de leurs amis. [...] Moi, je n'ai jamais eu de problème de ce côté-là. Non, il faut dire que la grande majorité de mes amis ont des idées au moins proches des miennes », militant FNJ, province, étudiant en droit.

de divulgation de leur identité, progressivement expérimentés, qui visent à leur permettre de maintenir à la fois leur volonté d'« assumer » leur engagement (et éventuellement de « sauver la face » en la matière) et celle de se protéger[1]. Dans ce sens, une règle pragmatique couramment rencontrée dans les propos des militants – et qui est à la fois règle de prudence et d'efficacité – consiste à considérer qu'« il ne faut pas dire l'étiquette FN ». Puisque c'est d'abord « la marque » FN qui porte, aux yeux des intéressés, le stigmate, c'est sur elle que se focalisera l'effort de dissimulation, soit qu'elle fasse l'objet d'un dévoilement sélectif, à des individus considérés comme sympathisants ou lors de situations qui ne permettent pas de l'éviter, soit qu'elle soit totalement passée sous silence, en dehors du parti lui-même :

> La plupart des gens ne le savent pas, ou plutôt ne savent pas texto l'étiquette Front national. Parce que les gens sont souvent assez d'accord quand on leur parle de certaines idées vagues, idéologiques, mais dès qu'on leur dit l'étiquette Front national, brutalement ils sont un peu moins d'accord. Donc les gens connaissent ma tendance, ils se doutent, mais ils ne m'ont jamais entendu noir sur blanc dire que j'étais Front national. Ça c'était au niveau de la famille, et au niveau amis, par exemple là où je fais mes études, c'est un peu pareil, les gens connaissent la tendance, mais j'évite de leur dire parce que des fois c'est mal perçu. [...] J'aurais été par exemple du RPR, j'aurais été même villiériste ou pasquaïen, je pense que je l'aurais dit assez largement, je n'aurais pas hésité à diffuser mes idées et à dire mon étiquette, et les gens, ils auraient aimé, ils n'auraient pas aimé, mais ils ne m'auraient pas persécuté, je ne voudrais pas employer des termes un peu extrêmes, mais en tant que militant du Front national, j'évite.
>
> Militant FNJ, région parisienne, étudiant en école d'ingénieur.

Les militants qui présentent, de la même manière, un visage public plus ou moins voilé, dès lors qu'ils n'ont plus le sentiment d'être entre soi et en sécurité, sont nombreux. Ils manifestent ainsi le résultat d'apprentissages du dicible et de l'indicible socialement, en vertu desquels ils peuvent anticiper le risque couru à s'afficher sans en avoir jamais éprouvé directement les effets. Ils pourront

1. Goffman parle en ce sens d'une « étiquette de la divulgation » des stigmates, cf. E. GOFFMAN, *Stigmate, op. cit.*, p. 122.

alors avoir tendance à s'en tenir aux formes minimales d'action et d'engagement, afin de ne pas se mettre « en première ligne », de ne pas se rendre visibles, et donc de ne pas trop s'exposer à la dénonciation. Dans l'organisation, cette tendance à se situer sur le pôle discret est combattue[1], en même temps que l'image d'un militantisme particulièrement dangereux est cultivée : elle est en effet valorisante, en permettant aux intéressés de se percevoir au travers de la figure du « brave » face au danger ou de celle du « martyr[2] ». Cette ambiguïté est constamment entretenue et aménagée à l'intérieur du FN, notamment à la faveur des « formations » destinées aux militants et aux cadres, dans lesquelles la prise de risque effectuée par les militants est mise en scène, soulignant le courage et donc la valeur des intéressés, en même temps que la volonté d'éviter la défection réelle des individus conduit au maintien de discours rassurants, indiquant par exemple des conseils et techniques pour sécuriser les activités militantes (ne pas « tracter » seul, etc.).

2. Le dévoilement « entre soi »

Apparemment à l'opposé des stratégies de dissimulation, l'*exhibition ostensible* de signes d'appartenance peut se rencontrer parmi les militants. Mais elle est souvent réservée aux activités *entre soi*, au sein du FN ou du FNJ (ou à des contextes dans lesquels il n'est pas possible de cacher l'étiquette FN, comme le « tractage » ou le « boîtage » – la distribution de tracts et de documents dans les boîtes à lettres), et vient en pratique se combiner à des stratégies plus prudentes vis-à-vis de l'extérieur et à d'autres manières de se définir. Le maniement manifeste des signes et des labels se fait donc en grande partie *à l'intérieur et pour l'intérieur* de l'organisation. Celle-ci est présentée comme une communauté dans laquelle on

1. « Non, *a priori* il y a nettement moins de risques qu'on ne le dit à militer. C'est vraiment l'idée qu'il faut faire passer aux gens, c'est que finalement ils ne risquent rien », responsable départemental et régional du FNJ.

2. « Mais moi, je me promène avec mon insigne, *mon mari m'a dit que je me ferai tuer, ça ne me dérange pas du tout* [...]. Personne ne m'embête. Peut-être parce que j'ai ce petit insigne, je crois que qui s'y frotte s'y pique », militante FN, Paris, infirmière B (souligné par moi).

retrouve des individus qui, non seulement pensent comme soi, mais *sont* comme soi.

> On se retrouve entre nous, on a les mêmes idées, et puis on est des Européens, d'abord français, après européens, donc disons, de race blanche.
>
> Militant FN, Paris, ancien militaire[1].

Ce type de perceptions est d'autant plus marqué que les personnes considérées sont isolées par ailleurs et trouvent un refuge et des soutiens vécus comme indispensables au FN. Les symboles d'appartenance exhibés, tels que les insignes du FN, parce qu'ils sont peu lisibles de l'extérieur, permettent avant tout une reconnaissance entre initiés. Il ne s'agit donc pas d'afficher et d'endosser un stigmate vis-à-vis du monde extérieur, mais de manifester son identité au groupe lui-même, de se situer dans le groupe aux yeux de ses membres, et de montrer le cas échéant qu'on y occupe une position éminente.

> Vous voyez, je porte toujours le petite insigne là, c'est ce qu'on appelle la flamme d'honneur. On m'a une fois ou deux posé une question, mais sans agressivité. J'ai dit : « c'est la Légion d'Honneur du Front national ! »
>
> Militant FN, Paris, ancien chef d'entreprise.

Donner à voir de tels signes ésotériques, qui font sens dans le mouvement avant tout, est donc peu coûteux pour les intéressés, qui recherchent au contraire les bénéfices attachés à l'identification, à la reconnaissance par les pairs. Bien plus, si les bricolages identitaires se font aussi dans le mouvement et par lui, c'est que celui-ci permet aux individus de convertir et de valoriser des ressources, qui fonctionnent à l'extérieur comme des attributs discréditants ou risqués. Il en est ainsi d'un passé militant dans

1. « Je bouge réellement, puisque c'est comme ça qu'on appelle ça, nous, on parle de bouger, depuis l'âge de 17-18 ans environ, donc ça fait à peu près trois-quatre ans. Et c'est lié au fait que j'ai des amis ici, outre le fait de militer politiquement, c'est une bande d'amis que je retrouve, et je me sens bien avec eux, et je cherche à les voir au maximum », militant FNJ, région parisienne, étudiant en école d'ingénieur.

différentes organisations d'extrême droite, ou d'engagements pour l'Algérie française. Son action au sein de l'OAS est ainsi directement exposée par une personne interrogée[1], et présentée – non sans une certaine fierté – comme un « devoir » accompli en vertu d'un « idéal national ». Le parti offre alors un cadre dans lequel il est possible d'aménager une écriture du passé conciliant sentiment de fidélité à soi-même et faible risque de réprobation sociale. Il constitue un espace où peut persister un sens du passé qui n'est plus tenable dans nombre d'autres lieux sociaux. Des manières de voir, se voir, se donner à voir sont donc en jeu dans l'appartenance au FN et dans l'intégration dans ce groupe (ou dans des groupes le composant) puisqu'il permet à la fois de conserver pour soi une identité (dans la continuité d'un passé socialement condamné) et d'en redessiner pour l'extérieur les contours.

Le jeu sur les attributs, labels et objets qui manifestent des identités se fait également « pour l'intérieur », dans le sens où il est destiné à un univers militant et politique plus large que le seul FN, mais qui reste un jeu spécifique, doté de ses propres règles, codes et références, et qui exclut les profanes. C'est parce qu'ils partagent ces repères, ce langage, parce qu'ils ont en commun de trouver un intérêt prioritaire aux jeux et enjeux politiques dans lesquels ils se sont investis, que les militants FN peuvent valoriser la discussion avec des individus engagés dans d'autres partis, qui se définissent, tout comme eux, à l'aide de catégories politiques, comprennent les signes qu'ils envoient et peuvent, en les situant dans l'univers politique, consacrer leur identité et leur existence. C'est ce qui conduit ce militant frontiste à préférer la compagnie de militants de partis opposés, susceptibles de le reconnaître et de lui restituer son identité sans qu'il ait explicitement à se découvrir, à la discussion avec des « profanes » :

1. Cette militante parisienne met spontanément en relation son entrée au FN, dès sa création en 1972, avec son appartenance préalable à l'OAS : « Je n'avais jamais milité dans un parti politique avant d'être au Front national, je suis – je vais me jeter à l'eau, il n'y a pas de raison –, j'ai fait partie de l'OAS, et j'avais un chef de réseau dans l'OAS [...]. Et puis un jour cet ami est arrivé et il m'a dit : "Tu sais, Jean-Marie Le Pen, tu te souviens, je t'avais parlé de lui pendant l'OAS" – je ne le connaissais pas – "il vient de fonder un nouveau parti et je pense que ta place est parmi nous." J'ai dit : "Ah bon ?". Et il m'a emmenée à une réunion. »

> Moi, je sais que je suis en très bons termes avec des militants socialistes, un peu tout le monde, globalement, et j'aime bien parler de politique avec eux. Et eux, comme ils ont un peu plus d'éducation et de formation politique, *ils devinent tout de suite les petits détails qui me « grillent », mais je ne leur dis pas texto ce que je pense.* [...] Moi, personnellement, j'aime bien les gens qui ont des idées, même quand c'est pas les miennes, même quand c'est un socialiste, ça me fait toujours plus plaisir d'avoir quelqu'un qui a des idées, qui comprend quelque chose à la politique, qui s'y intéresse, qui s'intéresse à la vie de l'État, de la Nation, plutôt qu'une larve qui ne pense rien et qui se mettra toujours du côté de là où il y a des intérêts.
>
> Militant FNJ, région parisienne, étudiant en école d'ingénieur (souligné par moi).

Néanmoins, définir leur identité « par et pour le jeu politique » signifie d'abord, pour les militants du FN, se situer et se distinguer par rapport aux groupes et aux organisations dont ils se sentent les plus proches. Si pour les leaders du FN, cela implique de marquer une distance et d'adopter des stratégies de compétition vis-à-vis des mouvements de Charles Pasqua et Philippe de Villiers (Rassemblement pour la France, RPF), ou d'Alain Madelin (Démocratie libérale), autant que du MNR de Bruno Mégret, c'est avant tout en opposition à ce dernier que se placent les militants « de base ». Interrogés, rappelons-le, au printemps 2000, ils évoquent spontanément l'épisode de la scission intervenue suite au Congrès du FN de décembre 1998. C'est d'abord dans un registre moral que la ligne de partage est tracée : elle sépare les « fidèles » qu'ils sont demeurés, des « traîtres » qui ont suivi Mégret[1].

1. Les perceptions de la scission, de son sens et de ses causes, varient aussi suivant le degré de compétence politique et la capacité à se repérer dans les jeux entre leaders et équipes dans le parti. Cette militante exprime ainsi la confusion de sa vision de ce qui se passe « au sommet » de l'organisation : « C'est dommage que les têtes ne se soient pas entendues, il a dû y avoir des trucs comme ça qui n'ont pas plu, il y en a un qui a dit : "Ben, moi je m'en vais et puis c'est tout." Je pense. Je pense parce que, quand on entend les différents sons de cloche, il faut faire attention parce que c'est tout blanc d'un côté, tout noir de l'autre. Il faut connaître les choses. J'ai eu aujourd'hui quelqu'un de province qui m'a dit qu'il s'était fait virer du CNC, voilà, peut-être qu'il a défendu Mégret et que l'autre a dit... [faisant signe de prendre la porte] », militante FN, Paris, infirmière A.

Ça a été un moment pénible. Très pénible parce qu'on a été *trompés*. On a été *trahis* par des gens, je parle pour moi, dont certains étaient des amis, qui n'avaient rien dit de leur intention, *qui avaient tout fait en masquant les choses, par faux-semblants, par personne interposée. Quand on regarde ça, c'est quasiment unique dans les annales de l'histoire politique en France, une telle trahison, orchestrée en sous-main par tous les sbires de Bruno Mégret, qui ont eu tous les moyens, aussi bien financiers, humains que techniques pour commettre leur forfait.* [...] Ça a été très dur pour moi parce que je viens d'une fédération où tout était noyauté par les mégrétistes, je l'ai su bien sûr après, et que je n'étais même pas un cadre à l'époque, j'étais flatté, je devais être embauché par mon ancien secrétaire départemental qui m'a passé une pommade pas possible. Et c'est vrai qu'il prenait des positions à l'encontre du président Jean-Marie Le Pen, je n'arrivais pas à suivre, je ne comprenais pas déjà, et qui se sont révélées au moment de la crise, et j'ai eu une période très très brève de réflexion, et au bout d'une journée ou deux, *j'ai compris que c'était une vaste arnaque et que ça allait déboucher sur une trahison*, donc j'ai dit : « [...] Je ne vous suis pas dans la voie que vous avez choisie, *c'est la voie de la trahison, et du déshonneur, et moi je reste fidèle non seulement à un homme, Jean-Marie Le Pen, à un parti politique, le Front national, et surtout à un idéal* qui est le nationalisme. »

Responsable local et national FNJ (souligné par moi).

La rhétorique du complot trouve ici toutes ses composantes. Non contents d'avoir trahi un idéal, ces « ennemis » ont tenté, dans la dissimulation et le secret, de débaucher cadres et militants par des méthodes peu légitimes de distribution d'incitations positives et négatives[1] – dans le cas précédent, le chantage à l'emploi. Bien plus, ils sont décrits par certains militants comme coupables d'infractions pénales : le vol de biens du parti[2]. Suivant leur propre rapport à l'engagement et leur manière de se définir, les militants restés au FN traduiront plus ou moins cette vision de la scission en terme d'offense *personnelle*, en reproduisant la coupure au sein de leur vie privée, comme le fait cette militante :

1. La notion d'incitation sélective est ici librement empruntée à M. OLSON, *La Logique de l'action collective*, Paris, PUF, 1978.

2. « Ça a été très dur, parce qu'ils ont tout volé. Ils ont volé les listings, ils sont partis avec certaines caisses, et ils ont dit tellement de mal qu'ils nous en ont fait beaucoup », militante FN, Paris, infirmière B.

> Ceux que je déteste, c'est ceux qui disent du mal du président [Le Pen], ceux-là, je ne leur pardonne jamais. Jamais. Voyez, il y a eu la scission il y a un peu plus d'un an, il y a un an et demi, j'avais des amis qui sont partis de l'autre côté, c'est fini ! Plus de coups de téléphone, ils ne mettent plus les pieds chez moi, je peux les rencontrer, je leur dirai : « Monsieur, Madame ». C'est terminé, ce n'est plus des amis. *Ils ont trahi le président. Ils ont trahi le président, ils ont trahi le Front national*, moi, ils sont rayés définitivement de...
>
> Militante FN, Paris, infirmière B (souligné par moi).

Les militants opposent également couramment, suivant une argumentation récurrente en politique, l'action sincère et désintéressée de ceux qui sont restés au FN à la logique de l'intérêt personnel – illégitime dans les jeux politiques et militants dont une règle normative est au contraire le respect d'un strict désintéressement – présentée comme le moteur du départ des partisans de Mégret. L'attente d'une rétribution matérielle à leur militantisme est ici dénoncée : ce sont des « carriéristes » à la recherche de postes, éventuellement frustrés par la déception d'attentes préalables en la matière, qui ont quitté le FN :

> Je pense que le point positif, c'est que les personnes qui étaient là et qui sont parties étaient carriéristes, parce que le Front national était en train de monter au fur et à mesure, on était proche des 20 %, et c'est des gens qui étaient au RPR et qui venaient au Front, ils se sont dit : « au RPR, il y a suffisamment de monde, au Front, on pourra avoir des places », c'est des gens qui voulaient des places, d'ailleurs on le voit, il y a beaucoup de conseillers régionaux qui sont partis avec Mégret, parce que c'est des gens qu'on avait placés, donc c'est des gens qui se battaient, non pas pour la France mais pour le Front national, pour avoir des places.
>
> Militant FNJ, étudiant en école de commerce, province.

Quelles que soient les logiques réelles de ces défections – l'hypothèse d'une aspiration à appartenir à un parti « normalisé », susceptible d'être associé à d'autres organisations de droite dans des instances de décision, n'est pas absurde –, le registre de disqualification employé mérite d'être relevé. Il fait écho à des discours récurrents dans des mouvements classés comme populistes, qui condamnent la confiscation de la politique par des professionnels. C'est ainsi que les mégrétistes sont décrits comme des jeunes loups venus du RPR, et parfois inscrits parmi les « technocrates » monopolisant les postes politiques. Symétriquement, les porte-parole du MNR fustigent le caractère vieillot et « réactionnaire » du FN et se posent comme modernes, rationnels et réformateurs. Parallèlement à la mise en scène de ces oppositions, se déroulent des affrontements autour de l'usage des symboles et des identités collectives déjà stabilisées, revendiquées concurremment par les deux groupes issus de la scission. Chacun se veut représentant d'une continuité avec l'ancien FN, redéfinissant et unifiant ainsi cet héritage[1].

Néanmoins, pointer l'éclatement des représentations et des situations agglomérées sous le terme d'« extrême droite » ou sous le label « FN » ne constitue en aucun cas un appel à ne pas prendre au sérieux l'activité des individus et des organisations qui revendiquent ces dénominations. Rien ne serait plus éloigné de cette démarche qui se veut attentive à la diversité des rapports à l'engagement que la conclusion selon laquelle, en raison de cette hétérogénéité, « l'extrême droite française n'existe pas ». Car les usages que des individus différents, en situations hétérogènes, font des catégories et labels politiques, ou de tout ce qui objective « l'extrême droite » dans l'apparente unicité d'un mot ou d'une chose, ont des *effets*. Les images stéréotypées du militant frontiste, que nous connaissons et que les intéressés rencontrent également, ne sont ainsi pas seulement des visions trompeuses, on ne peut pas se contenter de les écarter en ce qu'elles participeraient d'une fausse conscience : elles font partie des matériaux disponibles pour les opérations de construction identitaire qu'effectuent les militants, même les plus dominés.

1. L'appropriation du nom « FN » et de la flamme fait ainsi l'objet d'affrontements, notamment judiciaires, qui se soldent au profit du mouvement de Le Pen.

7.

Le « national-populisme » ou le fascisme disparu

Les historiens du « temps présent » et la question du déloyalisme politique contemporain

Annie Collovald

« Populisme ou fascisme ? » (Pierre Milza), « National-populisme, résurgence d'une vieille droite » (Michel Winock) : depuis le milieu des années 80, le mot « populisme » s'est introduit dans le vocabulaire des historiens du « temps présent ». Les propos cités le signalent : dans ce secteur de l'interprétation savante de la vie politique, le terme fait opposition au fascisme et s'attache à qualifier et à situer le Front national sur l'échelle de l'extrémisme politique. Bien sûr, les historiens ne sont pas les seuls à utiliser le néologisme qui paraît être d'époque. Des journalistes, des intellectuels essayistes, des politologues, des hommes politiques l'emploient eux aussi mais en ne lui donnant pas toujours la même signification. L'adoption du mot n'avait pourtant rien d'évident.

Lorsque le Front national apparaît sur la scène électorale en 1983 lors de l'élection municipale de Dreux et surtout lors des Européennes de 1984, d'autres classifications possibles auxquelles rattacher le parti de Jean-Marie Le Pen étaient envisagées : « Extrême droite » pour certains (Stanley Hoffmann, *La Croix*, 19 juin 1984), « poujadisme aux accents d'antiparlementarisme » (Jean-Pierre Rioux, *Libération*, 18 juin 1984) ou « fascisme » pour d'autres, notamment des journalistes et des hommes politiques, « populisme » selon d'autres encore (Annie Kriegel, *Le Figaro*, 5 juillet 1984). C'est Michel Winock qui, dans un article paru à la une du *Monde* en 1987 et repris dans un de ses ouvrages[1], va être le premier historien à emprunter la catégorie de « national-populisme » avancée par le philosophe politique Pierre-André Taguieff[2] et à en systématiser l'emploi avant que celle-ci ne connaisse un véritable succès parmi la profession historienne. Mobilisée dans différents travaux dès qu'il s'agit d'aborder l'actualité politique, elle sert à inscrire le FN dans une nouvelle filiation politique dont la constitution date de la fin du XIXe siècle et correspond à l'émergence d'une « nouvelle droite » mobilisant « les masses sur quelques slogans serinés ». Le boulangisme et le poujadisme en deviennent des précédents emblématiques, eux qui sont présentés comme des mouvements s'affirmant à la fois « sociaux » et « nationaux », invoquant la *vox populi* en défi aux partis établis, jouant des « petits » contre les « gros » et « rassemblant principalement les mécontents, les menacés et les inquiets devant les transformations socio-économiques ».

On ne s'interrogera pas sur le bien-fondé de la nouvelle catégorie de « national-populisme » pour qualifier le FN : on s'intéressera plutôt à ses usages et aux enjeux qu'ils recouvrent à la fois pour ceux qui l'utilisent et pour l'analyse de la vie politique, présente et passée, qu'ils proposent. Pour le dire rapidement, le recours à cette catégorie dépasse le seul problème de la modification du langage politique. Substituer un mot à un autre revient toujours à changer le regard et les interprétations anciennement portées sur le phénomène observé et, en transformant son identification, à faire fluctuer la valeur politique qui lui était attachée. Les usages du terme « national-populisme » s'inscrivent ainsi dans le mécanisme plus général de production de la légitimité politique, avec cette spécificité de mettre en jeu une redéfinition de l'acceptable et l'inacceptable en démocratie. À ce titre, ils invitent à réfléchir au problème du déloyalisme politique. Comment déceler et étudier cette forme politiquement constituée d'opposition aux règles et aux principes idéaux et pratiques du jeu démocratique, qui cherche à

1. M. WINOCK, « Le retour du national-populisme », *Le Monde*, 11 juin 1987, repris dans *Nationalisme, antisémitisme et fascisme en France*, Paris, Le Seuil,1990.

2. P.-A. TAGUIEFF, « La rhétorique du national-populisme », *Cahiers Bernard Lazare*, 109, juin-juillet 1984 ; « La doctrine du national-populisme en France », *Études*, 1, 1986.

les contrer ou à les briser à la différence d'une opposition « loyale » qui, elle, les admet[1] ? Quelles variations et quelles impasses connaît son analyse ? C'est sur ces points que l'on voudrait s'arrêter ici. D'abord en revenant sur ce qui incite les historiens du « temps présent » à faire usage de l'expression « national-populisme » ; ensuite en soulignant les formes de méconnaissance que leur analyse produit ; enfin, en proposant une autre histoire à entreprendre pour comprendre ce que représente concrètement le FN.

UN ENJEU HISTORIOGRAPHIQUE : LE NATIONAL-POPULISME CONTRE LE FASCISME

Le score obtenu par le FN aux élections européennes de 1984 a créé une véritable stupeur chez tous ceux qui ont pour profession de commenter la vie politique. Absent des grandes consultations électorales[2], groupusculaire et marginalisé jusqu'à l'élection municipale de Dreux en 1983 et l'alliance entre les deux tours avec la droite classique, c'est peu de dire qu'il était admis que le FN était incapable de s'imposer au plan national et de s'inscrire dans le jeu démocratique. Le démenti de ce diagnostic, relancé par l'entrée au Parlement d'une trentaine de députés en 1986, déclenche une vive controverse politique dans laquelle les interprétations se multiplient. Tous les intervenants sont alors en désaccord sauf pour voir dans la percée frontiste un événement majeur et dans le parti de Jean-Marie Le Pen une entreprise qui, illégitime politiquement et indigne moralement, représente une extrême droite anti-républicaine ou un fascisme rénové : dans tous les cas, un danger pour la démocratie, tant son radicalisme passé est jugé incompatible avec les règles d'un jeu politique pacifié. Au centre des préoccupations d'alors, rendues d'autant plus centrales que se discute au Parlement la réforme du code de la nationalité, la nature idéologique du FN qu'expriment ses dirigeants et

1. On reprend à notre façon une distinction opérée par J. Linz entre opposition « loyale » et opposition « déloyale », in *Crisis, Breakdown and Reequilibration*, Londres, The Johns Hopkins University Press, 1978.

2. En 1981, lors des élections présidentielles, J.-M. Le Pen n'a pu obtenir le nombre suffisant de signatures pour faire acte de candidature.

qu'incarnent ses militants. Elle divise les commentateurs, certains retenant sa xénophobie, d'autres son racisme, d'autres encore son nationalisme. Les conclusions trouvent une traduction directe dans le débat politique et journalistique où règnent également des divergences sur la « bonne » attitude à avoir face à ce parti : doit-on inviter Jean-Marie Le Pen sur les plateaux télévisés et lui offrir ainsi une tribune ? doit-on l'ignorer ? peut-on faire alliance avec lui, etc. ?

Une solution arrangeante

C'est dans cette configuration de désaccords croisés mais de posture commune aux différents secteurs d'interprétation de la vie politique que commencent à devenir récurrents les usages du terme « national-populisme ». Ils visent à situer clairement le FN non pas tant sur l'échiquier politique (tous sont d'accord pour le mettre à l'extrême droite) que par rapport au jeu démocratique existant. En effet, quel que soit le secteur d'appartenance, un seul point de vue s'impose sur ce parti et son leader : le point de vue « démocrate », qui voit en eux une menace pour l'ordre politique établi. Une seule explication de leur succès aussi : la démagogie d'un leader manipulant les « peurs » et les « ressentiments » de groupes sociaux issus du bas des classes moyennes (le « Français moyen » ou le « beauf ») déjà préparés par leur déclassement (réel ou craint) à se retrouver dans la xénophobie et l'autoritarisme, ces deux faces d'une même formule politique antidémocratique. Le mot de « national-populisme » est nouveau, du moins en France et comme grille d'analyse d'un mouvement politique. Il paraît pouvoir décrire un tel phénomène politique qui bouscule le clivage droite/gauche en empruntant à l'une et à l'autre des deux traditions politiques tout en leur donnant une expression qui leur est étrangère : « solution autoritaire » *via* le charisme d'un chef et appel au populaire dans un sens élargi, le tout s'accomplissant par-delà toutes les médiations établies et contre les représentants politiques en place ; affichage de propositions nationalistes inentendues depuis longtemps sous cette forme (« préférence nationale », « la France au Français »). S'inscrivant alors dans une conjoncture interprétative marquée par des alarmes sur la « crise de représentation » que connaîtrait la politique, le « populisme » en devient un « symptôme ».

Les historiens du « temps présent » vont se servir du mot, mais de façon décalée par rapport aux jugements qui ont cours dans le débat public, pour refuser la qualification de « fascisme » au parti frontiste. Tout comme pour les autres commentateurs politiques, la labellisation du FN leur est importante mais, pour eux, elle constitue un véritable enjeu professionnel sur lequel s'est construite en partie leur identité d'historiens. L'enjeu renvoie à une controverse historiographique qui a ébranlé la profession et porté sur l'existence ou non d'une idéologie fasciste importante et cristallisée en France. On ne reviendra pas sur le débat de fond[1] qui les a opposés à Zeev Sternhell lors de la parution en 1983 de son ouvrage, *Ni droite ni gauche. L'idéologie fasciste en France*, où a été avancée, pour réfuter son analyse, l'idée d'une société française « allergique » au fascisme[2] qui faisait l'unanimité entre les historiens alors dominants[3]. Disons simplement que c'est à travers le prisme de cette controverse que les historiens du « temps présent » vont s'inscrire dans la compétition à la fois politique et intellectuelle pour l'identification du FN.

Le « national-populisme » semble être la « solution trouvée » pour à la fois résoudre la contradiction apportée par une réalité politique qui dément leurs prévisions et les multiples critiques externes et internes à leur propre groupe qui se sont élevées avec plus ou moins de vigueur contre leur vision d'une République totalement protégée de tout déloyalisme. Suggérant que le FN incarne un nouveau type de droite radicale sans précédent parmi les

1. Sur les questions historiographiques soulevées à cette occasion, voir A. COSTA-PINTO, « Fascist Ideology Revisited : Zeev Sternhell and his Critics », *European History Quarterly*, 16, 1986. P. MILZA, *Fascisme français. Passé et présent*, Paris, Flammarion, 1987.

2. Pour cette idée, voir S. BERSTEIN, « La France des années trente allergique au fascisme. À propos de Zeev Sternhell », *Vingtième siècle*, 2, 1984. Pour sa critique, voir M. DOBRY, « Février 1934 et la découverte de l'“allergie” de la société française à la révolution fasciste », *Revue française de sociologie*, 30, 1989.

3. À côté de S. Berstein interviendront, entre autres et avec des critiques différentes, René Rémond (qui maintient la position déjà prise en 1952 in « Y a-t-il un fascisme français ? », *Terre humaine*, 19-20, 1954) et J. Julliard (« Sur un fascisme imaginaire : à propos d'un livre de Zeev Sternhell », *Annales ESC*, 4, 1984).

extrêmes droites existant depuis la Libération[1], le label les oblige certes à changer leurs classifications antérieures mais dans le sens d'une rénovation plus adaptée à la réalité politique présente et tout en préservant l'essentiel : leur conception de leur métier d'historiens et de l'histoire politique qu'ils ont reconstituée, autre façon de répondre à Zeev Sternhell sans le dire et sans plus débattre de sa thèse.

La percée spectaculaire d'un parti issu d'une extrême droite jusqu'alors perçue comme vouée à rester embryonnaire et aux marges de la démocratie, et la conjoncture interprétative où foisonnent les accusations de fascisme et les exégèses idéologiques n'ont pu en effet que les préoccuper. C'est qu'elles surviennent au moment même où ils sont mobilisés pour la construction d'une identité professionnelle collective les distinguant des autres spécialistes de la vie politique. Les historiens travaillant sur le XXe siècle sont engagés depuis le milieu des années 80 (l'IHTP est créé en 1978) dans une entreprise de réhabilitation de l'histoire politique par laquelle ils tentent de constituer celle-ci en école ou en discipline à part entière avec ses objets emblématiques, ses pères fondateurs, ses méthodes particulières[2]. Entendant redonner aux « grandes constructions idéologiques » une autonomie et un rôle majeur dans l'explication des phénomènes politiques (dans leur origine et dans leur évolution) contre les analyses d'histoire sociale (développées par les *Annales*) ou de sociologie historique jugées trop « déterministes », leur projet veut prendre tout son éclat en auscultant justement les « droites ». L'ouvrage de René Rémond, *Les Droites en France,* est revendiqué comme le « grand classique » fondateur de leur identité professionnelle et, avec lui, la démarche qui le sous-tend : souci de classification par la mise au jour de traditions politiques nées au XIXe siècle et réactivées jusqu'à aujourd'hui ; analyses par un jeu de filiations pour lesquelles

1. C'est ainsi que dans sa première formulation logique la catégorie de « national-populisme » est posée, voir P.-A. TAGUIEFF, « Les droites radicales en France », *Les Temps modernes*, 465, 1985.

2. Voir René RÉMOND (dir.), *Pour une histoire politique*, Paris, Le Seuil, 1988. Le projet est clairement repris ensuite dans J.-Fr. Sirinelli et É. Vigne, « Des droites et du politique », in J.-Fr. Sirinelli (dir.), *Histoire des droites en France*, Paris, Gallimard, 1992.

prévaut le discours affiché ou l'idéologie défendue ; volonté de « redonner l'épaisseur du temps » aux phénomènes les plus actuels. L'« intrusion de l'histoire réelle » que constituent l'introduction et le maintien du FN dans le jeu politique les incite alors à s'intéresser à lui.

Si tous se retrouvent pour classer le FN à droite et hors du fascisme, leurs conclusions cependant diffèrent à la fois sur le type de droite qu'il incarne (contre-révolution ou bonapartisme ou tradition étrangère à la République) et sur le degré de dangerosité à lui conférer. En témoigne la critique de Pierre Milza adressée à une prise de position de René Rémond[1]. Appelés à intervenir mais désaccordés sur les jugements politiques à porter sur le FN, ces historiens voient leurs divergences redoublées par une série de tensions nouvelles nées de la mise en publicité de débats, jusque-là réservés à leur seule compétence, sur le régime le plus proche en France du fascisme et la généalogie à lui attribuer.

La fin des années 80 et les années 90 connaissent, en effet, une forte politisation des enjeux historiographiques propres à la période des années noires constituant leur spécialité : Vichy, la collaboration et leurs origines. Le procès Klaus Barbie en 1987, l'inculpation de René Bousquet en 1991, mort assassiné en juin 1993, l'adoption fort critiquée de la loi Gayssot en 1990 (faisant du négationnisme un délit), le scandale du fichier des Juifs en novembre 1991, les polémiques sur la commémoration de la rafle du Vel' d'Hiv en juillet 1992, le procès Paul Touvier au printemps 1994 et, enfin, le procès Maurice Papon en octobre 1997, ont été fortement publicisés[2]. Se sont ouvertes aussi des compétitions imprévues.

1. René Rémond, dans un article publié par *Le Monde* en avril 1985, relativisait l'appartenance du FN à la tradition politique de l'extrémisme de droite. « Sans doute (lui répond P. Milza) : s'agissant du moins de la forme qu'a prise l'organisation lepéniste depuis sa percée électorale de 1983. Cela ne change rien au fait que nous sommes à cette date en présence d'une organisation extrémiste, essentiellement composée de militants issus de l'ultra-droite pour lesquels l'euphémisation du discours, opérée au sommet par le leader médiatique, ne modifie en rien les convictions et le projet politique », in « Le Front national : droite extrême ou national-populisme ? », in *Histoire des droites en France*, *op. cit.*, p. 696.

2. Sur ces événements, voir É. CONAN et H. ROUSSO, *Vichy, un passé qui ne passe pas*, Paris, Fayard, 1994.

De la même façon que pour les investigations sur le FN, d'autres qu'eux (notamment des journalistes, hommes politiques, intellectuels essayistes et surtout des avocats et des juges) prétendent « faire de l'histoire ». Non seulement le monopole du travail historique est entamé, mais aussi celui de « dire l'histoire », et c'est jusqu'à la définition de ce que doit être le rôle social de l'historien qui est soumise à discussion. S'ils se trouvent presque sommés d'adopter un rôle « civique » (de témoins et juges de l'histoire politique passée au nom de leurs compétences) qui ne fait pas l'unanimité entre eux, ils sont également placés dans la situation de devoir défendre collectivement leur interprétation historique du régime de Vichy et leur version de cette histoire passée qui revient hanter le présent. Sur ces deux points, les désaccords internes à leur groupe passent sur la scène publique et mobilisent d'autres qu'eux.

Leur analyse de Vichy, longtemps tenu pour un régime entièrement soumis à l'Occupation allemande et à ce titre peu exemplaire d'une tradition politique française, avait déjà été fortement ébranlée par des travaux d'historiens étrangers, notamment ceux de Robert Paxton et Michael R. Marrus montrant que loin d'avoir été totalement dominé, Vichy avait parfois, et sur les sujets les plus cruciaux pour apprécier son degré d'autonomie (les déportations de populations juives), anticipé sur les désirs de l'occupant[1]. Devenu un régime « autoritaire » en rien comparable au « totalitarisme » du nazisme ou du fascisme mussolinien (voire au franquisme)[2] pour cause d'absence de parti unique, mais entièrement redevable à un conservatisme contre-révolutionnaire, élitiste et maurrassien, dévoyé par Laval contre les intentions de Pétain, la définition cadrait mal à la fois avec ce qui se disait et se jugeait dans les prétoires et dans la presse (où des hommes de Vichy étaient mis sur le banc des accusés pour évaluer leur participation à la « solution finale ») et avec ce que d'autres travaux, étrangers ou français, commençaient à exposer : que

1. Robert O. PAXTON, *La France de Vichy, 1940-1944*, Paris, Le Seuil, 1973 ; M. R. MARRUS et Robert O. PAXTON, *Vichy et les juifs*, Paris, Calmann-Lévy, 1981.

2. Cf. J.-P. AZÉMA, « Le régime de Vichy », in J.-P. Azéma et F. Bédarida (dir.), *La France des années noires*, t. 1, Paris, Le Seuil, 1993.

ranger Vichy dans la contre-révolution maurrassienne ne pouvait se faire qu'au prix d'une vision réductrice à la fois des concurrences internes à ce régime, de l'influence de la domination allemande et de la figure de Maurras[1] ; qu'il y avait bien eu un projet de « révolution nationale » visant la création d'hommes nouveaux contre les élites républicaines, mais aussi contre tous ceux qui n'entraient pas (ou plus) dans une nation « faite de terre et de sang[2] » ; ou plus simplement que, pour comprendre Vichy, mieux valait abandonner les questions de sa filiation pour examiner les pratiques et les anticipations sur la fin de la guerre qui déterminaient les lignes d'action politique suivies[3]. Même si elles étaient plus ou moins entendues et reconnues, ces analyses, par leur existence même, ouvraient le débat sur la définition de Vichy et offraient des ressources intellectuelles nouvelles pour critiquer la version établie.

Les ressources d'une nouvelle classification

À l'analyse, la catégorie de « national-populisme » permet sinon de faire taire tous ces désaccords, du moins de les neutraliser en les déplaçant, et de rassembler les historiens du « temps présent » autour d'un « mot totem » permettant de changer la labellisation d'une des droites sans bouleverser la classification antérieure. Nouvelle à ce moment-là dans le vocabulaire savant français, et, à ce titre, neutre car peu usée par des différends intellectuels, elle offre à ces historiens la possibilité de se réaccorder avec l'actualité en donnant une interprétation qui convienne à la fois à l'histoire présente et à l'histoire passée telle qu'ils l'ont reconstituée. Grâce à cette catégorie qui fonctionne comme une injure polie (elle évoque sans le dire le « national-socialisme »), ils sont en phase avec la posture démocratique, conjoncturellement définie comme

1. Z. STERNHELL, *Maurice Barrès et le nationalisme français*, Paris, Fayard, 2000, pp. 380-389 ; E. WEBER, *L'Action française*, Paris, Stock, 1962. Plus récemment B. GOYET, *Charles Maurras*, Paris, Presses de Sciences-Po, 2001.

2. Fr. MUEL-DREYFUS, *Vichy et l'éternel féminin* » (les opposants, les juifs, les femmes), Paris, Le Seuil, 1996.

3. M. FERRO, *Pétain*, Paris, Fayard, 1987.

« objective », à tenir face au FN et aux hommes politiques, et avec la recherche « des idées et des valeurs » révélées par le discours de J.-M. Le Pen, qui anime tous les autres commentateurs. L'indignation et la stigmatisation sont bien sûr de mise – mais contenues et relativisées. Si les dangers existent, ils peuvent être circonscrits[1].

Couplé au travail de restitution d'une « filiation » qui permet de partir de l'actualité politique pour remonter jusqu'à ses origines (supposées débuter au XIXe siècle), l'usage du terme « national-populisme » donne aux historiens du « temps présent » la possibilité d'intégrer certains aspects des travaux de Zeev Sternhell corroborés par des travaux d'histoire ou de sociologie politiques des dernières années : l'apparition de nouvelles organisations politiques au tournant du XXe siècle liée à la démocratisation de la politique ou à « l'entrée des masses dans la vie politique » auxquelles participaient, entre autres, des entreprises nationalistes[2]. Il y a là un prix à payer : il consiste à réaménager (à la marge) la typologie des droites de René Rémond, en reconsidérant la nature du « bonapartisme ». En effet, à l'inverse de la droite orléaniste « prémunie contre les séductions de type autoritaire et immunisée contre les risques de contamination par le fascisme » au nom de ses valeurs libérales, à l'inverse encore de la droite « contre-révolutionnaire », elle aussi épargnée du fascisme par ses valeurs élitistes, le bonapartisme ne devait son salut démocratique qu'à l'inexistence d'un parti unique (symbole du fascisme) et à sa « pesanteur sociologique qui l'enracine du côté des notables et le fait pencher vers la conservation de l'ordre établi ». Ce qui signifiait d'autres critères de distinction, plus empiriques qu'idéologiques, plus accidentels qu'essentiels, que

1. M. WINOCK, « Nationalisme ouvert et nationalisme fermé », *L'Histoire*, 73, décembre 1984, repris dans *Nationalisme, antisémitisme et fascisme en France, op. cit.*, p. 40.

2. Il y aurait toute une critique à faire sur le lien établi spontanément entre démocratisation de la vie politique et définition des nouvelles organisations comme « partis de masse ». Nous n'y insisterons pas, si ce n'est pour rappeler que les partis fasciste et nazi vont être tenus par la suite pour des « partis de masse » au nom de « l'appel au peuple » qu'ils auraient déployé, ce qu'une historiographie récente conteste à partir de l'examen de leur mode de fonctionnement concret. Pour l'Italie, voir S. LUPO, *Il Fascimo. La politica in un regime totalitario*, Rome, Donzelli Editore, 2000.

ceux qui prévalaient pour les deux autres droites, critères qui tombent cependant une fois reconnu qu'à la fin du XIXe siècle ont émergé des partis populaires à la fois conservateurs et nationalistes. Le bonapartisme inclurait désormais le « nationalisme de masse » qui ne serait pas une autre tradition de droite, mais la « métamorphose d'une unique tradition de pensée », se rapprochant du fascisme par son inclination populaire, mais se vouant à n'être qu'un avatar de cette droite autoritaire, destiné à rester rare et insignifiant[1]. Changement marginal qui va dans le sens d'une plus grande idéologisation des indicateurs retenus, la réorganisation de la classification conserve le principal : la conclusion et son principe d'élaboration. Ni fasciste ni d'extrême droite, le FN est une « droite populaire », « sociale et nationale », selon les mots mêmes de Jean-Marie Le Pen. Comme l'écrit Michel Winock : « Pour une fois sa définition est peut-être la plus exacte. Disons pour faire plus court : [il s'agit d'] un "national-populisme"[2]. »

Le terme est double et suppose l'oscillation entre nationalisme et populisme, entre idées et valeurs politiques, d'un côté, et mode de mobilisation politique du populaire, de l'autre. Pris littéralement, il permet la reconstruction d'une filiation politique qui, nationaliste et populaire, se distingue du nationalisme élitiste de l'Action française (et donc de Maurras et de Vichy), dont l'évocation, à ce titre, ne paraît plus pertinente dans la généalogie du FN. En outre, l'emploi du terme, que ces historiens travaillent à introduire dans leurs analyses postérieures, fait du présent la catégorie dominante de l'histoire politique et, par là même, grâce au monopole qu'ils ont de son étude dans la profession historienne, les aide à supplanter les historiens d'autres époques (notamment du XIXe siècle) critiquant

1. In René RÉMOND, *Les Droites en France*, *op. cit.*

2. Par exemple, Michel WINOCK (dir.), *Histoire de l'extrême droite en France*, Paris, Le Seuil, 1993 ; O. DARD, *Les Années 30*, Paris, Livre de poche, 1999. M. WINOCK, « Fascisme à la française ou fascisme introuvable ? », *Le Débat*, 25, mai 1983 repris dans *Nationalisme, antisémitisme et fascisme en France*, *op. cit.* Également, J.-Fr. SIRINELLI, « L'extrême droite vient de loin », *Pouvoirs*, 87, 1998, et « Aux marges de la démocratie. De l'agora à la place des pas perdus », in M. Sadoun (dir.), *La Démocratie en France*, t. 2, Paris, Le Seuil, 2000.

la définition du bonapartisme[1] ou lisant le passé et le présent sous l'angle de l'histoire sociale[2].

Devient ainsi possible un débat à compétences égales avec des représentants d'autres disciplines s'intéressant à l'actualité politique, notamment avec des fractions de la science politique et de la philosophie politique plutôt portées à voir dans les discours tenus et les idées défendues les principales raisons des actions accomplies et qui, pour des raisons propres à leurs disciplines respectives, se retrouvent à employer le terme de « national-populisme », même si c'est avec des conceptions différentes. L'expression de divergences interprétatives sur les conditions de l'éclosion de phénomènes politiques menaçants pour la démocratie, qui accompagne et favorise cette reconfiguration des échanges intellectuels, se trouve dès lors admise. Si certains, les plus anciens, restent fidèles à la version voulant que le fascisme soit resté ultra-minoritaire pour cause d'incompatibilité avec la culture politique française, d'autres ne récusent pas l'existence d'un fascisme français mais l'estiment inabouti, lié à des dérives personnelles ou à quelque emportement dans une nébuleuse fascistoïde[3] et engendré par une crise de l'« écosystème » républicain[4].

Les écarts explicatifs sont d'autant plus facilement autorisés qu'ils ne remettent en cause ni le consensus sur la faiblesse du phénomène fasciste en France ni l'argument utilisé pour l'étayer : c'est toujours par comparaison avec la forme historiquement

1. Un historien comme M. Agulhon ignoré lors de la parution de son livre sur *La République* se voit sollicité dans le numéro de *Vingtième siècle*, 56, oct.-déc. 1997 qui porte sur les populismes, pour discuter de l'usage du terme. Dans son court propos (« Le peuple à l'inconditionnel »), il marque plus que des réserves devant l'enthousiasme que celui-ci suscite en histoire : « Est-ce le mot ou la chose qui est nouveau ? » s'interroge-t-il.

2. Sur les risques liés à la domination du présent dans l'histoire politique, G. LÉVI, « Le passé lointain. Sur l'usage politique du passé », in Fr. Hartog et J. Revel, *Les Usages politiques du passé*, Paris, Éditions de l'EHESS, 2001.

3. Philippe BURRIN, « Le fascisme », in J.-Fr. Sirinelli (dir.), *Histoire des droites en France*, *op. cit.*, p. 644 ; mais aussi Pierre Milza qui considère que le PPF de Doriot, « seul parti fasciste » français, « doit » cette qualification « plus aux circonstances et à la personnalité de son chef » qu'à sa réalité effective in *Les Fascismes*, Paris, Le Seuil, 1991, p. 348.

4. Jean-François SIRINELLI, « Aux marges de la démocratie. De l'agora à la place des pas perdus », *loc. cit.*

constituée, « achevée », incarnée par Mussolini ou Hitler une fois arrivés au pouvoir, que les « fascismes » français sont mesurés[1]. C'est cette comparaison avec le totalitarisme du fascisme au pouvoir qui certifierait que même si des crises venaient à atteindre la démocratie française, aucun danger fasciste ne pourra l'ébranler et la renverser : tout entier localisé dans le passé des années 30, et dans un passé supposé dépassé pour cause de discrédit total et de complet renouvellement de l'époque, il constitue une solution politique irrémédiablement datée[2]. La comparaison permet ainsi d'affirmer avec conviction que le FN n'est pas un mouvement fasciste et que le « national-populisme » est l'identité historique et politique qui lui convient le mieux. La preuve en est apportée par la filiation : la tradition politique qu'il est censé représenter s'est incarnée successivement dans le boulangisme et le poujadisme qui, même si on les suppose proches du fascisme en raison de leurs caractéristiques populaires, sont tous les deux des mouvements politiques « ratés » ayant échoué à se maintenir dans le jeu politique.

L'imposition de cette représentation d'une démocratie prémunie des dangers du fascisme même rénové est facilitée par les conditions de relative liberté interprétative dans lesquelles elle s'effectue : les travaux d'historiens étrangers portant sur l'histoire politique française (celle des années 30-40 ou celle du FN), dont beaucoup critiquent l'historiographie française, sont peu traduits ou le sont avec beaucoup de retard[3], ce qui, par exemple, offre la possibilité de présenter Zeev Sternhell comme le seul historien contestataire des thèses françaises et d'en discuter les seules recherches avec d'autant plus d'aisance que cet auteur partage relativement la même façon de faire de l'histoire politique en privilégiant l'analyse des idées politiques[4]. Elle est facilitée encore par l'inflexion apportée

1. Ce que montre M. Dobry dans « Février 1934... », *loc. cit.*

2. Voir les conclusions sur l'« impossibilité » d'un retour actuel du fascisme de Pierre MILZA, *Les Fascismes*, *op. cit.* ou de Philippe BURRIN, « Le fascisme », *loc. cit.*, p. 647.

3. Le cas de Robert Soucy est exemplaire ; seul le premier tome de son travail a été publié en France : *Le Fascisme français*, Paris, PUF, 1989. Pour un exposé de son point de vue, voir R. SOUCY, « The Debate over Franch Fascism », in R. J. GOLSAN (dir.), *Fascism's Return. Scandal, Revision and Ideology since 1980*, Londres, Lincoln London, 1998.

4. Sa critique des thèses historiographiques françaises s'est toutefois considéra-

à la version précédente d'une totale allergie de la société française au fascisme (avec notamment l'acceptation de la possibilité de crises politiques) qui permet d'utiliser et de citer des travaux étrangers sur la montée du fascisme italien ou du nazisme parmi les plus novateurs dans les analyses des conditions d'apparition et de réussite de formes radicalisées d'oppositions à la démocratie[1]. Elle trouve aussi sa garantie dans les interlocuteurs des autres disciplines avec lesquels ces historiens sont en relation et qui partagent, pour d'autres raisons, la même vision et les mêmes schèmes explicatifs de la stabilité des régimes démocratiques contemporains[2].

Reste que cette représentation d'une démocratie inébranlable doit ici sa plausibilité intellectuelle à une double opération. D'une part, la recomposition des filiations : par délimitation *a priori* sont écartés des référents historiques concrets qui risqueraient de ne pas « cadrer » avec elle ou de relancer des controverses, comme par exemple les chemises vertes de Dorgères[3]. D'autre part, des critères de distinction qui, trouvant leur validité dans l'*issue* de l'histoire plus que dans celle qui s'accomplit dans le cours des interactions politiques, mesurent les mouvements politiques passés et présents à l'aune de ce qu'on pourrait appeler la « bonne forme du fascisme » : le totalitarisme incarné par Mussolini une fois au pouvoir. La qualité de fasciste est accordée au regard des caractéristiques personnelles des leaders en termes de mimétisme de leurs attitudes avec celles du *Duce* italien ou de ressemblance de leur trajectoire sociale et

---

blement précisée et emprunte de plus en plus aujourd'hui à des travaux qui sortent de ce paradigme, voir sa préface, « Morphologie et historiographie du fascisme en France », in *Ni droite ni gauche. L'idéologie fasciste en France*, Paris, Fayard, 3e éd., 2000.

1. Par exemple Ph. BURRIN, *Fascisme, nazisme, autoritarisme*, Paris, Le Seuil, 2000 ; H. ROUSSO (dir.), *Stalinisme et nazisme. Histoire et mémoire comparées*, Paris, Éditions Complexe, 1999.

2. Cf. G. GRUNBERG, « Le soutien à la démocratie représentative », in G. Grunberg, N. Mayer et P. M. Sniderman (dir.), *La Démocratie à l'épreuve. Une nouvelle approche de l'opinion des Français*, Paris, Presses de Sciences-Po, 2002.

3. Analysé par R. Paxton comme un « fascisme rural » quand P. Milza ne voit dans le dorgérisme que « des signes extérieurs de fascisme » mené par « un agitateur rural » et se réclamant davantage des « idéaux corporatistes et traditionnalistes de l'ancienne France » ; Robert O. PAXTON, *Le Temps des chemises vertes. Révolte paysanne et fascisme rural, 1929-1939*, Paris, Le Seuil, 1996 ; Pierre MILZA, *Les Fascismes*, *op. cit.*, p. 341.

politique avec celle de Mussolini, le PPF de Jacques Doriot, ouvrier « plébéien » transfuge du communisme, étant considéré comme plus authentiquement fasciste que le RNP de l'enseignant sorti de l'ENS et de la SFIO Marcel Déat ou le parti frontiste du technocrate et ancien radical Gaston Bergery[1].

L'OPÉRATION HISTORIQUE EN QUESTIONS

Pour séduisantes qu'elles apparaissent, une telle opération historique[2] et ses conclusions sur l'invulnérabilité de la démocratie, sur le FN et sur ses prédécesseurs n'en soulèvent pas moins toute une série de problèmes d'ordres différents. Ils tiennent autant à l'inclination professionnelle des historiens du « temps présent » à prendre trop au sérieux les mots, ceux des discours politiques et celui de « national-populisme » qu'aux présupposés engagés dans leur étude.

Le mot pour la pratique

Trouver dans les discours de Jean-Marie Le Pen les « valeurs » et les « idées » censées définir ce qu'incarne et ce qui détermine le leader du parti frontiste conduit à prendre à « la lettre » ce qu'il affirme être sans s'apercevoir que ses discours publics sont des pratiques politiques et bien souvent des stratégies de distinction contraintes par un système d'écarts dont les possibilités varient en fonction des autres partis politiques présents et en fonction des composantes internes du groupement qu'il rassemble. Cette attitude analytique, qui transforme des déclarations tactiques en véritables motivations, contribue à prêter au FN un sens unitaire et homogène (un mouvement « nationaliste et social ») en ne tenant compte ni de la pluralité de ses *modes d'existence* (le FN comme électorat, comme structure militante, comme direction, comme

1. Voir sur ce point Ph. BURRIN, *La Dérive fasciste*, Paris, Le Seuil, 1986.

2. Selon le mot de Michel de Certeau qui demande aux historiens de s'interroger sur ce qu'ils sont en train de faire du fait même d'écrire l'histoire, « L'opération historique », in J. Le Goff et P. Nora (dir.), *Faire de l'histoire*, t. 1, Paris, Gallimard, 1974.

représentation que ses dirigeants en donnent ou que les autres lui confèrent), ni de la pluralité des *lieux* où il intervient (sur la scène publique, dans l'entre-soi militant, dans les postes électifs qu'il occupe, dans des actions « coups de poing » en France et à l'étranger, dans la presse, dans les travaux savants), ni des *modalités* sous lesquelles il intervient (directement ou indirectement, par lui-même ou par acteurs interposés, dans des discours mais également dans des élections, des manifestations et des interprétations savantes ou politiques).

Rappeler la pluralité et l'hétérogénéité des formes d'existence politique, c'est rappeler qu'il ne peut pas y avoir une seule explication, globale et générale, susceptible d'en rendre raison (la « crise », la « protestation sociale »), rappeler aussi qu'il existe des rapports différenciés au FN (et non un seul organisé par des valeurs) qui constituent précisément un enjeu majeur pour les dirigeants frontistes dont tout le travail politique vise à les rassembler et à les unifier symboliquement. Non seulement circonscrire la politique à une affaire d'opinions, de valeurs ou d'idéologie revient à penser dans les catégories de l'éthique et de l'idéologique des comportements qui leur sont souvent étrangers car mus par des rationalités pratiques (en « situation ») entremêlant idéaux, croyances, calculs, et anticipations sur ce qu'il est possible et pensable de faire ou de ne pas faire ; mais cela revient aussi à accréditer ce que le FN, à travers son leader, prétend être et cherche à faire accepter : « exprimer les mécontentements populaires ». Sa prétention se voit alors lestée d'une vérité historique à un moment où son histoire passée de groupuscule radical constitue pour lui-même l'enjeu de multiples dénégations internes et externes. En reconnaissant au parti frontiste une idéologie et une ligne politique même indignes, même décriées, lui est d'emblée attribuée une place politique quand tout son problème est justement de se faire admettre dans le jeu politique (que ce soit sous la figure de la menace ou de la crainte est sous cet angle de peu d'importance).

Tout comme une cohérence est postulée entre les idées affichées et les pratiques politiques adoptées[1], les raisons de l'émergence et de la durabilité politique d'un tel mouvement sont recherchées

1. Ce qui est déjà plus que problématique puisque dès lors les réalisations

dans la cohérence des idées et des valeurs entre le « chef » et ses troupes populaires, et tendent à être comprises comme un effet d'endoctrinement idéologique ou un effet de propagande ou de communication, ce qui est, comme le remarquait Martin Broszat à propos du nazisme[1], « plausible seulement en apparence ». Des travaux de sociologie politique classiques (ceux de Paul Lazarsfeld par exemple) ont réfuté une telle manière de comprendre les préférences politiques en montrant que, si endoctrinement il y a, il ne convainc que les plus convaincus[2] ; mais des travaux d'historiens sur le nazisme (le régime où ce type d'analyse semble le plus aller de soi) en ont souligné toutes les limites. Des crimes effroyables pouvaient être déterminés non par adhésion à l'idéologie nazie, mais par conformisme au groupe, et accomplis par des « hommes ordinaires » et non par des idéologues nazifiés[3]. Des ralliements à Hitler pouvaient être motivés certes par des croyances mais des croyances résultant non pas de la magie de son verbe et de ses thèses, mais de calculs politiques fondés sur son image d'« homme sans qualité » qui, à ce titre, laissait envisager qu'il pouvait être tenu et manipulé[4]. Ou encore si une opinion allemande existait, elle était socialement et politiquement clivée, et davantage marquée par le désenchantement que par l'engouement « irrationnel » pour une idéologie messianique nouvelle ; elle pouvait suivre diversement Hitler, sans suivre ses idées ni se reconnaître dans les actes commis[5], et dépendre non pas de frustrations ou de mécontentements individuels ou collectifs, mais des possibilités d'expression des

---

accomplies deviennent la conséquence logique d'un « programme » préexistant ou le résultat naturel des « intentions » préalables.

1. M. BROSZAT, « Plaidoyer pour une historicisation du national-socialisme », *Bulletin trimestriel de la Fondation Auschwitz*, 24, 1990, p. 38.

2. P. LAZARSFELD, B. BERELSON, H. GAUDET, *The People's Choice*, Columbia University Press, 1944 (où était montré le rôle très marginal de la campagne électorale dans la structuration des votes présidentiels en 1940) ; B. BERELSON, P. LAZARSFELD, W.N. MAC PHEE, *Voting*, University of Chicago Press, 1954.

3. Chr. BROWNING, *Des hommes ordinaires. Le 101e bataillon de réserve de la police allemande et la solution finale en Pologne*, Paris, Les Belles Lettres, 2002.

4. I. KERSHAW, *Hitler. Essai sur le charisme en politique*, Paris, Gallimard, 1991.

5. I. KERSHAW, *L'Opinion allemande sous le nazisme*, Paris, Éditions du CNRS, 1995.

dissensions dans un régime marqué par la peur[1], en fonction aussi des promesses concrètes de salut social que ce régime symbolisait à travers les politiques publiques qu'il décidait, et des formes de reconnaissance que s'attirait Hitler moins comme individu que comme institution personnalisée. Ici, c'est toute la question du charisme politique (et donc du pouvoir de séduction du « chef » sur ceux qui le suivent) qui se trouve revisitée. Ces analyses, qui renversent l'ordre des causalités retenu dans un raisonnement en termes d'endoctrinement ou dans une explication des regroupements accomplis autour d'un leader par la grâce de son charisme, ébranlent une des supposées preuves de l'inexistence du « national-populisme » (et du fascisme) dans les années 30 en France – celle qui l'argumente par l'absence de chef charismatique[2].

Loin d'être une donnée préalable censée venir des seules caractéristiques personnelles du leader, le charisme est le résultat de tout un travail collectif de construction et d'imposition auquel participent d'abord les « autres » avec lesquels le leader est en relation ; leur reconnaissance, mais aussi leurs propres calculs ou ralliements (contraints, retenus, cyniques ou subjugués) créent une situation charismatique[3] dans laquelle le leader se trouve pris au point qu'elle suscite chez lui un sens charismatique de soi qu'il

1. Alf Lüdtke souligne ainsi combien les ouvriers allemands ont été épargnés par l'idéologie nazie moins grâce à leur « opinion » qu'au « quant à soi » propre à la culture ouvrière : « La domination au quotidien ; "Sens de soi" et individualité des travailleurs avant et après 1933 en Allemagne », *Politix*, 13, 1990, et *Des ouvriers dans l'Allemagne du XXe siècle. Le quotidien des dictatures*, Paris, L'Harmattan, 2000.

2. « On peut estimer que la journée du 6 février 1934 est marquée au coin du populisme : dénonciation de la corruption, indignation contre la faiblesse du régime, antiparlementarisme violent, on rencontre bon nombre des ingrédients du boulangisme, à ceci près qu'il n'y a pas à l'horizon de général Boulanger, pas d'homme providentiel auquel on pourrait confier le soin de nettoyer le Palais-Bourbon et les ministères », M. WINOCK, « Populismes français », *Vingtième Siècle*, 56, oct.-déc. 1997, p. 84. Un peu plus loin, l'auteur s'arrête sur le PSF du colonel La Rocque, évidemment problématique puisque doté d'un chef reconnu mais là au nom des « valeurs spirituelles » de son catholicisme : « Il ne s'agit plus d'un anti-élitisme de frustrés ou de vaincus mais d'une aversion sentimentale qui assimile la politique au domaine du mal », p. 85.

3. Sur ce point M. DOBRY, *Sociologie des crises politiques*, Paris, Presses de Sciences-Po, 1986.

ne possédait pas auparavant[1]. Ce sont alors les regroupements qui douent de charme le chef d'un mouvement politique, parfois même contre les intentions de ceux qui se rassemblent autour de lui. Ce renversement du sens de l'explication s'accompagne d'une ouverture des investigations à entreprendre : moins regarder le « chef » politique seul que ses concurrents et les identifications dont il est l'objet et qui le créditent ou non de puissance ; moins les acteurs individuels ou collectifs pris isolément que la configuration des relations formant la situation dans laquelle ils sont pris et qui est soumise à variations dans le cours du temps et de la compétition politique. Ce renversement explicatif tient compte d'un des mécanismes centraux de la construction d'une autorité politique où ce qui compte renvoie moins à l'identité « objective » des acteurs politiques qu'à ce que les autres croient de cette identité à partir des représentations concurrentielles qu'ils s'en font (justes ou fausses, peu importe) et par rapport auxquelles ils vont ensuite se guider et orienter leurs lignes de conduite.

Le charisme ne naît pas ainsi toujours de la reconnaissance directe et enchantée qui fait les héros unanimement reconnus. La stigmatisation, quand elle est unanime, peut également s'avérer une ressource charismatique puissante qui, si elle suppose de la part de ceux qui en sont la cible un tout autre travail politique de consécration d'eux-mêmes que les premiers, notamment d'endossement de l'indignité, exerce néanmoins une domination sur les autres en les contraignant à agir par rapport à elle[2]. Il peut exister encore, contre le point de vue qui confond l'individu avec sa position, des places charismatiques dont la prééminence, construite indépendamment des qualités des personnes, produit des effets aussi bien sur ceux qui les occupent que sur leurs concurrents et

1. I. Kershaw montre ainsi combien le « sens charismatique de soi » d'Hitler (qui est une des conditions essentielles de l'existence du charisme) n'est pas présent dès les origines (dès sa naissance en 1889 ou quand il devient après 1918 un agitateur de brasserie) mais date du moment très précis de son emprisonnement en 1924 lors duquel « Les choses lui apparurent clairement. Tout compte fait, il n'était pas le "tambour" (image sous laquelle il percevait jusqu'alors son rôle au sein de l'extrême droite *völkisch*), mais le chef prédestiné », *Hitler (1889-1936)*, t. I, Paris Gallimard,1998, p. 330 (chap. VII, « Le chef entre en scène »).

2. Ainsi qu'on a pu le montrer dans *Jacques Chirac et le gaullisme. Biographie d'un héritier à histoires*, Paris, Belin, 1999.

sur la configuration de leurs relations. Si la disponibilité de telles positions permet des usages imprévus, parfois contraires à leur forme et leur disposition initiales, c'est que leur apparition, leur consolidation et leur redéfinition s'opèrent dans le cours régulier des luttes entre élites politiques et non à l'occasion d'une crise éventuelle du jeu politique[1].

Penser la vie politique à partir de la permanence des idées et des valeurs dans le temps interdit de penser ces effets de position qui vont pourtant jusqu'à structurer l'espace idéologique possible pour ses occupants. Une telle posture analytique détourne l'attention de l'activité politique routinière et de ses luttes de représentation lorsqu'il s'agit de comprendre la genèse et la persistance de phénomènes politiques hostiles à ses principes et ses idéaux ; elle empêche de trouver les raisons des continuités et des discontinuités, des constances et des infidélités politiques ailleurs que dans les discours, la culture politique ou les individualités et, par exemple, dans le changement des situations affrontées.

D'un côté, l'événement politique et ce qui se passe dans le cours même du « déploiement du présent » sont dépossédés de toute pertinence explicative. Or, bien des déplacements de trajectoires, des conversions des modes anciens de penser le monde social et politique et d'y prendre place se jouent là dans l'événement ou dans la conjoncture et ouvrent sur des transformations aussi inattendues au regard de ce qui précédait[2] qu'indépendantes de leurs « origines » une fois qu'elles sont accomplies. De l'autre, les processus politiques et leur dynamique sont soustraits à l'attention par une méthode qui privilégie les filiations transhistoriques, s'attache aux typologies et aux classifications qui rapprochent et départagent selon des lignes de clivage qui n'existaient pas

1. I. Kershaw montre que dès les années 20, « avant que Hitler ne se fasse connaître, l'idée que l'Allemagne avait de nouveau besoin d'un "grand homme"... était communément répandue dans les milieux de droite », in *Hitler*, *op. cit.*, p. 20. N. Rousselier met en évidence la participation du parlementarisme à la formation d'une position autoritaire qui lui est contraire (voir *Le Parlement de l'éloquence*, Paris, Presses de Sciences-Po, 1997). Fr. Muel Dreyfus rend compte également de ce processus qui contribuera à la consécration du maréchal Pétain en 1940 (*Vichy ou l'éternel féminin*, *op. cit.*).

2. Sur tous ces points, T. TACKETT, *Par la volonté du peuple. Comment les députés de 1789 sont devenus révolutionnaires*, Paris, Albin Michel, 1997.

forcément dans le présent pratique des acteurs observés, et qui dessinent des frontières étanches entre les forces politiques en présence. La conception polaire de la vie politique qui s'instaure ainsi a une double conséquence. Celle, d'abord, de rendre proprement « incroyables » et souvent impensables[1] les passages d'un camp à l'autre, de faire de ces derniers des trajectoires « extraordinaires » appelant des explications recourant elles aussi à l'extraordinaire, au dramatique et aux conditions préalables (la « crise[2] » ou la dérive de comportements personnels ; la rupture brutale dans l'adhésion à une vision du monde, etc.). Celle, inversement, de présupposer que rester dans le même groupement social ou politique ou conserver les mêmes idées pendant toute une vie s'accomplit sans conversion ou modification d'identité (intime, sociale ou politique) et sans travail de fidélisation à soi-même et à ses idéaux anciens, attitudes pourtant requises par les ajustements au « temps long » de l'histoire sociale des postes, des titres et des modes de reproduction des groupes sociaux et politiques[3].

L'illégitimité politique : les projections croisées d'une catégorie

La catégorie de « national-populisme » incite à une évacuation des conditions pratiques d'existence des phénomènes politiques en justifiant de privilégier comme objets le nationalisme (et donc l'idéologie affichée publiquement par ses dirigeants, indépendamment des espaces politiques où elle se joue) et le populisme, c'est-à-dire le charisme personnel du « chef » Jean-Marie Le Pen et son « style » de présentation supposés séduire « les foules » ou un « peuple »

1. S. Epstein critique cette vision polaire de la politique ; il s'attache à montrer que nombre de Dreyfusards se sont retrouvés non pas dans le camp de la Résistance en 1940, mais dans celui de la collaboration, in *Les Dreyfusards sous l'Occupation*, Paris, Albin Michel, 2001. Ou encore l'exemple de ces partisans de la « Révolution nationale » qui passent à la Résistance décrit par J. HELLMAN in *The Knights-Monks of Vichy France : Uriage 1940-1945*, Montréal, McGill-Queen's University Press, 1993.

2. Cette vision « crisologique » et dramatique de la vie politique est bien illustrée dans M. WINOCK, *La Fièvre hexagonale. Les grandes crises politiques, 1871-1968*, Paris, Le Seuil, 1995.

3. Sur le problème de l'anachronisme des séries longues et la fragilité des conventions nécessaires pour les constituer, voir B. LEPETIT, « Séries longues et histoire longue », *Genèses*, 9, 1992.

naïvement conquis par le simplisme des remèdes destinés à résoudre les inquiétudes ou les malheurs sociaux. Or le mot exerce ses effets propres ; il rend l'interprétation historique, et la méthode qui la sous-tend, extrêmement vulnérables non seulement au schème d'analyse adopté, mais aussi au « phénomène Le Pen » lui-même. Cette catégorie est propice à la réactivation, sous une forme savante, de toute la distance morale, intellectuelle et politique vis-à-vis du FN et de ses précurseurs désignés, principal obstable à l'analyse d'un parti cumulant toutes les indignités.

C'est essentiellement la conception de l'illégitimité et de la légitimité démocratiques, cristallisée dans la définition donnée du national-populisme, qui pose problème. Donné comme non « totalitaire » (ou non « fasciste »), celui-ci est montré également comme une épreuve critique pour la démocratie. En témoignerait la délégation vouée à un chef par des troupes populaires concrétisant l'existence d'une formule syncrétique : formule autoritaire approuvée par un peuple mobilisé, distincte à la fois du fascisme et de la démocratie. Si cette définition voisine avec la définition classique de l'autoritarisme politique, elle en déplace significativement la perspective. Césarisme pré ou post-moderne, porté au coup d'État et à la restriction des libertés politiques, l'autoritarisme était compris à partir des pratiques politiques des élites au pouvoir et des tensions nées de leur collégialité[1]. En introduisant l'unicité du chef et l'approbation populaire, la nouvelle définition produit une sorte de « décollectivisation » du danger autoritaire en le localisant uniquement dans la relation nouée entre un leader et ses soutiens populaires. Elle confère, ce faisant, au national-populisme une apparence démocratique rivalisant avec l'autoritarisme, et qui en atténue considérablement la portée.

Empruntant, en effet, au modèle des relations gouvernants/gouvernés qui structure les perceptions du fonctionnement du régime de la Ve République et outille institutionnellement ce dernier, la vision nouvelle de l'autoritarisme tend à faire du postulat démocratique actuel, voulant qu'en démocratie la légitimité vienne « du bas », du « peuple » (le *« demos »* comme l'écrit

1. Cf. G. HERMET, « L'autoritarisme » in M. Grawitz et J. Leca, *Traité de science politique*, t. II, Paris, PUF, 1985.

P.-A. Taguieff) et qu'elle confirme, par sa puissance numérique, les pouvoirs détenus, la grille de compréhension de ce que représente concrètement le FN. Le détournement et le dévoiement du principe et des symboles de la légitimité démocratique au profit du chef de ce parti attesteraient d'emblée du statut critique du FN et de la préexistence d'une crise politique. Une circularité du raisonnement s'opère, qui dote également la mobilisation populaire d'une valeur critique. Cette mobilisation démontrerait en elle-même, par son inclination « anti-élites », l'érosion des soutiens aux responsables politiques en place, première source de l'instabilité possible d'un régime ; elle serait encore critique par sa destination « non naturelle » à se retrouver dans un projet et un homme « hors système » ou « anti-système » puisqu'en démocratie elle devrait se diriger d'abord vers les acteurs « dans le système ». La mobilisation populaire en devient, presque par essence, « irrationnelle » ; résultat soit de la manipulation démagogique du chef soit de la « peur », des « instincts » ou des « mécontentements », son ralliement serait une « protestation » ou un cri d'alarme. Son ampleur électorale devient, en conséquence, l'aune à laquelle mesurer l'intensité du danger pesant sur l'ordre politique établi (d'où le souci empirique de regarder la progression électorale du FN mais aussi de comptabiliser des militants pour attester de la puissance du phénomène et donc chiffrer la menace qu'il incarne[1]). Plusieurs remarques s'imposent ici.

Les méprises cognitives des analyses « démocratiques »

Passons vite sur le fait que la focalisation du regard sur le « chef » et « son peuple » exonère d'emblée les élites sociales et politiques de toute participation à l'essor d'un tel mouvement politique et donc de toute approbation de la solution autoritaire qu'il représente, et que, lorsqu'elles se produisent comme par exemple en 1986 lors de l'élection d'une trentaine de députés FN issus de fractions sociales supérieures, elles sont prises pour signe de la respectabilité de ce

1. Cf. par exemple l'accord qui se fait sur ce point entre historiens du « temps présent » et électoralistes, in « Crise et radicalisation politique », *Cahiers du Cevipof*, 4, juin 1989.

parti et donc de son acceptation des règles de la démocratie[1]. Passons vite aussi sur la définition d'une mobilisation politique ou électorale en termes de « protestation » qui, si elle attire, à juste titre, l'attention sur le fait que tout mouvement en faveur d'une cause politique ne signifie pas qu'il soit l'indicateur d'une adhésion au programme politique affiché, empêche dans le même temps de percevoir qu'il puisse l'être au moins pour une partie des acteurs mobilisés et que puisse s'exercer, au fur et à mesure de l'implantation durable de ses porte-parole, une fidélisation proprement politique de ses différents soutiens.

C'est plutôt sur la conception de la menace politique que met en place l'argumentation retenue que l'on voudrait s'attarder. Son principal inconvénient est de transformer en principe d'analyse un principe d'abord politique et politiquement accepté et d'instaurer une représentation normative de la démocratie conduisant à méconnaître ce à quoi empiriquement celle-ci est vulnérable et, partant, ce à quoi tient concrètement la pertinence ou l'efficacité d'un déloyalisme politique. On n'insistera pas sur la réfutation théorique menée par Michel Dobry[2] de l'explication « démocratique », venue des analyses wébériennes de la légitimité et du modèle eastonien de la stabilité des systèmes politiques, et reprise ici pour en dresser un contre-exemple, trouvant dans le désajustement entre les attentes et les croyances des gouvernés et les pratiques des gouvernants la raison principale de la fragilisation d'un régime[3]. On peut en retenir les conclusions qui offrent d'utiles pistes d'investigation pour notre propos. Si, comme elles le montrent, ce sont les transactions collusives entre les secteurs centraux de l'État qui consolident empiriquement un régime, alors ce qui peut ébranler les institutions démocratiques renvoie moins à une défaillance de leur légitimité (au peuple, aux élections, à la puissance d'un militantisme) qu'au système de relations, aux calculs

1. Sur ce point G. BIRENBAUM, *Le Front national en politique*, Paris, Balland, 1992.

2. M. DOBRY, *Sociologie des crises politiques*, *op. cit.*, chap. 8.

3. Voir également la discussion que mène du même point de vue B. Gaïti sur l'effondrement de la IVe République et le passage à la Ve République, in « Délégitimation et changement de régime », Colloque de Turin sur « l'antipolitique », 2000.

et aux croyances animant les acteurs qui occupent les hauteurs sectorielles de l'État : moins à une mobilisation populaire, même nombreuse, même intense, qu'à une reconfiguration des échanges entre les différentes élites du pouvoir politique.

Avant de conclure à la force ou à la faiblesse d'un déloyalisme en raison de son nombre en voix ou en bras, ce sont les effets que sa simple présence dans le jeu politique entraîne sur les stratégies des hommes politiques en place et sur leurs croyances en leur capacité à continuer sur le mode ancien leur activité de représentation qu'il s'agit de regarder. Sous cet angle, plus que la montée en flèche d'un « extrémisme », c'est le basculement d'un acteur central du jeu politique ou son refus de continuer à coopérer aux échanges constitutifs des transactions collusives précédemment formées qui provoque l'instabilité voire l'effondrement de l'ordre routinier des interactions. *A contrario*, ce n'est pas l'indignité intrinsèque des idées ou des projets qui les rend peu sérieux en politique mais l'indifférence qu'ils reçoivent de la part de ceux qui ont l'autorité sociale et politique suffisante pour définir et imposer ce qu'il est acceptable ou inacceptable de dire et de faire en politique.

La conception démocratique du danger autoritaire oublie ainsi qu'il n'y a pas besoin d'être dans la forme autoritaire prêtée au national-populisme (l'autoritarisme populaire) pour adopter des pratiques et des décisions qui entraînent un tel danger sinon par les intentions du moins par les conséquences qu'elles provoquent sur l'exercice du pouvoir politique, sur les règles du jeu politique et sur les groupes sociaux. Elle oublie aussi toutes les autres formes d'autoritarisme possibles, notamment celles engendrées par le fonctionnement de la démocratie lui-même[1] et suscitées par ceux qui en dominent les règles. Elle conduit à ignorer également que l'importance d'un mouvement politique ne se mesure pas à la taille de sa base populaire mais à l'ampleur des réseaux de relations l'unissant à d'autres organisations et à la pertinence avec laquelle il y prend place. De même qu'un parti peut être minoritaire aux élections et puissant politiquement grâce aux

---

1. L'élection, comme procédure de choix des élites gouvernantes, a d'ailleurs été longtemps comprise commme une procédure « aristocratique » contraire à la démocratie, voir B. MANIN, *Principes du gouvernement représentatif*, Paris, Calmann-Lévy, 1995.

alliances contractées et à la cooptation des élites au pouvoir, de même ce n'est pas sa comptabilisation interne qui mesure sa force : c'est le capital politique et intellectuel collectif possédé moins par le leader lui-même que par la constellation des mouvements affiliés directement ou non au parti et sa valeur relative au regard de celui que détiennent les autres compétiteurs. Le principe démocratique mobilisé par les historiens du « national-populisme » devient cependant un *a priori* d'autant plus indiscuté qu'il est très largement accepté dans les analyses politiques actuelles et qu'il sous-tend les savoirs qu'eux-mêmes ont précédemment construits sur des précédents politiques.

La contrainte des précédents

Loin d'être fondée sur une description empirique du phénomène lui-même, la qualification « national-populiste » du FN renvoie à l'identification dont il est l'objet au moment où les historiens s'intéressent à lui. Des investigations véritablement documentées sur le FN n'existent pas au moment où ces historiens interviennent (les enquêtes sur la composition de son électorat et de ses dirigeants paraîtront plus tard et encore sont-elles rares tout comme sont rares jusqu'à aujourd'hui les travaux portant sur les militants[1]). Sans véritables répondants concrets, l'image nationaliste et populaire du FN qui cadre leur activité de classification trouve son réalisme dans l'état conjoncturel du débat intellectuel et politique, auquel eux-mêmes participent et qui porte, dans les années 80, sur la réforme de la nationalité, la place de l'immigration, les mesures à adopter vis-à-vis des problèmes qu'elle est réputée soulever (intégration, multiculturalisme, communautarisme, sécurité, illégalisme de l'immigration clandestine etc.) mais aussi sur la crise de la politique voire des idéaux républicains (il y aurait retour de l'intégrisme, corruption des mœurs politiques par la succession des « affaires », nécessité de réformer la démocratie représentative en promouvant une démocratie de proximité, de sondages, d'opinion, etc.). Tout en les retraduisant en fonction de leur propre enjeu historiographique de démonstration d'absence de fascisme en France, ces analystes

1. Ce que soulignent B. KLANDERMANS et N. MAYER, « Militer à l'extrême droite », in P. Perrineau (dir.), *Les Croisés de la société fermée*, *op. cit.*

reprennent ainsi à leur compte les préoccupations placées en haut des agendas intellectuels et politiques présents sans soupçonner qu'ainsi ils se censurent et s'accordent avec le FN : nombre d'entre elles ont été impulsées par la présence d'un FN qui, à côté du thème de la famille, privilégie, et plus encore une fois sorti de l'arène parlementaire en 1988, les thèmes de l'immigration, de la « préférence nationale » et de la lutte contre « l'establishment corrompu ».

Non seulement les historiens du XXe siècle risquent alors de ne retrouver dans leurs conclusions que les « idées » et les « valeurs » qu'eux-mêmes et d'autres commentateurs y ont préalablement mises, mais ils rendent leur interprétation directement tributaire des possibles changements de statut du FN dans le cours de la lutte politique. C'est en transportant rétrospectivement sur ses « précurseurs » un « jeune FN » ou un « FN nouvel entrant » dans le jeu politique national que sont regroupés sous des critères de ressemblance formelle (les discours et la forme de leadership), boulangisme et poujadisme. Si le FN devient de la sorte un modèle générique des « droites populaires autoritaires[1] », le « temps présent » devient aussi le principe de modification de l'histoire politique révolue. Rétrojection et projection alternent alors qui, homogénéisant le temps, les époques et les situations politiques, essentialisent le phénomène national-populiste en lui octroyant une constance politique transhistorique. Disparaissent de toute investigation la dynamique politique et ses conditions concrètes. Tout le problème est en effet de savoir si ce qui est considéré comme le « temps présent » du FN à un moment donné ne va pas changer d'actualité le moment suivant sous l'effet d'une modification de la position de ce parti et/ou d'une modification des représentations dont il est l'objet[2]. D'une part, la détermination

---

1. Un exemple parmi d'autres. Quand M. Winock restitue l'idéologie boulangiste (si elle existe, et d'abord négative précise-t-il), il y importe celle du FN : « Le vrai mal (pour le boulangisme) provient de la séparation qui s'agrandit entre ce que d'autres appelleraient le "pays légal" – la classe politique – et le "pays réel" – le suffrage universel. C'est pourquoi l'ancien clivage gauche-droite ou républicains-monarchistes est dépassé », « Populismes français », *loc. cit.*, p. 79.

2. C'est ce dont a témoigné le succès de J.-M. Le Pen au premier tour des élections présidentielles de 2002. Comprise comme un défi majeur pour la République, son accession à la position de rival dangereux a ressuscité les

de l'identité d'un acteur encore en vie et en jeu politiques éclipse ses possibles fluctuations identitaires alors qu'elles constituent un des principaux ressorts de la compétition politique. D'autre part, le regroupement sous un label semblable et surtout sous un même schème interprétatif de mouvements politiques éloignés dans le temps, en effaçant leurs différences au profit de leurs ressemblances faciales, rend invisible ce qui se joue dans la distance temporelle dans laquelle s'inscrit leur succession et laisse dans l'inanalysé l'écart qui les sépare. Ce qui ne va pas sans quelques inversions de sens dont celui d'étiqueter nationaliste, grâce à la version établie du précédent boulangiste, un FN qui s'inscrit plutôt dans un *dénationalisme* tant ses prises de position transforment en « immigrés » et en « étrangers à la nation » des individus et des groupes qui, nés et vivant en France, en font partie.

Autre transfert de représentations : le caractère « populaire » prêté au mouvement frontiste et accordé, on l'a vu, sans grand bénéfice d'inventaire[1]. Infondée empiriquement mais déduite du postulat démocratique, la caractérisation populaire du FN trouve néanmoins chez ces historiens sa plausibilité dans les commentaires d'aujourd'hui qui s'inquiètent de l'attitude populaire, à la fois de son « apathie électorale » et de son resurgissement sous la forme de manifestations posées comme « non conventionnelles ». Sa validité scientifique trouve, elle, ses arguments d'abord dans la méthode inductive adoptée (inférer, des discours « sociaux » prononcés par J.-M. Le Pen, qu'il attire principalement les catégories populaires

dénonciations de fascisme, et c'est au au nom de la lutte contre le fascisme que plus d'un million et demi de manifestants sont descendus dans la rue. Le jour même, M. Winock est sollicité pour présenter la généalogie du FN (*Le Monde*, 2 mai 2002). Or, changement de statut et de débat politiques oblige, la filiation du FN change également sous sa plume : à la contre-révolution vient s'ajouter désormais, ce qui n'avait jamais été évoqué, la proximité avec le PPF de J. Doriot, incarnation « authentique » du fascisme en France selon les historiens du « temps présent ».

1. Si l'on se reporte au travail d'investigation journalistique d'A. Tristan sur les militants FN des quartiers Nord de Marseille (*Au Front*, Paris, Gallimard, 1987), la composition sociale semble beaucoup plus composite. Si l'on trouve bien des ouvriers et des employés parfois au chômage, on trouve également nombre de membres des classes moyennes salariées et indépendantes (petits patrons, assistantes sociales, fonctionnaires adminisratifs, etc.) qui n'ont en outre pas tous une trajectoire déclinante.

dont il est supposé prendre en charge la « protestation sociale »), puis dans l'image cristallisée des prédécesseurs emblématiques du FN, le boulangisme et le poujadisme. La labellisation sociale est vague et générique ; elle masque les différences d'appartenance et de trajectoire sociales entre ceux et parmi ceux qui se sont retrouvés dans chacune de ces organisations[1]. L'identité populaire plus imputée que vérifiée pour le FN n'est pas neutre, en outre, pour l'analyse déployée. Elle s'accompagne ici, grâce à la valeur critique dont elle est d'emblée affectée, de l'activation d'un schème de compréhension rassurant moralement, mais peu pertinent pour restituer à la fois les conditions historiquement variables d'une mobilisation politique et la réalité historiquement située des mouvements politiques observés : le schème du déclassement et de la frustration au principe de surgissement des insatisfactions politiques.

Les mêmes causes étant supposées produire les mêmes effets quelles que soient les époques, le FN, à l'instar de ses devanciers, ne recevrait, en effet, le soutien que de mécontents, souvent des victimes directes des progrès évoqués. Le schème du déclassement et de la frustration qui tient d'autant mieux qu'il a été très largement convoqué pour expliquer les succès du nazisme (les chômeurs ou les « perdants de la modernisation » auraient été les premiers à soutenir Hitler dans sa montée au pouvoir[2]) et qu'il est devenu une sorte de lieu commun sur les candidats à la rébellion ou à l'extrémisme politiques[3], outre qu'il invite ici

1. G. Hermet dans son analyse du populisme rappelle ainsi que le « peuple » auquel le terme est censé renvoyer varie socialement considérablement d'une époque à l'autre, in *Les Populismes dans le monde. Une histoire sociologique, XIX*^e^*-XX*^e^ *siècle*, Paris, Fayard, 2001.

2. Pour une mise en forme des critiques de ce « constat », cf. E. PIERRU, « La tentation nazie des chômeurs dans l'Allemagne de Weimar. Une évidence historique infondée ? Un bilan des recherches récentes », *Politix*, 2003. Comme le remarque également P. Milza, « le lien entre chômage et poussée des extrêmes – que l'on tend aujourd'hui à relativiser à propos de l'Allemagne – n'est en particulier nullement démontré », in « L'extrémisme comme phénomène politique dans la France des années 30 », *Cahiers du Cevipof*, 4, 1989, p. 108.

3. Le schème du déclassement ou de la frustation, utilisé comme hypothèse empirique appelant des vérifications empiriques, a produit des travaux stimulants. Ce n'est donc pas en lui-même qu'il pose problème mais parce qu'ici il fonctionne comme *a priori* inféré de considérations générales sur la situation sociale et

encore à se désintéresser des différentes élites sociales et politiques pour ne retenir que les sans-grades et les dépossédés ou en voie de l'être, ouvre sur une explication naturaliste ou étiologique des comportements politiques davantage que sur la restitution des diverses déterminations pratiques qui les ont impulsés. D'abord, ainsi que l'a montré Albert O. Hirschman[1], le mécontentement ne peut entraîner une mobilisation puisque, loin de la précéder, il en est une des conséquences. Ensuite, les plus mobilisés dans la promotion d'une cause sont toujours atypiques par rapport aux groupes dont ils se réclament et possèdent des caractéristiques sociales et politiques qui les rapprochent des autres représentants sociaux ou politiques auxquels ils s'opposent[2]. Enfin le schème du déclassement, tel qu'il est employé ici, est aussi la traduction, au plan de l'analyse, des jugements en illégitimité tenus sur ce qu'est censé représenter le « national-populisme ».

Rangeant le FN et ceux qui l'incarnent au plus bas de la dignité morale et politique (on le voit dans les mots qui lui sont associés : « nationalisme fermé », « manipulation », jeu sur « les peurs et les instincts les plus irrationnels »), le « national-populisme » est propice à l'adoption d'un point de vue qui parte d'une indignité déjà vérifiée aux yeux des historiens dans le cas du boulangisme et du poujadisme pour la reporter sur le FN. La projection est facilitée par la présomption d'une origine populaire des adeptes du FN à un moment où les classes populaires subissent différentes formes de disqualification sociale et politique[3] et par le fait qu'à l'inverse des autres filiations de droite comme par exemple la contre-révolution avec Maurras, la lignée « national-

---

économique générale (le « chômage », la « précarisation ») sans être rapporté aux situations locales et personnelles ni assorti de démonstration empirique de sa validité dans les cas observés.

1. *Face au déclin des petites entreprises et des institutions*, Paris, Éditions ouvrières, 1972.

2. Voir A. OBERSCHALL, *Social Conflict and Social Movements*, Prentice Hall, Englewood Cliffs, 1973.

3. Comme en témoignent actuellement les travaux sur les « nouvelles formes de militantisme » dans lesquels sont clairement valorisées, contre celles du militant ouvrier, les attitudes supposées nouvelles et performantes du militant « distancié », cf. J. ION, *La Fin des militants ?*, Paris, Éd. de l'Atelier, 1997 ; P. PERRINEAU (dir.), *L'Engagement politique. Déclin ou mutations ?*, Paris, Presses de Sciences-Po, 1995.

populiste » ne possède pas de grands avocats intellectuels, passés et présents, et pour cause : elle est une reconstruction d'aujourd'hui qui n'a jamais eu en France d'existence politique pratique[1]. C'est dire combien ce que tendent à avoir de commun les différents mouvements « national-populistes » français risque bien d'être leur seule succession amplement reformatée à partir d'une illégitimité démocratique désormais admise.

Poujadisme/Front national : les anachronismes d'une comparaison

Les croyances placées dans une légitimité démocratique venue d'en bas et construite dans la relation gouvernés/gouvernants ne sont pas nées de l'instauration du suffrage universel ni de l'établissement d'une République organisée sur un régime représentatif : elles sont une invention récente, mise en forme institutionnellement et ancrée dans des pratiques, des procédures, des outils conceptuels et concrets et dans les têtes à partir de la Ve République. Les exporter sur la IIIe et IVe Républiques, organisées et pensées autrement, ne fait pas alors que forcer les histoires politiques passées à entrer dans l'histoire politique présente[2]. Le geste fait manquer le sens de la menace et la signification qu'elle a revêtue pour les acteurs qui lui étaient contemporains[3], occulte les formes successives concrètes qu'a pu revêtir un déloyalisme politique et, partant, empêche de questionner l'image sous laquelle

1. Les seuls référents historiques concrets et revendiquant pour eux-mêmes la labellisation de populisme sont d'une part les « populistes russes » et le People's Party américain tous deux situés au XIXe siècle. Sur les premiers, Fr. VENTURI, *Les Intellectuels, le peuple et la révolution. Histoire du populisme russe au XIXe siècle*, Paris, Gallimard, 1972 ; sur les seconds H. ZINN, *A People's History of the United States*, New York, Harper and Row, 1980.

2. N. Rousselier note ainsi combien la représentation d'aujourd'hui du mode de gouvernement démocratique comme principe de décision, séparation entre un exécutif qui agit et un législatif qui contrôle et légitimité fondée sur l'onction du suffrage universel, constitue le principal obstacle pour comprendre le parlementarisme des débuts de la IIIe République davantage fondé sur la délibération entre parlementaires et la relation constante entre les deux pouvoirs, voir « La pyramide de l'éloquence : société politique et délibération sous la IIIe République », in S. BERSTEIN et P. MILZA (dir.), *Axes et méthodes de l'histoire politique*, Paris, PUF, 1998.

3. Sur le boulangisme, F. MONIER, *Le Complot dans la République*, Paris, La Découverte, 1998.

sont reçus et compris aujourd'hui le boulangisme et le poujadisme. L'histoire du poujadisme, qui « cadre » la filiation « national-populiste » du FN, en est une illustration exemplaire.

Contrairement à cette cause désormais entendue voulant que les poujadistes aient été « emportés par la nécessité historique[1] » en raison de leur inaptitude sociale et intellectuelle à vivre politiquement, on a montré ailleurs[2] qu'une des raisons de l'échec des poujadistes s'est jouée non pas dès qu'ils surgissent dans la vie publique en 1953 en s'en prenant aux agents du fisc, mais à l'Assemblée nationale, une fois que 51 d'entre eux ont réussi à s'introduire dans l'arène politique centrale de la IVe République, en 1956-1958. Sa source, loin d'être liée à leur inaptitude intellectuelle, renvoie à l'impossibilité dans laquelle se sont trouvés les élus UFF (Union et fraternité française) à tenir et remplir leur rôle d'élu. Néophytes quand les autres élus sont des vétérans de la politique, issus des fractions économiques quand la balance parlementaire penche vers le monde intellectuel, ne disposant pas d'une organisation à l'idéologie clairement constituée, ils se retrouvent placés dans une situation dont ils ne maîtrisent ni les règles ni les procédures et répondent à une définition faciale du bon député (être bien habillé, travailler les demandes des électeurs de leur circonscription) plus qu'ils n'interviennent véritablement dans les débats.

Contrairement encore à l'image d'« antiparlementaires » grand teint que les autres leur renvoient, Pierre Poujade compris puisque, non élu, il les presse de jouer les trublions de l'ordre parlementaire, c'est une véritable volonté de participer et d'être un bon « représentant du peuple » qui les anime, mais celle-ci est sans

1. Comme l'écrit M. WINOCK dans « Populismes français », *loc. cit.*, p. 87. Mêmes jugements dans J.-P. RIOUX, « La révolte de Pierre Poujade », *L'Histoire*, 32, mars 1981 (repris dans *Études sur la France de 1939 à nos jours*, Paris, Le Seuil, 1985) ; également du même auteur, *La France de la IVe République*, t. 2, Paris, Le Seuil, 1983 où l'on apprend que le poujadisme « naît de l'impuissance à détourner le cours de la modernité [...]. Ce passéisme aux idées courtes, cette mobilisation des exclus et des rejetés de la croissance [...]. Le poujadisme prolifère dans le désert français ... et s'oppose symétriquement à la France du Nord, aux dynamismes des grandes concentrations urbaines, à la grande entreprise "apatride" », p. 80.

2. A. COLLOVALD, « Les poujadistes ou l'échec en politique », *Revue d'histoire moderne et contemporaine*, janvier 1989.

cesse destinée à être contrariée par le rejet des autres élus parmi lesquels leurs principaux soutiens à l'Assemblée (les « Modérés » et les « Tixiéristes ») qui, les voyant parfois voter avec le PCF parfois disperser leurs votes, rejoignent leurs adversaires pour les déclarer « irresponsables » et « incompétents » politiquement.

Existe ainsi un écart entre la représentation donnée du « poujadisme » et la réalité sociale et politique de ce que les « poujadistes » au Parlement ont été. C'est précisément cette distance, qu'ils n'ont pas réussi à combler, qui a contribué à les disqualifier politiquement. N'ayant pu ni su retourner leur illégitimité sociale en ressource politique comme d'autres, avant eux, l'ont entrepris avec quelques succès avec tous les nouveaux handicaps que cette stratégie enferme[1], ils subissent de plein fouet une image stigmatisante alors même qu'ils n'ont pas les armes pour s'y reconnaître et encore moins pour la manipuler, ce qui dissuadera la plupart d'entre eux de se représenter aux élections de 1958 (deux d'entre eux seront réélus). Partant, la question centrale change de sens : comment a surgi, prévalu et s'est maintenu le discrédit social et intellectuel incarné par les poujadistes et que condense en lui le terme de « poujadisme » au point d'accorder à ce mouvement jugé peu glorieux une seconde vie symbolique le faisant entrer dans le répertoire des mots injurieux sans cesse en usage dans la polémique politique jusqu'à son remplacement par le terme de « populisme » ? La conjoncture politique et intellectuelle de la fin de la IVe République est, sous cet angle, déterminante.

L'infortune de l'UDCA mais aussi le succès du « poujadisme » comme injure sont liés pour une large part à une rencontre : rencontre entre la prétention à l'auto-représentation corporative puis politique portée haut et fort par ces petits commerçants et artisans et une autre prétention, concurrente et puissante, à l'interprétation et à l'action politiques[2]. Or, de ce dernier côté, c'est d'un groupe fortement soudé et autorégulé qu'il s'agit, dans lequel sont solidaires pour l'instant des technocrates, des

---

1. Sur ce point, M. OFFERLÉ, « Illégitimité et légitimation du personnel ouvrier en France avant 1914 », *Annales ESC*, 4, juillet-août 1984. B. PUDAL, *Prendre parti*, Paris, Presses de Sciences-Po, 1989.

2. Sur tous les points suivants, A. COLLOVALD, « Histoire d'un mot de passe : le poujadisme », *Genèses*, 3, mars 1991.

syndicalistes, des journalistes, des intellectuels, de jeunes étudiants, des patrons, des économistes, tous placés au seuil de la politique active depuis lequel ils la regardent dans la mésestime et qui cherchent à proposer d'autres formules sociale et politique (le « cadre manager », l'homme d'État responsable, « décideur » et « gouvernant ») que celles qui ont cours[1]. Disposant de ressources sociales, intellectuelles, politiques, éthiques efficaces, posant à l'avant-garde dans de multiples domaines, ce groupe est rassemblé derrière une figure de proue auréolée d'un charme magistral sous la IVe République, celui de la modernité politique, économique et éthique : Pierre Mendès France.

C'est cette « nébuleuse » mendésiste qui se mobilise rapidement (dès 1953 et les premières révoltes locales contre les agents du fisc) pour dire publiquement ce que signifie ce mouvement de petits commerçants et artisans, invente le mot de « poujadisme », le propage sur de multiples scènes (journalistique, politique, technocratique, syndicale) et le fait exister sous le visage d'un Pierre Poujade revêtu de tous les stigmates du populaire ignoble dans lequel elle reconnaît ses valeurs, mais inversées : « archaïque », « rétrograde », « anti-moderne » et « réactionnaire », ce mouvement animé par « Poujadolf » est dangereux pour la démocratie et porteur d'un « fascisme » d'autant plus redoutable qu'il s'agit d'un « fascisme du pauvre ».

Avec le « poujadisme », les mendésistes réussissent ainsi, en conquérant l'ensemble du commentaire politique et en jouant des représentations, à imposer une interprétation dominante qui transforme une fraction des classes moyennes proches des classes populaires en un peuple « noir », sale, dangereux. Ils font même coup double en posant ce « peuple » ignoble en enjeu de concurrence avec les hommes politiques de la IVe République. Grâce au « poujadisme », ils brandissent face à ces représentants

1. La controverse de l'époque tourne autour des problèmes de modernisation des structures économiques du pays, de la compétitivité des entreprises et de leur mode de gestion et porte sur le rôle des classes moyennes et le nouveau visage à leur donner pour qu'elles soient actrices du progrès attendu. L'heure est à la production d'une nouvelle idéologie dominante à laquelle participent ceux qui se retrouvent derrière P. Mendès France. Cf. L. BOLTANSKI, *Les Cadres. La formation d'un groupe social*, Paris, Minuit, 1982, pp. 155-236.

d'un ordre politique dont ils espèrent subvertir à leur profit la hiérarchie des lieux de pouvoir, une preuve concrète de leur impuissance à empêcher le retour d'un mouvement menaçant pour la démocratie et plus généralement une attestation de la débilité d'un régime qui n'arrête pas, à leurs yeux, de s'effondrer depuis qu'il est né (ce dont avait déjà témoigné pour eux la destitution de Pierre Mendès France de la Présidence du Conseil le 5 février 1955).

Le détour par la conjoncture montre ainsi combien les historiens du XXe siècle, en reprenant à leur compte l'image la plus dépréciée et la plus convenue du « poujadisme », prennent pour la réalité de ce mouvement de petits commerçants et artisans ce qui est une représentation stigmatisante qui a construit le « charisme populaire » de Pierre Poujade[1] et le « peuple » se retrouvant en lui en réponse d'abord à des préoccupations politiques particulières : disqualifier le « mouvement Poujade » qui contredisait le nouvel échafaudage social et politique envisagé et dresser, grâce à lui, un réquisitoire contre le régime de la IVe République. Dès lors, dans la filiation « national-populiste » telle que ces historiens la font exister, se rejoue toute une histoire politique désormais officielle (à la fabrication de laquelle dans d'autres ouvrages ils ont participé et participent encore[2]) voulant que la IVe République ait été constamment minée par les « jeux, poisons et délices du Système »[3] et voyant dans l'établissement de la Ve République gaullienne l'avènement d'un véritable gouvernement moderne et efficace. Le schème moral central qui l'organise, désormais encastré dans le postulat démocratique, vient restreindre considérablement l'espace des déloyautés possibles puisque se trouve ainsi occulté que sous la IVe République et à l'égard de son régime a existé un déloyalisme au visage de modernité et d'avant-garde rejoignant dans ses discours

1. Faire de P. Poujade un leader charismatique est pour le moins éloigné de la réalité de ce qu'a été son mode de domination puisqu'il n'a cessé de devoir faire face à des dissensions à l'intérieur de son mouvement et qu'il n'a jamais réussi à imposer ses vues aux députés UFF.

2. Comme le montre B. GAÏTI, dans « Les manuels scolaires et la fabrication d'une histoire politique », *Genèses*, 44, 2001.

3. B. GAÏTI, *De Gaulle, prophète de la Cinquième République*, Paris, Presses de Sciences-Po, 1998.

critiques les gaullistes dont la réussite ultérieure a fait les gagnants de l'histoire.

LES VISAGES DIFFÉRENTS DU DÉLOYALISME POLITIQUE

S'il est toujours chimérique, ainsi que l'écrit Roger Chartier[1], de chercher des origines passées à un phénomène actuel plutôt que de les trouver dans les enjeux du présent, il est toujours dangereux pour l'analyse de naturaliser ses concepts. C'est pourtant ce à quoi aboutit une démarche qui, après avoir créé une continuité entre boulangisme, poujadisme et FN en la fondant sur des illégitimités constatées n'ayant ni les mêmes ressorts ni les mêmes fondements, confond cette continuité reconstruite avec la permanence de la catégorie filiatoire du « national-populisme[2] ». La cohérence logique conférée ainsi à une succession de phénomènes qui n'en a aucune ouvre sur un empirisme qui, en refusant aux luttes de représentation d'être des lieux de règlement des conflits politiques et de définition des « faits » politiques, omet de prendre en considération les usages politiques de l'histoire. C'est alors la propre contribution historienne à la légitimation ou l'illégitimation d'un phénomène politique qui passe inaperçue.

Le « national-populisme » : une offre de légitimation

La triple illégitimité, politique, sociale et intellectuelle que ces historiens imputent par filiation au FN ne les met pas en position de pouvoir anticiper ou imaginer les usages politiques que ce parti peut entreprendre à la fois du discrédit « historique » et du reclassement identitaire attribués. D'abord parce que leur propre conception du jeu politique les empêche de penser qu'il puisse y avoir des intérêts politiques puissants à la stigmatisation de soi[3]. Ensuite parce qu'ils ne remarquent pas que les dirigeants frontistes sont tout sauf

1. Cf. R. CHARTIER, « "La chimère des origines". Michel Foucault, les Lumières et la Révolution française », in *Au bord de la falaise. L'histoire entre incertitudes et inquiétudes*, Paris, Albin Michel, 1998.

2. Voir sur ce point, M. WEBER, *Essais sur la théorie de la science*, Paris, Plon, 1965.

3. Ce qu'on a pu montrer dans *Jacques Chirac et le gaullisme, op. cit.*

illégitimes socialement et intellectuellement (on trouve parmi eux des professeurs d'université, des avocats, des journalistes, des cadres supérieurs du privé). Enfin parce qu'ils voient dans le FN, à l'instar du boulangisme et du poujadisme, essentiellement un *lepénisme*, ce qui laisse dans l'ombre l'ensemble du capital collectif politique et intellectuel possédé faisant des responsables frontistes, à l'inverse des poujadistes, des professionnels de la politique aguerris capables de jouer sur et des représentations qu'ils produisent et qu'ils attirent.

Si l'on examine ses pratiques politiques plutôt que ses discours, ressurgit un FN désaccordé avec l'image qui lui est prêtée. Contrairement aux conclusions vite admises qui le montrent « populaire » à la base, « notabilisé » dans sa représentation au prétexte qu'il a accepté de se plier aux règles du jeu électoral à l'inverse du temps de son passé groupusculaire, il continue à travailler une radicalité venue de son passé et des différents groupements politiques qu'il continue à rassembler : liaisons avec des groupes extrémistes radicaux en France ou à l'étranger, avec des personnalités au passé et au présent idéologiques plus que « sulfureux », entretien d'un militantisme ultra-violent que ce soit par le vocabulaire utilisé pour décrire les « ennemis », par les armes employées contre eux ou par ses modes d'action[1]. Ne retenir que l'un ou l'autre de ces deux aspects du FN serait cependant une erreur : il est les deux à la fois. Ce double visage qui est aussi un double jeu constitue son identité politique concrète et révèle une particularité inaperçue : les cadres du FN sont des professionnels expérimentés à la fois dans l'hostilité à la démocratie et dans les règles du jeu démocratique. C'est cette dualité qui leur offre un répertoire d'actions et de justifications bien plus ouvert que ce qu'il ne le semble de prime abord et surtout bien plus corrosif sur les croyances démocratiques voulant que le passage par le suffrage universel acclimate à la démocratie ceux qui en usent.

Un tel double jeu permet encore aux dirigeants du FN de profiter d'une opportunité offerte et qui consiste précisément à jouer les « populistes » en jouant du « populisme » et du défi aux

1. F. VENNER, *Les Mobilisations de l'entre soi. Définir et perpétuer une communauté. Le cas de la droite radicale française (1981-1999)*, thèse de science politique sous la dir. de P. Perrineau, Paris, IEP, 2002.

convenances admises. La dépréciation sociale et intellectuelle de ce parti ne fonctionne pas simplement comme une injure ou une diabolisation (à l'inverse de ce que peut en dire Pierre-André Taguieff). Elle est une action politique qui abaisse symboliquement les caractéristiques sociales et intellectuelles des porte-parole du FN et simplifie le différentiel de ressources existant entre eux et leurs troupes militantes ou électives venant leur donner, à eux et à leurs discours, une image de proximité et de concrétude quand s'opacifient les distinctions entre les partis « de gouvernement ».

La dualité est également au principe d'un ensemble de compétences, de savoirs et de savoir-faire qui informe les rapports des dirigeants frontistes à la politique établie et qui leur permet, à l'inverse des poujadistes, de détenir toutes les armes pour s'opposer aux autres, notamment en les prenant à leur propre jeu. Ils peuvent non seulement « endosser les stigmates » ou « investir leur caricature » sans avoir le sentiment d'être réduits à une totale indignité (« Je suis la bête immonde qui monte, qui monte », s'amuse Jean-Marie Le Pen), mais aussi comprendre d'autant mieux la nécessité qu'il y a pour eux de se reclasser politiquement (et de perdre l'image radicalisée de leur passé groupusculaire) que ce reclassement a d'abord été un enjeu de lutte interne. Tout comme ils se sont réapproprié des études savantes (par exemple la démographie de l'immigration[1]), ils n'ont pas tardé à trouver dans le « national-populisme » une nouvelle ressource identitaire et à l'adopter pour eux-mêmes[2] à un moment où ils entendaient

1. Les travaux de l'INED et de l'INSEE chiffrant le nombre d'immigrés en France ont été rapidement réappropriés par les dirigeants du FN *via* Le Club de l'Horloge, pour souligner « l'invasion » que connaîtrait la société française (voir par exemple J.-Y. LE GALLOU et le Club de l'Horloge, *La Préférence nationale : réponses à l'immigration*, Paris, Albin Michel, 1985 ; surtout P. MILLOZ, *300 mesures pour la renaissance de la France. Front national : programme de gouvernement*, Paris, Éd. nationales, 1993). Cela a donné lieu à une violente controverse sur les rapports entre science démographique et schème raciste voire sur les relations entre certains groupes ou personnalités de la science démographique et l'extrême droite. Le livre d'H. LE BRAS, *Le Démon des origines. Démographie et extrême droite*, Paris, Éd. de l'Aube, 1998, va servir de déclencheur à la polémique.

2. Il semble même que le terme ait été employé dès 1986 par la fraction la plus récemment arrivée dans le FN pour peser sur les orientations du parti. B. Mégret estimait ainsi dans *National hebdo* (4 décembre 1986) que J.-M. Le Pen « devait

interdire par le recours au droit l'emploi de l'étiquette d'extrême droite voire de droite extrême pour imposer celle de « vraie droite ».

De même que pour la qualification de « populiste », celle de « nationaliste » ne peut les rebuter, eux qui ont défini leur parti comme appartenant « au camp national », opposant « pays réel » et « pays légal », « France réelle » et « anti-France », « national » et « cosmopolite » et qu'elle occulte en large part ce dont exactement leur xénophobie est faite (un dénationalisme à fondement ethnique). Surtout, habitués à faire « de la lutte politique une lutte sémantique[1] » et professionnels dans l'art de créer un sentiment d'appartenance sur « la communication entre soi d'une vérité cachée encore inaudible par d'autres[2] » et du jeu sur le dicible et l'indicible[3], familiarisés comme leurs adversaires dans l'art du double langage et du double jeu, ils peuvent tirer tous les profits possibles de l'inclination historienne à faire de l'idéologie l'explication du comportement tenu à l'égard du jeu démocratique et de son identité politique. Ce qu'illustre le programme social dont ils se dotent en 1992 venant donner raison après coup à la dimension sociale vite octroyée en 1987[4].

On perçoit mieux les contributions plus ou moins involontaires et incontrôlées que les interprètes de la politique apportent au maintien et à la durabilité politiques d'une telle organisation : participer à la faire exister (et parfois gagner) dans les représentations sans qu'elle ait besoin d'agir politiquement et de gagner dans les urnes. L'échec électoral ou l'échec à prendre le pouvoir politique peut

conserver ce côté populiste qu'il est le seul à exprimer sur la scène politique ». Comme le remarque M. Soudais : « "Populiste" de 1986 à 1988, critique vis-à-vis de cette revendication de 1989 à 1993, le Front national est de nouveau séduit en 1994. "Populiste et fier de l'être !" clament les jeunes lepénistes lors de leur université d'été" », in *Le Front national en face*, Paris, Flammarion, 1996, p. 165.

1. « Celui qui impose à l'autre son vocabulaire lui impose ses valeurs, sa dialectique et l'amène sur son terrain à livrer un combat inégal », déclarait B. Gollnisch dans *Le Figaro* (21 juin 1996).

2. B. PUDAL, « Les "identités totales". Quelques remarques à propos du FN », *L'Identité politique*, Paris, PUF-CURAPP, 1994.

3. Fr. MATONTI, « Le Front national forme ses cadres », *Genèses*, 10, 1993.

4. Début 1996, B. Mégret explique dans un entretien au *Monde* : « Le FN entend développer un programme social et soutenir les mouvements sociaux, mais dans une démarche rénovée. Nous voulons faire du social sans faire du socialisme. »

ainsi masquer la position centrale occupée dans la lutte politique par un parti certes marginal en voix mais vis-à-vis duquel tous les autres partis et tous les commentateurs se situent et orientent leurs lignes d'action idéologiques et politiques. À cet égard, il n'est même pas sûr que l'attribution d'une « origine » incarnée par ces héros calamiteux que sont Boulanger et Poujade, qui offre à ce parti bien implanté dans le jeu politique d'aujourd'hui l'image rassurante moralement et largement reconstruite de la prédestination à l'échec pour cause de médiocrité intellectuelle et politique, ne lui soit pas de quelque utilité.

Populisme, déloyalisme : un couple sans affinité

Si rien n'est moins envisageable que le pire, ce n'est pas, comme le pensent les historiens du « temps présent » parce qu'il existerait désormais des obstacles infranchissables à sa réalisation. C'est parce que rien ne permet de prophétiser que les luttes de représentation qui configurent les situations et les définitions de ce qu'il est acceptable ou non de faire et d'être en politique ne puissent rendre crédible ce qui auparavant était incroyable et autorisé ce qui précédemment était intolérable. Ce n'est que par un retour sur l'historicité de l'histoire en train de se faire où se mêlent indissociablement représentations et conduites adoptées que l'on peut retracer les étapes du « développement » d'un déloyalisme politique.

Si l'on s'y emploie on pourrait remarquer, à la suite de Robert Paxton[1], qu'avant d'être totalitaires une fois arrivés au pouvoir, le nazisme et le fascisme avaient emprunté bien d'autres visages liés à leurs positions successives dans des configurations différentes. Si l'on veut comparer le FN avec le fascisme, mieux vaut le comparer avec celui des tout débuts et non avec celui du point d'arrivée : on remarquerait que le « populisme », l'appel au peuple, est une stratégie de conquête du pouvoir qu'ils partagent l'un et l'autre et qu'il a été une des identités, d'ailleurs bien vite abandonnée, du « fascisme avant le fascisme ».

On s'apercevrait surtout, mais en élargissant la focale, que le

1. R. O. PAXTON, « Les fascismes : essai d'histoire comparée », *Vingtième siècle*, 45, 1995.

« populisme » n'est pas l'apanage des formules autoritaires mais une stratégie politique de nouvel entrant dans un jeu politique démocratisé marqué par la quête des suffrages et du plus grand nombre et qu'elle suppose, pour avoir quelque chance de succès, un travail politique de vraisemblance[1] de la part de ceux qui l'adoptent, visant à créer le « peuple » mobilisé pour mieux en rencontrer les préoccupations concrètes[2]. Le « populisme » en ressort beaucoup moins pathologique ou exceptionnel que ce qu'il en est dit : il devient une pratique politique ordinaire parmi d'autres pour des acteurs sans position affermie dans une concurrence politique professionnalisée dans la lutte électorale mais aussi dans l'obtention de la reconnaissance du droit d'y participer.

Comment, dès lors, le « recours au peuple » a-t-il pu être à ce point aujourd'hui ressenti et compris comme une anomalie politique pour qu'il soit pensé et présenté sous la figure de l'extraordinaire et de la menace pour la démocratie ? Ce n'est plus vers le « peuple » que l'analyse doit se tourner, mais vers tous ceux qui l'invoquent en évoquant le « populisme ». L'on peut se demander si la fortune actuelle du « populisme » chez les interprètes de la politique n'est pas le signe d'une compétition qui les oppose aux hommes politiques pour la définition de la « bonne » autorité politique dans laquelle le mot fonctionnerait au rappel à l'ordre à la fois de ce qu'il serait désormais interdit de faire en politique – prendre en considération le « peuple » – et de ce qu'il serait préférable d'accomplir : s'adresser à l'opinion compétente, c'est-à-dire à eux-mêmes. Les usages actuellement insistants du « populisme » indiqueraient ainsi une élévation symbolique du seuil d'accès à la parole politique autorisée allant dans le sens d'une délégitimation de tous ceux pour qui le peuple est une cause à défendre au profit de la légitimation de ceux pour qui le peuple est un problème à résoudre. Si l'on est bien loin de l'autoritarisme

1. Sur cette nécessité d'un travail politique de « vraisemblance », cf. S. MARESCA, *L'Autoportrait. Six agricultrices en quête d'image*, Toulouse-Le Mirail, Presses Universitaires du Mirail, 1991.

2. Sur le travail de création de la base d'une organisation dont les porte-parole se réclament, Ch. SUAUD, « Le mythe de la base », *Actes de la recherche en sciences sociales*, 52/53, 1984.

populaire, peut-être malgré tout n'est-on pas très éloigné d'une prétention politiquement autoritaire.

Tout déloyalisme radical a-t-il pour autant disparu ? George Orwell[1] écrivait au sortir de la Seconde Guerre mondiale que si les fascistes revenaient en Angleterre, ils reviendraient le parapluie bien roulé sous le bras et en chapeau melon. L'idée mérite attention. Elle rappelle, à sa façon, que le style politique employé (l'attitude, la rhétorique, la présentation de soi) est d'abord une tactique obéissant à des calculs dans lesquels entrent des estimations sur la valeur des « coups » jouables. C'est ici toute la question du pensable politique et de ses reconfigurations historiques qui se trouve posée. Les coûts du recours à la violence physique et à l'usage de la rue comme modalité de règlement des conflits politiques se sont sans doute élevés à un point tel, après le discrédit total du fascisme[2], que ces pratiques déloyales sont devenues inenvisageables pour tout déloyalisme du moins officiellement et visiblement[3] et le temps que tiennent les collusions empiriques contribuant au maintien des règles formelles et pacifiées de la démocratie. Si les conditions de la déloyauté politique se sont effectivement haussées avec l'élévation de la démocratie au rang de norme exclusive pour tous les régimes existants et avec son inscription dans la durée politique et dans les « têtes » des hommes politiques, ce n'est pas pour autant qu'elles rendent tout déloyalisme radical impossible : elles lui posent de nouvelles exigences dont celle de maîtriser les règles du jeu démocratique.

L'acceptation des règles formelles du jeu démocratique ne signifie plus alors l'assentiment aux valeurs de la démocratie. Rien ne dit plus, en outre, que d'autres actions que la violence ou la rue ne soient pas plus efficaces pour déstabiliser les institutions démocratiques et leur enlever les libertés politiques

1. Citée par R. O. PAXTON, in « Les fascismes... », *loc. cit.*

2. L'idée est avancée par M. DOBRY, in « Février 34... », *loc. cit.*, reprenant l'hypothèse de J. LINZ sur le fascisme comme *« late-comer »* ou « tard venu », in « Political space and fascism as a late-comer », S. V. Larsen *et al.*, *Who were the fascists ?*, Bergen Universitetforlaget, 1980.

3. Ce qu'ont très bien compris les dirigeants du FN qui ont créé un service d'ordre chargé d'agir d'abord contre leurs propres adeptes en renvoyant dans l'invisible manifestant les groupes les plus radicaux comme les skinheads qui pourtant les soutiennent.

et les idéaux universalistes dans lesquels résident leurs principes de légitimité et que parmi le répertoire des moyens aujourd'hui disponibles on ne puisse trouver des instruments formellement démocratiques et offerts par la démocratie elle-même (mesures législatives, préparation d'un projet de loi pour certains, prise à revers des idéaux démocratiques pour d'autres).

De même, s'il y a bien une histoire politique passée à entreprendre pour comprendre comment les dirigeants du FN pensent et imaginent leurs actions, ce n'est pas celle du nazisme ou du fascisme, encore moins celle du boulangisme et du poujadisme qu'il conviendrait de retracer. C'est l'histoire de ces précédents tactiques, successivement disqualifiés car contrés avec succès par les différents régimes démocratiques institués, que constituent les comportements violents adoptés sous Vichy, puis l'OAS pendant la guerre d'Algérie ou les « actions directes » menées sur le territoire français. Ces contre-exemples pratiques « cadrent » ce que les dirigeants frontistes peuvent envisager comme lignes de conduite plausibles mieux que ne le fait l'histoire d'une hérédité supposée préfigurée par des mouvements avec lesquels ils n'ont jamais contracté de liens personnels durables (à l'inverse de ceux qui viennent d'être cités).

8.

Les cinq phases du fascisme

Robert O. Paxton

À première vue, rien ne semble plus facile à comprendre que le fascisme[1]. Il se présente à nous sous la forme d'images grossières et primaires : un démagogue chauvin haranguant une foule en délire ; des jeunes gens défilant au pas en rangs disciplinés ; des militants en chemise colorée passant à tabac des membres d'une minorité diabolisée ; une obsession du déclin de la communauté, de l'humiliation ou de la mentalité de victime ; et les cultes réparateurs de l'unité, de l'énergie et de la pureté, mis en œuvre avec une violence rédemptrice.

Pourtant d'importantes difficultés surviennent dès que l'on entreprend de définir le fascisme[2]. Ses limites sont ambiguës tant dans le temps que dans l'espace. Inclut-on Staline ? Faut-il dépasser les frontières de l'Europe et intégrer les dictateurs charismatiques

1. Une version précédente de ce chapitre a été publiée dans *The Journal of Modern History*, vol. 70, n° 1, mars 1998.

2. Après une période d'étude active du fascisme générique dans les années 60 et au début des années 70, à partir de 1975 environ le travail des spécialistes a délaissé le fascisme générique pour s'intéresser aux cas particuliers. Voir Tim MASON, « Whatever happened to Fascism ? », in Thomas Childers et Jane Caplan, *Reevaluating the Third Reich*, New York, Holmes and Meier, 1993, pp. 253-262. Puis, au cours des années 90, les historiens ont repris l'analyse du fascisme générique. Roger GRIFFIN, *The Nature of Fascism*, Londres, Routledge, 1993, et *International Fascism : Theories, Causes, and the New Consensus*, Londres, Arnold, 1998, ainsi que Roger EATWELL, *Fascism : A History*, Londres, Allen Lane/Penguin, 1996, définissent le fascisme comme une doctrine. L'ouvrage de Stanley G. PAYNE, *A History of Fascism, 1914-1945*, Madison, University of Wisconsin Press, 1995, est une étude empirique encyclopédique.

des pays en voie de développement, tels que Nkrumah, avec son parti unique et son idéologie officielle du consciencisme, ou Saddam Hussein et les gigantesques sculptures représentant ses propres avant-bras brandissant des épées croisées au-dessus d'une avenue de Bagdad[1] ? Et qu'en est-il du Japon impérial des années 30 ou du syndicalisme nationaliste de Juan Perón en Argentine (1946-1955) ? Où faut-il commencer dans le temps ? Si on décide d'établir une généalogie classique, on peut tout à fait envisager de remonter carrément jusqu'à Joseph de Maistre, dont la sombre vision de la violence et du complot dans les affaires humaines et la conviction que seule l'autorité pouvait réprimer les instincts destructeurs des hommes offrent, selon Isaiah Berlin, un aperçu prophétique des totalitarismes de gauche et de droite du XXe siècle[2]. Si on préfère retracer une trajectoire au sein de la gauche, se fondant sur la perception du Siècle des lumières selon laquelle la liberté individuelle peut saper la communauté, certains n'ont pas hésité à remonter jusqu'à Rousseau[3].

Même si nous nous limitons au XXe siècle et à ses deux cas les plus notoires, l'Allemagne nazie et l'Italie Fasciste[4], ceux-ci présentent de profondes différences. Comment est-il possible d'associer Mussolini et Hitler, quand le premier était entouré de partisans juifs et d'une maîtresse juive[5], alors que le second

---

1. Samir EL-KHALIL, *The Monument*, Berkeley, University of California Press, 1991. L'auteur n'y évoque qu'indirectement le fascisme.

2. Sir Isaiah BERLIN, « Joseph de Maistre and the Origins of Fascism », in *The Crooked Timber of Humanity*, New York, Alfred Knopf, 1991 : *Le Bois tordu de l'humanité : romantisme, nationalisme et totalitarisme*, tr. fr. Marcel Thymbres, Paris, Albin Michel, 1992.

3. Jacob L. TALMON, *The Origins of Totalitarian Democracy*, Boston, Beacon, 1952 : *Les Origines de la démocratie totalitaire*, tr. fr. Paulette Fara, Paris, Calmann-Lévy, 1966. Élève de Talmon, Zeev Sternhell est aujourd'hui le défenseur prééminent de la thèse qui voit les racines intellectuelles du fascisme dans une hérésie de la gauche, le syndicalisme national. Voir, parmi de nombreux travaux, Zeev STERNHELL, Mario SZNAJDER et Maria ASHERI, *Naissance de l'idéologie fasciste*, Paris, Fayard, 1989, un ouvrage dédié à Talmon.

4. Nous écrirons « Fascisme » et « Fasciste » avec une majuscule lorsque nous faisons référence au parti italien et avec une minuscule lorsque nous parlons du fascisme générique.

5. La redoutable Margherita Sarfatti, mécène et biographe officielle de Mussolini, est le sujet du livre de Philip CANISTRARO et Brian R. SULLIVAN, *Mussolini's Other Woman*, New York, William Morrow, 1993. Le partisan juif

faisait preuve d'un antisémitisme obsessionnel ? Comment faire l'amalgame entre la discipline rigide et militarisée de l'ordre instauré par le parti national-socialiste et le laxisme de l'Italie mussolinienne ? Des historiens aussi éminents que feu Renzo De Felice à Rome et Karl-Dietrich Bracher de l'université de Bonn ont dénié l'appartenance du nazisme allemand et du Fascisme italien à la même catégorie[1]. Cet article soutient leur affinité conceptuelle, pour des raisons que nous développerons à mesure que nous avancerons[2].

Toute tentative de définir le fascisme se heurte à cinq difficultés majeures. Tout d'abord, un problème de périodisation. Le phénomène fasciste fut mal compris au début en partie en raison de son caractère vraiment inattendu. Jusqu'à la fin du XIXe siècle, la plupart des penseurs politiques croyaient que l'extension du droit de vote profiterait inévitablement à la démocratie et au socialisme. Remarquant la progression rapide des suffrages au profit des socialistes en Allemagne et en France, Friedrich Engels était certain que le temps et les chiffres joueraient en sa faveur. Rédigeant la préface d'une nouvelle édition de *Les Luttes des classes en France (1848-1850)* de Karl Marx en 1895, il écrivait : « Si cela continue ainsi, nous conquerrons d'ici la fin du siècle la plus grande partie des couches moyennes de la société, petits-bourgeois ainsi que petits paysans, et nous grandirons jusqu'à devenir la force décisive[3]. » Il fallut deux générations à la gauche pour réaliser que le fascisme

---

le plus célèbre du *Duce* était Aldo Finzi, qui fut impliqué dans l'assassinat du leader socialiste Giacomo Matteotti en juin 1924. En 1938, environ un tiers des Juifs adultes italiens étaient membres du parti Fasciste. Voir Alexander STILLE, *Benevolence and Betrayal : Five Italian Jewish Families under Fascism*, New York, Summit Books, 1991, p. 22, et Susan ZUCCOTTI, *The Italians and the Holocaust*, New York, Basic Books, 1987, p. 27.

1. Renzo DE FELICE, *Fascism : an Informal Introduction to its Theory and Practice : an Interview with Michael A. Ledeen*, New Brunswick, NJ, Transaction Books, 1976, pp. 15, 55-56, 67, 94-96 ; Karl-Dietrich BRACHER, *Zeitgeschichtlichen Kontroversen. Um Totalitarismus, Faschismus, Demokratie*, Munich, Piper, 1976, p. 20.

2. Regroupant les exposés d'une conférence en l'honneur de Tim MASON, Richard BESSEL (dir.), *Fascist Italy and Nazi Germany : Comparisons and Contrasts*, Cambridge University Press, 1996, est l'examen le plus récent de l'unité conceptuelle complexe mais fondamentale des deux régimes.

3. Friedrich ENGELS, préface de l'édition de 1895 de *Les Luttes des classes*

procède, malgré tout, d'un authentique enthousiasme populaire de masse et pas simplement d'une habile manipulation d'émotions populistes par la droite réactionnaire ou par un capitalisme en déroute[1].

La deuxième difficulté à définir le fascisme naît du phénomène d'imitation. À l'âge d'or du fascisme, dans les années 30, nombreux furent les régimes qui n'étaient pas fonctionnellement fascistes mais qui empruntèrent certains éléments de la mise en scène fasciste afin de se conférer une aura de force, de vitalité et de mobilisation collective. Ils furent influencés par le « champ magnétique » du fascisme, pour employer l'expression judicieuse de Philippe Burrin[2]. Mais on ne peut reconnaître un régime fasciste à son plumage. L'écrivain anglais George Orwell comprit d'emblée que le fascisme ne se définit pas par ses habits. Si, un jour, un fascisme authentique devait prospérer en Angleterre, écrivait Orwell dès 1936, il serait vêtu plus sobrement qu'en Allemagne[3]. Les exotiques chemises noires de Sir Oswald Mosley sont l'une des explications de l'échec du principal mouvement fasciste en Angleterre, la *British Union of Fascists*. Qu'en aurait-

---

en France (1848-1850) de Karl Marx, trad. révisée Gérard Cornillet, Messidor-Éd. sociales, 1984.

1. Après 1968, les marxistes occidentaux réprouvèrent l'interprétation que faisait Staline du fascisme et trouvèrent une autre tradition chez August Thalheimer et Antonio Gramsci. Voir par exemple Nicos POULANTZAS, *Fascisme et dictature*, Paris, Maspero, 1970, et Anson RABINBACH, « Toward a Marxist Theory of Fascism and National Socialism », *New German Critique*, n° 3, automne 1974, pp. 127-153. Wolfgang WIPPERMANN rend compte des points de vue allemands dans « The Postwar German Left and Fascism », *Journal of Contemporary History*, 11, 4, octobre 1976, pp. 185-219, et dans *Faschismustheorien : zum Stand der Gegenwärtigen Diskussion*, nouv. éd., Darmstadt, Wissenschaftliche Buchgesellschaft, 1989.

2. Philippe BURRIN, « La France dans le champ magnétique des fascismes », *Le Débat*, n° 32, novembre 1984.

3. *The Road to Wigan Pier*, New York, Berkley Books, 1961, p. 176 : *Le Quai de Wigan*, trad. fr. Michel Pétris, Paris, Éd. Ivréa, 1995. Voir également *The Lion and the Unicorn* (1941), cité in *The Collected Essays, Journalism, and Letters of George Orwell*, Sonia Orwell et Ian Angus (dir.), vol. III, *My Country Right or Left, 1940-43*, New York, Harcourt Brace, 1968, p. 93 : *Le Lion et la licorne*, in *Essais, articles, lettres, George Orwell*, tr. fr. Anne Krief, Michel Pétris et Jaime Semprun, Paris, Éditions Ivréa-Éditions de l'Encyclopédie des Nuisances, vol. II (1940-1943), 1996.

il été si ses membres avaient arboré des chapeaux melon et porté des parapluies soigneusement roulés ? Les skinheads adolescents qui exhibent des croix gammées dans certaines régions d'Europe paraissent si étrangers et marginaux qu'ils posent un problème d'ordre public plus qu'ils ne représentent une résurgence d'un fascisme réel soutenu par les masses et astucieusement paré des emblèmes patriotiques de la nation elle-même. S'arrêter à des symboles extérieurs, sujets à une imitation superficielle, ajoute à la confusion concernant ce qui est susceptible d'être légitimement considéré comme fasciste.

Ceci nous mène au troisième problème auquel nous nous voyons confrontés pour définir le fascisme, et qui est posé par la considérable et décourageante disparité des cas individuels dans l'espace et dans le temps. Ceux-ci diffèrent dans l'espace parce que chaque variante nationale du fascisme tire sa légitimité, ainsi que nous le verrons, non pas de quelque texte sacré universel, mais de ce qu'elle tient pour être les éléments les plus authentiques de l'identité de sa propre communauté. La religion, par exemple, jouerait sans aucun doute un rôle bien plus important dans un fascisme authentique aux États-Unis que dans les premiers fascismes européens, qui, pour des raisons historiques contingentes, étaient athées[1]. Ils diffèrent dans le temps à cause des transformations et des compromis exigés des mouvements qui se lancent en quête du pouvoir. Un petit cercle de syndicalistes nationalistes dissidents, tels que ceux étudiés par Zeev Sternhell, fonctionne différemment d'un parti à la recherche d'alliances et de complicités au sein des élites du pays. Disparates par leurs symboles, leur décor et même par leurs tactiques politiques, les mouvements fascistes se ressemblent essentiellement par leurs fonctions (un point sur lequel nous reviendrons).

Une quatrième difficulté, encore plus redoutable, résulte de la relation ambiguë entre la doctrine et l'action dans le

1. Dans *A History of Fascism*, *op. cit.,* pp. 490, 518, Payne estime que le fascisme est intrinsèquement anticlérical : il affirme que les fondamentalismes religieux sont plus à même de donner naissance aujourd'hui à un autoritarisme qu'à un néofascisme. Concrètement, cependant, et Payne lui-même le montre, les fascismes se sont historiquement avérés proches des Églises assimilées à la cause nationale, comme en Europe de l'Est.

fascisme. Il nous faudra examiner ce problème beaucoup plus longuement que les autres. En tant qu'intellectuels, nous classifions presque instinctivement tous les grands mouvements politiques – tous les « ismes » – en fonction de leur doctrine. Par une convention consacrée par l'usage, l'on admet que le fascisme est un « isme » comme les autres et, en conséquence, on le traite avant tout comme un corps de doctrines[1]. Par un phénomène d'analogie généralement considérée comme allant de soi, nombre de travaux existants abordent le fascisme comme s'il était de même nature que les grandes doctrines du long XIXe siècle, telles que le conservatisme, le libéralisme et le socialisme. Ce chapitre entreprend de contester cette convention ainsi que l'analogie implicite dont elle s'accompagne.

Les grands « ismes » de l'Europe du XIXe siècle – conservatisme, libéralisme, socialisme – étaient associés à l'autorité des notables ; caractérisés par une déférence pour les leaders instruits, par des débats savants et (même dans certaines formes de socialisme) par une participation populaire restreinte. Le fascisme est une pratique politique adaptée à la politique de masse du XXe siècle. Il entretient avec la pensée un autre rapport que les « ismes » du XIXe. Contrairement à ces « ismes »-là, le fascisme ne repose pas sur des conceptions philosophiques définies prétendant à une validité universelle. Il n'a jamais existé de « Manifeste fasciste », ni de penseur fondateur du fascisme. Certes, on peut inférer du langage fasciste des présupposés implicites d'un darwinisme social : sur la nature de l'homme ; sur la nécessité de la communauté et de l'autorité pour la société humaine ; sur le destin des nations dans l'histoire[2] ; mais le fascisme ne fonde pas ses prétentions à

1. Roger GRIFFIN, *The Nature of Fascism, op. cit.*, et Roger EATWELL, *Fascism : A History, op. cit.*, soutiennent vigoureusement que le fascisme doit être compris comme une doctrine. L'approche de Griffin est la plus ambitieuse : il écarte le problème des variations et contradictions en réduisant le minimum fasciste à la régénération nationale. Dans son *History of Fascism, 1914-1945, op. cit.*, un ouvrage plus narratif, Payne dit même que « la lecture des programmes fascistes » constitue son point de départ méthodologique (pp. 11, 472).

2. On trouve un excellent examen de ces principes au cœur du nazisme, ainsi qu'une abondante bibliographie, dans Michael BURLEIGH et Wolfgang WIPPERMANN, *The Racial State : Germany 1933-1945*, Cambridge University Press, 1991.

la validité sur la vérité de ces principes. Les fascistes méprisent la raison et la pensée, abandonnent des positions intellectuelles sans le moindre embarras et rejettent de nombreux compagnons de route intellectuels. Ils subordonnent la pensée et la raison non à la foi, comme le faisait la droite traditionnelle, mais à la voix du sang et à la destinée historique du groupe. Leur seul critère moral est la vaillance de la race, de la nation, de la communauté. Ils ne fondent leur légitimité sur aucune norme universelle, à l'exception d'une seule : le triomphe darwinien de la communauté la plus forte.

Les fascistes dénient toute légitimité aux principes universels, au point qu'ils négligent même le prosélytisme. Le fascisme authentique n'est pas propre à s'exporter[1]. Les variantes nationales du fascisme se distinguent bien plus profondément les unes des autres par leurs thèmes et leurs symboles que les variantes nationales des vrais « ismes ». La plus flagrante de ces variations – qui incite certains à récuser la validité du concept même de fascisme générique – concerne la nature de l'indispensable ennemi : dans les fascismes méditerranéens, les socialistes et les peuples colonisés sont de plus grands ennemis que les Juifs[2]. Puisant ses slogans et ses symboles dans le répertoire patriotique d'une communauté déterminée, chaque fascisme est fondamentalement unique dans son discours et ses emblèmes. Les fascismes s'adaptent mal à

1. Dans *Universal Fascism : the Theory and Practice of the Fascist International, 1928-1936*, New York, H. Fertig, 1972, Michael A. Ledeen examine les efforts éphémères de Mussolini pour réunir autour de lui les autres mouvements fascistes en une organisation internationale. Hitler témoigna peu d'intérêt pour ses disciples étrangers, faisant preuve d'une réticence notable à confier le gouvernement des territoires conquis aux collaborateurs, comme Quisling en Norvège (écarté du pouvoir jusqu'en 1942), Mussert en Hollande et Degrelle en Belgique. Sur ce dernier point, Martin CONWAY propose une étude récente dans *Collaboration in Belgium : Léon Degrelle and the Rexist Movement*, New Haven, Yale University Press, 1993.

2. Emilio GENTILE, *The Sacralization of Politics in Fascist Italy*, Cambridge (MA), Harvard University Press, 1996, pp. 24-25 : *Il culto del littorio : la sacralizzazione della politica nell'Italia fascista*, Rome, Laterza, 1993 ; *La Religion fasciste : la sacralisation de la politique dans l'Italie fasciste*, trad. de l'italien Julien Gayrard, Paris, Perrin, 2002. Gentile y analyse le rite de destruction purificatrice par le feu des biens des socialistes capturés par les *squadristi*. Pour ce qui est du racisme Fasciste italien (plus culturel que biologique) dirigé tout d'abord contre les Slovènes puis contre les Libyens et les Éthiopiens, se référer à la note 2, p. 355.

tout système de principes intellectuels universels. C'est dans leurs fonctions qu'ils se ressemblent.

En outre, les discours des intellectuels fascistes – même en acceptant provisoirement le principe qu'ils constituent des textes philosophiques fondamentaux – ne coïncident que de loin avec les actions des mouvements fascistes dès lors que ceux-ci détiennent le pouvoir. Les tout premiers programmes fascistes sont de piètres indicateurs de la politique fasciste ultérieure. Les changements sociaux radicaux que proposait le premier programme Fasciste de Mussolini en avril 1919 (qui incluait le droit de vote pour les femmes, la journée de travail de huit heures, la taxation lourde des bénéfices de guerre, la confiscation des terres de l'Église et la participation des ouvriers à la gestion de l'entreprise) sont en contradiction flagrante avec le personnage *macho* du futur *Duce* ainsi qu'avec les accords qu'il passera avec les conservateurs. De même, l'hostilité des Vingt-cinq points du parti nazi de 1920 à l'égard de toute forme de capitalisme à l'exception de celui des petits industriels et commerçants concorde assez mal avec la collaboration pour le réarmement, collaboration parfois tendue, mais efficace, des milieux d'affaires allemands avec le régime nazi[1].

Zeev Sternhell objecte à ce raisonnement que tout mouvement politique déforme son idéologie en raison des contraintes inhérentes à l'exercice du pouvoir[2]. Cependant (contrairement au stalinisme)

---

1. Les auteurs récents invoquent parfois encore la violation par les nazis des aspirations des grandes entreprises (PAYNE, *A History of Fascism, op. cit.*, p. 190). En réalité, la plupart des hommes d'affaires allemands influents, chez qui les souvenirs négatifs de la République de Weimar et de la Dépression étaient encore vivaces, ravalèrent les doutes que leur inspirait l'autocratie nazie et prospérèrent considérablement grâce au réarmement. Dans *Industry and Ideology : IG Farben in the Nazi Era*, Cambridge University Press, 1987, Peter HAYES y voit une « coïncidence, mais non une identité d'intérêts », p. 120. Daimler-Benz bénéficia d'un traitement de faveur de la part du régime. Voir Bernard P. BELLON, *Mercedes in Peace and War*, New York, Columbia University Press, 1990. L'intérêt commun premier était bien entendu l'émasculation du mouvement ouvrier. Ces questions sont magistralement traitées par Charles MAIER dans « The Economics of Fascism and Nazism », in Maier, *In Search of Stability : Explorations in Historical Political Economy*, Cambridge University Press, 1987.

2. Dans *Naissance de l'idéologie fasciste*, *op. cit.*, p. 311, Zeev STERNHELL *et al.* arguent que les actions ne contredisent pas plus les programmes dans le fascisme que dans les autres courants politiques.

le fascisme ne produit jamais une casuistique cherchant à démontrer en quoi les actions du leader correspondent aux textes fondamentaux, même si c'est de façon non immédiatement visible. La conformité avec les textes fondamentaux ne semble tout simplement pas importer aux dirigeants fascistes, qui prétendent incarner la destinée nationale dans leur personne physique.

Les sentiments, plus que la pensée, sont le moteur du fascisme. Nous pourrions les appeler passions mobilisatrices, puisqu'elles ont servi dans les mouvements fascistes à recruter des partisans et dans les régimes fascistes à « souder » la « tribu » fasciste à son leader[1]. Bien qu'elles ne soient souvent qu'implicitement articulées, les passions mobilisatrices suivantes sont présentes dans les fascismes :

– la primauté du groupe, envers lequel la personne a des devoirs supérieurs à tout droit, qu'il soit universel ou individuel ;

– la croyance que le groupe auquel on appartient est une victime, un sentiment qui justifie n'importe quelle action contre les ennemis du groupe, intérieurs comme extérieurs ;

– la crainte de la décadence du groupe de par l'effet destructeur du libéralisme individualiste et cosmopolite ;

– l'intégration plus étroite de la communauté au sein d'une fraternité *(fascio)*, dont l'unité et la pureté sont façonnées, si possible, par une conviction commune ou, si nécessaire, par des pratiques d'exclusion violentes ;

– un sentiment exacerbé d'identité et d'appartenance, par lequel la grandeur du groupe renforce l'estime de soi sur le plan individuel ;

– l'autorité de leaders naturels (invariablement masculins) à tous les niveaux de la société, chapeautés par un chef national, seul à même d'incarner la destinée du groupe ;

1. Je reprends ces termes de la description faite par Marc Bloch, à l'été 1943, des deux systèmes politiques engagés alors dans un combat à mort : « La tribu qu'une passion collective soude à son chef est ici [dans la république] remplacée par la cité que gouvernent les lois », Marc BLOCH, « Pourquoi je suis républicain », *Les Cahiers politiques*, organe du Comité général d'études de la Résistance, n° 2, juillet 1943 (l'un des « écrits clandestins » publiés dans *L'Étrange défaite*, Paris, Gallimard, 1993, p. 216). Il évoque cette même distinction dans cet ouvrage, p. 176 : L'hitlérisme « remplace la persuasion par la suggestion émotive ».

– la beauté de la violence et de la volonté, lorsqu'elles sont destinées à la victoire du groupe dans une lutte darwinienne.

Dans la pratique fasciste, les programmes sont si aisément sacrifiés à l'opportunisme qu'à un moment donné, j'ai été tenté de réduire le rôle de l'idéologie dans le fascisme à un simple fonctionnalisme : les fascistes proposent tout ce qui sert à séduire une foule, à consolider un embrigadement massif de partisans ou à rassurer leurs complices dans l'élite. Mais il s'agirait d'une simplification excessive et grossière. Les idées importent dans le fascisme, mais il nous faut déterminer avec précision quand et comment elles importent exactement. Elles importent davantage à certaines phases qu'à d'autres. Au départ, la promesse d'un renouvellement spirituel et culturel et du rétablissement d'une communauté nationale a aidé les fascistes à recruter un public vaste et varié, dont quelques intellectuels respectables[1]. Les théories fascistes initiales contribuèrent à accroître le discrédit des valeurs libérales auxquelles les classes moyennes avaient grandement adhéré jusqu'à la Première Guerre mondiale. Mais ce n'est qu'en se distanciant de ces éléments des premiers programmes radicaux, éléments inquiétants pour les conservateurs, que certains mouvements fascistes furent à même d'accéder au pouvoir et de l'exercer. Ce que dit Roger Chartier sur la préparation culturelle en tant que « cause » de la Révolution française s'applique parfaitement aussi à l'histoire du fascisme : « attribuer des "origines culturelles" à la Révolution n'est aucunement établir ses causes, mais plutôt repérer certaines des conditions qui l'ont rendue possible parce que pensable[2] ».

Pour le fascisme au pouvoir, ce qui semble compter est moins l'application fidèle de l'idéologie première du parti que la fonction d'intégration que remplit l'adhésion à l'unique idéologie officielle,

1. Dans « Modernism and Fascism : the Politics of Culture in Italy, 1903-1922 », *American Historical Review*, 95, 2, avril 1990, p. 361, 363, Walter L. ADAMSON soutient que la conséquence principale de l'association de Mussolini avec des intellectuels modernistes fut la légitimation que celle-ci conférera au Fascisme à ses débuts. « La question importante [...] n'est pas le contenu de l'idéologie fasciste mais les sources culturelles de la rhétorique fasciste et de l'aura de religion laïque qu'elle cherchait à projeter. »

2. Roger CHARTIER, *Les Origines culturelles de la Révolution française*, Paris, Le Seuil, 1990, p. 10.

par l'exclusion de toute autre idée jugée étrangère ou propre à entraîner des divisions. Beaucoup plus tard dans le cycle fasciste, au moment climatérique, sous l'influence de la guerre, certains principes des programmes fascistes radicaux d'origine qui ne menacent pas les hiérarchies sociales ou économiques existantes (tels que les obsessions raciales des nazis) sont susceptibles de retrouver leur ascendant. Nous reviendrons sur ces points lorsque nous examinerons les différentes phases en détail. Les contradictions qui obscurcissent toute lecture des textes fascistes ne peuvent en conséquence être résolues qu'en étudiant les choix faits par les fascistes dans leurs actions quotidiennes.

Afin d'illustrer cette proposition, considérons les deux concepts les plus ambigus du lexique fasciste : révolution et modernité. Les fascistes aiment à se qualifier de révolutionnaires, mais ce sont leurs actions qui révèlent le mieux ce qu'ils désirent véritablement changer. Leur révolution consiste à tremper le caractère et à purifier et stimuler la communauté plutôt qu'à rendre la structure sociale ou le système économique plus justes ou plus libres. Les militants fascistes se revendiquent antibourgeois ; mais ce qu'ils détestent dans la bourgeoisie, ce n'est pas l'exploitation, c'est la modération. Zeev Sternhell a mis le doigt précisément sur ce qui distingue ceux des révolutionnaires qui s'éloignent du fascisme débutant, au moment où il commence à se repositionner pour faciliter son accession au pouvoir, de ceux qui restent fidèles au fascisme à travers toutes ses transformations : les premiers demeurent d'ardents défenseurs d'un changement socio-économique ; au contraire, ceux qui restent fidèles au fascisme prônent une révolution morale dans le but de créer « le nouvel homme fasciste[1] ». Les « révolutionnaires » fascistes croient au changement tel que l'entend Tancrède, descendant de cette famille déchue de la noblesse sicilienne du grand roman de Giuseppe di Lampedusa, *Le Guépard* : « Si nous voulons que tout continue, il faut d'abord que tout change[2]. »

---

1. Zeev STERNHELL *et al.*, *Naissance de l'idéologie fasciste*, *op. cit.*, pp. 258-260, 334.

2. Giuseppe Tomasi DI LAMPEDUSA, *Le Guépard*, tr. fr. Fanette Pézard, Paris, Le Seuil, 1996, p. 40.

Des confusions analogues entourent la conception fasciste de la modernité. Hitler se plaisait à faire des arrivées théâtrales par avion ou à bord d'une Mercedes surcomprimée. Il est vrai qu'il caressait le rêve archaïque d'implanter des colonies de paysans allemands dans les plaines d'Europe de l'Est, mais ce rêve ne pouvait se réaliser que grâce à un matériel de guerre moderne. Hitler exécrait le style du Bauhaus ; le jeune Mussolini, en revanche, était attiré par le modernisme esthétique[1]. Il est de tradition de tenter de résoudre ces contradictions par l'étude minutieuse des écrits fascistes[2]. C'est néanmoins en analysant les actes fascistes qu'on y parvient le mieux : tous les fascistes cherchent à s'assurer le pouvoir technique et militaire, tout en s'efforçant simultanément de se soustraire aux conséquences sociales déstabilisantes de l'industrialisation requise par un tel pouvoir. Ils allient la modernité technique à un système d'autorité et de discipline visant à supprimer les troubles sociaux qui résultent de l'expansion industrielle. Ambigus dans les textes, les sens que les fascistes confèrent aux concepts de révolution et de modernité deviennent compréhensibles à la lumière de leurs applications concrètes.

La cinquième et dernière difficulté rencontrée pour définir le fascisme résulte de l'emploi galvaudé du terme lui-même : le mot « fasciste » est devenu la plus banale des épithètes qui soient. Nous sommes tous le fasciste de quelqu'un. Prenons l'exemple de l'expression « femi-nazis » du commentateur radio américain Rush Limbaugh. Il y a quelques années, j'ai entendu un jeune Allemand qualifier de « nazis » des programmes de contrôle des naissances mis en place à l'instigation des Occidentaux dans les pays en voie de développement, oubliant que les nazis et les Fascistes italiens étaient, pour une fois, d'accord pour encourager les familles nombreuses – sauf, bien sûr, parmi ceux tenus pour inférieurs sur le plan eugénique ou racial. Ces derniers se voyaient

1. Barbara MILLER LANE, *Architecture and Politics in Germany, 1918-1945*, Harvard University Press, 1985 ; Walter L. ADAMSON, *Avant-garde Florence : Between Modernism and Fascism*, Harvard University Press, 1993.

2. Dans *Reactionary Modernism : Technology, Culture and Politics in Weimar and the Third Reich*, Cambridge University Press, 1984, Jeffrey HERF entreprend, avec une grande érudition, de dégager à partir des textes fascistes la signification du « moderne ».

condamnés à la stérilisation, voire pire[1]. Le terme « fasciste » est utilisé de façon tellement inconsidérée que certains auteurs ont suggéré d'y renoncer complètement dans le domaine de la recherche historique[2].

Cependant, il est possible de ne pas capituler face à ces difficultés. Un authentique phénomène existe. Le fascisme n'est en effet rien moins que l'innovation politique la plus originale du XXe siècle. Contre toute attente, il a réussi, dans certaines nations modernes qui paraissaient fermement engagées sur le chemin d'une démocratie avançant par étapes, à créer une assise populaire autour de dictatures nationalistes dures, violentes, antilibérales et antisocialistes. Il a alors propagé un « nouveau ton en politique[3] » à travers presque toute l'Europe, ralliant l'ensemble des nationalistes qui haïssaient la gauche et jugeaient la droite incompétente. Il nous faut donc nous montrer capables d'envisager ce phénomène en tant que système. Il ne suffit pas de traiter individuellement chaque cas national, comme si chacun d'eux constituait une catégorie en soi. Si nous ne sommes pas à même d'envisager le fascisme de manière synthétique, nous risquons d'être incapables de comprendre le XXe siècle ou ce siècle-ci. Il nous faut un mot et, à défaut d'un meilleur terme, il nous faudra recourir à celui que Mussolini emprunta au vocabulaire de la gauche italienne en 1919[4], avant que son

1. Avec *Zwangssterilisation im Nationalsozialismus : Studien zur Rassenpolitik und Frauenpolitik*, Opladen, Westdeutscher Verlag, 1986, Gisela BOCK a modifié notre appréhension de la politique familiale nazie en soulignant le caractère antinataliste de ses programmes de stérilisation obligatoire pour les étrangers, les malades incurables, les Juifs et les Tziganes. Ces politiques antinatalistes coexistaient toutefois avec une politique nataliste pour « la race supérieure ». Voir Atina GROSSMANN, « Feminist Debates about Women and National Socialism », *Gender and History*, III, 3, automne 1991, p. 350-358.

2. Henry A. TURNER Jr. doutait que le fascisme générique fût un concept valide ou utile, dans « Fascism and Modernization », in TURNER (dir.), *Reappraisals of Fascism*, New York, Franklin Watts, 1975, p. 132-133. Gilbert ALLARDYCE poussait le scepticisme à son summum dans « What Fascism is Not : Thoughts on the Deflation of a Concept », *American Historical Review*, 84, 2, avril 1979.

3. L'expression est de Carl SCHORSKE, *Fin-de-siècle Vienna*, New York, Knopf, 1980, chapitre III : *Vienne, fin de siècle*, tr. fr. Yves Thorlaval, Paris, Le Seuil, 1983.

4. Le terme *fascio* était utilisé par les syndicalistes dans les années 1890, comme dans les *fasci siciliani :* il met l'accent sur la solidarité des frères dans la

mouvement n'ait atteint sa forme achevée. Puisque nous sommes contraints d'utiliser le mot « fascisme », utilisons-le avec pertinence.

Malheureusement, deux erreurs méthodologiques très répandues dans la recherche historique sur le fascisme compliquent encore les choses. Premièrement, la plupart des spécialistes abordent le fascisme générique de manière statique. Hors quelques exceptions remarquables – je songe notamment à Pierre Milza et à Philippe Burrin[1] –, ils recherchent une essence figée : le fameux « minimum fasciste ». Deuxièmement, presque tous les travaux envisagent les fascismes isolément, sans références continues aux contextes politiques, sociaux et culturels dans lesquels ils évoluent. Conjointement, ces deux erreurs d'approche, courantes, engendrent ce que nous pourrions appeler des « bestiaires » du fascisme. Semblables à des naturalistes médiévaux, ces historiens nous offrent un catalogue de portraits d'une bête après l'autre, chacune représentée sur un vague fond de paysage et identifiée par ses signes extérieurs[2].

Il nous est possible de dépasser cette approche de type « bestiaire » en adoptant trois stratégies historiques fort simples. L'une d'elles est d'étudier le fascisme en mouvement en s'intéressant davantage aux processus qu'aux essences. Une autre stratégie consiste à étudier le fascisme dans son contexte, à examiner au moins autant la société environnante, les alliés et les complices du fascisme que les mouvements fascistes eux-mêmes[3]. Plus la

---

lutte. En 1914, les syndicalistes favorables à la guerre importèrent le mot dans le lexique nationaliste en créant le *fascio rivoluzionario d'azione interventista*, auquel Mussolini adhéra peu après. Voir Pierre MILZA, *Mussolini*, Paris, Fayard, 1999, p. 174. Il semble que le terme *fascismo* ait été l'invention personnelle de Mussolini en 1919.

1. Pierre Milza présente un modèle de fascisme en quatre étapes (voir *infra*, note 1, p. 338) : quant à Philippe BURRIN, dans *La Dérive fasciste : Doriot, Déat, Bergery, 1933-1945*, Paris, Le Seuil, 1986, il retrace dans un style élégant les itinéraires, tiraillés entre les contraintes et les choix, qu'ont suivi Jacques Doriot, Marcel Déat et Gaston Bergery, glissant de la gauche au fascisme.

2. Dans ce registre, un cas extrême est l'ouvrage d'Anthony JOES, *Fascism in the Contemporary World : Ideology, Evolution, Resurgence*, Boulder (CO), Westview Press, 1978, qui répertorie pratiquement toutes les dictatures des pays en voie de développement.

3. *The Seizure of Power : Fascism in Italy, 1919-1929*, 2e éd., Princeton University Press, 1987, d'Adrian Lyttelton en est un exemple remarquable.

participation d'un mouvement fasciste à la vie politique de son pays est active, moins on est à même de le comprendre isolément. Il est pris dans l'engrenage d'un réseau d'influences mutuelles avec les alliés ou les rivaux de la société civile de son pays. Enfin, nous pouvons tirer parti de la troublante malléabilité des fascismes dans le temps et dans l'espace. Cette malléabilité n'est pas nécessairement un obstacle à la compréhension, qu'elle est même susceptible de faciliter en rendant possible la comparaison. La comparaison est « davantage une manière de penser qu'une méthode[1] » et elle s'avère plus efficace lorsqu'on s'efforce d'expliquer des différences que lorsqu'on essaie d'accumuler de vagues ressemblances. S'agissant des fascismes, la comparaison fonctionne de manière révélatrice, puisque toute société occidentale en a connu au moins un exemple marginal. Le fait qu'à travers les époques et les régions, dans des espaces voisins, leurs destins diffèrent devrait nous aider à identifier les principaux facteurs de succès, variable d'un cas à l'autre, et même à isoler les constantes[2].

Mais il faut comparer ce qui est comparable. Un régime dans lequel le fascisme exerce le pouvoir n'est guère comparable à une secte d'intellectuels dissidents. Nous devons distinguer les diverses phases du fascisme dans le temps. L'usage veut depuis longtemps que l'on mette en lumière les différences entre les mouvements et

---

1. Raymond GREW, « On the Current State of Comparative Studies », in Hartmut ATSMA et André BURGUIÈRE, *Marc Bloch aujourd'hui. Histoire comparée et sciences sociales*, Paris, Éditions de l'EHESS, 1990, p. 331.

2. Marc Bloch, grand maître de la comparaison en histoire, distinguait deux sortes de comparaison : la juxtaposition de phénomènes similaires dans des cultures différentes, tels que la féodalité en Occident et au Japon : et l'étude parallèle de « *neighboring and adjacent societies* » ayant connu « *change in the same direction* ». Voir Marc BLOCH, « Pour une histoire comparée des sociétés européennes » dans *Revue de Synthèse*, 1928. Ce second type de comparaison historique, qui confronte les résultats différents d'un même processus dans deux régions voisines, est l'outil de travail le plus pénétrant. On pense aux deux moitiés du département de la Sarthe, l'une républicaine et l'autre contre-révolutionnaire, comparées si fructueusement par Paul BOIS dans *Paysans de l'Ouest*, Paris, Flammarion, 1971, et à la comparaison faite par Maurice AGULHON de l'accueil différent réservé au républicanisme au début du XIXe siècle dans deux secteurs du Var, dont l'un était « quasiment immobile » et l'autre « touché par la fièvre industrielle du capitalisme adolescent ». Cf. *La République au village*, Paris, Le Seuil, 1979, p. 32.

les régimes. Je crois qu'il est utile et possible de différencier des phases plus nombreuses en observant attentivement les différents processus sociopolitiques à l'œuvre dans chaque phase. J'en définis cinq[1] : 1) la création initiale des mouvements fascistes ; 2) leur ancrage en tant que parti dans un système politique ; 3) l'accession au pouvoir ; 4) l'exercice du pouvoir ; et, finalement, à plus long terme, 5) la radicalisation ou l'entropie. Sachant que plusieurs types de processus historiques sont impliqués à chacune de ces phases, il nous faut de surcroît recourir à des stratégies d'étude distinctes pour analyser chacun d'eux.

Considérons la première phase. Le fascisme de la première phase est le domaine de l'historien des idées, car le processus qui doit être étudié ici est l'émergence de façons nouvelles d'envisager le monde et de diagnostiquer les maux dont il souffre. À la fin du XIXe siècle et au début du XXe, les penseurs et les publicistes discréditaient les valeurs libérales et démocratiques dominantes, non pas au nom de l'une ou de l'autre des deux autres options existantes – conservatrice ou socialiste – mais au nom d'une nouveauté qui promettait de les transcender et de les réunir : un mélange original de nationalisme et de syndicalisme, qui (bien qu'un examen rétrospectif puisse révéler quelques précédents autonomes) avait peiné à se faire une petite place dans un paysage politique du XIXe siècle compartimenté en une gauche et une droite. La première phase est la partie de l'éléphant fasciste que les chercheurs trouvent la plus attrayante en tant que sujet de recherche ; mais, bien entendu, l'étude d'un seul membre peut nous induire en erreur sur l'animal tout entier.

La comparaison ne nous est pas d'un grand secours pour cette première phase car, au début du XXe siècle, tous les États modernes ont eu des militants et des publicistes protofascistes. Le fascisme est susceptible de poindre partout où la démocratie est suffisamment

1. Pierre MILZA propose quatre phases dans *Fascisme français : passé et présent*, Paris, Flammarion, 1987, pp. 43-53, et dans *Les Fascismes*, Paris, Imprimerie nationale, 1985, pp. 132-138 : un « premier fascisme », des mouvements marginaux d'intellectuels aussi bien de droite que de gauche : deuxièmement, le fascisme d'activistes militants antigauche sur le chemin du pouvoir : troisièmement, dans l'exercice du pouvoir ; et, quatrièmement, le fascisme subissant les pressions de la guerre.

implantée pour avoir engendré des désillusions, ce qui indique ses limites spatiales et temporelles : pas de fascisme authentique avant l'émergence de citoyens massivement admis au suffrage et actifs sur le plan politique. Pour donner naissance au fascisme, une société doit avoir connu la liberté politique – pour le meilleur ou pour le pire.

Cependant, les fascismes débutants furent si répandus dans le monde qu'on ne peut guère leur attribuer une origine unique dans l'histoire intellectuelle de telle nation particulière. George Mosse a attiré l'attention sur une Allemagne hostile aux Lumières[1] ; Zeev Sternhell souligne le rôle de la France vers 1900, suivie par des disciples italiens[2]. Un corps d'idées qu'on peut qualifier de protofasciste apparut également aux États-Unis à la fin du XIXe siècle. Dans *La Loi de la civilisation et de la décadence* (1895), Brooks Adams, issu d'une grande dynastie de Nouvelle-Angleterre et descendant de deux présidents américains, déplorait la décadence morale des États-Unis résultant de la concentration financière[3]. Plus tard, en 1918, Adams crut avoir découvert dans un régime autoritaire appliquant un socialisme d'État le remède au déclin américain. Dans l'entre-deux-guerres, les États-Unis entrèrent à leur tour dans le « champ magnétique » des fascismes européens et virent naître des mouvements de « chemises colorées », tels que les « Silver Shirts » ou « S.S. » de William Dudley Pelley[4].

---

1. George MOSSE, *The Crisis of German Ideology*, New York, Grosset and Dunlap, 1964, et autres ouvrages.

2. Zeev STERNHELL, *La Droite révolutionnaire, 1885-1914 : les origines françaises du fascisme*, Paris, Le Seuil, 1978 ; Z. STERNHELL *et al.*, *Naissance de l'idéologie fasciste*, *op. cit.* Voir également Ernst NOLTE, *Der Faschismus in seiner Epoche : Die Action française, Der italienische Faschismus, Der Nationalsozialismus*, Munich, R. Piper, 1966 : *Le Fascisme dans son époque* : *L'Action française, le Fascisme italien, le National-socialisme*, tr. fr. Paul Stéphano, Paris, Julliard, 1970. Charles Maurras et Léon Daudet déclarèrent en 1923 que l'Action française avait précédé et influencé sa « sœur jumelle », le Fascisme italien, même s'ils soulignèrent ultérieurement leurs différences avec la « statolatrie » des Fascistes italiens. Joel BLATT, « Relations and Rivals : The Response of the Action française to Italian Fascism, 1919-1926 », *European Studies Review*, II, 3, juillet 1981, pp. 269-270.

3. Brooks ADAMS, *La Loi de la civilisation et de la décadence*, tr. fr. Auguste Dietrich, Paris, Félix Alcan, 1899.

4. Seymour Martin LIPSET et Earl RAAB, *The Politics of Unreason : Right-wing*

Mais c'est en remontant plus loin dans l'histoire des États-Unis que l'on rencontre le tout premier phénomène qui semble apparenté au fascisme sur le plan fonctionnel : le Ku Klux Klan. Juste après la guerre de Sécession, s'effrayant du droit de vote accordé en 1867 aux Afro-Américains par les Radicaux, acteurs de la Reconstruction de l'Union, certains anciens officiers confédérés formèrent une milice visant à restaurer un ordre social renversé. Le Ku Klux Klan constituait une autorité civique de substitution, parallèle à l'administration légale, qui, aux yeux des fondateurs de la société secrète, ne défendait plus les intérêts légitimes de leur communauté. Les premiers membres du Ku Klux Klan adoptèrent un uniforme (robe blanche et capuchon), ainsi que des techniques d'intimidation, et ils étaient convaincus que la défense du destin de leur groupe justifiait l'usage de la violence[1] ; en cela, la première version du Ku Klux Klan dans les États vaincus du Sud des États-Unis préfigurait de façon remarquable le fonctionnement des mouvements fascistes de l'Europe de l'entre-deux-guerres (même si certains auteurs doutent de la pertinence de cette hypothèse). On peut tout au moins soutenir que le fascisme (d'un point de vue fonctionnel) est né à la fin des années 1860 dans le Sud des États-Unis.

Puisque les fascismes font leurs premiers pas en réaction à des défaillances présumées de la démocratie, il n'est pas étonnant qu'ils apparaissent en premier lieu dans les démocraties les plus précoces, à savoir les États-Unis et la France. Mais nous arrivons à présent

---

Extremism in America, 1790-1970, 2e éd., New York, Harper and Row, 1978, est un « bestiaire » utile de nombreux mouvements d'extrême droite aux États-Unis. Leo P. RIBOFFO propose l'étude la plus complète du cas de Pelley dans *The Old Christian Right : the Protestant Far Right from the Great Depression to the Cold War*, Philadelphie, Temple University Press, 1983. Pour une analyse plus pointue de la pertinence de l'étiquette fasciste appliquée à l'extrême droite américaine des années 30, voir Alan BRINKLEY, *Voices of Protest : Huey Long, Father Coughlin, and the Great Depression*, New York, Knopf, 1982, pp. 269-283.

1. David M. CHALMERS, *Hooded Americanism : the First Century of the Ku Klux Klan, 1865-1965*, 3e éd., Durham, NC, Duke University Press, 1987, *L'Amérique en cagoule, cent ans de Ku Klux Klan (1865-1965)*, tr. fr. Élisabeth Gille, Paris, Éditions de Trévise, 1968. Dans *Behind the Mask of Chivalry : The Making of the Second Klan*, New York, Oxford University Press, 1994, pp. 179-188, Nancy MACLEAN examine les correspondances entre le fascisme et le Ku Klux Klan dans les années 20.

à un paradoxe : ce n'est pas nécessairement dans les pays qui ont donné naissance aux premiers fascismes que les systèmes fascistes ont eu, d'un point de vue historique, les meilleures chances de réussite.

La deuxième phase – l'ancrage, phase à laquelle un mouvement fasciste devient un parti en mesure d'agir de manière décisive sur la scène politique – se produit relativement rarement. À ce stade, la comparaison s'avère gratifiante, car il est possible de mettre en contraste les réussites avec les échecs. Le succès dépend de certaines conditions assez précises : la faiblesse d'un État libéral, dont les insuffisances paraissent vouer la nation aux troubles, au déclin ou à l'humiliation ; et l'impasse politique, parce que la droite, héritière du pouvoir mais ne pouvant continuer de l'exercer seule, refuse d'accepter une gauche en plein essor comme partenaire légitime de gouvernement. Quelques leaders fascistes se montrent à leur tour disposés à redéfinir le positionnement de leurs mouvements en concluant des alliances avec ces conservateurs effarouchés, une démarche qui se révèle très payante en termes de pouvoir politique mais qui se fait au prix de la désaffection de certains des militants des débuts restés antibourgeois.

Afin d'illustrer les problèmes posés par la phase d'ancrage, examinons la poussée du fascisme dans le milieu rural. J'ai étudié un mouvement paysan de l'Ouest de la France des années 30, dont le leader, Henry Dorgères, se lia ouvertement au fascisme, du moins au début, en 1934. Si j'ai choisi ce sujet, ce n'est pas que les « chemises vertes » de Dorgères aient joué un rôle majeur dans la France de l'entre-deux-guerres – à part plusieurs manifestations tapageuses et exagérées par la presse –, mais bien parce que c'est d'abord dans les campagnes que le nazisme allemand et le Fascisme italien sont parvenus à devenir les représentants d'un intérêt économique et social important. Il me semble fécond de comparer la réussite du fascisme rural en Allemagne et en Italie avec son échec relatif en France. Ce parallèle nous permet d'identifier ces aspects de la IIIe République qui faisaient d'elle un cadre moins propice que la république de Weimar ou la monarchie libérale italienne à l'ancrage politique de la forme locale de fascisme.

Ces pays ont tous trois connu de sérieuses grèves d'ouvriers agricoles : en Allemagne à l'est de l'Elbe durant la crise de l'après-guerre entre 1919 et 1923[1] ; en Italie dans la vallée du Pô et dans les Pouilles en 1920 et 1921[2] ; et dans les grandes exploitations du Nord de la France et du Bassin parisien au cours des deux étés du Front populaire, en 1936 et 1937[3]. Les grèves allemandes furent brisées par des membres de groupes armés, équipés et encouragés par les autorités militaires locales, lorsque les autorités légales se montraient trop conciliantes au goût des propriétaires terriens. En Italie, ce furent les fameuses Chemises noires, les *squadristi* de Mussolini, cette police autoproclamée, qui mirent un terme aux grèves, comblant le vide laissé par l'apparente incapacité de l'État libéral italien à maintenir l'ordre. C'est précisément cette action directe contre les syndicats d'ouvriers agricoles qui amorça la deuxième phase du fascisme en Italie, et qui le lança même sur le chemin du pouvoir, à la consternation des premiers Fascistes, dissidents intellectuels du syndicalisme national. Nombre de militants de la première phase désertèrent les rangs Fascistes à ce stade, se plaignant d'être transformés en « chiens de garde » des grands exploitants agricoles[4].

La France aussi avait des *squadristi* : les chemises vertes d'Henry Dorgères, actives durant les grandes grèves des ouvriers agricoles pendant les fortes chaleurs des étés 1936 et 1937. Mais le rôle des chemises vertes se limita à plusieurs actions symboliques dans les grandes exploitations de blé et de betterave sucrière du Nord et du Nord-Ouest (l'Aisne, la Somme, la Seine-Maritime, le Pas-de-Calais). Même avec Léon Blum à la tête du pays, ce fut

---

1. Frieda WUNDERLICH, *German Farm Labor, 1810-1845*, Princeton (NJ), Princeton University Press, 1961, pp. 52, 105-108; Erich D. KOHLER, « Revolutionary Pomerania, 1919-1920 : A Study in Majority Socialist Agricultural Policy and Civil-Military Relations », *Central European History*, IX, 3, septembre 1976, pp. 250-293 ; Martin SCHUMACHER, *Land und Politik : Eine Untersuchung über politische Parteien und agrarische Interessen*, Düsseldorf, Droste Verlag, 1978, pp. 294-309.

2. Paul CORNER, *Fascism in Ferrara*, Oxford University Press, 1976 ; Frank M. SNOWDEN, *Violence and Great Estates in the South of Italy : Apulia, 1900-1922*, Cambridge University Press, 1986 ; Simona COLARIZI, *Dopoguerra e fascismo in Puglia, 1919-1926*, Bari, Laterza, 1971.

3. Robert O. PAXTON, *Le Temps des chemises vertes : révoltes paysannes et fascisme rural, 1929-1939*, tr. fr. Jean-Pierre Bardos, Paris, Le Seuil, 1996.

4. Ce sont les paroles désenchantées de Barbato Gattelli, un Fasciste des débuts du mouvement, rapportées dans CORNER, *op. cit.*, p. 224.

la gendarmerie qui réprima les grèves des ouvriers agricoles en France. Les propriétaires terriens français n'avaient pas besoin des chemises vertes. L'autorité de l'État et le pouvoir des organisations conservatrices d'agriculteurs laissaient infiniment peu de place dans les campagnes françaises à l'enracinement d'un pouvoir parallèle fasciste. Selon moi, ces différences-là – l'espace politique laissé vacant, les alliés possibles – ont eu bien plus d'influence que n'importe quelle dissemblance ou ressemblance existant dans le vocabulaire ou le programme des fascistes ruraux en France, en Allemagne et en Italie.

Ce qui signifie que les différences les plus significatives que nous révèle la comparaison concernent autant l'environnement que la nature des mouvements fascistes eux-mêmes. C'est, semble-t-il, l'un des principes tout à fait fondamentaux d'une bonne méthode comparative (voir plus haut, page 337, note 2). La description des mouvements fascistes pris isolément n'explique pas grand-chose. Elle nous ramène directement au bestiaire, ou, pire encore, à la luxure, comme dans le film de Visconti, *Les Damnés*, qui nous invite à lorgner la perversité décadente de personnalités fascistes[1]. Nous en apprenons bien davantage en examinant de près, d'une part, les circonstances favorables aux fascistes – la polarisation au sein de la société civile et les impasses dans le système politique – et, d'autre part, les complices et les alliés du fascisme. Puisque des mouvements à la rhétorique apparemment assez similaire sont parvenus à des résultats très dissemblables dans des cadres nationaux différents, c'est dans les conditions qui les entourent qu'il faut chercher les différences qui importent.

En conséquence, les méthodes de l'histoire des idées s'avèrent beaucoup moins fructueuses passée la première phase du cycle fasciste. Tous les mouvements fascistes qui ont réussi à s'ancrer en tant que force politique majeure, se rapprochant ainsi du pouvoir, ont trahi leur programme antibourgeois et anticapitaliste d'origine. Parmi les processus à étudier dans les phases ultérieures, on trouve l'effondrement des régimes démocratiques[2] et la façon dont les

1. Dans *Reflets du nazisme*, Paris, Le Seuil, 1982, Saul FRIEDLÄNDER analyse les courants nihilistes et érotiques sous-jacents dans les évocations esthétiques du nazisme après les années 70.

2. Il est curieux de constater à quel point la recherche s'est peu intéressée à

mouvements fascistes ont réussi à rassembler de vastes partis fourre-tout, drainant de très nombreux partisans dans toutes les classes et faisant donc figure d'alliés séduisants aux yeux des conservateurs en quête de moyens de perpétuer leur autorité ébranlée. Dans ces phases ultérieures, les partis fascistes en plein essor se posent également, par la persuasion ou par la force, comme les obstacles les plus efficaces à la progression de la gauche et se montrent habiles à former, entretenir et dominer des coalitions politiques avec les conservateurs. Mais ces victoires politiques se font aux dépens des premiers programmes idéologiques. Manifestant leur mépris pour la doctrine, les partis fascistes ancrés avec succès n'annulent ni n'amendent leurs programmes initiaux. Ils se contentent de les ignorer, tout en adoptant une conduite tout à fait contraire à ce que ceux-ci préconisaient. Non seulement les contradictions entre doctrine et pratique dont firent preuve les mouvements fascistes en pleine ascension leur aliénèrent de nombreux militants radicaux de la première heure, mais elles continuent d'égarer bien des historiens qui estiment que l'analyse des programmes constitue un outil suffisant pour classer les fascismes. Cette confusion a été aggravée par le fait que beaucoup de fascismes débutants ont échoué à négocier le passage de la première phase à la deuxième et la troisième phase et sont restés des « syndicalismes nationaux » purs et radicaux, mais marginaux.

Un examen sérieux des deux premières phases du cycle fasciste originel – la création puis l'émergence de tels mouvements comme acteurs plausibles sur la scène politique – démontre tout ce que les premiers pas de Mussolini et de Hitler ont supposé d'improvisation. En 1919, Mussolini croyait de toute évidence que ses nouveaux *Fasci di combattimento* étaient destinés à rassembler d'anciens combattants mécontents et d'autres nationalistes également insatisfaits, issus de la gauche comme de la droite, en un vaste mouvement pour un profond changement social. On remarque que le premier programme Fasciste italien, rédigé au printemps 1919, alliait des revendications territoriales nationalistes à des réformes sociales qui se révèlent incroyablement radicales à la lumière des actions

cet aspect crucial de l'arrivée des fascismes au pouvoir. Le principal ouvrage qui traite du sujet est Juan LINZ et Alfred STEPAN (dir.), *The Breakdown of Democratic Regimes, Europe*, Baltimore, Johns Hopkins University Press, 1978.

ultérieures de Mussolini et de son personnage *macho*. Ce fascisme débutant fut battu de manière décisive aux élections de 1919 car il n'y avait pas de place dans la vie politique italienne pour un parti qui était à la fois nationaliste et de gauche. Mussolini serait aujourd'hui totalement oublié si certains de ses lieutenants en province ne s'étaient pas découvert des missions différentes – brutaliser les Slovènes à Trieste en juillet 1920, puis les porte-parole socialistes des ouvriers agricoles grévistes dans la vallée du Pô à l'automne et à l'hiver 1920-1921. Mussolini soutint ces nouvelles initiatives des *ras*[1] et son mouvement se transforma, ce qui lui assura un succès considérable. Les tentatives de Hitler pour conquérir un électorat urbain et ouvrier furent peu fructueuses jusqu'en 1928 ; il remporta ses premiers grands succès électoraux en 1929 et 1930 lorsqu'il s'appliqua à gagner les suffrages des populations rurales frappées par l'effondrement des prix agricoles[2]. C'est par tâtonnements que les deux apprentis apprirent à être des fascistes de la deuxième phase. Leur adaptation respective sape toute tentative pour dépeindre le fascisme historique comme l'expression logique d'une idéologie unique et cohérente.

À la troisième phase – l'accession au pouvoir –, la comparaison acquiert plus de force. Quelles particularités distinguaient l'Allemagne et l'Italie, où le fascisme prit le pouvoir, de pays tels que la France ou la Grande-Bretagne, où les mouvements fascistes étaient parfaitement en vue mais restèrent très à l'écart du pouvoir ? Il

1. Les leaders Fascistes locaux étaient appelés *ras*, à l'instar des chefs éthiopiens, car les nationalistes italiens avaient toujours sur le cœur la défaite de l'armée de leur pays face aux Éthiopiens à la bataille d'Adoua en 1896.

2. Les leaders ruraux nazis durent surmonter la méfiance campagnarde, fondée sur l'article 17 des 25 Points du parti, qui prévoyait l'expropriation sans indemnité des terres à des fins d'utilité publique, la suppression de la rente foncière et l'interdiction de toute spéculation sur la terre. Thomas CHILDERS, *The Nazi Voter : the Social Foundations of Fascism in Germany, 1919-1933*, Chapel Hill (NC), The University of North Carolina Press, 1983, pp. 149-151, 215-221 ; John E. FARQUHARSON, « The Agrarian Policy of National Socialist Germany », in Robert G. Moeller (dir.), *Peasants and Lords in Modern Germany : Recent Studies in Agricultural History*, Boston, Allen and Unwin, 1986, p. 236. Voir, de façon plus générale, John E. FARQUHARSON, *The Plough and the Swastika : the NSDAP and Agricultural Germany, 1928-1945*, University of California Press, 1976, et Anna BRAMWELL, *Blood and Soil : Richard Walther Darré and Hitler's « Green Party »*, Abbotsbrook, Kensal Press, 1985.

est indispensable de rappeler qu'à ce jour, le fascisme n'a jamais accédé au pouvoir par un « coup d'État », en déployant la force de ses militants dans la rue. Le pouvoir fasciste obtenu par un putsch n'est guère concevable dans un État moderne. Le fascisme ne peut pas en appeler à la rue sans s'exposer à un affrontement avec de futures alliées – l'armée et la police –, sans lesquelles il ne serait pas à même de poursuivre ses objectifs expansionnistes. Et en effet les tentatives de putsch fasciste ont généralement mené à une dictature militaire plutôt qu'à un pouvoir fasciste (comme ce fut le cas en Roumanie en décembre 1941). En outre, recourir à une action collective directe risque de concéder des atouts au principal ennemi du fascisme, la gauche, toujours puissante dans la rue et sur les lieux de travail dans l'Europe de l'entre-deux-guerres[1]. L'unique voie vers le pouvoir restant aux fascistes passe par la coopération avec les élites conservatrices. Les variables les plus importantes sont donc l'inclination de ces élites à travailler avec les fascistes, doublée d'une flexibilité réciproque de la part des leaders fascistes, ainsi que la gravité de la crise qui les incite à coopérer.

Ni Hitler ni Mussolini n'ont pris la barre par la force, même s'ils y ont recouru précédemment pour déstabiliser le régime libéral et, plus tard, pour transformer leurs gouvernements en dictatures[2]. Ils furent chacun invités à entrer dans leurs fonctions de chef du gouvernement par un chef d'État dans l'exercice légitime de ses fonctions officielles, sur les recommandations de ses conseillers conservateurs et dans des circonstances tout à fait précises : un gouvernement constitutionnel arrivé à une impasse (résultant en partie de la polarisation encouragée par les fascistes) ; des dirigeants conservateurs se sentant menacés par la perte de leur capacité à maîtriser la population, souvent à un moment de mobilisation populaire massive ; une gauche en progression ; des leaders conservateurs refusant de collaborer avec cette gauche et se

1. Les fascistes de l'entre-deux-guerres avaient en mémoire la façon dont une grève générale avait fait échouer le putsch de Kapp en Allemagne en 1920.

2. Adrian LYTTELTON, *The Seizure of Power*, *op. cit.*, est toujours la meilleure étude de ce processus en Italie. Pour l'Allemagne, *Die nationalsozialistische Machtergreifung* de Karl-Dietrich BRACHER *et al.*, 3 vol., Cologne et Opladen, Westdeutscher Verlag, 1962, reste une référence fondamentale.

sentant incapables de continuer à gouverner contre elle sans appuis supplémentaires.

À ce stade, la comparaison peut être instructive avec les cas assez variés de fascisme florissant mais échouant à s'emparer du pouvoir. La France a suscité le débat le plus acharné. On trouve d'un côté de nombreux historiens français qui soutiennent que la force de la tradition républicaine avec ses valeurs, ses institutions et ses pratiques politiques habituelles a rendu la France « allergique » au fascisme. D'après eux, les mouvements et les intellectuels français qui furent indubitablement influencés par le fascisme entre les deux guerres ne représentaient guère plus qu'une « dose homéopathique » d'influences étrangères, une couche de « badigeon à la romaine » appliquée sur un « vieux fonds césarien, autoritaire, plébiscitaire[1] », vestige du bonapartisme, ou un « simple vernis[2] ». La thèse contraire est défendue par d'autres spécialistes pour lesquels la France a été le « véritable berceau du fascisme[3] ». Parmi eux, Sternhell considère ainsi que c'est en étudiant la France de l'entre-deux-guerres, dans laquelle le fascisme « imprégna » la culture politique sous une forme pure, non compromise par l'exercice du pouvoir, que l'« on pénètre sa signification profonde[4] ».

Quoique l'hypothèse de « l'allergie » présente l'avantage de centrer notre attention sur l'environnement, sa fâcheuse terminologie médicale risque de se transformer en présupposés sur un tempérament qui serait propre à la nation. Distinguer des phases contribue à clarifier le débat. L'existence d'un fascisme de première phase dans la France de l'entre-deux-guerres paraît incontestable[5].

---

1. René RÉMOND, *Les Droites en France*, Paris, Aubier, 1982, pp. 206-208.

2. Serge BERSTEIN, « La France allergique au fascisme », *Vingtième siècle : revue d'histoire*, n° 2, avril 1984, p. 94.

3. Zeev STERNHELL *et al.*, *Naissance de l'idéologie fasciste*, *op. cit.*, p. 12. Voir également les ouvrages de George MOSSE, *supra*, n. 1, p. 339.

4. Zeev STERNHELL, *Ni droite ni gauche : l'idéologie fasciste en France*, Paris, Le Seuil, 1983, p. 293.

5. Personne ne conteste l'étiquette fasciste appliquée au Faisceau de Valois, au Francisme de Bucard, à la Solidarité française de Renaud, au Parti populaire français de Doriot et aux dernières étapes du Rassemblement national populaire de Marcel Déat. Voir l'inventaire minutieusement délimité de Philippe BURRIN, dans « Le Fascisme », *Histoire des droites en France*, Jean-François Sirinelli (dir.),

Il est également évident que le fascisme n'a jamais atteint la troisième phase en France. Certes, les émeutes du 6 février 1934 ont réussi à chasser du pouvoir un gouvernement légitime, mais cette même victoire a brisé l'élan du mouvement et obligé ses organisateurs à en conclure qu'une prise de pouvoir par la force était irréalisable en France[1] – comme elle l'avait été en Allemagne. Sternhell lui-même reconnaît que « sur le continent européen la France constitue le seul pays important où la démocratie libérale ait résisté au choc du fascisme et du nazisme[2] ».

Même le régime de Vichy n'était pas fasciste à ses débuts, car il ne disposait ni d'un parti unique ni d'institutions parallèles. La plupart des leaders d'extrême droite restèrent dans l'opposition à Paris, où l'autorité et l'argent allemands leur permirent d'achever ce que Burrin appelle leur « fascisation[3] ». Ce n'est que lorsque Vichy, contraint par la guerre, commença à se transformer en État policier que des institutions parallèles émergèrent – la Milice ou police supplétive, les « sections spéciales » dans l'appareil judiciaire, le Commissariat aux questions juives – et que des personnalités proches du fascisme comme Déat et Darnand entrèrent au gouvernement[4].

---

vol. I, *Politique*, Paris, Gallimard, 1992, pp. 636-644. Dans « La France allergique au fascisme », *loc. cit.*, Berstein parle plus généralement de « germes isolés » du fascisme (pp. 89-91), et d'une « disponibilité au fascisme [...] présente dans une partie de l'opinion publique » (p. 92). Dans « Notes sur l'esprit d'un fascisme français, 1934-1939 », *Revue française de science politique*, V, 3, juillet-septembre 1955, p. 530, tout en convenant avec Rémond que la France avait peu de mouvements véritablement fascistes, Raoul Girardet affirme que le nationalisme français a subi une « imprégnation fasciste » entre les deux guerres qui a créé « une résonance, une tonalité nouvelle, tout à fait originale dans son histoire ».

1. Michel DOBRY, « Février 1934 et la découverte de l'"allergie" de la société française à la révolution fasciste », *Revue française de sociologie*, XXX, 1989, pp. 528, 531.

2. Zeev STERNHELL, *Ni Droite ni gauche*, *op. cit.*, p. 293.

3. Ph. BURRIN, « Le fascisme », *op. cit.*, pp. 641-642. La méthode de Burrin, consistant à suivre des « itinéraires » pour explorer le fascisme, est instructive.

4. Robert O. PAXTON, *Vichy France : Old Guard and New Order 1940-1944*, New York, Alfred Knopf, 1972 : *La France de Vichy, 1940-1944*, nouv. éd., trad. fr. Claude Bertrand, Paris, Le Seuil, 1997, pp. 93, 280-286, 309-310, 320. Michèle COINTET-LABROUSSE, *Vichy et le fascisme : les hommes, les structures, et les pouvoirs*, Bruxelles, Éditions Complexe, 1987, pp. 161, 197-208, 225ff. Denis PESCHANSKI propose une tentative intéressante d'envisager les efforts

C'est la deuxième phase qui pose les questions difficiles : y a-t-il eu des mouvements fascistes qui se sont ancrés dans la vie publique française au point de devenir des acteurs majeurs et d'établir des structures parallèles ? Poser la question de cette façon nous permet peut-être de faire avancer le débat en dépassant les exercices typologiques et les opérations de comptage qui ont prévalu jusqu'à présent. On pourrait répondre que le PPF de Doriot était suffisamment ancré dans son fief de Saint-Denis pour que certains de ses fidèles de la classe ouvrière le suivent du communisme au fascisme, faisant ainsi du PPF de loin le plus prolétaire des mouvements d'extrême droite français. Quant à la Défense paysanne de Dorgères – aux marges du fascisme –, elle fut à deux doigts d'évincer brièvement l'État dans quelques communes de l'Ouest du pays.

C'est le Parti social français du colonel François de La Rocque, le plus grand mouvement d'extrême droite de la France de l'entre-deux-guerres, qui avait succédé à sa formation paramilitaire, les Croix-de-Feu, dissoute en 1936, qui fournit la clef de ce débat. Si le PSF (avec environ 800 000 membres à son apogée en 1938) était fasciste, alors le fascisme était une force majeure de la France de l'entre-deux-guerres. La plupart des historiens en sont arrivés à la conclusion que le PSF n'était pas fasciste[1]. Quelques-uns, essentiellement étrangers, ont soutenu que les deux mouvements de La Rocque étaient fascistes[2]. Des différences notables séparaient

de propagande de Vichy en tant qu'expérience fasciste ratée, dans « Vichy au singulier, Vichy au pluriel. Une tentative avortée d'encadrement de la société (1941-1942) », *Annales : économies, sociétés, civilisations*, 43e année, n° 3, mai-juin 1988, pp. 639-662.

1. Ph. BURRIN, « Le Fascisme », *loc. cit.* ; P. MILZA, *Fascisme français : passé et présent*, *op. cit.* ; S. BERSTEIN, « La France allergique au fascisme », *loc. cit.* ; R. RÉMOND, *Les Droites en France*, *op. cit.* ; Jacques NOBÉCOURT, *Le Colonel de La Rocque, 1885-1946, ou les pièges du nationalisme chrétien*, Paris, Fayard, 1996, une biographie exhaustive et indulgente, qui dépeint La Rocque comme un conservateur victime de fausses accusations et de rivalités d'ordre personnel.

2. Robert SOUCY, *French Fascism. The First Wave, 1924-1933*, New Haven, Yale University Press, 1986 : *Le Fascisme français, 1924-1933*, trad. fr. Francine Chase, Paris, PUF, 1989. *French Fascism : the Second Wave, 1933-1939*, New Haven, Yale University Press, 1995 ; William D. IRVINE, « Fascism in France and the Strange Case of the Croix-de-Feu », *Journal of Modern History*, n° 63, juin 1991, pp. 271-295.

cependant les Croix-de-Feu, avec leurs exercices paramilitaires, leurs discours sur « l'heure H » et leur apparent empressement à supplanter l'autorité de l'État, et le PSF, plus circonspect. La nature paramilitaire et les manifestations menaçantes des Croix-de-Feu ont persuadé l'historien britannique Kevin Passmore que ce mouvement était fasciste ; mais il estime que le PSF a progressivement adopté un conservatisme constitutionnel[1]. Il est impossible de ne pas remarquer que le second fut bien plus près que le premier de réussir un ancrage politique – il faut à cet égard examiner sa vie associative ainsi que ses perspectives électorales et son influence sur l'ensemble du système politique.

Outre l'incontestable force de la tradition républicaine, le fascisme rencontra d'autres obstacles en France, parmi lesquels la réticence des nationalistes français à imiter des modèles étrangers. L'Allemagne nazie semblait un tout autre monde même aux yeux de certains fascistes français (Brasillach, par exemple), et même les admirateurs français de Mussolini critiquaient l'étatisme du fascisme italien. La droite française jugeait le fasciste belge Léon Degrelle moins menaçant et trouvait fort admirables les régimes autoritaires (mais non-fascistes) de Salazar et Franco. Le fascisme français était également exceptionnel en ce qu'il agissait au sein d'une nation sans desseins expansionnistes et à laquelle l'idée d'une nouvelle guerre inspirait une aversion extrême. Il devint d'ailleurs pacifiste lorsque la guerre contre Hitler fut assimilée plus étroitement à la politique étrangère soviétique. Certains auteurs ont conclu que, lorsqu'il se fit collaborationniste sous l'Occupation, il s'agissait au mieux d'un fascisme dérivé ou secondaire[2].

Bien entendu, il ne suffit pas d'étudier les mouvements fascistes français de façon isolée. L'espace vacant dans le paysage politique

---

1. Kevin PASSMORE, « Boy Scoutism for Grown-ups ? Paramilitarism in the Croix-de-feu and the Parti Social Français », *French Historical Studies*, 19, 2, automne 1995, pp. 527-557, et *From Liberalism to Fascism. The Right in a French Province, 1928-1939*, Cambridge University Press, 1997. Il va de soi que le simple fait de participer à des élections ne rend pas un parti non fasciste, ainsi que le prouvent les campagnes électorales musclées des nazis et des Fascistes italiens. Les fascismes authentiques se caractérisaient par leur aptitude à jouer sur les deux tableaux, électoral et extraparlementaire.

2. Philippe BURRIN, *La Dérive fasciste*, *op. cit.*, p. 414, et « Le Fascisme », *loc cit.*, pp. 643-644.

est une variable cruciale. Le fascisme a obtenu ses meilleurs résultats partout où le conservatisme traditionnel perdait de sa crédibilité et où le centre s'effondrait ; le premier de ces phénomènes commença à se produire en France mais non le second. L'aspect le plus intéressant de l'ouvrage de Passmore est sa démonstration que l'étoile de La Rocque montait proportionnellement aux échecs du conservatisme français à surmonter ses divisions et à gérer efficacement les problèmes du jour. Mais, en 1936, de larges segments du centre avaient déjà été ramenés dans le giron républicain par le Front populaire, et, en 1938, le gouvernement Daladier avait élaboré un vaste conservatisme centriste qui se rapprochait plus que tout autre chose jusque-là du modèle Tory britannique. L'espace vacant pour l'extrême droite française s'en vit alors d'autant plus réduit.

Dans cette étude des États qui connurent des mouvements fascistes marquants entre les deux guerres mais non un régime fasciste, venons-en à la Grande-Bretagne, qui, à cette période, offrait moins de place au fascisme que la France, malgré une crise économique plus grave. Un parti conservateur centriste et solidement implanté réussit à gouverner le pays de façon consensuelle entre 1931 et 1945[1]. Ailleurs, des dictatures autoritaires ont souvent prévenu la venue au pouvoir des mouvements fascistes, comme le fit Franco, ou même les ont détruits, comme le firent Antonescu en Roumanie et Salazar au Portugal, après avoir plagié certaines de leurs techniques de mobilisation populaire[2].

La quatrième phase – l'exercice du pouvoir – est fortement conditionnée par la manière par laquelle le fascisme accède au

---

1. L'étude la plus complète sur le sujet est celle de Richard THURLOW, *Fascism in Britain : a History, 1918-1985*, éd. révisée, Oxford, Blackwell, 1998. Voir également Mike CRONIN, *The Failure of British Fascism : the Far Right and the Fight for Political Recognition*, Londres, St. Martin's, 1996.

2. Stanley PAYNE, *The Franco Regime, 1936-1975*, Madison (WI), University of Wisconsin Press, 1987 ; Paul PRESTON, *Franco, a Biography*, New York, Basic Books, 1994 ; António COSTA PINTO, *Salazar's Dictatorship and European Fascism*, Boulder (CO), Social Science Monographs, 1995. Il n'est toutefois pas nécessaire de conclure comme PAYNE, *A History of Fascism*, *op. cit.*, pp. 250, 252, 312, 321, 326, 395, 492, que les dictatures militaires autoritaires ont, d'un point de vue historique, constitué l'obstacle le plus efficace à l'accession au pouvoir des fascistes.

pouvoir. D'un point de vue historique, les dirigeants fascistes arrivés au pouvoir se sont vus condamnés à gouverner en collaboration avec les élites conservatrices qui leur avaient ouvert les portes. Ce facteur instaure une lutte pour la prédominance entre quatre forces : le leader, son parti (dont les militants réclament à cor et à cri des emplois, des avantages, des aventures expansionnistes et la réalisation d'éléments du programme radical d'origine), les fonctionnaires de l'administration en place tels que les chefs de la police et les magistrats et, enfin, les élites traditionnelles – les Églises, l'armée, les professions libérales[1] et les grands dirigeants des milieux d'affaires[2]. La tension entre ces quatre pôles est ce qui confère au fascisme son caractère à la fois fiévreux et informe *(shapelessness[3])*.

---

1. L'hygiène raciale se révèle depuis peu un sujet fécond parce qu'elle établit un lien entre la pratique nazie et les intérêts des membres des professions libérales. Voir Michael H. KATER, *Doctors under Hitler*, Chapel Hill, University of North Carolina Press, 1989 ; Robert Jay LIFTON, *The Nazi Doctors : Medical Killing and the Psychology of Genocide*, New York, Basic Books, 1986 : *Les Médecins nazis : le meurtre médical et la psychologie du génocide,* tr. fr. Bernard Pouget, Paris, Robert Laffont, 1989. Dans *The Racial State*, *op. cit.*, p. 353, n. 1, Burleigh et Wippermann préconisent, de façon convaincante, une étude plus approfondie d'un point de vue anthropologique des rapports que les régimes fascistes entretenaient avec les divers groupes sociaux.

2. Certains observateurs contemporains perspicaces voyaient dans ce caractère composite de l'autorité fasciste un « État duel », où « l'État constitutionnel » *(normative state)* lutte pour le pouvoir avec un « État régalien » *(prerogative state)* formé par les organes parallèles du parti. Voir Ernst FRAENKEL, *The Dual State*, New York, Oxford, 1941, et Franz NEUMANN, *Behemoth*, New York, Oxford, 1942 ; *Béhémoth : Structure et pratique du national-socialisme*, trad. fr. Gilles Dauvé et Jean-Louis Boireau, Paris, Payot, 1987. Depuis les années 70, l'interprétation « polycratique » a affiné sur le plan conceptuel cette nature composite de l'autorité fasciste. Voir Martin BROSZAT, *Der Staat Hitlers : Grundlegung und Entwicklung seiner inneren Verfassung*, Munich, Deutscher Taschenbuch Verlag, 1969 ; *L'État hitlérien : l'origine et l'évolution des structures du IIIe Reich*, trad. fr. Patrick Moreau, Paris, Fayard, 1986 ; de nombreux travaux de Hans MOMMSEN, dont *From Weimar to Auschwitz*, Cambridge, Polity Press, 1991, ainsi que Gerhard HIRSCHFELD et Lothar KETTENACKER (dir.), *Der Führerstaat : Mythos und Realität*, Stuttgart, Klett-Cotta, 1981. Pour une interprétation analogue de l'Italie Fasciste, se référer à Emilio GENTILE, « Le rôle du parti dans le laboratoire totalitaire italien », et Philippe BURRIN, « Politique et société : les structures du pouvoir dans l'Italie fasciste et l'Allemagne nazie », tous deux dans *Annales : économies, sociétés, civilisations*, 43e année, no 3, mai-juin 1988.

3. Hannah ARENDT, *The Origins of Totalitarianism*, 2e éd. augmentée,

Les tensions au sein du pouvoir fasciste nous aident également à clarifier les frontières entre le fascisme authentique et d'autres formes d'autorité dictatoriale. L'autorité fasciste ne ressemble pas à l'exercice du pouvoir dans l'autoritarisme (qui n'a pas de parti unique, ou qui lui accorde peu de pouvoir[1]) ou dans le stalinisme (dépourvu des élites traditionnelles[2]). Les régimes autoritaires seraient enclins à laisser la population démobilisée alors que les fascistes promettent de reconquérir la classe ouvrière pour la Nation grâce à leurs techniques supérieures de fabrication d'enthousiasme[3]. Les régimes autoritaires méprisent souvent les procédures légales et les libertés individuelles, mais ils acceptent de mettre des limites – mal définies mais néanmoins réelles – au pouvoir de l'État, laissant ainsi quelque espace privé pour les individus et pour les corps intermédiaires « organiques » tels que

---

New York, Harcourt Brace, 1958, pp. 389-390, 395, 398, 402 ; *Les Origines du totalitarisme* (1951), trad. fr. Hélène Frappat et Martine Leibovici, Paris, Gallimard, 2002. Arendt attribue cette qualité de *« shapelessness »* à Franz NEUMANN, *Béhémoth*, *op. cit.*

1. Juan J. LINZ a fourni l'analyse classique de l'autoritarisme comme forme d'autorité distincte : « An Authoritarian Regime : Spain », in Erik Allard et Stein Rokkan (dir.), *Mass Politics : Studies in Political Sociology*, New York, Free Press, 1970, pp. 251-283 ; « From Falange to Movimiento-Organización : the Spanish Single Party and the Franco Regime, 1936-1968 », in Samuel P. Huntington et Clement Moore (dir.), *Authoritarian Politics in Modern Societies : the Dynamics of Established One-Party Systems*, New York, Basic Books, 1970 ; « Totalitarian and Authoritarian Regimes », in Fred I. Greenstein et Nelson W. Polsby, *Handbook of Political Science*, Reading, MA, Addison-Wesley, 1975, vol. 3, notamment pp. 264-350.

2. Dans *Les Origines du totalitarisme*, *op. cit.*, Hannah ARENDT incluait Staline et excluait Mussolini. Dès la fin des années 60, le concept de totalitarisme avait fini par passer pour un artefact de la Guerre froide et l'expression n'est désormais usitée que dans le langage populaire. Voir Benjamin R. BARBER, « The Conceptual Foundations of Totalitarianism », in Carl J. Friedrich *et al.*, *Totalitarianism in Perspective : Three Views*, Londres, Praeger, 1969.

3. Les frontières entre les deux types de régime sont ici floues car, en pratique, le vœu d'aucun des deux ne se voit exaucé. Confrontés à un peuple agité, tant les autoritaires que les fascistes sont susceptibles de créer une « solidarité mécanique » durkheimienne. Voir Paul BROOKER, *The Faces of Fraternalism : Nazi Germany, Fascist Italy, and Imperial Japan*, Oxford, The Clarendon Press, 1991. Les fascistes sont à même de ne rien obtenir de plus qu'un assentiment « superficiel » et « fragile ». Victoria DE GRAZIA, *The Culture of Consent : Mass Organization of Leisure in Fascist Italy*, Cambridge University Press, 1981, p. 20 et chap. 8, « The Limits of Consent ».

les notables locaux, les cartels économiques, les familles et les Églises. En revanche, même s'il s'agit de propagande (couronnée, du reste, d'un franc succès, même auprès des savants[1]), le fascisme aspire à réduire la sphère privée à néant. Le parti communiste de Staline gouvernait une société civile radicalement simplifiée par la révolution bolchevique, alors que, sous Hitler, le parti, la bureaucratie et les élites traditionnelles jouaient des coudes pour obtenir le pouvoir. Les techniques de commandement de Staline ressemblaient souvent à celles du fascisme, mais il n'avait pas, lui, à se préoccuper de concentrations de pouvoir économique et social autonome hérités du passé.

Dans l'Italie de Mussolini[2], l'exercice du pouvoir impliquait les mêmes éléments que dans l'Allemagne nazie. C'est l'équilibre entre le parti et les institutions traditionnelles qui différencie un cas de l'autre. En Italie, l'État traditionnel finit par avoir la primauté, en grande partie parce que Mussolini craignait les plus militants de ses propres partisans, les *ras* locaux et leurs *squadristi*. Dans l'Allemagne nazie, le parti en vint à dominer, particulièrement après que la guerre eut éclaté. Cette interaction entre les partis uniques et les élites traditionnelles nous aide à classifier les régimes qui se situent à la limite entre autoritarisme et fascisme, notamment si nous gardons à l'esprit qu'entre ces deux régimes les frontières étaient fluctuantes et susceptibles d'être franchies d'un côté comme de l'autre. Les régimes autoritaires, en particulier ceux qui parvinrent à rester neutres comme l'Espagne et le Portugal, renforcèrent

1. Robert Ley, le chef du Front du travail nazi, disait que, dans l'État nazi, seule une personne endormie avait une vie privée. H. ARENDT le croyait : *Les Origines du totalitarisme*, *op. cit.*, p. 339.

2. En termes « polycratiques » l'Italie Fasciste a été moins étudiée que l'Allemagne nazie, mais dans *La via italiana al totalitarismo : il partito e lo stato nel regime fascista*, Rome, La Nuova Italia Scientifica, 1995, qui est la démonstration la plus récente des aspirations totalitaires de grande envergure du régime, Emilio GENTILE concède qu'il s'agissait d'une *realtà composita* (« une réalité composite ») (p. 136), marquée par une *sorda lotta* (« une lutte sourde ») au sein de ses factions (p. 180). Jens PETERSEN et Wolfgang SCHIEDER s'attaquent plus directement au problème dans plusieurs ouvrages, dont le plus récent est *Faschismus und Gesellschaft in Italien : Staat, Wirtschaft, Kultur*, Cologne, SH-Verlag, 1998. Voir également Emilio GENTILE, « Le rôle du parti dans le laboratoire totalitaire italien », *loc. cit.*, et Philippe BURRIN, « Politique et société : les structures du pouvoir dans l'Italie fasciste et l'Allemagne nazie », *loc. cit.*

progressivement la prédominance de l'État traditionnel sur leurs petits mouvements fascistes.

À long terme (la cinquième phase), le « pouvoir duel » fasciste peut évoluer dans deux directions : la radicalisation ou l'entropie. Après l'instauration de la dictature en 1925-1926, le régime de Mussolini se modéra et devint un autoritarisme ordinaire, sauf pendant les campagnes coloniales. La Guerre d'Éthiopie (1935-1936) déclencha une *rivoluzione culturale* et amorça une *svolta totalitaria*[1] (« un virage totalitaire ») par lequel le régime Fasciste s'efforça de façonner le « nouvel homme » fasciste en instituant des « coutumes fascistes », un « langage fasciste » et une législation raciale. Dans le cadre de l'action colonialiste, tout d'abord en Libye puis en Éthiopie, l'autorité arbitraire du parti et sa politique de discrimination raciale purent librement donner le ton[2]. Le radicalisme des débuts du Fascisme italien refit surface avec le régime fantôme de la République de Salò, qui gouverna le Nord de l'Italie sous tutelle allemande après septembre 1943.

Seule l'Allemagne nazie connut une radicalisation complète. Le succès de la guerre d'extermination dans l'Est offrit une liberté d'action quasi illimitée à « l'État régalien » *(prerogative state)* et à ses « institutions parallèles », libérés des dernières contraintes – le peu qui en restait – de « l'État constitutionnel » *(normative state)*. Ces « institutions parallèles » mirent en application leurs fantasmes suprêmes de purification raciale[3] dans le *no man's land* constitué par

1. L'expression est de Renzo DE FELICE, *Mussolini : il Duce : lo stato totalitario, 1936-1940*, Turin, Einaudi, 1981, p. 100. Sur ce point et sur d'autres jugements controversés du principal biographe de Mussolini, voir Borden W. PAINTER, « Renzo De Felice and the Historiography of Italian Fascism », *American Historical Review*, 95, 2, avril 1990.

2. Claudio SEGRÈ, *The Fourth Shore : the Italian Colonization of Libya*, Chicago, the University of Chicago Press, 1974 ; Angelo DEL BOCA, « Le leggi razziali nell'impero di Mussolini » et Nicola LABANCA, « L'amministrazione coloniale fascista. Stato, politica e società », in Angelo Del Boca, Massimo Legnani et Mario G. Rossi, *Il Regime Fascista : storia e storiografia*, Rome/Bari, Laterza, 1995.

3. Dans le débat portant sur les causes de la radicalisation, la dichotomie habituelle entre « intentionnalistes » et « fonctionnalistes » a été résolue très efficacement par Christopher Browning, qui lui substitue une interaction entre les intentions du leader et la compétition dans la violence entre les subalternes qui comptaient sur son approbation. L'analyse la plus récente de Chr. BROWNING est :

ce qui avait été la Pologne et par les régions occidentales de l'Union soviétique. La radicalisation extrême reste latente dans tous les fascismes, mais les circonstances de la guerre, et particulièrement de guerres de conquête victorieuses, lui donnent le moyen d'expression le plus absolu[1].

L'accent mis sur l'évolution des fascismes et la distinction faite entre ses différentes phases – ce sont là les principales propositions méthodologiques du présent article –, jette un meilleur éclairage sur plusieurs thèmes particuliers de l'étude du fascisme. La composition sociale, par exemple, change à chaque phase. Toute analyse présentant une composition sociale fixe et unique inhérente au fascisme est erronée[2]. De même, il s'avère douteux qu'on puisse définir une esthétique fasciste unique et immuable qui s'appliquerait à tous les cas nationaux[3]. Le rétablissement *machiste* d'un patriarcat menacé n'est pas loin d'être une valeur fasciste universelle, mais, dans son premier programme, Mussolini prônait

---

Nazi Policy : Jewish Workers, German Killers, Cambridge University Press, 2000 ; trad. fr. J. Carnaud, *Politique nazie, main d'œuvre juive, bourreaux allemands*, Paris, Les Belles Lettres, 2002.

1. Omer BARTOV exprime un point de vue quelque peu différent sur la façon dont les conditions spéciales de la campagne de Russie ont rendu l'armée ainsi que les SS insensibles à la brutalité. Voir *The Eastern Front, 1941-1945 : German Troops and the Barbarization of Warfare*, New York, St. Martin's, 1986, et *Hitler's Army : Soldiers, Nazis, and War in the Third Reich*, New York, Oxford University Press, 1991 ; tr. fr. Jean-Pierre Ricard, *L'Armée d'Hitler : la Wehrmacht, les nazis et la guerre*, Paris, Hachette, 1999.

2. Stein U. LARSEN *et al.* (dir.), *Who were the Fascists. Social Roots of European Fascism*, Oslo, Universitetsforlaget, 1980, viennent à bout de ce problème mieux que la plupart. Des travaux plus récents contournent à la fois la classe et la société de masse d'Hannah Arendt, préférant étudier les liens avec des groupes plus spécifiquement définis : professions (cf. note 1, p. 352), associations, fraternités et autres « corps intermédiaires ». Voir Rudy KOSHAR, « From *Stammtisch* to Party : Nazi Joiners and the Contradictions of Grass Roots Fascism in Weimar Germany », *Journal of Modern History*, n° 59, mars 1987, pp. 1-24, et *Social Life, Local Politics, and Nazism : Marburg, 1880-1935*, Chapel Hill, University of North Carolina, 1986.

3. Susan SONTAG a tenté de façon intéressante d'extraire du travail de Leni Riefenstahl les éléments d'une esthétique fasciste : « Fascinating Fascism », in *Under the Sign of Saturn*, New York, Farrar, Strauss, and Giroux, 1980 ; *Sous le signe de Saturne*, trad. fr. Philippe Blanchard, Paris, Le Seuil, 1985 ; mais son travail ne peut s'appliquer qu'à la culture allemande.

le vote des femmes, et, dans les Vingt-cinq points de Hitler, il n'était pas question d'enjeux liés à la différence des sexes[1].

Ayant à présent décortiqué le fascisme, n'avons-nous échappé au nominalisme du « bestiaire » que pour tomber dans un autre nominalisme, de processus et de phases ? Où donc est le « minimum fasciste » dans tout cela ? Le fascisme générique s'est-il dissous dans cette analyse ? Avons-nous perdu son « essence » en exposant les tensions complexes qui le parcourent (révolution politique contre restauration sociale, ordre contre expansionnisme agressif, enthousiasme collectif contre soumission des citoyens) ?

C'est par une définition fonctionnelle du fascisme que nous pouvons éviter ces difficultés. À travers toutes ses phases, le fascisme promet de remplir des fonctions que ni les conservateurs, ni les libéraux, ni les socialistes ne peuvent remplir : imposer l'unité, l'énergie et la pureté, par la force si besoin est, aux communautés redoutant la division, le déclin et l'influence étrangère. Il promet de réparer le mal prétendument fait par le libéralisme et la démocratie, et de prévenir le mal pire encore présagé par le socialisme, en recourant à des niveaux de propagande, de pression sur la communauté, de force et de violence que les conservateurs traditionnels sont incapables d'atteindre, parce qu'ils n'entretiennent aucun rapport avec des partisans qu'ils puissent mobiliser en masse. Il n'admet aucune limite légale ni morale à ce qu'il accomplira pour faire prévaloir sa communauté.

Définir le fascisme d'un point de vue fonctionnel, tout en faisant une distinction claire entre ses phases successives, nous aide également à répondre à une question brûlante et d'actualité : le fascisme peut-il encore exister aujourd'hui, en dépit de la défaite humiliante de Hitler et de Mussolini, de la mondialisation irréversible de l'économie et du triomphe du consumérisme individualiste, et alors que l'âge nucléaire a rendu l'option de

1. Jill STEPHENSON, *Women in Nazi Society*, New York, Barnes and Noble, 1975, reste une référence essentielle en anglais ; dans *The Racial State*, *op. cit.*, BURLEIGH et WIPPERMANN proposent un chapitre mis à jour sur les femmes dans l'Allemagne nazie et, ce qui est plus novateur, un chapitre sur les hommes. Pour ce qui est de l'Italie, le livre de Victoria DE GRAZIA, *How Fascism Ruled Women : Italy, 1922-1945*, Berkeley, University of California Press, 1992, est incontournable.

la guerre de moins en moins envisageable ? Après la purification ethnique dans les Balkans, la montée de nationalismes xénophobes dans l'Europe de l'Est postcommuniste, le phénomène « skinhead » en Grande-Bretagne, en Allemagne, en Scandinavie et en Italie, la participation de l'ancien *Movimento sociale italiano*, rebaptisé *Alleanza nazionale*, aux gouvernements Berlusconi de 1994[1] et 2000, et celle du *Freiheitspartei* au gouvernement autrichien en 2000, il serait difficile de répondre à cette question par la négative[2].

Néanmoins, les cas les plus intéressants aujourd'hui ne sont pas ceux qui imitent les mouvements de chemises exotiquement colorées d'une génération passée. Ainsi que nous l'a rappelé George Orwell, de nouveaux équivalents fonctionnels du fascisme prospéreraient sans doute mieux vêtus de l'habit jugé correct dans leur patrie et à leur époque. Un fascisme authentiquement populaire aux États-Unis serait pieux et antinoir ; en Europe occidentale, laïque et antisémite, ou, par les temps qui courent, plus probablement anti-islamique ; en Russie et en Europe de l'Est, religieux et slavophile. Il est plus sage de prêter attention aux fonctions remplies par les nouveaux mouvements d'un genre analogue, aux circonstances susceptibles de leur ouvrir un espace et aux alliés qu'ils pourraient trouver dans les élites conservatrices prêtes à tenter de les coopter, plutôt que de chercher des échos des fascismes anciens dans la rhétorique, les programmes ou les penchants esthétiques des protofascistes de la dernière fin-de-siècle. On est en droit de conclure, par exemple, que les skinheads sont des équivalents fonctionnels des SA de Hitler et des *squadristi* de Mussolini seulement si des éléments influents de l'élite conservatrice commencent à les choyer afin de les utiliser comme armes contre un quelconque ennemi intérieur, tel que les immigrés.

Les bonnes questions à poser au sujet des néofascismes ou protofascismes d'aujourd'hui sont celles qui concernent la

1. En 1994, Mirko Tremaglia, vétéran du dernier régime de Mussolini, la République de Salò, fut élu président du Comité des affaires étrangères du parlement italien.

2. Dans *A History of Fascism*, *op. cit.*, p. 496, Stanley Payne se voit obligé de conclure, comme tous ceux qui tiennent le fascisme pour une doctrine spécifique issue du syndicalisme national de la fin du XIXe siècle, qu'après 1945, « il est impossible que renaissent effectivement les mêmes formes de fascisme ».

deuxième et la troisième phase du cycle fasciste. S'ancrent-ils comme partis représentant des intérêts et des opinions essentiels et exerçant une influence majeure sur la scène politique ? Avons-nous affaire à une crise économique, une impasse politique ou une humiliation nationale à laquelle les autorités en place ne peuvent apparemment pas apporter de solution ? Une mobilisation politique rapide menace-t-elle d'échapper au contrôle des élites traditionnelles, au point que celles-ci seraient tentées de chercher main-forte auprès de ces mouvements afin de rester au pouvoir ? C'est en répondant à des questions de ce type, fondées sur une compréhension historique appropriée des processus à l'œuvre dans les fascismes passés, et non pas en vérifiant la couleur des chemises ou en pointant les traces de la rhétorique des dissidents national-syndicalistes du début du XXe siècle, que nous pourrons peut-être reconnaître les équivalents fonctionnels du fascisme de notre époque.

Traduit de l'anglais par Patricia Delcourt.

9.

Le fascisme, ce « mal du siècle »...

Zeev Sternhell

Une réflexion sur l'extrême droite est une réflexion non seulement sur la catastrophe européenne du XXe siècle, mais aussi sur la culture de notre temps[1]. Cependant, alors que l'on voit de plus en plus fréquemment la Grande Guerre comme la fin du XIXe siècle, le XXe auquel je me réfère n'est pas le « court » XXe siècle qui a commencé avec la Guerre de 1914, la chute des empires multinationaux et la Révolution russe, mais celui qui a vu le jour avec la révolution intellectuelle, scientifique et technique des années 1880-1890[2].

L'idée que la Première Guerre mondiale ait marqué le début du XXe siècle a peut-être une certaine logique – quoique à un degré fort limité – s'agissant de la Russie ou de l'Autriche-Hongrie, mais elle n'est pas réellement applicable à l'Europe occidentale. Le XIXe siècle ne s'est pas terminé le jour où Lénine est descendu du train à la gare de Finlande, mais avec la construction de la première centrale électrique, avec l'invention de l'automobile, du téléphone, du télégraphe, du cinéma et du rayon X et avec l'inauguration du Métro parisien. Il a fini lorsque le premier véhicule à moteur a parcouru les rues de Londres, mais aussi avec la découverte du bacille de la tuberculose et des vaccins contre la diphtérie et le

---

1. Une première version moins développée de cette contribution a été publiée dans *The Journal of Political Ideologies*, juin 2000.

2. Il ne s'agit pas ici d'une critique globale de l'essai d'E. HOBSBAWM, *Age of Extremes : The Short Twentieth Century, 1914-1919* (en français, *L'Âge des extrêmes*, Bruxelles, Complexe, 1999), que je tiens pour un livre important.

typhus. Le XIXe siècle est mort lorsque l'ouvrier européen, cette bête de somme qui vivait dans des conditions souvent pires encore que les esclaves du Sud américain, est devenu un citoyen jouissant du suffrage universel et a appris à lire et à écrire, le jour où ses enfants, au lieu de descendre à la mine dès l'âge de huit ans, sont allés à l'école partout où, comme en France, l'enseignement est devenu gratuit et obligatoire.

Le siècle de la *Phénoménologie de l'esprit*, du *Capital* et de la *Démocratie en Amérique* prit fin quand, au beau milieu d'une période de progrès scientifique et technique sans précédent, le rejet de l'héritage des Lumières, du rationalisme, de l'universalisme et de l'idée de progrès – autrement dit, le rejet de la modernité idéologique – atteignit son apogée et, devenant un phénomène de masse, acquit sa force de rupture. Le XXe siècle commença quand Nietzsche et Bergson, Le Bon et Freud, Pareto, Mosca, Durkheim et Dilthey créèrent une conception nouvelle de la morale, de l'homme et de la société, quand les impressionnistes, suivis par les cubistes et les futuristes, créèrent une esthétique nouvelle, et quand Max Planck et Albert Einstein proposèrent une version différente de l'univers.

Dans les dernières années du XIXe siècle, la plupart des systèmes de pensée et la majeure partie des forces politiques et sociales qui forment notre monde contemporain existaient donc déjà. Les idéologies qui, un quart de siècle plus tard, devaient si puissamment contribuer à changer la face du monde parvenaient alors à maturité. Parce que c'était une période d'incubation et que, dans la sphère de l'évolution intellectuelle, toutes les caractéristiques d'une époque révolutionnaire étaient alors réunies, le dernier quart du XIXe siècle fut un temps d'une richesse et d'une intensité exceptionnelles. Les années qui séparent la mort de Darwin et celle de Marx du début de la Grande Guerre comptent parmi les plus fécondes de l'histoire intellectuelle de l'Europe. Cette rare floraison reflète non seulement la qualité de la production scientifique, littéraire et artistique de cette période, mais aussi sa diversité, ses contrastes et ses contradictions.

Les figures les plus clairvoyantes et sensibles de cette époque avaient conscience de vivre une époque extraordinaire ; chacune à sa façon exprima ce sentiment de nouveauté et de bouleversement.

« La naissance de dieux nouveaux a toujours marqué l'aurore d'une civilisation nouvelle, observait Gustave Le Bon en 1894, et leur disparition a toujours marqué son déclin. Nous sommes à une de ces périodes de l'histoire où, pour un moment, les cieux restent vides. Par ce fait seul, le monde doit changer[1]. » Trente ans plus tard, se retournant sur les toutes premières années du siècle, Virginia Woolf dira : « En décembre 1910 ou dans ces eaux-là, la nature humaine a changé. Je ne dis pas qu'on est sorti, comme on pourrait le faire dans un jardin, et qu'on a vu qu'une rose avait fleuri, ou qu'une poule avait pondu un œuf. Le changement ne fut ni aussi soudain ni aussi définitif. Mais il n'y en eut pas moins un changement ; et puisqu'il faut être arbitraire, datons-le de l'année 1910[2]. » En vérité, le monde changeait comme jamais auparavant. Tout en transformant la face du continent, la révolution technique changea grandement la nature de l'existence. La vie suivait un rythme sans précédent, fruit d'une urbanisation effrénée. La révolution scientifique bouleversa la vision que les hommes avaient d'eux-mêmes et de l'univers qu'ils habitaient. Une authentique révolution intellectuelle prépara les convulsions qui devaient bientôt produire la catastrophe européenne de la première moitié du XXe siècle.

C'est ainsi que doit être expliquée l'imprégnation fasciste : l'extrême droite, la droite pré-fasciste et pourtant déjà pleinement fasciste furent le produit direct de cette crise de civilisation d'une ampleur sans précédent. C'est l'explication de l'attrait des différentes variétés du fascisme aussi bien sur les couches non-éduquées de la population que sur certaines des plus grandes figures de la vie intellectuelle du XXe siècle. C'est la raison pour laquelle le fascisme put être un mouvement de masse en même temps qu'un phénomène intellectuel élitiste capable d'attirer quelques-uns des éléments les plus dynamiques de l'avant-garde de l'époque.

Et voici quelques questions fondamentales à poser : cette fascination du fascisme a-t-elle quelque chose à nous apprendre sur notre civilisation ou peut-on dire, au contraire, que le fascisme ne

1. G. LE BON, *Les Lois psychologiques de l'évolution des peuples*, Paris, Alcan, 1894, p. 170.

2. V. WOOLF, « Character in Fiction », in *The Essays of Virginia Woolf*, Andrew McNeille (dir.), vol. III, 1919-1924, Londres, The Hogarth Press, 1988, pp. 421-422.

fut qu'une simple parenthèse dans l'histoire de notre temps, ainsi que l'affirmait Benedetto Croce[1] ? Est-il raisonnable de suggérer, comme beaucoup le font encore, que le fascisme ne fut qu'un accident malheureux survenu au lendemain de la Première Guerre mondiale, un phénomène strictement limité à l'entre-deux-guerres, lié à une catastrophe économique, au chômage et à la crise ? Qu'il est né en 1918 et mort en 1945 ? Ne fut-il que l'ombre portée du marxisme, une réaction défensive face au communisme, une vague imitation du stalinisme[2] ?

C'est une explication facile, probablement trop facile. Le fascisme séduisit l'imagination des contemporains parce qu'il touchait à un problème bien réel : la nature des relations sociales. Il apporta des réponses attrayantes à quelques-unes des questions qui avaient préoccupé les gens dans les deux derniers siècles : avant toute chose, qu'est-ce qui fait d'un groupe d'êtres humains une société ? Quelle est la nature des relations entre l'individu et la collectivité et, donc, quelle est la base de la légitimité politique ? Qu'est-ce qu'une nation ? Est-ce l'option librement exprimée d'individus doués de droits égaux, ainsi que le proclama la Révolution française dans ses premières années, ou l'histoire, la culture, la religion, le groupe ethnique ? Quelle est la base réelle de l'existence collective ? Quelle est, précisément, la nature du facteur commun permettant aux hommes de développer le minimum de solidarité qui rend possible la vie ensemble ? Qu'est-ce qui donne un sens à la vie en société ? Ces questions admettent des réponses multiples. Mais, réduites à leur essence, celles-ci relèvent de deux catégories fondamentales : la réponse qui dérive de la tradition des Lumières et la réponse historiciste.

L'attrait des solutions offertes par la droite extrême était d'autant plus grand que l'idéologie fasciste était simplement le noyau dur et

1. Sur B. CROCE et le fascisme, voir D. MACK SMITH, « Benedetto Croce : History and Politics », *Journal of Contemporary History,* I, 1973, pp. 41-61 ; G. STASSO, *Per invigilare me stesso : I tacuini di lavoro di Benedetto Croce*, Bologne, Il Mulino, 1989 ; S. ZEPPI, *Il pensiero politico dell'idealismo italiano e il nazionalfascismo*, Florence, La Nuova Italia, 1973 ; M. ABBATE, *La filosofia di Benedetto Croce e la crisi della società italiana*, Turin, Einaudi, 1955.

2. C'est l'un des aspects les plus problématiques de « l'approche phénoménologique » du fascisme développée par Ernst NOLTE : voir en français, *Le Fascisme et son époque*, Paris, Julliard, 3 vol., 1970.

la variété la plus radicale d'un phénomène beaucoup plus ancien et beaucoup plus répandu : la révision systématique des valeurs essentielles de l'héritage humaniste, rationaliste et optimiste des Lumières. À la fin du XIXe siècle, le rejet des Lumières prit des proportions véritablement catastrophiques et balaya une bonne partie de l'Europe cultivée. C'est ce rejet des Lumières adapté aux conditions de la société de masse du tournant du siècle qui engendra l'idéologie fasciste. Ainsi, avant de devenir une force politique, le fascisme fut un phénomène culturel. Partout en Europe, la rébellion culturelle précéda la politique et en fut le préalable essentiel. S'il ne fut pas seulement cela, le fascisme fut d'abord un phénomène culturel[1].

J'y insiste : l'idéologie fasciste se développa bien avant la Première Guerre mondiale[2]. C'est la guerre qui permit à la révolte culturelle de se traduire en termes politiques, mais ce n'est pas elle qui créa le fascisme. Elle produisit des conditions favorables : après un demi-siècle d'incubation, elle donna à la révolte intellectuelle l'occasion et les moyens de devenir une force politique ; toutefois, la base de l'essor du fascisme doit être trouvée non pas dans les crises de l'après-guerre, mais dans la lutte contre la modernité idéologique, c'est-à-dire contre la tradition française et kantienne des Lumières. Au fond, les racines du fascisme se situent dans la réaction contre les principes exposés par Kant dans sa réponse justement célèbre à la question « Qu'est-ce que les Lumières ? »

1. Z. STERNHELL, M. SZNAJDER et M. ASHERI, *Naissance de l'idéologie fasciste*, Paris, Fayard, 1989.

2. Pour les appréhensions historiques les plus récentes du fascisme et l'état des débats sur les définitions, voir S. G. PAYNE, *A History of Fascism 1914-1945*, Madison, The University of Wisconsin Press, 1995 ; R. GRIFFIN, *The Nature of Fascism*, Londres, Pinter Publishers, 1991 ; R. EATWELL, *Fascism : a History*, Londres, Vintage, 1996. Griffin est également le maître d'œuvre d'un collectif important, *Fascism*, Oxford, Oxord University Press, 1995. Sur le fascisme comme idéologie, voir l'article très stimulant de R. EATWELL, « On defining the "Fascist Minimum" : the Centrality of Ideology », *Journal of Political Ideologies*, 1, 1996, pp. 303-319. Voir également A. J. GREGOR, *The Ideology of Fascism*, New York, Free Press, 1969, et G. L. MOSSE, *The Fascist Revolution : Toward a General Theory of Fascism*, New York, Howard Fertig, 1999. Sur les questions liées au concept d'idéologie, cf. M. FREEDEN, « Political concepts and ideological morphology », *The Journal of Political Philosophy*, 2, 1994, pp. 140-164. En français, voir P. MILZA, *Les Fascismes*, Paris, Imprimerie nationale, 1989.

(Was ist Aufklärung ?), en décembre 1784 : « Les Lumières se définissent comme la sortie de l'homme hors de l'état de minorité, où il se maintient par sa propre faute. La *minorité* est l'incapacité de se servir de son entendement sans être dirigé par un autre. [...] *Sapere aude !* Aie le courage de te servir de ton *propre* entendement ! Voilà la devise des Lumières[1]. »

La réaction contre les Lumières commença dès les Lumières elles-mêmes. De même que celles-ci, le mouvement contre les Lumières fut aussi un mouvement politique. Comme on le sait depuis Herder et Burke, la menace la plus puissante pour l'*Aufklärung* vint de la montée de l'historicisme et, par conséquent, du nationalisme. La philosophie de l'histoire de Johann Gottfried Herder, son relativisme historique qu'il introduisit également dans d'autres domaines d'activité comme l'esthétique, sa défense des cultures passées sont avant toute chose une attaque virulente contre la civilisation moderne. À ce titre, l'œuvre de Herder récuse toute interprétation rationaliste du développement social. Son dessein essentiel était de reconstruire les valeurs d'une culture, le caractère d'une nation, les instincts et la sensibilité qui soudent un peuple, qui forment la substance spirituelle des lois et des mœurs, et qui font le « bonheur d'un peuple[2] ».

Dans tous ces thèmes fondamentaux de l'historicisme, on peut voir une conséquence de l'application à la société d'une métaphore organique : la société est alors considérée comme un organisme vivant. Aussi l'historicisme est-il souvent, et à juste titre, associé à l'organicisme, à l'idée qu'on peut expliquer la société par des lois applicables aux êtres vivants. De toute évidence, le fascisme ne se comprend pas sans l'historicisme : je ne prétends pas qu'il y ait une relation directe de cause à effet entre historicisme et fascisme, mais la formation du corpus idéologique fasciste est incompréhensible si l'on ne prend en compte l'influence considérable et l'attrait extraordinaire de l'historicisme.

J'emploie le vocable « historicisme » en son sens littéral, tel

1. E. KANT, « Réponse à la question : Qu'est-ce que les Lumières ? », trad. Heinz Wismann, in Kant, *Œuvres philosophiques*, vol. 2, Paris, Gallimard, « Bibliothèque de la Pléiade », 1985, p. 209.

2. R. PASCAL, *The German Sturm und Drang*, Manchester, Manchester University Press, 1953, p. 222.

que l'a défini Friedrich Meinecke en 1932, dans son fameux *Die Entstehung des Historismus* : « L'essence de l'historicisme est la substitution du processus d'observation *particulariste* à une vision *généralisatrice* des forces dans l'histoire humaine[1]. » Il en va ici comme pour tous les concepts assez larges : il y a eu divers types d'historicisme, des variétés soit nationales, soit de degré. Toutes avaient cependant une base commune. Par-delà la valeur positive accordée à l'histoire considérée comme progrès humain dans sa réalité immanente, par-delà la réhabilitation de l'histoire dans laquelle les philosophes français avaient vu surtout une succession d'abus, de superstitions et d'actes de violence, il y avait une hostilité foncière au droit naturel, à l'intellectualisme et au rationalisme. De fait, l'historicisme démolit l'idée d'une nature humaine commune, d'une raison universelle qui donne naissance à une Loi naturelle universelle, n'y voyant qu'une façon de penser vide, abstraite et, par-dessus tout, hypocrite. De Herder à Ranke puis à Meinecke, l'historicisme, dans les mots mêmes de ce dernier, fut ainsi une révolte contre l'idée que l'homme « est resté fondamentalement le même à toutes les époques dont nous ayons quelque connaissance. [...] En particulier le concept dominant de Droit naturel, transmis depuis l'Antiquité, venait confirmer cette croyance en la stabilité de la nature humaine et, surtout, de la raison. En conséquence, on estimait que la raison [...] parlait d'une même voix et énonçait les mêmes vérités éternelles et absolues, valables en tout temps et en tout lieu, en harmonie avec celles qui prévalaient dans l'univers tout entier ». L'historicisme était donc une attaque globale contre le rationalisme, l'universalisme et l'idée de progrès des Lumières françaises. Dans l'idée de Meinecke, telle était la spécificité de la culture allemande, sa contribution la plus importante à la culture occidentale et la base de la grande différence entre le développement intellectuel et politique de l'Allemagne et de la France depuis la Révolution française. Meinecke ne doutait pas que

---

1. Fr. MEINECKE, *Historism. The Rise of a New Historical Outlook*, trad. J. E. Anderson, avant-propos de sir Isaiah Berlin, Londres, Routledge et Kegan Paul, 1972, p. LV. Pour le texte original, F. MEINECKE, *Die Entstehung des Historismus*, Munich, R. Oldenbourg Verlag, 1959, p. 2 (*« Der Kern des Historismus besteht in der Ersetzung einer generalisierenden Betrachtung geschichtlich-menschlicher Kräfte durch eine individualisierende Betrachtung »*).

l'historicisme allemand constituât « le stade suprême jamais atteint dans l'intelligence des choses humaines[1] ».

Voici une question à laquelle Meinecke n'a pas répondu, après la Seconde Guerre mondiale, quand il se pencha sur la « catastrophe allemande » dans un livre paru sous ce titre[2]. On peut la formuler ainsi : le *Sonderweg*, la « voie particulière » suivie par l'histoire allemande, n'est-il pas la raison majeure de la faillite du libéralisme allemand à compter du début du XIXe siècle ? La longue imperméabilité de l'Allemagne aux valeurs universelles, à l'idée de droit naturel, n'est-elle pas pour quelque chose dans le fait que ce pays n'a jamais connu de révolution libérale, et qu'une large part de ses élites a considéré la démocratie comme un concept étranger jusque dans la seconde moitié du XXe siècle ? Somme toute, n'est-ce pas ce culte du particulier, par opposition à l'universel, cette vision de la nation comme entité ethnique et raciale, qui a contribué à faire, précisément, de l'Allemagne, l'instrument par excellence de la guerre contre les Lumières ?

L'historicisme n'est donc pas seulement une appréciation innocente de la valeur et de la légitimité de la diversité et de la multiplicité ; il n'a pas simplement développé avec force une idée célèbre que nous devons à Vico, à savoir que l'esprit humain ne connaît d'autre réalité que l'histoire, parce qu'il la fait ; il a aussi engendré certains principes dont l'influence sur notre siècle a été cruciale et généralement désastreuse. La violence, l'ampleur et la profondeur de la réaction ont été proportionnelles à la grandeur du phénomène contre lequel il réagissait : l'homme des Lumières voulait recréer le mythe de Prométhée, rien de moins. Ses ennemis immédiats réagirent en invoquant la Providence, la destinée, l'histoire et les racines profondes de l'inconscient collectif.

L'Allemagne est sans conteste le pays où l'historicisme a acquis

1. *Ibid.*, pp. LVI-LVII (pp. 2-4 du texte allemand). Sur l'historicisme et son contexte, voir l'excellent ouvrage de F. C. BEISER, *Enlightenment, Revolution and Romanticism. The Genesis of Modern German Political Thought, 1790-1800*, Cambridge (Mass.), Harvard University Press, 1992, pp. 30-33, 37, et G. G. IGGERS, *The German Conception of History. The National Tradition of Historical Thought from Herder to the Present*, Middletown, Wesleyan University Press, 1983, pp. 124- 228.

2. Fr. MEINECKE, *The German Catastrophe : Reflections and Recollections*, trad. Bradshaw, Boston, Beacon Press, 1963.

une position de domination écrasante, où il a atteint son plein développement et d'où il a rayonné vers l'extérieur. Mais si l'historicisme a été le courant dominant de la pensée allemande, s'il fut l'idéologie allemande par excellence, celle-ci est loin d'être demeurée confinée à l'Allemagne. Il s'agit d'un phénomène européen qui s'est aussi enraciné en France et en Italie, et qui a eu une influence considérable deux siècles durant, de la Révolution française jusqu'à aujourd'hui.

C'est Herder qui donna à l'Europe l'idée d'individualité inaltérable de la nation, qui trouve ses normes de vie en son sein, transcendant ainsi les lois universelles. Il professa que la nation était un organisme vivant, non pas un amas d'individus. Pour lui, elle avait une âme, et cette âme était un phénomène naturel tout en étant totalement individuelle. Les cultures étaient des totalités organiques et uniques, avec des langues, des valeurs, des traditions, des institutions et des coutumes uniques et inimitables. Les valeurs étaient donc toutes individuelles et historiques : à ce titre, elles étaient des valeurs relatives. L'idée herdérienne qu'il existe une « essence » nationale, dont il convient de protéger la pureté et dont il faut encourager la singularité, a eu une importance fondamentale pour toute la droite révolutionnaire dans la première moitié du XXe siècle. Cette conception devait se fondre avec une idée élaborée avec plus de ferveur encore par Justus Möser : celle de la nation ancienne, barbare et pure[1]. Tout au long du XIXe siècle, le culte du passé national impliqua la réhabilitation du Moyen Âge : la renaissance nationale impliquait la substitution de l'héritage médiéval à l'héritage classique[2].

De cette conception herdérienne de l'histoire et de la culture, la première vague du romantisme puis les générations de 1890 et de 1930 tirèrent la conclusion qu'on n'entre pas dans une famille

1. C. ANTONI, *L'Historisme,* trad. Alain Dufour, Genève, Librairie Droz, 1963, pp. 54-55. Voir également C. ANTONI, *From History To Sociology : The Transition in German Historical Thinking*, trad. H. V. White, Westport, Greenwood Press, 1976.

2. M. ROUCHÉ, Introduction à l'édition critique bilingue de J. G. HERDER, *Auch Eine Philosophie der Geschichte zur Bildung der Menschheit, Beytrag zu vielen Beyträgen des Jahrhunderts/Une Autre philosophie de l'histoire pour contribuer à l'éducation de l'humanité. Contribution à beaucoup de contributions du siècle*, trad. et présentation Max Rouché, Paris, Aubier, 1964, pp. 19-23.

comme on achète une action sur le marché boursier. Le culte du génie national, la conception organique de la nation, l'idée de la nation comme source de toute vérité signifiaient, d'abord, que l'appartenance à ce corps ne pouvait être affaire de choix et, ensuite, qu'il était purement et simplement absurde de parler de valeurs universelles. Peut-être tous les hommes sont-ils frères, mais ceux qui parlent la même langue, prient dans la même église et dont les ancêtres sont inhumés dans le même cimetière partagent des valeurs qui leur sont propres ; aussi sont-ils infiniment plus proches les uns des autres qu'ils ne le sont de quiconque à l'extérieur. Dans cette optique, l'individu est le produit d'un milieu unique, différent de tout autre. Il s'ensuit que ceux qui sont le produit du même milieu géographique, du même climat, qui ont entendu les mêmes contes et légendes sur les genoux de leur mère partagent une mentalité unique en son genre. Ainsi existe-t-il des collectivités qui sont naturelles, et d'autres qui sont artificielles. Une communauté de citoyens, une société fondée sur le contrat social ou, simplement, sur certains principes utilitaires, doit nécessairement être artificielle et donc inférieure. En réalité, l'idée de citoyen peut être utile pour donner davantage de liberté, mais elle n'est jamais qu'une fiction légale.

Pour Herder, chaque nation est la manifestation d'un esprit collectif qui se dépense en s'exprimant ; cet esprit collectif vieillit, mais n'en demeure pas moins le même. C'est précisément parce qu'il est incapable de se renouveler qu'il vieillit. Et, précisément parce qu'il est inaltérable, le génie d'un peuple ne saurait changer ni retrouver sa jeunesse, mais simplement s'accomplir et s'épuiser. Dans ce contexte, Herder employa une image qui allait devenir classique : celle d'une plante qui pousse, fleurit et se fane[1]. Un siècle et demi avant Oswald Spengler, et plus d'un siècle avant les réflexions d'Hippolyte Taine, d'Ernest Renan et de la génération des années 1890, les écrits de Herder sur la décadence donnèrent forme à un genre de pessimisme culturel, à une vision de l'histoire dont l'effet ne devait se faire sentir qu'au tournant des XIXe et XXe siècles et qui contribua finalement à créer une nouvelle hiérarchie de valeurs.

1. *Ibid.*, p. 60.

En outre, cette idée de diversité des caractères nationaux ruinait inévitablement l'idée d'une nature humaine universelle fondée sur la raison. L'histoire, assurait-on, n'est pas le domaine de la raison, car celle-ci est incapable de comprendre la vie. C'est bien pourquoi l'irrationalisme était déjà essentiel à la réflexion de cette école : « Le raisonnement répandu trop imprudemment, trop inutilement, ne pourrait-il affaiblir et n'a-t-il pas effectivement affaibli penchant, instinct, activité[1] ? » En l'occurrence, Herder fut le grand prophète du vitalisme : la raison, selon lui, affaiblit les instincts. L'esthétique herdérienne présuppose la supériorité de la vitalité créatrice sur la réflexion, de la spontanéité sur l'étude. Le XVIIIe siècle, pensait Herder, se caractérisait par la prédominance fatale de l'intelligence sur la vitalité. Son grand argument contre « l'esprit de la Philosophie moderne » était que les idées engendrent des idées, non pas la vie[2].

Telle fut la contribution de Herder au mouvement *Sturm und Drang*, au romantisme allemand et français, ainsi qu'à la philosophie de l'histoire de quelques grandes figures du XIXe siècle. « L'Allemagne lui est redevable davantage qu'à tout autre homme entre Luther et Bismarck », écrivait il y a de longues années l'un de ses meilleurs biographes dans le monde anglophone[3].

Soulignons que, si elle fut dominante en Allemagne, l'influence de Herder fut aussi considérable en France. Pour un Ernest Renan,

---

1. J. G. HERDER, *Auch eine Philosophie der Geschichte..., op., cit.*, p. 249.

2. *Ibid.*, pp. 242-245. Pour une édition allemande probablement plus accessible, voir Johann Gottfried HERDER, *Werke,* vol. I, *Herder und Der Sturm und Drang, 1764-1774*, Munich, Carl Hanser Verlag, 1984, pp. 639-641.

3. A. GILLIES, *Herder*, Oxford, Blackwell, 1945, p. 133. Gillies insiste sur la contribution de Herder au mouvement *Sturm und Drang*, tandis que R. T. Clark, au contraire, le voit beaucoup plus comme un véritable *Aufklärer* : CLARK, *Herder : His Life and Thought*, Berkeley University of California Press, 1955. Telle est aussi l'optique adoptée par Isaiah Berlin dans sa lecture sélective, mais excessivement bienveillante de Herder. Voir I. BERLIN, *Vico and Herder : Two Studies in the History of Ideas*, Londres, The Hogarth Press, 1976, et plus récemment, « Alleged Relativism in Eighteenth-Century European Thought », in *The Crooked Timber of Humanity : Chapters in the History of Ideas*, Londres, John Murray, 1990, pp. 70-90 ; en français, « Sur un prétendu relativisme dans la pensée européenne du XVIIIe siècle », in *Le Bois tordu de l'humanité*, trad. M. Thymbres, Paris, Albin Michel, 1992, pp. 80-99. Sur Berlin considéré comme un éminent représentant d'un libéralisme anti-Lumières, voir le brillant essai de G. GARRARD, « The Counter-Enlightenment liberalism of Isaiah Berlin », *Journal of Political Ideologies,* 2, 1997, pp. 281-296.

il était « le penseur-roi ». L'auteur de *L'Avenir de la science* tenait Herder, traduit en français par Edgar Quinet et très admiré de Jules Michelet, pour « un des plus beaux génies des temps modernes » – plus grand que Kant, Hegel ou Fichte[1]. Certes, Renan n'avait nul besoin de Herder pour condamner en 1871 « comme une erreur de fait fondamentale l'égalité des individus humains et l'égalité des races[2] ». Mais c'est sans conteste chez Herder que, sans parler de *Volksgeist*, il trouva sa vision organique de la culture et de la société.

Cependant, tant que l'attaque contre les Lumières ne quitta pas les hauteurs de la culture pour descendre dans l'arène politique, la signification politique de ce phénomène en France resta limitée. En revanche, tel ne fut manifestement pas le cas en Allemagne. Ce sont les guerres de libération contre Napoléon, menées non seulement contre les armées françaises, mais aussi contre les Lumières françaises, qui, pour la première fois, permirent au corpus intellectuel associé aux principes essentiels de l'historicisme de devenir une force politique.

La France ne fut politiquement affectée que beaucoup plus tard, dans le contexte de l'industrialisation et de la démocratisation rapide de la société européenne. L'Affaire Dreyfus fut le premier acte d'un drame qui continua pour ne s'achever que quarante ans plus tard, avec les lois raciales de Vichy. C'est au tournant du siècle que nous voyons la ligne de partage entre un rejet aristocratique et conservateur des Lumières et la traduction de ces attitudes dans les termes réellement populaires et révolutionnaires du nationalisme de « la Terre et les Morts », l'équivalent français du *Blut und Boden*. La conception de la société comme un corps, l'idée de la nation comme un organisme vivant, comme une grande famille gouvernée par une

---

1. E. RENAN, « Lettre à M. Strauss », in *Œuvres complètes d'Ernest Renan*, Henriette Psichari (éd.), Paris, Calmann-Lévy, 1947, t. I, pp. 437-438 ; E. RICHARD, *Ernest Renan, penseur traditionaliste*, Aix-en-Provence, Presses Universitaires d'Aix-Marseille, 1996, p. 57. Cf. aussi H. TRONCHON, *Ernest Renan et l'Étranger*, Paris, Les Belles Lettres, 1928, p. 205 et 217. Voir également, du même auteur, *La Fortune intellectuelle de Herder en France*, Paris, F. Rieder, 1920.

2. E. RENAN, « Nouvelle lettre à M. Strauss », *op. cit.*, p. 454.

morale nouvelle conduisirent à une conception ethnique et raciale du nationalisme[1].

Ce sont les intellectuels anti-dreyfusards qui transformèrent la rébellion culturelle en produit de masse. Quand le rejet des valeurs universelles et des droits naturels, la critique herdérienne de la modernité, la philosophie de l'histoire exprimée par Hippolyte Taine dans son *Histoire de la littérature anglaise* et *Les Origines de la France contemporaine* ou par Ernest Renan dans *L'Avenir de la science* descendirent dans la rue, l'explication de l'histoire en termes d'abord culturels, puis raciaux devint une machine de guerre d'une efficacité inattendue. Ce travail de vulgarisation et de diffusion fut sans conteste l'œuvre des intellectuels anti-dreyfusards, mais, dans le cas de Taine comme de Renan, cette vulgarisation communiqua au moins certains aspects des doctrines essentielles de ces deux géants qui dominèrent la seconde moitié du XIXe siècle français, car Taine fut un tenant convaincu du darwinisme social tandis que Renan avait clairement un côté antisémite.

Dans les trente dernières années du XIXe siècle, le rejet des Lumières et de la Révolution française prit un tour explosif dans le cadre d'une industrialisation effrénée et de la démocratisation rapide de la société européenne. C'est alors que survint la nouvelle vague de rejet des « valeurs modernes » que Nietzsche, le plus grand représentant des Anti-Lumières en son temps, a si clairement définies : universalisme, humanisme, progrès, utilitarisme et égalitarisme[2]. *Par-delà bien et mal*, écrivit Nietzsche dans *Ecce Homo*, « est pour l'essentiel une *critique de la modernité*, sans en exclure les sciences modernes, ni même la politique moderne[3] ». C'est alors que Renan et Taine, que Nietzsche considérait comme « le premier des historiens vivants[4] », décrivirent la Révolution française comme un véritable désastre culturel et virent dans le corpus intellectuel

1. Cf. Z. STERNHELL, *Maurice Barrès et le nationalisme français*, nouvelle édition augmentée, Paris, Fayard, 2000.

2. Fr. NIETZSCHE, *Par-delà le bien et le mal*, Paris, UGE, 1970, p. 162 et 273. Cf. également pp. 27, 63, 73.

3. Fr. NIETZSCHE, *L'Antéchrist,* suivi de *Ecce Homo*, Paris, Gallimard, « Folio Essais », 1992, p. 173.

4. Fr. NIETZSCHE, *Par-delà bien et mal : prélude d'une philosophie de l'avenir*, trad. C. Heim, Paris, Gallimard, « Folio Essais », p. 174.

qui l'avait rendu possible l'origine de la décadence moderne en général et de celle de leur pays en particulier. Le mot de code le plus souvent utilisé pour décrire ce mal absolu était « matérialisme », par quoi il faut entendre utilitarisme, égalitarisme et droits de l'homme. Traduits en termes politiques, le matérialisme signifie démocratie, libéralisme et socialisme. « Matérialisme » devait être le mot le plus souvent employé jusqu'à la fin de la Seconde Guerre mondiale pour décrire le mal qui rongeait l'Europe. Ce fut vraiment un phénomène européen général, non pas une réaction spécifique à un événement particulier, si important fût-il.

Reste qu'il ne doit pas subsister le moindre doute : la montée du fascisme ne fut possible que parce que la bourgeoisie libérale ne réussit pas à créer une nouvelle base spirituelle et à satisfaire pleinement les besoins émotionnels et intellectuels de la population. Le vide émotionnel, le malaise intellectuel face à la suprématie de la raison et de la science étaient déjà perceptibles au cœur du XVIIIe siècle : Herder et son ami et maître Hamann, mais aussi Burke, Maistre et les romantiques allemands furent les plus célèbres représentants de ce nouveau courant. Ce sentiment d'inadéquation ne fit que croître avec l'industrialisation du continent européen et ses fléaux sociaux bien connus. La démocratie elle-même finit par passer pour un mal : on lui reprocha de ne voir dans la société qu'un agrégat d'individus sans croyances communes, sans solidarité affective. On l'accusa de favoriser l'aliénation. C'est ce vide qui, au tournant du siècle, contribua à donner naissance au fascisme.

Dans un monde transformé par la révolution scientifique et technique des trente ou quarante années précédant la Première Guerre mondiale, par l'école primaire obligatoire, la diffusion du savoir et une participation générale à la vie politique, un glissement s'opéra alors de la réflexion philosophique à l'idéologie. C'est dans ce contexte qu'on voit peut-être le plus clairement tout ce qui différencie l'œuvre de quelques-unes des plus grandes figures du siècle de son application à la politique, et en même temps tout ce qui rattache la réflexion philosophique à la politique. Quand la révolte contre l'héritage des Lumières descendit dans la rue, elle devint, entre les mains de Sorel, de Le Bon, Barrès, Drumont et Maurras, ou de Langbehn et Lagarde, puis de Spengler, Moeller van den Bruck ou encore de Marinetti, Corradini, d'Annunzio ou Thomas Ernst

Hulme et de tant d'autres une arme de guerre d'une extraordinaire efficacité. N'oublions pas qu'au tournant du siècle *Rembrandt als Erzieher* de Langbehn et *La France juive* de Drumont comptèrent parmi les plus grands best-sellers de leur temps et que Gustave Le Bon fut traduit en seize langues. Le succès de Drumont et de Langbehn ne devait être égalé plus tard que par Spengler[1].

Le point mérite qu'on y insiste : d'un côté, l'offensive contre la modernité mené par Nietzsche, Renan ou Taine comportait déjà une condamnation sans appel de la démocratie – ou, en d'autres termes, de l'égalité – ainsi qu'une préférence pour la hiérarchie. De l'autre, il est clair que le rejet aristocratique, éminemment individualiste et souvent conservateur des Lumières est profondément différent de la traduction de ces idées en termes réellement révolutionnaires par la génération des années 1890. Il est clair que lorsque la philosophie de Nietzsche et la philosophie de l'histoire d'un Renan, d'un Taine ou même d'un Gobineau descendent dans la rue, quand les réflexions sur la morale des esclaves, la décadence chrétienne et égalitaire sont traduites en termes qui s'accordent aux besoins des lecteurs de la littérature populaire et des quotidiens, elles prennent une dimension nouvelle et une tout autre portée. Au tournant du siècle, ces réflexions sur le destin de la civilisation se fondirent avec le nationalisme, l'autoritarisme, le culte de l'État et du chef, ainsi que l'art nouveau de la politique : la manipulation des masses dans le cadre de la démocratie politique. C'est la rébellion culturelle qui donna à la rébellion politique sa profondeur conceptuelle et qui mena à celle-ci sitôt que les circonstances le permirent.

La génération des années 1890 n'emprunta cependant à Nietzsche que les seuls éléments qu'elle désirait ou dont elle

1. Sur les écoles française et allemande de la « Révolution conservatrice » ou le pré-fascisme, voir l'ouvrage classique de Fr. STERN, *The Politics of Cultural Despair : A Study in the Rise of Germanic Ideology*, Berkeley, University of California Press, 1963 ; *Politique et désespoir. Les Ressentiments contre la modernité dans l'Allemagne préhitlérienne*, trad. C. Malamoud, Paris, Armand Colin, 1990 ; L. DUPEUX (dir.), *La « Révolution conservatrice » dans l'Allemagne de Weimar*, Paris, Kimé, 1992, et Z. STERNHELL, *Neither Right nor Left : Fascist Ideology in France*, Princeton, Princeton University Press, 1996 ; *Ni droite ni gauche. L'idéologie fasciste en France*, 3e éd. refondue, Paris, Fayard, 2000. Sur Spengler, voir l'ouvrage capital de G. MERLIO, *Oswald Spengler témoin de son temps*, Stuttgart, Heinz, 1982.

avait besoin. « Toute cette modernité est ce contre quoi je lutte, modernité telle que Nietzsche la définit », déclare Maurice Barrès[1], chef de file intellectuel du nationalisme français et père du roman politique français, qui fut aussi l'un des fondateurs les plus intelligents de la synthèse fasciste. Son œuvre tout entière est consacrée à combattre « l'idée rationaliste », qu'il jugeait « antagoniste de la vie et de ses formes spontanées[2] », tandis qu'il vouait Rousseau aux gémonies, lui reprochant d'avoir stérilisé la vie en essayant de la rationaliser. Pendant un quart de siècle, Barrès mena un combat nietzschéen contre les Lumières françaises, le rationalisme cartésien, l'impératif catégorique kantien, les droits de l'homme, l'humanisme, la démocratie libérale, l'idée de progrès et l'éducation démocratique. Mais où Nietzsche prêchait un individualisme extrême, Barrès préconisa la subordination totale de l'individu à la communauté ; où Nietzsche déclarait son horreur des masses et exaltait l'aristocratie de la pensée et de la volonté, la primauté de la culture, l'indépendance intellectuelle et le non-conformisme, Barrès prit le parti de la multitude, unique dépositaire des grandes valeurs collectives. Rien ne pouvait être plus étranger à Nietzsche que le déterminisme historique, culturel et racial de Barrès ou son nationalisme tribal. Rien n'était plus cher aux nationalistes des années 1890 qu'un État national, catholique, proudhonien, xénophobe, autoritaire et souvent antisémite.

La place centrale de l'antisémitisme tenait à son rôle dans la lutte contre les Lumières : l'antisémitisme faisait partie intégrante de la révolution intellectuelle du tournant du siècle. Il n'était pas, en tant que tel, une condition préalable et nécessaire de l'essor du fascisme. Il était pratiquement inconnu en Italie au tournant du siècle, en Espagne ou au Portugal, mais il joua un rôle de prime importance en Allemagne, en France et dans l'Empire austro-hongrois. Tout au long du XIXe siècle, l'émancipation des Juifs fut en France et en Allemagne le symbole même des Lumières. Aussi n'y avait-il pas meilleur moyen de signifier la mort des valeurs des Lumières que de chasser de la communauté nationale les Juifs, dont la capacité même de survivre en Europe dépendait du destin du libéralisme.

1. M. BARRÈS, *Mes cahiers*, Paris, Plon, 1929-1938, t. III, 1931, p. 139.
2. *Ibid.*, t. IX, p. 24.

Il est intéressant d'observer la fonction politique de l'antisémitisme en Allemagne aussi bien qu'en France, l'État-nation par excellence. En Allemagne, la nation précéda l'État ; l'identité culturelle, l'identité politique. En France, la nation fut forgée par les structures légales et administratives créées par une puissante monarchie. C'est l'État qui fit la nation, tandis que l'identité politique précéda l'identité culturelle.

Malgré cette différence essentielle, les deux pays souffraient d'un problème d'identité à la fin du XIXe siècle. Les nationalistes allemands avaient le sentiment que l'unité nationale restait à faire quand les Français pensaient qu'il fallait la retrouver. En France, l'un des trois seuls pays au monde qui ait connu une révolution libérale, les nationalistes voyaient avec désespoir comment les Lumières et la Révolution avaient brisé l'unité bâtie en sept siècles. Pour refaire cette unité perdue, combler le fossé entre l'ancienne France et la France post-révolutionnaire, entre la France des régicides et celle de la Restauration, entre la France catholique et la France laïque, il fallait purger la nation de toutes les causes de dissension : l'universalisme, l'impératif catégorique, les droits de l'homme et la suprématie de la raison. Du point de vue nationaliste, la vérité et la justice n'avaient pas d'existence en elles-mêmes. La justice n'existait qu'au sein de la même espèce. Pour les théoriciens, les journalistes et les chefs de file du nationalisme des deux côtés du Rhin, seuls les gens de même sang, partageant la même longue histoire, pouvaient participer au même héritage culturel. Loin d'être un simple ensemble de citoyens, la nation était un *Volk*, un corps, une famille, le produit d'un paysage spécifique. Herder et, après lui, Renan devaient être alors traduits dans le langage de la politique au prix de la vulgarisation d'une philosophie de l'histoire éminemment sophistiquée. Et la conclusion en fut que rien ne pouvait faire que le cœur, l'intelligence ou l'esprit d'un Juif devinssent le cœur, l'intelligence ou l'esprit d'un Français ou d'un Allemand. N'importe qui peut acquérir un passeport français ou allemand, mais tout le monde ne devient pas pour autant membre de la famille. L'antisémitisme, ainsi que le firent valoir les hommes de l'Action française, était une nécessité méthodologique. Ainsi, malgré des histoires dissemblables, les deux nationalismes se trouvaient au même point au tournant du siècle.

Vers 1910, il en allait de même pour les nationalistes, les syndicalistes révolutionnaires et les futuristes italiens : pour eux aussi, très souvent du fait de l'influence française et allemande, la nation était une réalité historique, physique et morale durable. Pour Mussolini, en 1915, la nation, soudée dans la culture et la tradition, réunissait les préalables de la viabilité à long terme. Elle était le « grand produit de l'histoire[1] » et la guerre l'avait fait apparaître comme le premier objet de loyauté pour l'immense majorité du prolétariat national.

Il convient d'introduire ici, très brièvement, un autre élément de la révolte contre l'héritage des Lumières, le révisionnisme révolutionnaire sorélien. Comme l'a bien vu l'admirateur de Maurras T. E. Hulme, théoricien que l'on retrouve derrière T. S. Eliot, Ezra Pound et Wyndham Lewis, véritable idéologue du vorticisme, mais aussi traducteur en anglais de Bergson et Sorel, le révolutionnaire hostile aux Lumières, le classiciste anti-rationaliste, est une figure-clé de la vie intellectuelle en Europe au début du siècle[2]. Dans le sillage de Sorel, à la fin des années 1900, les syndicalistes révolutionnaires français et italiens en arrivèrent à la conclusion que la classe ouvrière des grands centres industriels d'Europe occidentale correspondait au portrait que Gustave Le Bon en avait brossé : elle n'était qu'une foule, et une foule est conservatrice. Le prolétariat du suffrage universel, de la lutte pour la journée de huit heures, de l'enseignement élémentaire obligatoire et du service militaire obligatoire n'était plus et ne serait jamais l'agent de la révolution anti-bourgeoise. Tous les socialistes qui voulaient détruire la civilisation bourgeoise humaniste et rationaliste ne pouvaient suivre le prolétariat dans la social-démocratie : tous ceux qui étaient demeurés révolutionnaires, mais qui avaient perdu la foi dans la logique de l'économie marxiste, devaient trouver une autre force révolutionnaire capable de sauver le monde de la décadence.

---

1. A. J. GREGOR, *The Ideology of Fascism, op. cit.*, p. 144.

2. T. E. HULME, *Speculations : Essays on Humanism and the Philosophy of Art*, Londres, Routledge and Kegan Paul, 1954, pp. 250, 254 et 254-260. Sur le conservatisme révolutionnaire anti-rationaliste et anti-humaniste de Hulme, voir pp. 47, 55-58, 60-62, 68-71. Sur Sorel considéré comme « la clé de toute la pensée politique contemporaine », voir W. LEWIS, *The Art of Being Ruled*, Londres, Chatto and Windus, 1926, p. 128. Cf. aussi pp. 407-409.

Les soréliens n'avaient besoin du prolétariat qu'aussi longtemps qu'ils le croyaient capable de jouer son rôle d'agent de la révolution. Voici, par exemple, ce que pouvait écrire pendant l'été 1912 un Lagardelle, le rédacteur en chef du *Mouvement socialiste* qui allait devenir trente ans plus tard ministre du travail de Pétain : « Le mouvement ouvrier ne nous intéresse que dans la mesure où il est porteur d'une "nouvelle culture". Si le prolétariat s'enfonce dans la démagogie ou l'égoïsme, il n'a pas plus d'attrait pour les consciences qui cherchent les moyens par lequel *[sic]* le monde se transforme[1]. » Sommés de choisir entre le prolétariat et la révolution, ils choisirent la révolution. Ils optèrent pour la révolution non-prolétarienne, la révolution nationale.

Il était donc tout naturel qu'une synthèse se formât entre les révolutionnaires, qui découvrirent dans la nation un agent révolutionnaire, et le mouvement nationaliste, qui était également en rébellion contre le vieux monde bourgeois et croyait que la nation ne serait achevée qu'avec l'intégration du prolétariat. Un socialisme pour la nation dans son ensemble, une révolution pour la nation considérée comme un tout, un nationalisme qui méprisait le monde bourgeois et croyait en une civilisation des moines et des soldats : tous ces éléments s'associèrent pour former une synthèse idéologique puissante, séduisante et triomphante.

Avec la publication de son *Manifeste futuriste*, Marinetti apporta à ce mélange le soutien enthousiaste de l'avant-gardisme culturel. On ne saurait guère exagérer la signification de l'élément avant-gardiste dans le fascisme originel, l'importance de l'esthétique révolutionnaire qu'il contenait. Le futurisme fut, à l'époque, le premier courant intellectuel à donner une formulation politique à une conception esthétique[2]. On peut expliquer l'attrait du fascisme

1. H. LAGARDELLE, « Les Revues », *Le Mouvement Socialiste*, 243, juillet-août 1912, p. 153.

2. Voir F. T. MARINETTI, *Enquête internationale sur le vers libre et Manifeste du futurisme*, Milan, Éd. del "Poesia", 1909 ; F. T. MARINETTI, « Manifesto del partito politico futurista », in M. D. GAMBILLO et T. FIORI (éd.), *Archivi del Futurismo*, Rome, De Luca, 1958, pp. 34-37 ; G. LISTA (éd.), *Marinetti et le futurisme*, Lausanne, L'âge d'homme, 1977 ; M. AFFRON et M. ANTLIFF (éd.), *Fascist Visions : Art and Ideology in France and Italy*, Princeton, Princeton University Press, 1997 ; E. GENTILE, « Il Futurismo e la politica : dal Nazionalismo modernista al fascismo (1919-1920) », in R. de Felice

sur de larges sections de l'intelligentsia européenne quand on comprend qu'elles y trouvèrent une expression de leur propre non-conformisme et que, outre qu'il proposait une conception des liens entre l'individu et la société, le fascisme représentait un nouvel idéal du beau et de l'admirable. Telle est la réponse à la question : pourquoi partout en Europe – de Londres, avec Ezra Pound, Wyndham Lewis et T. S. Eliot, à Bucarest avec Mircea Eliade et Cioran, de Lisbonne avec Fernando Pessoa à Bruxelles avec Hendrik De Man, mais aussi en Allemagne, en Italie et en France – le fascisme a eu une telle emprise sur des hommes d'envergure ? Pourquoi a-t-il exercé une fascination si profonde sur tant de gens hautement cultivés ?

Les trente années qui ont précédé la Première Guerre mondiale ont donc constitué le laboratoire de la pensée fasciste. La crise intellectuelle de la fin du XIXe siècle trouva une expression concrète dans la crise de la démocratie libérale. Assez naturellement, cette crise frappa d'abord la société libérale la plus avancée du continent, où le régime se réclamait fièrement de sa parenté avec les Lumières et la Révolution française. C'est précisément dans une société où la démocratie libérale, parce qu'elle était une réalité tangible, avait déjà eu le temps de susciter beaucoup de déception et d'animosité que la rébellion culturelle se transforma en idéologie de masse et commença à prendre la forme d'une révolte politique. Tel fut le véritable sens de l'Affaire Dreyfus. Survenant sur les talons du prologue du boulangisme, dans les années 1880, elle fut une extraordinaire entreprise visant à miner la base intellectuelle du régime et sa légitimité – la première fois qu'on s'en prit à la démocratie libérale au nom du peuple. Les boulangistes et les anti-dreyfusards prônaient la destruction de la démocratie au nom des masses. Tous condamnaient le libéralisme qui, de leur point de vue, montait les individus les uns contre les autres, les voyant comme une simple marchandise sur le marché du travail, et le marxisme, qui brisait la solidarité naturelle de la nation au nom de la lutte des classes.

Le marxisme et le libéralisme étaient des formes de matérialisme,

---

(dir.), *Futurismo, cultura e politica*, Turin, Fondazione G. Agnelli, 1988 ; W. L. ADAMSON, *Avant-garde Florence : From Modernism to Fascism*, Cambridge, Harvard University Press.

le fascisme un anti-matérialisme sous sa forme la plus claire : un rejet du contenu rationaliste du libéralisme et du marxisme, de ces deux héritiers du XVIIIe siècle. Mais on ne saurait définir le fascisme uniquement en termes négatifs : il fut aussi une troisième option révolutionnaire entre le libéralisme et le marxisme. Quoique prototype idéal de l'idéologie de rupture, le fascisme apporta une vision du monde propre et créa une nouvelle culture politique. Il fut une réponse originale, non-conformiste, à la question de savoir comment dépasser certains conflits sociaux apparemment insurmontables.

La démocratie libérale ne prétendit jamais apporter une réponse globale, bien tranchée, à ces questions. Elle ne pouvait que fournir des solutions très partielles et limitées, et se préoccupait des résultats des phénomènes sociaux plutôt que de leurs causes. Jamais elle ne chercha à éliminer les conflits – économiques, sociaux et idéologiques – qui déchiraient la société : elle s'efforçait simplement de les maîtriser.

Depuis le XVIIe siècle, on considérait le conflit comme partie intégrante de l'essence même de la société humaine. Toute la pensée libérale reposait sur l'acceptation du conflit comme un phénomène permanent. De ce point de vue, le libéralisme et ses héritiers, la démocratie et le socialisme démocratique, étaient d'accord : elles ne différaient que sur la question des moyens de régler les conflits. Aujourd'hui encore, toute la question de l'intervention de l'État dans l'économie et la société se ramène, en réalité, au problème de la régulation des conflits. Le fascisme, en revanche, entendait spécifiquement éliminer le conflit en tant que tel. C'est là qu'étaient sa grande originalité et sa spécificité, mais de là vinrent aussi ses conséquences finales désastreuses.

À cet égard, le fascisme apparut à ses fondateurs comme une invention de génie. Tandis que le communisme, détruisant des structures sociales, un mode de vie et des pratiques séculaires, se lança dans une gigantesque aventure, le fascisme prétendit pouvoir introduire une harmonie comparable dans le tissu social sans toucher en aucune façon à la réalité sociale et économique. Pour y parvenir, il suffisait de considérer la société non pas comme un agrégat d'individus ou une juxtaposition de groupes antagonistes, mais comme une seule entité dont on pouvait et devait rétablir l'unité organique, biologique et culturelle, détruite par la modernisation ou tout au moins gravement menacée par elle. Le fascisme put voir le jour quand l'idée germa que l'homme, en dernière analyse, n'était pas l'*homo œconomicus* du libéralisme et du marxisme. La vision fasciste du monde s'imposa du jour où on en arriva à la conclusion que la vie des hommes pouvait être transformée sans toucher à des structures sociales et économiques. Une idée que n'avaient jamais eue les révolutionnaires des XVIIIe et XIXe siècles et qui reposait sur ce postulat énoncé par Hendrik De Man : « Le concept de l'exploitation est éthique et non économique[1]. »

Sitôt qu'on accepte l'idée que les problèmes économiques et sociaux sont des phénomènes psychologiques, on peut changer les relations entre les gens, on peut transformer la vie sans toucher au système économique et social. Si l'exploitation est un phénomène psychologique, non pas économique, il suffit, pour y mettre fin, de donner à tout le monde le sentiment de travailler pour le bien du pays, d'être au service d'une cause supérieure, plutôt que dans son intérêt personnel. Comme par miracle, exploitation et aliénation disparaissent. Il suffit d'ajouter la camaraderie fasciste, des uniformes et de grands défilés pour donner un sentiment d'appartenance et d'égalité. On peut détruire le contenu moral et intellectuel du libéralisme tout en préservant l'économie capitaliste et ses structures sociales avec tous les bénéfices de la modernisation et de la technologie. Le fascisme montra que l'on pouvait changer le monde par la force de la volonté, qu'une révolution morale et politique, une révolution impliquant la nation dans sa totalité suffisait à donner à toute une génération le sentiment d'entrer dans une ère nouvelle. Il suffisait de considérer le chef comme un nouveau Christ et de communier en lui, et la nation retrouverait son unité naturelle. On a là un aspect essentiel de la nouveauté du fascisme et de son attrait.

Dans l'entre-deux-guerres, la rébellion contre les valeurs fondamentales du XVIIIe siècle évolua assez peu par rapport à la

1. H. DE MAN, *Au-delà du marxisme*, Paris, Le Seuil, 1974, p. 329. L'édition allemande originale, *Zur Psychologie des Sozialismus*, parut en 1927, la traduction anglaise en 1928, sous le titre *The Psychology of Socialism*, Londres, G. Allen and Unwin. Dix autres traductions suivirent.

situation d'avant 1914. Lorsque Mussolini essaya de donner une définition du fascisme en 1932, il le décrivit comme une révolte contre le « positivisme matérialiste du XIXe siècle[1] ». Un an plus tard, lorsque fut fondé le mouvement fasciste en Espagne, son chef, José Antonio Primo de Rivera, commença son discours d'ouverture par une attaque contre Rousseau[2]. En 1940, Drieu La Rochelle déclara à son tour : « La France a été détruite par le rationalisme[3]. »

La révolte fasciste des sentiments et des instincts, de l'énergie, de la volonté et des forces primitives, cette quête de valeurs nouvelles susceptibles d'assurer l'intégrité de la communauté, ce rejet du matérialisme excitèrent, impressionnèrent et influencèrent bon nombre d'Européens. Pour beaucoup, servir la société tout en ne faisant qu'un avec elle, identifier ses intérêts à celui de la nation, prendre part au culte des valeurs héroïques était une manière beaucoup plus satisfaisante de participer à la vie de la communauté que de glisser un bulletin de vote dans une urne. Pour toute cette génération, la propagation du fascisme à travers l'Europe fut la preuve que pouvait exister une culture fondée non pas sur les privilèges de la naissance et de la richesse, mais sur l'esprit du groupe. La guerre menée contre « l'esprit bourgeois », par opposition à l'esprit de la communauté, fut un aspect fondamental de la tentation fasciste.

La culture anti-Lumières rendit les élites plus vulnérables que les gens ordinaires : la faillite du libéralisme et de la démocratie en Europe fut d'abord et avant tout la faillite des élites. Spengler et Jünger, par exemple, n'avaient que mépris pour le caporal autrichien qui prit les rênes de leur pays, mais eux et leurs amis de la « révolution conservatrice » donnèrent au nazisme la légitimité dont il avait besoin aux yeux des classes bourgeoises[4]. « Spengler, écrivit Alfred von Martin, est capable d'une chose que Nietzsche

1. B. MUSSOLINI, « La Dottrina del Fascismo », in E. et D. SUSMEL (dir.), *Opera Omnia*, Florence, La Fenice, 1961, vol. 34, p. 118.

2. J. A. PRIMO DE RIVERA, *Selected Writings,* éd. et intro. H. Thomas, Londres, J. Cape, 1972, p. 49.

3. P. DRIEU LA ROCHELLE, *Notes pour comprendre le siècle*, Paris, Gallimard, 1941, p. 171.

4. Cf. Fr. STERN, *Dreams and Delusions*, New York, A. Knopf, 1987, pp. 156-157 et 164-165 ; en français, *Rêves et illusions. Le drame de l'histoire allemande*, trad. J. Etoré, Paris, Albin Michel, 1989, pp. 213-215 et 225 *sq.*

n'a pas encore été à même d'atteindre : opter pour la barbarie sans y voir une fontaine de jouvence[1]. » Carl Schmitt servit fidèlement le régime et Heidegger évoqua la « grande vérité intérieure du nazisme ». De ce point de vue, Jürgen Habermas a raison de dire que si ne s'est jamais formée une intelligentsia nazie à proprement parler, il n'y a à cela qu'une seule raison : les dirigeants nazis étaient incapables d'apprécier les intellectuels et donc incapables d'exploiter leur empressement à servir le régime[2].

De même en allait-il en Italie et en France. En Italie, c'est l'*establishment* libéral, conduit par les anciens premiers ministres Giolitti et Salandra et avec le soutien de grands intellectuels comme Croce, Marinetti, D'Annunzio, Pirandello, Michels et Mosca, qui transmit le pays à Mussolini. S'il n'était mort en 1923, Pareto, dont toute l'œuvre atteste un mépris profond de la démocratie, eût été au premier rang des fascistes. Si l'on veut comprendre les raisons de l'ascendant du fascisme en Italie, il faut se tourner vers l'homme qui passe à juste titre pour l'un des plus grands penseurs de notre siècle et le plus important des intellectuels italiens depuis Vico. Croce est une figure représentative parce qu'il fut en son temps le symbole vivant de toutes les ambiguïtés du fascisme.

Après avoir contribué, avec bien d'autres chefs de file du libéralisme italien, à la montée du fascisme, le sénateur Croce ne devait pas hésiter à voler au secours du gouvernement en 1924, après l'assassinat du député socialiste Giacomo Matteotti, alors que l'occasion se présentait de renverser Mussolini et que le roi s'y fût sans doute montré favorable. Malgré son expérience du fascisme au pouvoir, le sénateur Croce n'en vota pas moins la confiance à son chef. Bien que Mussolini eût publiquement accepté la responsabilité du crime, le plus grand Italien vivant continuait de penser que le fascisme, en sauvant l'Italie de la démocratie et du socialisme, avait encore un rôle important à jouer. C'est plus tard seulement qu'il entra dans l'opposition et, à compter des années 30, commença à voir l'histoire comme l'histoire de la liberté. Dans

1. G. MERLIO, « La critique de la démocratie libérale chez Oswald Spengler », in Zeev Sternhell (dir.), *L'Éternel retour. Contre la démocratie : l'idéologie de la décadence*, Paris, Presses de la FNSP, 1994, p. 128.

2. J. HABERMAS, *Profils philosophiques et politiques*, trad. Fr. Dastur, J.-R. Ladmiral et Marc B. de Launay, Paris, Gallimard, 1974, rééd. 1987, pp. 90-91.

les moments critiques de 1922, cependant, son attitude avait été très différente. Juste avant que le roi invitât Mussolini à former le nouveau gouvernement, il n'avait pas hésité à affirmer que, tout bien considéré, le fascisme était compatible avec le libéralisme[1].

Mais avant d'en arriver au point de décider qu'il n'y avait plus la moindre place pour le fascisme dans son système de pensée, Croce, et ce dès le tournant du siècle, persista longtemps dans son opposition à la démocratie. Sa conduite n'était pas plus le fruit de l'opportunisme que son attitude n'était celui d'une incompréhension du fascisme. Bien au contraire, nul ne comprit mieux le fascisme que lui ; nul n'avait une idée plus exacte de son contenu intellectuel et de sa fin politique. En mai 1924, Croce écrivit un article en rapport avec l'assassinat de Matteotti – figure héroïque de l'opposition au fascisme. Publié dans la revue *La Critica* et largement reproduit dans le quotidien turinois, *La Stampa*, il en dit plus long sur les raisons de l'emprise du fascisme que les longues et sinueuses explications données dans les années qui suivirent la chute de Mussolini :

> Mes refus, comme ceux de tout homme raisonnable, sont toujours *secundum quid* et n'excluent pas que ce qui est répréhensible par certains côtés soit admirable par d'autres, que ce qui n'est pas valable eu égard à certains types d'effets soit valable à d'autres égards. Je niais que le futurisme, mouvement volontariste, braillard et vulgaire, puisse susciter la poésie, qui naît chez quelques esprits solitaires et contemplatifs, dans l'ombre et le silence ; mais je ne niais pas, et je le reconnaissais même, l'avantage pratique du mouvement futuriste. Faire de la poésie est une chose, faire le coup-de-poing est autre chose, semble-t-il ; et il n'est pas dit que celui qui ne réussit pas dans la première activité ne puisse pas réussir dans la seconde, ni que l'avalanche des coups de poing ne soit, dans certains cas, utilement et opportunément administrée[2].

Ces réflexions sont un exemple remarquable de la manière dont une philosophie de l'histoire peut être traduite en termes accessibles aux lecteurs d'un quotidien, ou dont le relativisme

1. S. PAYNE, *A History of Fascism, op. cit.*, p. 107.

2. Cité in P. G. ZUNINO, «La faiblesse de la tradition démocratique en Europe. Le cas de l'Italie (1920-1940)», in Z. Sternhell (dir.), *L'Éternel retour : Contre la démocratie, l'idéologie de la décadence, op. cit.*, p. 238.

historique peut être appliqué à la vie politique ordinaire. Croce, que l'on tient souvent pour un Meinecke italien, professait la même vision historique que le grand historien allemand. Sa devise, « Contre le XVIIIe siècle », décrit exactement les objectifs de sa critique intellectuelle. Sa vision historique reposait sur le sentiment que les « présupposés » humanitaires constituaient les principaux obstacles à la puissance de l'État et à la protection du pays, et donc au progrès historique[1]. Comme Mussolini et ses collègues syndicalistes, il tira de la Grande Guerre cette conclusion classique : « Les auteurs de l'histoire mondiale sont les peuples et les États, non les classes[2]. » Par son sens de l'individuel comme par son anti-positivisme, il était proche de l'école historique allemande. Dès la dernière décennie du XIXe siècle, il insista comme les Allemands sur l'irréductible individualité des faits historiques. Il n'est pas douteux qu'à cette époque le relativisme historique allemand exerça une grande influence sur sa pensée. Dans le même temps, il s'intéressait à Marx, mais, comme Sorel, il en retint par-dessus tout son hostilité à la démocratie bourgeoise et au concept de droits naturels. Ce qu'il trouva de significatif chez Marx, c'est, pour reprendre l'admirable formule de Sorel, la « sociologie de la violence ». En 1917, Croce, qui avait pourtant rompu de longue date avec le marxisme, se dit reconnaissant à Marx d'avoir aidé à « le rendre insensible à la Justice et à l'Humanité[3] ».

Fidèle à ce principe, dans les vingt années précédant la montée du fascisme, Croce mena une polémique quotidienne contre la démocratie, la philosophie, les Lumières, le droit naturel et les idéologies humanistes : « Non, décidément, la démocratie c'est le néant ! C'est le troupeau conduisant le berger, c'est le monde renversé, c'est le désordre, l'inanité et l'imbécillité organisée[4]. » Une citation qu'il avait tirée du *Mercure de France* de septembre 1915. Il l'appréciait tellement qu'il la reproduisit telle quelle, en

---

1. B. CROCE, *Pagine sulla guerra*, 2e éd., Bari, Laterza, 1928, pp. 105-107 ; *Materialismo storico ed economia marxista*, préface de 1912, Bari, Laterza, 1968, p. XIV.

2. B. CROCE, *Pagine sulla guerra*, *op. cit.*, p. 109.

3. Cité par C. ANTONI, *L'Historisme, op. cit.*, p. 118.

4. B. CROCE, *Pagine sulla guerra*, *op. cit.*, p. 66. Cf. aussi P. G. ZUNINO, « La faiblesse de la tradition démocratique en Europe », *loc. cit.*, p. 239.

français, dans son article d'octobre. Elle était typique de sa pensée et il la jugeait si digne d'être citée qu'il la reprit encore dans ses *Pagine sulla Guerra* en 1928, en pleine période de « fascisation » de l'État italien. De surcroît, dans les premières années du siècle, l'auteur du *Matérialisme historique* était un partisan convaincu du darwinisme social[1]. Il fallut toute l'expérience de ces longues années de dictature pour le convaincre qu'on ne saurait impunément faire la guerre à l'intellectualisme, aux principes abstraits et généraux, au matérialisme historique et à l'héritage de la Révolution française. Il finit par comprendre que la guerre contre la démocratie avait un prix et des conséquences concrètes. C'est bien pourquoi son vote de confiance avait une telle valeur symbolique : rien n'illustre plus clairement l'ambiguïté des positions adoptées tout au long de l'entre-deux-guerres par tant d'intellectuels européens face au fascisme. Rien n'illustre mieux leur comportement en temps de crise, et rien ne rend mieux compte, également, de leurs explications *a posteriori*.

Il en alla de même en France. L'origine de cet état de choses, comme Pier Giorgio Zunino l'a si bien montré dans le cas de l'Italie[2], était la distinction qu'opéraient les intellectuels de l'entre-deux-guerres entre conscience morale et compréhension historique. L'attrait du fascisme tenait précisément à la possibilité de distinguer un fascisme négatif du point de vue moral d'un fascisme positif d'un point de vue historique. Le nazisme pouvait bien horrifier Meinecke par l'oppression inhumaine que pratiquait le système, mais les victoires des armées allemandes l'emplissaient d'orgueil. Depuis l'annexion de l'Autriche jusqu'à la chute de Berlin, il ne revint jamais sur sa loyauté envers l'Allemagne et le gouvernement qui défendait ses intérêts – l'expansion, la guerre contre le communisme[3]. Il était certes regrettable que la barbarie nazie fût le prix à payer pour la grandeur de la nation, mais

1. D. GASMAN, *Haeckel's Monism and the Birth of Fascist Ideology*, New York, Peter Lang, 1998, p. 48.

2. P. G. ZUNINO, « La faiblesse de la tradition démocratique en Europe », *loc. cit.*, p. 244.

3. À cet égard, cf. G. G. IGGERS, *The German Conception of History. The National Tradition of Historical Thought from Herder to the Present*, Middletown, Wesleyan University Press, 1983, p. 222 *sq*.

n'était-ce pas précisément ce que l'on entendait par la « ruse de l'Histoire » ? De la même façon, Spengler, l'un des meilleurs représentants du relativisme historique de notre siècle, a contribué plus que quiconque à rendre possible la montée du nazisme. C'est dans cette perspective qu'il faut voir les « dissidents » français des années 30, car si l'historicisme est une invention que l'Europe doit à Herder et à Burke, s'il dut avant tout au romantisme allemand son application immédiate à la politique, la philosophie historique du pasteur luthérien tout comme du pamphlétaire irlandais, et de leurs successeurs s'est propagée comme un feu de brousse en Europe entre les guerres napoléoniennes et la Seconde Guerre mondiale.

Assurément, la France de l'entre-deux-guerres, de ces années auxquelles l'avant-1914 fait de l'ombre, n'a pas eu de Troeltsch ou de Meinecke capable de formuler les principes du relativisme historique en des termes modernes pouvant convenir à la période. Elle n'a pas eu non plus de Max Weber, lui aussi très ambigu dans son attitude envers la démocratie occidentale. Mais les ennemis des Lumières, qui ne cessèrent de saper les fondements de la démocratie française – des milieux nationalistes et d'une multitude de catholiques, y compris ceux qui dans les années 1930 s'opposèrent à l'Action française, jusqu'aux éléments les plus extrêmes de la droite révolutionnaire –, professaient un relativisme moral qui n'était pas toujours très différent du relativisme qui avait cours en Allemagne. C'est ce relativisme qui joua un rôle aussi dominant dans la « catastrophe allemande », dans l'acceptation du fascisme au pouvoir en Italie et dans celle du régime de Vichy en France.

Ce relativisme moral, de pair avec l'irrationalisme encouragé par les théoriciens de l'anti-dreyfusisme dans les années 1880, s'était largement imposé en France. La guerre contre la démocratie libérale fut une guerre contre le rationalisme français et l'utilitarisme anglais. Le rejet de la République se nourrit du concept de la nation considérée comme une entité individuelle autonome et douée d'un esprit propre, mais aussi du refus du droit naturel assimilé à une idéologie abstraite. La longue route qui mène à Vichy, à la destruction de la liberté, à la dictature, aux camps de concentration et aux lois raciales commença avec le relativisme moral de la théorie de « la Terre et les Morts », avec la guerre contre la conception jacobine de la nation et le refus de normes universelles telles que la Justice et la Vérité, toujours écrites avec des majuscules en signe de mépris[1].

Il apparaît ainsi que la France participe d'un phénomène européen général : pour reprendre l'expression de Brasillach, elle n'a pas été immunisée contre ce « mal du siècle » que fut le fascisme ni par la Révolution de 1789, ni par les révolutions du XIXe siècle, ni par la fondation de la IIIe République, ou en d'autres termes par sa « tradition républicaine ». Le refus de la tradition des Lumières s'affirme tout au long du XIXe siècle avec une grande puissance et, au tournant du siècle, il est évident que la patrie des droits de l'homme a fini par produire non pas une seule et unique tradition, mais deux traditions politiques : l'une, universaliste et individualiste, bien ancrée dans la Révolution française, rationaliste, démocratique, à facette libérale ou jacobine, qui a été depuis la fondation de la IIIe République et jusqu'à l'été 40, la tradition dominante ; l'autre, particulariste et organiciste, qui s'exprime dans une variante locale de nationalisme biologique et racial, très proche de la tradition *völkisch* en Allemagne.

Aujourd'hui encore, cette vérité est difficilement admise dans certains milieux universitaires français toujours attachés à l'idée de la spécificité française. L'idée que Vichy a été le produit d'un long processus d'incubation, que ces années que l'on voulait oublier puissent appartenir à l'histoire nationale au même titre que les époques de grandeur, est encore insupportable à certains historiens comme à certains secteurs de l'opinion publique[2]. Plus difficile encore à accepter est l'idée que, comparé au fascisme italien, c'est le régime de Vichy qui fut le plus sanguinaire. La zone d'occupation italienne fut pour les Juifs de France un refuge et c'est l'Italie fasciste, ses policiers, ses soldats et ses fonctionnaires,

---

1. Pour une démonstration détaillée de cette affirmation, cf. les nouvelles éditions de mon *Maurice Barrès et le nationalisme français*, de *La Droite révolutionnaire : les origines françaises du fascisme* et de *Ni droite ni gauche. L'idéologie fasciste en France*, publiés sous le titre général *La France entre nationalisme et fascisme*, Paris, Fayard, 2000.

2. Voir le compte rendu par Robert TOMBS des trois volumes cités dans la note précédente « Was fascism fleeting ? », *Times Literary Supplement*, 14 septembre 2001.

en tête desquels venaient les diplomates, qui protégeaient contre les autorités françaises non seulement ses propres ressortissants, mais les Juifs étrangers. En revanche, l'État français voyait dans le sauvetage des juifs par les Italiens opérant sur son territoire une atteinte à sa souveraineté. À certains égards, le régime de Vichy fut plus proche de la dictature nazie que de la dictature fasciste. Voilà pourquoi un extraordinaire effort historiographique a été fait pendant un demi-siècle non seulement pour dissocier la société française de Vichy et pour évacuer la Révolution nationale de l'histoire de la France, mais tout simplement pour faire oublier ses crimes. Il fallait que Vichy disparût de la conscience nationale et que l'épopée de la France Libre et de la Résistance fût celle de la France tout entière : il était vital, pour la renaissance de la France de l'après-guerre, que la France Libre fût, comme De Gaulle l'avait si bien compris, tout simplement « la France ».

Telle était la fonction de la « thèse immunitaire » produite par certains auteurs de l'école de Sciences-Po[1]. Sous sa forme la plus primitive, pour ne pas dire la plus vulgaire, cette idée fut exprimée par Serge Bernstein[2]. Cependant, la « corporation[3] » dans son ensemble, ou la « nébuleuse », selon l'expression de Pierre Milza pense qu'il n'y a jamais eu « de fascisme français que marginal » et que « le régime de Vichy n'appartient pas à la même catégorie que ceux qui ont éclos, pendant l'entre-deux-guerres, en Italie et en

1. Ce terme est de Michel DOBRY dans son article, « Février 1934 et la découverte de l'"allergie" de la société française à la révolution fasciste », *Revue française de sociologie,* vol. XXX, n° 3-4, juillet-décembre 1989.

2. Serge BERNSTEIN, « La France des années trente allergique au fascisme. À propos d'un livre de Zeev Sternhell », *Vingtième siècle*, n° 2, avril 1984, notamment pp. 92-94.

3. J.-Fr. SIRINELLI, « Les Intellectuels » in R. Rémond (dir.), *Pour une histoire politique*, Paris, Le Seuil, 1988, p. 206. Voir aussi la suite : « L'accueil à la fois mitigé et serein, réservé par la corporation aux thèses de Zeev Sternhell sur le fascisme français, est ainsi le reflet d'une école historique qui a suffisamment exploré l'entre-deux-guerres pour se sentir désormais, par-delà les clivages inhérents à toute microsociété, solidaire dans son souci de préserver ses acquis scientifiques. » En d'autres termes, pour citer Magali BALENT, il s'agirait donc de la part de la « corporation » du souci de « conserver sa légitimité » (« La réception des thèses de Zeev Sternhell par les historiens français », mémoire de maîtrise, Grenoble, Université Pierre Mendès France, 1997, p. 130).

Allemagne[1] ». Cette idée, que l'équipe de la rue Saint-Guillaume doit à ce chef d'école incomparable qu'est René Rémond, a été reprise par plusieurs de ses disciples, avec un bonheur inégal, dans le sillage du débat ouvert par la parution de *Ni droite ni gauche*[2]. L'exposé le plus élaboré de l'idée d'une France dotée d'anticorps, qui l'auraient immunisée contre le fascisme, est l'œuvre de Pierre Milza, dont le développement commence par une longue discussion de *Ni droite ni gauche*[3]. Cependant, comme l'a fait remarquer Michel Dobry, l'ouvrage de Milza multiplie aussi les prises de distance discrètes et souvent pertinentes par rapport à l'imagerie de la thèse immunitaire[4]. C'est ainsi qu'après avoir affirmé dans l'Introduction, qui constitue une sorte de déclaration d'intentions, la marginalité du fascisme en France, l'auteur du *Fascisme français* reconnaît, une trentaine de pages plus loin, que c'est le contraire qui est vrai[5]. En vérité, beaucoup de certitudes ont été durement ébranlées dans le cadre de ce débat sur le fascisme.

Michel Dobry a présenté, dans le contexte de la crise du 6 février 1934, une critique dévastatrice de la thèse immunitaire, de ses erreurs et contresens historiques, de son historicisme primaire. Il s'attaque à la posture intellectuelle des tenants de cette thèse, qui consiste à penser les processus critiques à partir de leurs « issues » : c'est bien cette posture qui commande largement l'invention d'une

---

1. Pierre MILZA, *Fascisme français, Passé et présent*, Paris, Flammarion, 1987, p. 8. Sur la composition du clan qui comprend notamment les historiens contemporanéistes de l'Université de Paris X-Nanterre et de l'Institut d'études politiques et les liens qui unissent ses membres, voir l'Introduction non signée de l'ouvrage collectif *Pour une histoire politique, op. cit.*

2. Voir la critique tranchante de la thèse immunitaire par Michel DOBRY, « Février 1934... », *loc. cit.*, p. 511 : « Le débat autour des travaux de Zeev Sternhell sur l'idéologie fasciste et ses origines a fourni l'occasion à un groupe d'historiens français d'actualiser et systématiser une interprétation historique étrange : celle d'une "allergie" de la société française des années trente au fascisme (ou thèse immunitaire). »

3. Pierre MILZA, *Fascisme français. Passé et présent, op. cit.*, pp. 8-41.

4. Michel DOBRY, « Février 1934... », *loc. cit.*, p. 514.

5. Pierre MILZA, *op. cit.*, p. 41 : « Sans aucun doute, le débat d'idées suscité par les travaux de Zeev Sternhell a fait avancer la connaissance et la compréhension du phénomène fasciste dans sa version hexagonale. Il a convaincu les historiens français qu'il y avait bien eu, chez nous, un fascisme autre que marginal et de pure facture étrangère. »

« allergie » de la société française au fascisme. C'est elle qui façonne les questions que ces historiens adressent à leur objet, elle qui définit leur problématique et les amène à déceler « l'authentique » dans « l'achevé[1] ». Plus tôt encore, Pascal Ory avait lui aussi posé cette question : « Pour être fasciste, faudrait-il avoir réussi[2] ? » Qu'un mouvement – les chemises vertes ou les Croix-de-Feu – ait été incapable d'abattre la démocratie est-il la preuve de son non-fascisme ? Une telle démarche, qui constitue un obstacle majeur à toute étude comparative, fausse nécessairement notre compréhension de la véritable nature d'une crise comme celle du 6 février, de mouvements comme ceux de La Rocque ou de Dorgères ou d'un régime comme celui de la Révolution nationale.

À la thèse immunitaire en France fait pendant la thèse « accidentelle » en Italie et en Allemagne. Le « fascisme parenthèse » dans la péninsule, le « nazisme imitation du stalinisme », réponse au danger bolchevique et simple produit de la Première Guerre mondiale, remplissent la même fonction salvatrice que la thèse immunitaire française. Le réflexe de refoulement, le refus de prendre la guerre à la démocratie livrée dans les années 30, non seulement par des intellectuels mais aussi par un mouvement de masse comme les Croix-de-Feu, pour ce qu'elle fut, la vision de Vichy comme un simple accident de parcours à effacer de la conscience nationale, le rejet dans l'oubli de la participation des élites au projet de Révolution nationale – tout cela joue en France le même rôle que dans les pays voisins.

Car si la société avait été immunisée, bien moins nombreux auraient été dans l'entre-deux-guerres ceux qui, désespérant de la démocratie, tournaient leurs yeux vers des solutions de type fasciste. Si la société avait été immunisée, ses élites ne se seraient peut-être pas lancées dans la Révolution nationale avec la même ardeur. Il est possible aussi que le nombre d'ouvrages, articles et pamphlets, signés par quelques-uns des grands noms de la vie intellectuelle, expliquant la victoire de l'Allemagne par la supériorité morale du système nazi, aurait été moins important. Le cas de Bertrand

---

1. M. DOBRY, « Février 1934... », *loc. cit.*, pp. 513-514.

2. P. ORY, « Le dorgérisme : Institution et discours d'une colère paysanne (1929-1939) », *Revue d'histoire moderne et contemporaine*, t. XXII, avril-juin 1975, p. 186.

de Jouvenel, intellectuel fasciste fameux des années 30, reconverti après la guerre au libéralisme, mais en 1940 auteur d'*Après la défaite,* n'est pas un cas isolé[1]. Si la société avait été immunisée il est probable que de Gaulle aurait été moins seul et la Résistance intérieure peut-être, jusqu'en 1943, moins isolée, qu'elle aurait éprouvé moins de difficultés à surmonter l'incompréhension qui l'entourait. Assurément, des hommes et des femmes, venus de partout, que rien ne prédestinait à un rôle de héros, se sont dressés très vite contre l'ordre nouveau que la Révolution nationale imposait à leur pays. Ce n'est pas du Français moyen qu'il s'agit ici, tout comme ce n'est pas le deuxième classe ou le chef de compagnie qui sont en cause quand on parle de la campagne de France : c'est le comportement des élites qui compte réellement.

Ce sont d'abord les idées qui expliquent pourquoi ni l'enthousiasme populaire ni la collaboration des élites ne font défaut à un régime venu au pouvoir pour édifier sur les ruines de la démocratie une France nouvelle. La guerre à la démocratie est un élément constitutif du fascisme et le régime de la Révolution nationale se met à l'œuvre tambour battant. À cette œuvre révolutionnaire les élites s'attellent avec empressement. Voilà encore un autre aspect du « vécu » qui ne laisse pas grand-chose de la thèse immunitaire : si la pratique est le seul critère acceptable pour juger un phénomène historique, comme le veut « l'histoire politique », le bilan dressé par les travaux de ces dernières années est consternant. Il en est ainsi pratiquement dans tous les domaines : dans l'industrie et les autres secteurs de la vie économique, dans l'administration, dans l'enseignement, de l'école primaire aux Universités et au Collège de France, dans le Barreau, dans l'édition, les arts et les lettres, à l'Académie française ainsi qu'au sein de l'Église de France. Pour ce qui concerne l'administration, on ne peut pas, comme le fait Marc-Olivier Baruch à l'issue d'une longue et exemplaire enquête qui prouve précisément le contraire, ramener la problématique d'une énorme bureaucratie, qui volontairement se met au service d'une dictature, à la morale individuelle[2]. Procéder

1. Je me permets de renvoyer ici encore à la nouvelle édition de *Ni droite ni gauche*, note 1, p. 389.

2. M.-O. BARUCH, *Servir l'État français. L'Administration en France de 1940 à 1944*, Paris, Fayard, 1997, pp. 577-583.

ainsi, c'est se rendre la tâche un peu trop facile et se condamner à ne pas vraiment comprendre la nature des évènements. Car le comportement des élites a été fonction d'une certaine idéologie, de l'adoption d'un certain nombre de critères intellectuels et moraux, qui répondaient largement aux aspirations de la société, non pas de choix individuels[1]. Le corpus idéologique proposé par la Révolution nationale, longuement mûri pendant un demi-siècle, était acceptable pour la majorité des Français. Le fin mot de l'affaire est que Vichy était un tout, et ce tout était un régime fasciste qu'il fallait accepter ou refuser en bloc.

Les rapports qui existent entre une société et ses élites sont des rapports dialectiques. Si les élites françaises, dans leur majorité, se rangent du côté du nouveau régime ou s'installent dans une bienveillante neutralité, ce n'est pas par simple conformisme, mais parce qu'elles s'identifient à des degrés divers avec le refus de la démocratie et l'œuvre de la refonte des institutions et de la société lancée avec une extraordinaire vigueur dès les premiers jours de la Révolution nationale. C'est aussi parce qu'elles ont conscience qu'en s'engageant dans cette voie, elles répondent aux aspirations profondes de la société. La longue imprégnation fasciste avait fini par façonner un comportement et modeler une politique.

Deux exemples particulièrement édifiants aussi bien de la tentation fasciste et nazie que de la puissance du réflexe de refoulement sont fournis dans les années 30 par les personnalistes de *L'Ordre nouveau* et pendant les années de guerre par ceux de l'École d'Uriage. Le cofondateur avec Arnaud Dandieu, qui meurt en août 1933, du groupe d'Ordre Nouveau et de la revue du même nom était Robert Aron. Intronisé au cours des années 50 comme l'historien semi-officiel de Vichy et de la Libération, devenu un des piliers de l'*establishment* intellectuel parisien, Aron fut élu finalement à l'Académie française. Comme beaucoup d'autres, il fit tout pour occulter sa production intellectuelle des

1. Voir notamment, Cl. SINGER, *Vichy, l'Université et les Juifs. Les silences et la mémoire*, Paris, les Belles Lettres/coll. Pluriel, 1992, pp. 173-177 ; Ph. BURRIN, *La France à l'heure allemande 1940-1944*, Paris, Le Seuil, 1995 ; R. BADINTER, *Un antisémitisme ordinaire. Vichy et les avocats juifs (1940-1944)*, Paris, Fayard, 1997 ; R. POZNANSKI, *Être juif en France pendant la Seconde Guerre mondiale*, Paris, Hachette, 1994, M.-O. BARUCH, *Servir l'État français..., op. cit.*

années 30. En effet, dès sa parution, *L'Ordre Nouveau* exprime à l'égard du national-socialisme quelques réserves et beaucoup de sympathie. Les réserves s'adressent à la *praxis* nazie, la sympathie à la révolte hitlérienne dirigée à la fois contre le libéralisme, le socialisme et le communisme. Dans le deuxième numéro de la revue, Alexandre Marc fait l'éloge de l'idéologie national-socialiste, « tout entière dirigée contre les idéologies condamnées, libérales et marxistes ». Et le jeune personnaliste, de son vrai nom Marc Lipiansky, de passer en revue les succès des nazis : « Sur le plan de la *politique intérieure*, le national-socialisme s'est élevé avec violence contre la démocratie parlementaire. Il y a vu, à juste titre, la survivance d'une époque à jamais révolue, d'une conception politique abstraite, atomistique, irrémédiablement dépassée. [...] Sur le plan de la *politique extérieure*, comment ne pas approuver la révolte du national-socialisme contre les mythes du libéralisme décadent ? [...] Dans le domaine de la *vie économique*, le national-socialisme représente une réaction contre la dictature occulte de la finance anonyme et vagabonde. [...] La *politique sociale* du national-socialisme est hostile à la fois au capitalisme et au marxisme : l'un et l'autre déracinent l'homme, l'arrachent à la tradition vivante, en font un prolétaire. Les national-socialistes dénoncent la condition servile de cet homme artificiel [...]. Enfin, sur le plan *culturel et spirituel*, le national-socialisme manifeste une volonté de rupture avec le matérialisme[1]. »

Le refus du matérialisme se trouve au cœur de la longue « Lettre à Adolf Hitler, Chancelier du Reich », publiée en novembre 1933. Signé « Ordre nouveau », ce qui signifie que l'auteur en est probablement le directeur de la revue, cet appel à Hitler constitue une profession de foi d'un rare intérêt. « Votre œuvre est courageuse ; elle a de la grandeur », disent les personnalistes à Hitler[2]. Et plus loin : « Votre mouvement possède, dans son fondement, une grandeur authentique[3]. » Cette grandeur, en quoi consiste-t-elle ? « La grandeur authentique de votre mouvement est

1. A. MARC, « Hitler ou la Révolution manquée », *L'Ordre Nouveau,* n° 2, juin 1933, p. 29-30.

2. *L'Ordre nouveau*, n° 5, novembre 1933 (voir les extraits de cette « Lettre » en annexe, p. 407).

3. *Ibid.*, p. 14.

d'être, par l'héroïsme, le sacrifice et l'abnégation qu'il enseigne, une protestation contre le matérialisme contemporain[1]. » Le concept de matérialisme revient à plusieurs reprises[2] : cette « légitime révolte contre le matérialisme moderne[3] » fait « qu'à l'origine spirituelle, sinon dans le développement tactique du mouvement national-socialiste, se trouvent les germes d'une position révolutionnaire nouvelle et nécessaire[4] ». C'est ainsi que le grand mérite du nazisme est d'avoir compris qu'« à l'individualisme démocratico-capitaliste, il faut opposer le sentiment de la collectivité organique, riche de fraternité et d'amour. Vos jeunes héros morts témoignent de cette grande vérité. L'avez-vous fait passer dans les institutions ? C'est une autre affaire[5] ». Ici viennent les réserves qui tiennent essentiellement au fait que Hitler n'est pas allé jusqu'au bout de son entreprise. Voilà pourquoi : « Dans la lutte contre le matérialisme vous nous trouverez tous d'accord. Et cependant nous ne sommes pas des vôtres. Un abîme nous sépare[6]. »

Quel abîme ? En quoi exactement consiste-t-il ? En lisant attentivement ce manifeste dont le lecteur trouvera des extraits en appendice de ce livre, on apprécie la profondeur de la pénétration fasciste. Sur le plan des principes, l'accord entre les jeunes intellectuels français et les révolutionnaires d'Allemagne et d'Italie se fait sans grande difficulté. La raison est évidente : « Vous avez mis fin à un mensonge. Celui de la démocratie libérale », dit l'équipe d'Ordre nouveau à Hitler[7]. En jetant bas « ce régime malfaisant, [...] vous avez accompli une œuvre de salubrité[8] ». Quant à l'objection essentielle opposée à Hitler, elle ne s'adresse même pas aux méthodes nazies. Assurément, les jeunes contestataires qui vomissent la démocratie française n'approuvent pas « les meurtres, les emprisonnements, les bastonnades que, disent-ils à Hitler, vous n'avez pas su ou pas pu empêcher ». Toutefois, ils tiennent à

1. *Ibid.*, p. 13.
2. *Ibid.*, pp. 13-14, 16, 19-20.
3. *Ibid.*, p. 16.
4. *Ibid.*, p. 4.
5. *Ibid.*, p. 11.
6. *Ibid.*, p. 14.
7. *Ibid.*, p. 8.
8. *Ibid.*, p. 9.

formuler leur refus de s'aligner sur « l'opinion libérale » qui flétrit « votre "tyrannie" et vos "atrocités"[1] ». On remarquera que non seulement Hitler ne porte pas, aux yeux d'Aron et de ses amis, la responsabilité du comportement de ses troupes, mais l'auteur ou les auteurs de cette missive s'appliquent à mettre « tyrannie » et « atrocités » entre guillemets. Que pouvait en conclure le lecteur français ? Finalement, il est clair que l'objection essentielle que ces hommes opposent à Hitler se réduit à déplorer que son mouvement n'ait pas su traduire en actes ses idées et n'ait pas été capable de tirer toutes les conclusions de sa grande révolte contre le matérialisme.

Il n'est pas étonnant que, dans ses mémoires posthumes publiés en 1981 chez Plon, Robert Aron ait passé sous silence cet aspect de sa pensée et de sa carrière. C'est ainsi que dans le chapitre V des *Fragments d'une vie* qui est consacré à *L'Ordre nouveau*, la « Lettre à Adolf Hitler » n'est même pas mentionnée. Plus étrange, pour ne pas dire incompréhensible, est la conclusion que tire de ce texte Jean-Louis Loubet del Bayle, auteur des *Non-conformistes des années trente,* ouvrage publié au Seuil en 1969 et republié en édition de poche en 2001 : selon lui l'attitude de *L'Ordre Nouveau* face au nazisme serait « celle d'une hostilité sans faille[2] ». Le cas de Loubet del Bayle n'est pas unique en son genre.

Mounier lui aussi préférera après la guerre oublier son enthousiasme d'antan pour la « liberté organique » fasciste, exprimé dans le même souffle que son admiration pour Edmondo Rossoni, chef historique du syndicalisme fasciste et ministre en exercice : « M. de Santillana m'a fait toucher du doigt un élément important du développement de la révolution fasciste : elle se fait avant de se penser. Nous pouvons, nous Français, pourvoir autrement. Mais laissez- moi vous le dire, de la part de tous mes camarades : si nous pouvons désirer des précisions, des assurances sur les problèmes soulevés par moi, la qualité humaine, la liberté intérieure d'hommes comme S. E. Rossoni et M. Fioretti nous sont une promesse, plus sûre que des idéologies, de la liberté organique qu'ils sauront rayonner autour d'eux[3]. »

1. *Ibid.*, p. 6.

2. Jean-Louis LOUBET DEL BAYLE, *Les Non-conformistes des années trente,* Paris, Le Seuil, 1969, p. 310 ; rééd. 2001, p. 338.

3. Ce texte figure dans les actes du Congrès franco-italien qui s'est tenu au

Cette fascination pour le fascisme et le nazisme est telle dans ces milieux qui honnissent la démocratie que, même à leur époque résistante, les hommes de l'école des cadres d'Uriage ne peuvent s'en libérer. Fondée pour former l'appareil du nouveau régime, l'école d'Uriage a servi Vichy aussi longtemps que l'inféodation à l'occupant n'était pas devenue insupportable. Le 1er janvier 1943, ses cadres passent finalement dans la Résistance, par patriotisme anti-allemand et non pas par un refus de la Révolution nationale ou la haine du nazisme. Ces hommes se sont battus contre l'occupant, et non pas contre le nazi.

En été 1945, alors que nul ne peut plus ignorer les réalités du nazisme, l'équipe d'Uriage publie, sous la direction de Gilbert Gadoffre, une grosse brochure, intitulée *Vers le style du XXe siècle.* Pensé et écrit par étapes entre 1943 et 1945, ce texte constitue de la part des « membres de l'équipe d'Uriage [...] la synthèse de leurs idées communes[1] ». Les pages 60-64 sont consacrées à une analyse du système nazi en trois volets : « A. sa force » ; « B. sa faiblesse » ; « C. son bilan », divisé en « actif » et « passif ». L'actif est fort élogieux, le passif ne comporte pas une seule allusion au nazisme vécu, pas un mot sur la terreur, les camps, les déportés qui reviennent, le caractère diabolique du régime. On croit rêver : mais, en réalité, il n'y a là rien qui puisse vraiment surprendre le lecteur d'*Esprit* ou de *L'Ordre Nouveau* des années 30. Ce petit livre reprend en fait le raisonnement que l'on a vu dans la « Lettre

printemps de 1935 à Rome, avec la participation des dignitaires fascistes et du côté français, parmi d'autres, d'Emmanuel Mounier, Robert Aron, Jean de Fabrègues et Paul Marion. Les actes de ce colloque ne furent publiés qu'au cours de ces dernières années ; voir G. PARLATO, *Il Convegno italo-francese di studi corporativi (1935) con il testo integrale delli Atti*, Rome, Fondazione Ugo Spirito, 1990, pp. 210-211. Voir aussi les réflexions pertinentes de Michela NACCI, « Intellettuali francesi e corporativismo fascista », in M. Nacci et A. Vittoria (dir.), *Convegno italo-francese di studi corporativi, Roma 1935* : cette sélection de textes présentés au colloque fut publiée dans *Dimensioni,* nos 40-41, 1986.

1. G. GADOFFRE (dir.), *Vers le style du XXe siècle*, Paris, Seuil, 1945, Avertissement. Pour les extraits de ce livre (les pages 60-64 *in extenso*), voir ci-après, annexe 3. Je dois à Jean-Jacques Marie, directeur des *Cahiers du mouvement ouvrier*, d'avoir retrouvé la piste de ce texte passionnant (voir J.-J. Marie, « Pages oubliées : l'école d'Uriage et le nazisme ou le négationnisme discret du corporatisme chrétien », *Cahiers du mouvement ouvrier*, mars 1999, no 5, pp. 125-134).

à Adolf Hitler » : néanmoins, si le texte d'Ordre Nouveau a été produit alors que la machine hitlérienne commençait seulement à fonctionner, celui des cadres d'Uriage voyait le jour aux éditions du Seuil nouvellement créées, à un moment où les résultats de l'idéologie nazie tout comme de la *praxis* du régime s'étalaient à la vue de tous. Tout comme en 1933, en 1945 aussi les éloges s'adressent encore et toujours aux principes du national-socialisme, les critiques à ses réalisations incomplètes.

Il importe d'autant plus de mettre ces pages sous les yeux d'une nouvelle génération de lecteurs que, dans les travaux consacrés à Uriage, ce matériel, comme d'autres aspects gênants de l'héritage personnaliste, est quasiment introuvable. L'ouvrage de Pierre Bitoun en est un bon exemple. Assurément, ce livre n'est qu'une compilation de témoignages d'hommes et de femmes venus défendre leur passé : ces plaidoyers *pro domo* sont livrés près d'un demi-siècle après les évènements alors que la recherche historique commençait à déterrer un passé complexe et très éloigné de l'image d'Épinal peinte par les acteurs eux-mêmes[1]. En effet, Bitoun cite beaucoup *Vers le style du XXe siècle*, mais fort opportunément ses citations commencent au paragraphe consacré au communisme, qui suit celui où il s'agit du nazisme. Les pages précédentes, consacrées au nazisme, ne l'intéressent pas[2].

Car, il faut bien le dire, le mouvement personnaliste, par haine de la démocratie, n'admire pas seulement l'autoritarisme mais ce qui constituait bien l'essentiel dans le phénomène nazi : « à un individu déraciné, désorienté, il [le nazisme] a proposé un idéal tangible,

1. Voir notamment les travaux de l'historien canadien John HELLMAN, *Emmanuel Mounier and New Catholic Left*, Toronto, University of Toronto Press, 1981, et *The Knight-Monks of Vichy France : Uriage 1940-1945*, Montréal, McGill-Queen's University Press, 1993.

2. P. BITOUN, *Les hommes d'Uriage*, Paris, La Découverte, 1988, p. 134 *sq.* Voir aussi la Bibliographie où l'auteur indique les pages auxquelles il se réfère : sans surprise, ses références commencent p. 67. Jean-Jacques Marie flétrit les procédés douteux de Bitoun (J.-J. MARIE, « Pages oubliées... », *loc. cit.*, p. 125. Cette problématique n'a pas attiré non plus l'attention de Bernard Comte, pourtant chercheur consciencieux et dont le travail fait date, en dépit du caractère quelque peu apologétique de son étude : B. COMTE, *Une utopie combattante. L'École des cadres d'Uriage 1940- 1942*, Paris, Fayard, 1991, pp. 538-539, où il se réfère au *Vers le style du xxe siècle.*

matériel : celui d'une civilisation fondée sur le *Blut und Boden* à retrouver et à étendre. Il a rétabli contact entre l'homme et les forces infra-rationnelles de la nature et de la race ; et par là l'homme nouveau du nazisme a acquis ces bases fermes qui lui ont permis de se dresser avec tant de vitalité animale dans le siècle[1] ». Quand on garde présents à l'esprit la puissance des réseaux d'Uriage, la place tenue par leurs hommes dans la vie politique, intellectuelle et sociale des trente années qui ont suivi la Libération, on se rend bien compte à quel point il est oiseux de parler d'une quelconque immunisation de la société française face au fascisme. Par ailleurs, ici apparaît clairement la continuité entre les périodes d'incubation et de préparation idéologique et les systèmes politiques mis en place. Formés dans les années 30, ces hommes affichent toujours les mêmes idées au service de Vichy, puis dans la Résistance et à l'heure de la Libération ne voient en elles rien de condamnable.

Qui dit continuité, cependant, ne dit pas nécessairement déterminisme. La montée du fascisme et du nazisme ou la Révolution nationale de 40, en France, n'étaient pas une destinée inévitable, mais elles ne furent pas non plus le simple produit des circonstances. La continuité est un processus dynamique dans lequel il y a accélération en temps de crise. Il n'y a pas de continuité sans changement, mais l'idéologie de la droite révolutionnaire au tournant du siècle fut, davantage qu'une simple toile de fond du régime de Vichy, l'essence même de la Révolution nationale. Une accélération se produisit après la Première Guerre mondiale, puis après la défaite de 1940.

En France comme en Italie, la révolte contre les Lumières ou, en termes politiques concrets, contre le libéralisme, la démocratie et le socialisme fut le dénominateur commun de tous les dissidents attirés par la Révolution nationale, depuis les fascistes extrêmes qui jugeaient le régime trop modéré jusqu'à ceux qui réprouvaient le caractère totalitaire du pétainisme sans pouvoir résister à l'attrait des aspects spiritualistes et idéalistes de cette révolution tant attendue.

Le régime de Vichy ne fut donc pas moins fasciste que l'Italie de Mussolini. À bien des égards, il fut plus brutal, avec une législation

---

1. G. GADOFFRE (dir.), *Vers le style du XXe siècle, op. cit.*, p. 61.

raciale plus dure que les lois de Nuremberg et mise en œuvre avec infiniment plus de rigueur qu'en Italie. Ce régime jouit du soutien des élites et fut généralement accepté par la masse de la population. La grande majorité des intellectuels et des secteurs influents de la société – l'administration, le Barreau, les enseignants, les universités de province jusqu'au Collège de France, les écrivains et les artistes, les hommes d'affaires et les industriels – tous se mirent avec enthousiasme au service d'un régime et d'une idéologie qui non seulement entreprit de détruire toutes les institutions de la démocratie, mais qui était bien décidée à tuer son esprit. Le cas de la France est très significatif et – surtout aujourd'hui, alors que l'extrême droite fait preuve de vitalité et démontre qu'elle n'est pas une simple réaction au communisme – contient une leçon à laquelle il convient de prêter attention.

Il importe tout particulièrement de se souvenir de ces caractéristiques de la révolution fasciste, de ses origines et, par-dessus tout, des raisons de son accession au pouvoir, maintenant qu'une nouvelle vague d'anticommunisme, encouragée par la chute de l'Union soviétique, déforme notre perspective historique. La théorie suivant laquelle le fascisme et le communisme sont tout à la fois des jumeaux, des complices et des ennemis, et que le nazisme fut une imitation du stalinisme, une réponse compréhensible, voire naturelle au danger bolchevik et un simple produit de la Première Guerre mondiale n'est pas simplement une banalisation du fascisme et du nazisme, mais surtout une distorsion de la vraie nature du désastre européen du XXe siècle. Avancée par Ernst Nolte dans les années 60, cette idée a connu un destin peu commun. Bien que les spécialistes la jugent entièrement dépassée, au même titre que la théorie du « fascisme comme parenthèse », elle est aujourd'hui acceptée, dans la sphère de la polémique intellectuelle, par une bonne partie de la droite conservatrice en Europe[1]. De même que, dans les années 40, l'anticommunisme et la guerre froide furent les portes par lesquelles les collaborateurs et les fascistes réintégrèrent la vie politique et culturelle, la nouvelle vague anticommuniste qui

1. Ma critique de la thèse de Nolte remonte à plus d'un quart de siècle maintenant : Z. STERNHELL, « Fascist Ideology », in W. Laqueur (dir.), *Fascism : A Reader's Guide. Analyses, Interpretations, Bibliography*, Berkeley, University of California Press, 1976, pp. 368-371.

a suivi la chute de l'Union soviétique a permis de ressusciter cette thèse apologétique allemande.

Cette vision du fascisme a dernièrement opéré un retour en force après avoir été reprise à son compte par François Furet. *Le Passé d'une illusion* est un essai intéressant. Mais même le talent de cet historien majeur, spécialiste de la Révolution française, dont la mort a laissé un grand vide, ne saurait donner du poids à une théorie qui non seulement a vieilli, mais a généralement été considérée, partout sauf dans les milieux allemands conservateurs, comme un essai de plus pour évacuer le nazisme de l'histoire allemande. Il n'est pas vrai que le fascisme soit « né comme une réaction anticommuniste » et, pour plus d'une raison, il est faux de parler d'une complicité qui ait pu réunir le fascisme et le communisme[1]. Tous deux avaient sans conteste un ennemi commun, la démocratie, et la Grande Guerre a réuni les conditions psychologiques qui leur ont permis d'accéder au pouvoir. Reste que les deux mouvements, animés d'une conception totalement différente de l'homme et de la société, étaient engagés dans une lutte à mort. Avec le nationalisme, l'autre grand élément du fascisme fut une révision anti-rationaliste du marxisme, non pas la version léniniste du post-marxisme[2].

Entre les deux idéologies, la différence essentielle tenait à leurs objectifs. Le fascisme, qui appartenait à la tradition historiciste, fut l'exemple le plus spectaculaire et extrême de l'application des principes particularistes – nationalisme et racisme – et la forme la plus extrême de rejet des principes universels et abstraits : les droits de l'homme, l'unité de l'espèce humaine et la lutte des classes. Le communisme et le fascisme mis en œuvre partageaient un même volontarisme et une même foi dans la force des mythes mobilisateurs et dans la capacité des hommes de changer le monde, mais les changements qu'ils envisageaient étaient entièrement différents. Le communisme (sur ce point, et sur ce point uniquement, fidèle à ses origines marxistes) s'efforça de changer la société en altérant sa structure économique. Pour ce faire, afin de changer une

1. Cf. Fr. FURET, *Le Passé d'une illusion. Essai sur l'idée communiste au XXe siècle*, Paris, Robert Laffont/Calmann-Lévy, 1995, p. 39, 195-199, 213 et tout le chapitre 6.

2. Voir Z. STERNHELL, M. SZNAJDER et M. ASHERI, *Naissance de l'idéologie fasciste, op. cit.*, introduction et chap. 1.

forme d'existence qui semblait faire partie de l'ordre naturel des choses, il se lança dans une aventure herculéenne qui impliquait nécessairement une répression barbare. La révolution communiste fut le genre de révolution qu'on imaginait au XIXe siècle : une révolution sociale et économique. La révolution fasciste fut très différente : ce fut une vraie révolution du XXe siècle, c'est-à-dire une révolution culturelle, morale, psychologique et politique, mais qui ne toucha jamais au capitalisme, c'est-à-dire à la base même de l'ordre économique établi. Elle s'accomplit, non pas au nom d'une classe sociale porte-parole de l'ensemble de l'« humanité souffrante », mais au nom de la nation et de rien d'autre. Ainsi fut créé un nouvel ordre humain, qui n'a pas éliminé les injustices et inégalités économiques. Cette acceptation du capitalisme comme fondement naturel de la société est une caractéristique essentielle du fascisme, car le capitalisme s'accommode de la pire des tyrannies tout aussi facilement que de la démocratie.

Les fascistes purs détestaient assurément l'ordre bourgeois, mais ils avaient le sentiment de pouvoir contrôler la bourgeoisie pour la mettre au service de la nation. Ils croyaient pouvoir la faire travailler au bénéfice du pays. Les syndicalistes soréliens et leurs plus proches partisans, dont Mussolini et le noyau dur des fondateurs du mouvement fasciste italien, les nationalistes et les futuristes, n'avaient pas de solution de rechange au capitalisme. C'était affaire d'idéologie : à la différence des bolcheviks, ils ne croyaient pas que le capitalisme fût la cause de ce mal qu'était le phénomène bourgeois. Cela explique pourquoi Mussolini ne fut pas un disciple de Lénine et, contrairement à ce qu'affirme François Furet, pourquoi il rompit avec le marxisme dès 1912. Lénine venait d'un petit groupe de révolutionnaires russes et polonais, dont beaucoup, comme Rosa Luxemburg, Trotski et Parvus (pseudonyme d'Alexander Israel Helphand), l'inventeur de la théorie de la révolution permanente, étaient juifs, ce qui veut dire, le plus souvent, anti-nationalistes, et qui de 1900 à 1914 restèrent fidèles à l'idée de révolution prolétarienne.

En Europe occidentale, en revanche, ce type de révolutionnaire avait disparu de longue date. Les seuls ennemis violents de l'ordre établi restaient les soréliens. Avant la guerre, Mussolini commença à se tourner vers cette faction : vers les révisionnistes qui abominaient le « matérialisme » et le rationalisme marxistes, ainsi que le concept marxiste de la révolution conçue comme le point culminant d'un processus long et, d'une façon générale, mystérieux. Cette évolution se produisit sans lien aucun avec l'explosion de 1914. Dans ces années précédant la grande guerre, Mussolini se rapprocha de la gauche syndicaliste révolutionnaire, dont le lien avec le prolétariat n'était pas essentiel et qui n'avait d'usage du prolétariat que si l'ouvrier consentait à sacrifier ses intérêts de classe pour devenir l'instrument d'une grande révolution morale. Autour de 1910, ces dissidents du socialisme français et italien avaient déjà formé le front nationaliste-socialiste d'où allait émerger le fascisme. En lutte contre les Lumières, le rationalisme et l'utilitarisme ou, en d'autres termes, contre le « matérialisme » libéral et marxiste, contre les valeurs universelles du libéralisme comme du socialisme démocratique, la gauche sorélienne entendait sauver la civilisation en imprégnant la société de ses valeurs héroïques. Ainsi, espérait-on, une civilisation de moines et de guerriers naîtrait sur les ruines de la modernité et des Lumières. Pour y parvenir, il n'était pas nécessaire, à leurs yeux, de toucher aux fondements du capitalisme : le mal n'était pas dans celui-ci, mais dans l'individualisme libéral et marxiste, dans la décadence rationaliste, hédoniste et utilitaire commune au libéralisme et au marxisme, et dans la conception libérale et marxiste de l'individu considéré comme la valeur et l'objectif ultimes de toute action politique et sociale.

Si fascisme et communisme partageaient donc un même dédain envers l'aristocratie de la naissance ou de l'argent, si fascistes et communistes pouvaient également mépriser la démocratie parlementaire, ses règles et ses institutions, un monde séparait les deux idéologies, mais aussi les deux régimes, car, tandis que le fascisme pouvait inspirer peur et mépris aux libéraux et aux conservateurs, il ne menaçait pas le capitalisme. Précisément parce que son but n'était pas d'extirper le système économique et social en place, le fascisme italien est un régime qu'on ne saurait comparer à la terreur stalinienne ni à l'Allemagne nazie. Pour atteindre les objectifs qu'ils s'étaient fixés, Mussolini et ses partisans n'avaient aucun besoin de recourir à des brutalités excessives[1]. En novembre

1. S. G. PAYNE, *A History of Fascism...*, *op. cit.*, pp. 112-117.

1926, avec l'abolition de toutes les libertés civiles et des garanties des droits de l'homme, l'Italie devint un État policier, sans jamais connaître pour autant la dictature d'un parti monolithique[1].

Ce sont des faits essentiels qu'il importe de rappeler, surtout quand il est question de totalitarisme. Plus qu'aucun autre concept, celui-ci se définit par sa pratique. Fascisme, nazisme et stalinisme : tous étaient des régimes de parti unique, mais c'étaient des systèmes dictatoriaux très différents, qu'un monde séparait sur le plan des objectifs. À ce stade, il est bon de revenir un peu plus de quarante ans en arrière pour se plonger dans un admirable passage de Raymond Aron. Dans *Démocratie et totalitarisme*, l'auteur met en effet le doigt sur l'essentiel : « Pour mesurer l'importance relative de la parenté et de l'opposition, il ne faut pas se contenter de l'analyse comparative, sociologique, il faut tenir compte de deux autres méthodes de compréhension, l'histoire et l'idéologie. » Et Aron d'ajouter : « C'est pourquoi, passant de l'histoire à l'idéologie, je maintiendrai, au point d'arrivée, qu'entre ces deux phénomènes [communisme et nazisme] la différence est essentielle, quelles que soient les similitudes. La différence est essentielle à cause de l'idée qui anime l'une et l'autre entreprise ; dans un cas l'aboutissement est le camp de travail, dans l'autre la chambre à gaz[2]. »

De fait, il est historiquement absurde et moralement injuste de rendre le stalinisme responsable des horreurs nazies. Non seulement le nazisme ne fut pas une simple réaction au communisme (bien que le thème du danger communiste ait joué un rôle dans l'ascension de Hitler), mais, si le système nazi sombra dans la barbarie, ce n'est pas pour avoir été un reflet du stalinisme, mais parce qu'il fut l'attaque la plus systématique jamais lancée contre la civilisation occidentale. Le communisme s'attaqua au capitalisme et à son expression politique, le libéralisme ; le fascisme, aux Lumières. Seul le nazisme s'en prit à la conception de l'être humain héritée de l'Antiquité juive et grecque, puis du christianisme primitif. Le nazisme, seul, s'en prit à l'espèce humaine. Le communisme tenta d'extirper le capitalisme et d'accomplir un formidable bond en

---

1. A. LYTTELTON, *The Seizure of Power : Fascism in Italy 1919-1929*, 2e éd., Londres, Weidenfeld and Nicolson, 1987, p. 297.

2. Raymond ARON, *Démocratie et totalitarisme*, Paris, Gallimard, 1965, p. 294 et 302.

avant en transformant complètement les relations économiques et sociales. La catastrophe humaine qui en résulta fut proportionnelle à la grandeur de l'entreprise.

Si, pour vaincre le nazisme, il fallut aller jusqu'au bunker de Hitler, c'est avant tout parce que le régime nazi fut une mise en œuvre précise de son idéologie. En revanche, si la chute du communisme fut le fruit d'un processus au cours duquel le régime, après la mort du dictateur, s'était transformé en profondeur, c'est aussi parce que l'écart entre idéologie et pratique était devenu intolérable.

Faut-il conclure, du destin de l'aventure communiste, que toute remise en question de l'ordre social fondé sur la propriété privée et la recherche du profit produit toujours et nécessairement des résultats de cette espèce ? Il n'y a aucune raison méthodologique de le penser, de même qu'il n'y en a aucune de dire que la droite extrême, fasciste ou fascisante, a été enterrée une fois pour toutes en 1945. Pétainiste, mussolinienne ou hitlérienne, cette droite qui avait su réunir les intellectuels les plus en vue et les simples gens des grandes métropoles européennes n'est pas née dans les tranchées de la Première Guerre mondiale, pas plus qu'elle n'est morte dans les ruines de Berlin. Quelque idée qu'on se fasse de son avenir, cette droite fait toujours partie de notre monde.

Traduit de l'anglais par Andrea Limoni.

Annexe 1

Extraits de la « Lettre à Adolf Hitler, Chancelier du Reich », signée par « L'Ordre nouveau »[1]

(pp. 3-5)

Au moment de votre départ de la S.D.N., vous avez proclamé, Monsieur le Chancelier, votre désir d'établir avec la France des contacts directs. Ces contacts, où les trouverez-vous ? Croyez-vous changer ou améliorer quoi que ce soit aux relations franco-allemandes en reprenant directement à Paris des relations avec les mêmes hommes dont vous vous êtes écarté à Genève ? Croyez-vous qu'avec M. Daladier, M. Paul-Boncour ou autres représentants de la France officielle, vous puissiez jamais établir des « contacts directs » ? Même si vous reprenez avec eux la mode de ces déjeuners historiques auxquels nous devons Locarno et Thoiry – même si vous échangez avec eux ces visites de capitale à capitale auxquelles Brüning et Laval doivent le meilleur de leur gloire –, vous n'avez rien à faire avec ces hommes-là. Entre eux et vous, flottera toujours le fantôme de la SDN : ils vivent, si l'on peut dire, dans un songe, tantôt cauchemar, tantôt utopie, où nulle réalité ne pénètre : ils se paient de mots, de formules, de contrats dont ils connaissent peut-être la lettre, mais dont ils camouflent l'esprit. Ils peuvent être honnêtes, désintéressés, par ailleurs. D'esprit, au sens révolutionnaire du mot, ils n'en ont pas, pas plus qu'ils n'ont

1. *Ordre nouveau*, n° 5, novembre 1933.

de chair ou de cœur. Vous condamnez l'homme de l'asphalte : comment ne voyez-vous pas que nous avons pire ici, l'homme de papier ? Et si vraiment c'est avec ces gens-là que vous comptez établir des contacts directs, alors, Monsieur le Chancelier, nous sommes contraints de diagnostiquer en vous une paresse d'esprit singulière et une déficience révolutionnaire.

Monsieur le Chancelier, nous sommes Français, profondément Français, Français par la culture et par l'esprit, ce qui est sans doute un critérium aussi valable que de l'être par la race. Nous n'avons pas en France l'habitude de compter sur d'autres pays pour accomplir notre salut. Nous avons une certaine habitude de nous tirer nous-mêmes d'affaire, et, par la même occasion, tirer d'affaire l'humanité.

Nous savons très bien, mieux que personne, quel rôle indigne d'elle la France semble jouer depuis l'armistice. Nous savons que, pays foncièrement créateur et moteur, elle a défendu les idéologies les plus périmées ; nous savons que, pays foncièrement personnaliste et anti-grégaire, elle a subi le prestige des organisations inhumaines les plus abstraites, depuis la banque américaine jusqu'aux usines d'URSS, qu'elle découvre en ce moment. Nous savons que, au sens le plus précis des mots, la France depuis l'armistice a manqué à sa mission, et que la crise actuelle a peut-être des causes financières, peut-être des causes politiques ; elle a surtout une cause profonde : c'est que la France n'a pas encore dit le mot que l'humanité attendait.

Monsieur le Chancelier, nous croyons vraiment qu'avec vous l'Allemagne fera ou peut faire son possible. Nous croyons qu'à l'origine spirituelle, sinon dans le développement tactique du mouvement national-socialiste, se trouvent les germes d'une position révolutionnaire nouvelle et nécessaire. Nous croyons qu'en rompant avec la SDN vous avez fait, malgré les apparences, le seul geste vraiment pacifique (ne disons pas pacifiste) que nous ayons eu depuis la guerre. Ceci ne veut pas dire forcément que vous éviterez la guerre, mais bien que vous êtes sorti le premier du mécanisme diplomatique et financier d'hypocrisie et d'erreur qui fatalement nous y menait : si d'autres vous imitent, tant mieux Vous avez sans doute senti que dans notre civilisation actuelle la guerre ne résulte pas essentiellement de rivalités politiques ou de questions de minorités, causes fortuites, mais beaucoup plus de l'erreur industrialiste, commune aux capitalistes d'Occident et aux communistes d'URSS, qui, par le chômage et la crise, mènent l'humanité à une détresse et à un déséquilibre meurtriers. Pour nous, comme nous l'espérons pour vous, Ford et Morgan par les mécanismes qu'ils incarnent sont infiniment plus responsables de la dernière guerre que Guillaume II et Poincaré. Nous croyons que vous avez comme nous le dégoût de la banque internationale et des *dumpings* industriels : nous avons lu un des premiers manifestes de votre parti, dirigés contre la rationalisation : et cela nous a semblé beaucoup plus important que vos revendications sur la Sarre ou le réarmement.

La question est maintenant pour nous de savoir où vous en êtes : si, ayant eu à prendre le pouvoir dans des conditions qui doctrinalement sont les plus dangereuses, c'est-à-dire dans la misère et dans le trouble, vous avez pu conserver intacts les principes révolutionnaires que vous affirmiez autrefois, les exigences d'une prise de pouvoir hâtive ne vous ont-elles pas fait oublier les nécessités spirituelles profondes en faveur de buts tactiques immédiats ?

En France, pour des raisons anecdotiques, nous avons connu et nous connaissons encore un certain répit : la catastrophe, vers laquelle nous marchons comme jadis vous y marchiez – nous y accédons en pente douce, au lieu d'y être précipités. Aussi avons-nous pu faire ce que ni Mussolini, ni vous, n'ont eu le loisir d'accomplir : c'est de préparer la doctrine avant de passer à l'action.

Nous en sommes là aujourd'hui : la jeunesse révolutionnaire en France, qui n'est ni communiste, ni fasciste, a réussi à élaborer les principes d'Ordre nouveau nécessaires à la solution de la crise et au salut de la personne humaine.

Ces principes, nous avons eu pour les dégager le temps qui certes vous manqua ; vous y trouverez l'écho de préoccupations doctrinales que l'action a pu vous faire oublier : à nous, ils permettent de dresser le bilan actuel du national-socialisme, non pas d'un point de vue d'étrangers ou d'émigrés, comme font tous vos adversaires, mais d'un point de vue profond, d'un point de vue révolutionnaire. [...]

(pp. 8-9)

I. VICTOIRES NATIONAL-SOCIALISTES

C'est en constatant l'état de démission et de faiblesse où le régime démocratique et libéral maintient notre pays, que nous rendons justice aux résultats que le national-socialisme a déjà obtenus. Sans doute nous n'ignorons point quelles fondamentales différences séparent l'Allemagne de la France, différences d'instincts et de tempéraments, de géographie et d'histoire. Les solutions que vous proposez, en admettant même que vous les ayez réalisées en Allemagne, ne seraient pas uniformément valables pour les autres nations, et le respect même que nous accordons à votre effort nous interdit de le situer sur le plan amorphe et anonyme où évoluent l'individu libéral des droits de l'homme aussi bien que le « robot » de Staline et de Ford.

Chaque pays, chaque nation, doit trouver en soi, en soi seul, la force de son propre sauvetage. Nous laisserons à quelques-uns de vos pâles imitateurs le ridicule de prétendre instaurer en France un national-socialisme calqué sur le vôtre.

1. Vous avez mis fin à un mensonge

Celui de la démocratie libérale. Nous savons ce qui se cache derrière les grands mots d'égalité, de fraternité, de liberté, dont s'adornent les façades de nos mairies.

Il n'y a pas d'*égalité* véritable dans une république parlementaire, et l'égalité politique du bulletin de vote n'est qu'une façon de leurrer les petits, les désarmés. Qui osera dire que *Civis*, l'anonyme, soit *l'égal* de M. Schreider *(sic)*, parce que les bulletins de vote de l'un et de l'autre tous les quatre ans s'équivalent ?

Il n'y a pas de *liberté* véritable dans un régime où les forces de suggestion de la presse, mises au service de l'argent et de l'État, privent la personne des fondements même du jugement. Où la police cesse d'être un moyen d'ordre pour devenir un système de gouvernement. Où l'on a désappris, par tous les moyens, à tout un peuple, l'usage de la liberté politique en faussant même ce que le régime parlementaire, à son origine, pouvait avoir de valable.

Il n'y a pas de *fraternité* dans un système qui, fondé ouvertement sur une frénésie de profit et des rivalités sordides, n'a plus d'autres moyens de gouverner que de dresser les diverses catégories de citoyens les unes contre les autres et d'exploiter, divisant pour régner, les pires sentiments de haine et d'envie.

Ce régime malfaisant, qui ne correspond plus à rien, même plus au pâle fantôme de l'*homo politicus*, en le jetant bas, vous avez accompli une œuvre de salubrité. Nous savons trop dans quel état de décomposition il a fait tomber notre pays pour ne pas mesurer où il avait conduit le vôtre. Vous avez tenté de revenir à une *réalité.*

Êtes-vous allé jusqu'au bout ? C'est la question que nous vous poserons tout à l'heure. Vous êtes le destructeur des partis parlementaires, mais avez-vous compris que ce mode même de formation, le parti, est en soi une erreur grave, qui mutile, qui défigure tout mouvement ? Prétendre absorber dans les cadres d'un parti rigide, même unique, toute la réalité, toute la spiritualité profonde d'un grand peuple, c'est retomber dans une faute toute voisine de la démocratique. C'est, d'une autre façon, établir la primauté de la masse anonyme sur la personne concrète. Destructeur *des* partis, on avait pu espérer que vous seriez le destructeur *du* parti. Anti-parlementaires, comme vous, nous le sommes plus que vous. Après l'incendie du Reichstag, fallait-il transporter ailleurs une formation simili-parlementaire, issue d'un système plus ou moins plébiscitaire, où d'étranges relents de césarisme à la Napoléon III se mêlent aux derniers vestiges, aux laissés pour compte de Weimar ? [...]

(pp. 12-14)

4. Votre œuvre est courageuse ; elle a de la grandeur

Comme le mensonge de la liberté politique, vous avez dégonflé celui de la liberté morale. Les régimes vieillis regorgent de scandales, et les pires opprobres ne les font plus rougir. L'Allemagne a connu des mêmes boues que la France, les mêmes éclaboussures. Le scandale Ost-Hilfe vaut le scandale Oustric, et si nous avions feu Oscar Dufrenne, dont votre presse, à dessein, exagère l'importance, vous aviez vos dancings spéciaux et vos passages équivoques.

Vous avez mis fin à tout cela. Pour nous qui ne définissons pas la liberté comme le droit pour l'homme de faire tout ce qui n'est pas strictement interdit, qui ne considérons la liberté comme valable que dans la mesure où l'homme y engage sa totale responsabilité, nous jugeons que vous n'avez pas assez fait en créant une censure qui ne permet plus à un livre, à un film, à une pièce d'empoisonner en toute impunité des milliers de consciences. Il ne s'agit pas d'établir des barrières artificielles, mais de reconstituer la vie dans son intégrité.

Vous n'avez pas eu peur de braver le ridicule qu'il y a toujours à se mettre du côté de la morale. C'est entendu : votre camarade Röhm s'est écrié qu'on ne fait pas la révolution pour fermer quelques boîtes d'homosexuels. La révolution, ce n'est pas *seulement* cela, mais c'est *aussi* cela. Dans l'état de décadence où glisse un monde à qui toute discipline est odieuse, parce qu'il n'y a plus accord entre l'ordre intérieur et l'ordre extérieur, votre protestation est hautement valable. Elle manifeste, d'un geste significatif, votre attitude théorique, que nous respectons.

La grandeur authentique de votre mouvement est d'être, par l'héroïsme, le sacrifice et l'abnégation qu'il enseigne, une protestation contre le matérialisme contemporain. Nous vous dirons tout à l'heure ce que votre «héroïsme» a d'inachevé et de détourné à nos yeux. Mais il est ; à un monde qui ne vit que pour la satisfaction frénétique des instincts et qui ne propose pour dessein aux hommes (capitalisme et communisme se valent) que la conquête, plus ou moins chimérique, d'un paradis aux immeubles standardisés, vous avez répondu, comme Mussolini ailleurs, qu'on pouvait demander aux hommes autre chose. Que leurs consciences se sentaient plus accomplies dans l'acceptation volontaire de la rigueur.

Nous savons quelle dégradation le matérialisme a provoquée dans notre civilisation. Ce monstrueux édifice de production, de publicité et de crédit qui est sa conséquence nécessaire, chancre mortel qui ronge aujourd'hui les États et les êtres, nous l'avons souvent dénoncé. Nous avons protesté, au nom de la personne et de ses droits éternels, contre les régimes qui, politiques, économiques ou financiers, aboutissent à réduire cette réalité suprême, l'homme, à un simple élément de compte dans le calcul des prix de revient, des votes et de la publicité. Nous avons répudié toute complicité avec ce monde sans âme, diagnostiqué ce cancer américain d'un productivisme aussi déshonorant qu'absurde. Dans cette lutte contre le matérialisme, vous nous trouverez tous d'accord. Et cependant nous ne sommes pas des vôtres. Un abîme nous sépare.

Cet effort que, depuis déjà plusieurs années, nous poursuivons, pour saisir le mal en sa racine et pour ne pas juger des seules conséquences de ce matérialisme, mais de ses causes, lequel, parmi vos théoriciens, l'a accompli ? Et si, dans votre programme du 25 février 1920, vous aviez indiqué quelques-uns des points vraiment essentiels, pourquoi Chancelier du Reich, ne les avez-vous pas mis en pratique ? Oublierez-vous moins les injures que les promesses ?

VOTRE MOUVEMENT POSSÈDE, DANS SON FONDEMENT, UNE GRANDEUR AUTHENTIQUE. DE CETTE GRANDEUR, QU'AVEZ-VOUS FAIT ? SURTOUT QUE FEREZ-VOUS DEMAIN ?

II. DÉFAITES NATIONAL-SOCIALISTES

[...] *(pp. 16-17)*

2. Vous êtes un démocrate

Ainsi, pas de malentendus entre nous, Monsieur le Chancelier. Il vous manque cet élément primordial qui est à la fois la clef de voûte et la pierre angulaire de l'ordre nouveau tel que nous voulons le réaliser : la conception de l'homme intégral, de la *Personne.*

Par un paradoxe tragique et dont vous n'avez pas encore épuisé les conséquences maléfiques, vous avez adopté, en fin de compte, l'attitude des démocrates, que vous abhorrez. N'ayant pas eu le courage de partir de l'homme, vous êtes parti de la masse. Grâce à vous, Monsieur le Chancelier, dans ces plaines germaniques qui avaient résisté jusqu'ici à toutes les tentatives démo-libérales, le nombre est devenu roi. Il vous a été réservé d'introduire la démocratie en Allemagne avec son cortège de meetings démagogiques, de réunions publiques à grand spectacle, de manifestations populaires « colossales », de plébiscites et d'immenses organisations *démocratiques.* Si l'on juge votre œuvre de ce point de vue, on peut la résumer par une seule phrase : vous avez liquidé un régime d'oligarchie parlementaire pour le remplacer par une démocratie césarienne. Vous êtes un démocrate, Monsieur Hitler, le dernier des démocrates. [...]

III. La France devant l'Allemagne

[...] *(pp. 30-32)*

5. Mussolini a compris...

Cette longue lettre vous aura présenté, Monsieur le Chancelier, des points de vue que le quai d'Orsay n'a point coutume de vous faire connaître. Quand vos journaux affirment que la France, depuis la guerre, n'a rien apporté au monde, nous disons, avec douleur, qu'ils ont raison. Mais nous disons aussi que cette carence est une des causes les plus profondes de la misère où le monde se débat. La démission de la France, dont nous ressentons la honte comme une brûlure, nous sommes certains que tous les pays de la terre en souffrent, sans le savoir. Si, fidèle à son destin, à sa mission véritable, notre pays avait revendiqué les droits de l'esprit, les malentendus et les haines qui, aujourd'hui, préparent la guerre de demain n'auraient pas lieu d'exister. L'Allemagne, bien loin d'avoir à se réjouir de la carence de la France, devrait souhaiter voir à ses côtés une France jeune et spirituellement valable.

Mais la France officielle n'est pas la France. L'Allemagne de 1932 était-elle l'Allemagne, Monsieur le Chancelier ? Voici ce que M. François Poncet ne vous dira pas, ce qu'il ne sait pas. Voici :

Il se prépare en France, au cœur d'une jeunesse courageuse, une immense vague d'enthousiasme et de révolte, de fureur et de dégoût.

Nous sommes unanimement las du mensonge parlementaire, de la frénésie productiviste, de l'aveulissement moral et des trahisons partisanes. « Nous construisons notre maison », chante notre jeunesse, dans un de ses refrains. Nous aussi, nous construisons la nôtre. Demain, nous jetterons bas les murs lézardés.

Nous vous redisons, en terminant, l'abjuration par laquelle nous commencions cette lettre : ne jugez pas de la France d'après la

France officielle ! Ce n'est pas la France qui se prostitue entre les murs du Palais-Bourbon. Ce n'est pas la France qui, dans ses discussions internationales, livre au monde le spectacle des calculs à la petite semaine, d'ailleurs mal combinés. Ce n'est pas la France qui s'incline devant les congrégations économiques et s'apprête à faire solder par les facteurs et les cantonniers le déficit du budget. La vraie France aspire à la justice, à une ferme générosité.

Certes, on peut en douter en lisant notre presse, même en regardant les aspects de la rue. Nous n'avons ni faisceaux de combats, ni millions d'adhérents groupés sous des bannières. Mais, moins bruyante, l'action de la jeune France n'est pas moins efficace. Un travail invisible s'opère : demain ses résultats apparaîtront.

Monsieur le Chancelier, nous savons que ce que nous disons ici, peu d'hommes sont capables de l'entendre. Nous pensons que vous, qui êtes arrivé au pouvoir, soulevé par l'enthousiasme de la jeunesse, vous le pouvez. MUSSOLINI A COMPRIS. Il ne cache pas que, s'il juge inutile de s'engager à fond avec l'actuel gouvernement français, c'est qu'il le tient pour provisoire, inefficace et vain. Il attend l'heure où un gouvernement véritable assumera, avec la responsabilité politique, la mission de la France. Ce jour-là, on pourra parler.

C'est ce jour-là, Monsieur le Chancelier, que, dans un sursaut suprême, il vous faudra opter résolument pour la révolution véritable en jetant enfin par-dessus bord les simulacres dont vous vous contentez. *Si vous le pouvez encore...*

C'est ce jour-là que, devant une France révolutionnaire, consciente de sa mission, désentravée de tout souci d'autarchie et d'impérialisme, vous serez obligé ou bien de renoncer à *votre* rêve d'autarchie, ou bien de laisser éclater le conflit sanglant dont le choc en retour vous balaierait.

C'est ce jour-là, en définitive, qu'il faudra nous dire si les difficultés franco-allemandes, dont aucune n'est insurmontable, devront se résoudre à coups de mitrailleuses, ou si, unis enfin dans la seule tâche nécessaire, nous travaillerons ensemble à fonder sur la terre un *Ordre nouveau.*

Annexe 2

Extraits de : LA ROCQUE, *France d'aujourd'hui, France de demain*[1]

(pp. 1-2)

Réflexions à l'usage de mes collaborateurs, dirigeants de l'œuvre Croix-de-Feu

FRANCE D'AUJOUR'HUI
FRANCE DE DEMAIN

Ces pages visent à définir les moyens de ramener notre pays à un ordre durable. Elles ont été écrites sans hargne ni haine. Elles ne reflètent aucune animosité a priori contre les hommes, les races ou les nations, quelles que soient les leçons reçues et les épreuves supportées. Il est peu question de mon œuvre, mais le rôle de cette œuvre est évoqué, prévu, délimité : on ne saurait étudier sans conclure, et les conclusions sont lettre morte si elles n'engagent point l'auteur.

Puissent mes amis, en parcourant ces quelques feuillets, y trouver matière à des méditations utiles.

1. Brochure imprimée, datée du 1er janvier 1943 ; chacun des exemplaires diffusés aux « dirigeants de l'œuvre Croix-de-Feu » semble avoir été numéroté. Nous n'avons apporté aucune correction ou modification au texte original, même en ce qui concerne son orthographe.

Causes de nos malheurs

Bref retour en arrière

La saine logique veut qu'on remonte d'abord aux causes afin de déceler rationnellement les effets et d'être automatiquement introduit vers le choix des remèdes.

Une cause essentielle, pour ne pas dire la cause essentielle, est la déchristianisation de notre pays. Entendons-nous bien ; je ne présente ici aucune revendication confessionnelle. Je vise seulement l'esprit chrétien, la fidélité à nos origines spirituelles et nationales.

La chevalerie, la noblesse, le clergé de la Monarchie s'étaient, avant la révolution de 1789, détournés de leurs devoirs essentiels : abus des privilèges reçus, revendiqués, dilapidés qui, en les faisant trop apparaître comme attachés à leurs droits, les déconsidéra devant le peuple. Après des vicissitudes tour à tour cruelles et favorables, les élites anciennes ou nouvellement recrutées passèrent, depuis 1789 jusqu'à nos jours, du népotisme de cour au népotisme électoral : le « fait du prince » a cédé la place aux « couvertures hiérarchiques ». Empruntant un exemple aux annales de ma religion, je ne suis pas sûr que l'abrogation du Concordat, malgré toutes les entraves correspondantes, n'ait pas épuré le sens apostolique chez beaucoup de prêtres, arrachant ceux-ci aux commodités médiocres de l'officialisation.

Ce qui est vrai des élites confessionnelles est cent fois, mille fois plus vrai des élites laïques. L'inquiétude préalable au bouleversement de 1789 s'ajoutant à la croissance démesurée des orgueils intellectuels et à l'effacement progressif des notions de responsabilité conduisit au dérèglement des Encyclopédistes : la première apparition contemporaine d'un culte païen, celui du moi ou du soi. La fonctionnarisation universelle amorcée par le Directoire, codifiée par l'Empire, compliquée, multipliée par les régimes ultérieurs, fit le reste. Le développement gigantesque de la science, des applications industrielles et des facilités d'investigation en chaque domaine, le délire du libéralisme achevèrent la ruine d'une spiritualité déjà sérieusement atteinte.

L'entretien et le choix des élites ne furent plus dominés que par le caprice des puissants, par le mandarinat des examens, par l'influence de la fortune et des relations, par les combinaisons de la politique utilitaire. [...]

L'ÉVOLUTION MONDIALE

La conclusion et les répercussions de la guerre

(p. 4)

[...] Aujourd'hui la France est abattue. Si toutes les choses se déroulent suivant un processus rééditant les coutumes antérieures, le vainqueur du conflit mondial dictera ses vues politiques, économiques, philosophiques aux peuples desquels il aura triomphé ; il cherchera désormais à y convertir la majorité des autres peuples. Telle est certainement l'actuelle tendance des principaux belligérants. Le Japon entend modeler l'Asie orientale suivant les conceptions qui lui sont propres. L'Allemagne n'a pas caché sa volonté de rebâtir une Europe où les relations internationales et les modalités de vie intérieure des nations seront inspirées des principes hitlériens. À peine les armées des États-Unis débarquées en Afrique du Nord, M. Roosevelt a fait savoir que la France aurait à déterminer son régime futur et durable suivant les dogmes de la « démocratie » ; il a exigé de stupéfiantes mesures au profit des juifs indigènes et des communistes. La Grande-Bretagne entretient à Londres, sous la rubrique de la « France combattante » et autour du général de Gaulle, une pléiade politicienne où prédominent les rescapés de la IIIe République socialisante, franc-maçonne, israëlite et décadente. [...]

(pp. 5-6)

Que choisir ?

Laissons de côté une fois pour toutes les terminologies politiciennes et tentons de désigner les choses par leur nom. Pratiquement, les doctrines anglo-saxonnes sont conservatrices puisqu'elles préconisent un ensemble d'institutions et de mœurs déjà existantes depuis plusieurs générations : peu nous importe si ces mœurs et institutions se recommandent de la démocratie, du socialisme, de parlementarisme, de ce que beaucoup appelaient

« idées avancées ». L'impulsion russe et l'impulsion allemande sont novatrices, transformatrices : peu nous importe si ces impulsions sont assujetties à la domination absolue des gouvernants. Les modalités d'application sont notre affaire.

Or il est certain que les conditions de l'existence individuelle et collective ont besoin de se relier à l'évolution des moyens offerts, des servitudes assignées, des réalités vivantes. Nous devons donc être opposés en principe au « conservatisme », disposés à la transformation.

Mais quelle transformation ? L'hitlérisme et le bolchevisme ont deux aspects communs. En premier lieu, une sorte de panthéisme attachant la qualification quasi-divine ou supra-humaine à l'homme même, à ses moyens de travail, de production, de subsistance, à la construction de ses pouvoirs publics et de ses gouvernements : ce panthéisme nous apparaît donc entaché de matérialisme puisqu'il se base sur ce qui est inerte ou mortel. En second lieu, une immense réalisation d'entraide ordonnée chez les Allemands, collectivisée – je m'excuse du néologisme – chez les Russes.

La civilisation chrétienne condamne le matérialisme ; nous ne saurions assimiler ni ce dernier ni ses équivalences. L'entraide sociale, au contraire, doit être accomplie. Si nous n'avons rien à prendre – sauf quelques idées d'application technique – chez les Russes, nous avons beaucoup à prendre chez les Allemands. Il n'est que d'observer les rapports actuels – si différents de ce qu'ils étaient autrefois – entre les officiers et les troupiers, entre les dirigeants industriels et les ouvriers du Reich pour constater les progrès extraordinaires obtenus à cet égard depuis quinze ans. La mystique inspiratrice du nazisme est incompatible avec le génie et la formation de notre race. Une mystique de cette sorte ne saurait réussir chez nous qu'accidentellement et temporairement. Mais, encore une fois, la réalisation a, sur un grand nombre de points, la valeur d'un modèle.

Il nous faut donc préparer un régime français analogue du point de vue de l'aménagement social à ce qu'on a pu fonder en Allemagne, mais comportant des institutions d'État, des institutions publiques, des œuvres privées et contrôlées honorant les forces spirituelles, développant la personnalité des citoyens, protégeant, encourageant et disciplinant l'autonomie des foyers.

Au bref, il nous faut chercher une formule d'autorité coordinatrice des diversités nationales, fondatrice des hiérarchies, compensatrice des inégalités physiques et naturelles dans le culte de l'égalité des âmes.

L'hitlérisme ramène le christianisme à une valeur strictement rituelle. La démocratie anglo-saxonne se réfère au christianisme et applique le matérialisme de l'argent, des trusts, de la surenchère électorale. Celui-là converge par le sommet avec le socialisme, doctrine gouvernementale ; celle-ci se rejoint à la base avec le socialisme, doctrine idéologique. La France ne se relèvera point, à moins d'ériger un système profondément, effectivement social, ce système social étant le but recherché et atteint par un État répondant à notre tradition de commandement, de décentralisation, d'initiative, de dignité individuelle, de puissance familiale.

FORMULES FRANÇAISES

[...] *(pp. 9-10)*

Suppression du « régime des partis »

[...] Alors pourquoi avez-vous fait un parti, répliquera-t-on ? Il serait facile de renvoyer à tous mes écrits, à mes dépositions en justice pour démontrer à quel point, publiquement et non sans péril, j'ai affirmé la vraie nature du PSF « Parti », puisque cela m'était imposé afin de continuer, malgré la persécution, l'œuvre Croix-de-Feu. Mais, avant tout, groupement d'élites, collectivité familiale cherchant à préfigurer la France de nos espoirs, cherchant à apporter un modèle de service public dans chacun des domaines où une collectivité complète est astreinte à agir : social, civique, sous chacune des formes licites.

Les uns, de mauvaise foi, n'ont voulu voir en nous qu'un parti dans l'acceptation la plus bornée du terme. D'autres ont reproché à ce parti d'excéder les limites des attributions habituelles en débordant largement le cadre des affaires électorales. D'autres ont argué de notre titre de parti pour s'opposer à notre œuvre d'entraide sociale. D'autres enfin prétendent aujourd'hui nous barrer la route de la rénovation française sous prétexte qu'à tous risques nous avons accepté d'être un parti sans jamais avoir voulu être – au sens péjoratif du terme – des partisans. [...]

La politique électorale n'a pas absorbé le millième de nos dépenses, le quart de notre besogne ; nous ne l'avons jamais présentée ainsi qu'un but et nous sommes toujours interdits d'en faire notre but. Si, les circonstances nous ayant forcés à connaître cet avatar, la consultation du suffrage universel prévue pour 1940 nous avait introduits au pouvoir, notre premier soin eût été de transformer les institutions suivant des méthodes supprimant le vice du parlementarisme : nous ne l'avons jamais caché, telle était ma volonté que rien n'aurait fléchie, et c'est cela qu'au fond les rescapés et ex-parlementaires des anciens partis de divisions, néophytes intéressés de la révolution nationale, s'accordent à nous reprocher maintenant. [...]

(pp. 13-15)

Vues d'avenir

La redoutable bévue

C'est l'intérêt même du vainqueur, de n'importe quel vainqueur, selon la mesure où celui-ci attendra quelque chose de nous après la victoire. Que cette victoire soit allemande ou anglo-saxonne, la collaboration de l'avenir (imposée par les circonstances, exigée par les hommes) engagera une France « formant corps » ; sinon elle se fera au préjudice de la France et des maîtres du jeu. Le Reich s'est inexplicablement trompé depuis juillet 1940 lorsqu'il a envisagé une première collaboration, dans le plan des contacts populaires, avec des groupes et des hommes taxés de germanophilie systématique et bruyante, dès lors présumés serviles. J'ai été très frappé, deux mois après l'armistice, du « préjugé favorable » existant chez un grand nombre d'habitants de la zone occupée vis-à-vis des Allemands. Tout cela a été vite détruit parce qu'on n'a pas d'abord créé une atmosphère de dignité, de réalisme et d'égoïsme sacré. Quand je me rappelle la fierté triste observée par des Allemands notoires après 1918, l'attitude du général Ludendorff offrant de lever une armée contre les Bolcheviks, sous le commandement du maréchal Foch, mais stipulant courageusement que ses troupes seraient revêtues de leur uniforme et serviraient autour de leurs drapeaux, quand je me rappelle l'horreur manifestée par les milieux allemands contre le Docteur Dorten dont pourtant l'action se restreignait à la Rhénanie et non point à l'ensemble du Reich, je suis confondu de la bévue commise depuis deux années dans les rapports entre l'occupant et nous. Discutons le problème sous son aspect théorique et envisageons toutes les hypothèses. Si le succès final appartient à Berlin, je souhaite – encore une fois dans l'intérêts des deux parties – que cette méprise prenne fin. Si le succès final appartient à New York et à Londres, je souhaite que, dans l'intérêt des Anglo-saxons comme dans le nôtre, une poussée de lyrisme ne nous mette point à la merci d'idolâtres des « démocraties ».

Un DORIOT et un GAULLE sont condamnés d'avance par la nature même des choses.

Parti unique, parti de Gouvernement et simple bon sens

Or si l'on créait aujourd'hui un parti unique, il ne pourrait être qu'un organisme artificiel dont les apparences extérieures seraient indiscutablement teintées de couleur allemande. Si l'on contraignait tous les Français à y adhérer, la substance ainsi recrutée serait en quelque sorte saturée d'une électricité contraire à celle des dirigeants : duperie, péril de subversion, désordre au préjudice de tout le monde.

La question se posant et mon avis étant officiellement demandé, comment devrions-nous envisager les services à rendre présentement par le PSF ? Exactement d'après les données de notre situation à l'heure où j'écris : organisme libre, non subventionné, dont le responsable est un collaborateur, non moins libre mais spontanément et totalement acquis, du chef de l'État. La seule attitude susceptible d'être profitable au Maréchal et au pays est de maintenir une telle liberté gratuitement offerte au service de l'ordre dans les esprits et de la discipline civique, au service de l'ordre public. Ceci spontanément, en chaque emplacement de travail et d'habitation, par voie d'accords locaux avec les autorités, suivant les données d'ensemble établies par la direction centrale du PSF, responsable. Cette dernière assumant enfin sa charge d'harmoniser les efforts, d'unifier l'inspiration et de cordonner la vigilance individuelle des adhérents contre les menées nuisibles. Une seule et formelle réserve à ce sujet : ne pratiquer aucun empiètement sur les attributions officielles, *aucune ingérence dans la politique proprement dite, intérieure ou extérieure.*

Une telle œuvre d'encadrement bénévole du pays suivant les commandements d'un pur patriotisme, en fonction de mots d'ordre simples et inspirée de la mystique de notre Grande Famille, grâce à l'apostolat de plus en plus rayonnant de trois millions de membres, d'après les règles d'un loyalisme sincère représente notre meilleure façon d'accompagner l'œuvre du Maréchal, d'« enchaîner » entre le trouble présent et les grands devoirs de l'avenir. [...]

(pp. 15-16)

Quand la paix sera venue

Encore l'accompagnement

Comment concevoir enfin l'« accompagnement » du Pouvoir à partir du moment où, la paix venue, le signal des constructions définitives – viables tout au moins – sera donné ?

Là aussi, une indispensable prudence exige de prévoir des transitions. Rien ne sera marqué du signe de la durée tant qu'une Constitution n'aura pas été *librement* promulguée au nom du pays. Cela nous renvoie, pour commencer, à une date qu'on ne peut préciser ni prévoir exactement. Et, même lorsque la Constitution aura été promulguée, une période préliminaire s'ouvrira, très comparable au rodage imposé à une machine sortant de la fabrique. Pendant cette période, le moteur cherchera son rythme, les engrenages trouveront leur souplesse. Il faudra procéder avec sagesse et se garder de briser les cadres auxiliaires qui auront tenu lieu d'échafaudages de fortune jusqu'à l'avènement de la paix. Combien de semaines, de mois, d'années s'écouleront alors ? Nous espérons que ce sera court et sommes convaincus que la meilleure garantie de faire vite sera apportée par la circonspection avec laquelle on se sera interdit d'engager l'avenir politique intérieur avant le passage à l'état de paix.

Une seule exception veut être prévue : convulsion insurrectionnelle et révolutionnaire au sens subversif du mot. Dans ce cas, il faudra recourir à un procédé empirique et, en l'absence d'une armée vraiment reconstituée, d'une police suffisante, faire appel à une formation privée qu'on officialisera à cet effet et pour ce seul objet. À qui s'adresser sinon à la seule formation qui ne cherche pas l'aventure à son profit et ne craigne pas de briser l'aventure des autres, à la seule formation qui plonge ses racines dans le peuple et soit implantée avec une grande richesse de cadres éprouvés dans tout le pays, à la seule formation qui ait réalisé l'unanimité dans son propre sein, *que son idéal et ses souffrances antérieures aient garantie contre la griserie du succès et la tentation des représailles*, à la seule formation qui soit enfin sincèrement représentative de la doctrine rénovatrice et apporte à cet égard des témoignages non douteux ? Au P. S. F. ou, si l'on préfère – et je préfère – au mouvement Croix-de-Feu. *Mais il ne pourrait s'agir que d'une sorte de parenthèse, le risque de mettre le pouvoir à la discrétion d'une collectivité quelle qu'elle soit étant incompatible avec les conceptions chrétiennes, avec la nature française.* Nous aurons à insister sur ce point capital. [...]

(pp. 18-19)

L'ÉDIFICE FUTUR

Les trois piliers

Mais qui donc, l'ère des besognes durables commencée, qui donc « accompagnera », qui donc entretiendra moralement le contact permanent et spontané entre le gouvernement, d'une part, et, d'autre part, la masse des non-officiels ?

Je renvoie immédiatement aux trois termes de cette devise que nous n'avons pas choisie voici plus de huit ans et défendue dans la souffrance comme un simple fanion mais comme un drapeau : Travail-Famille-Patrie. Ces trois dimensions de notre espace doivent être jalonnées par de fermes piliers qui soutiendront l'édifice.

Dans une France rénovée, l'État, pourvu de son appareil d'administration, de contrôle et d'autorité, s'appuiera uniquement :

1. Sur l'organisation professionnelle représentative de l'agriculture, de l'artisanat, du commerce, de l'industrie, des professions intellectuelles et « libérales », représentative des

éléments humains concourant aux échanges et à la production, représentative des patrimoines et traditions de métiers.

2. Sur la Famille, représentée elle-même :
   a) par la protection des activités purement sociales, lesquelles ressortiront aux domaines officiels, professionnels et privés, obéiront à des lois générales et seront contrôlées en fonction de ces lois.
   b) par l'introduction de l'influence familiale au sein des différents conseils ou parlements chargés d'assister l'État dans les affaires administratives, législatives, économiques, sociales intéressant la « chose publique ».
   c) par l'ensemble d'une législation protectrice des foyers, de l'enfance, de la jeunesse, des forces spirituelles, de la transmission des biens moraux et matériels à l'intérieur des familles.
3. Sur la Patrie, avec toutes ses institutions fondamentales, avec son plus haut symbole et sa plus effective protection, qui est l'Armée. [...]

Annexe 3

Extraits de : *Vers le style du XXe siècle*, par l'équipe d'Uriage sous la direction de Gilbert Gadoffre[1]

II. Le système nazi

A. Sa force

Le nazisme est une réponse. Le malaise des démocraties posait la question d'une économie, d'une société et d'une anthropologie nouvelles. C'est parce qu'il s'est présenté comme une réponse à cette triple aspiration que le national-socialisme a pris un essor si puissant. Sa faiblesse vient de ce que, ces aspirations, il les a plutôt *déviées et utilisées* que satisfaites.

À une économie anarchique, il a opposé, en effet, une économie orientée vers la communauté nationale et réglée par elle. Au chômage, il a substitué le travail obligatoire en vue de recréer la force nationale. Aux *trusts* tout-puissants, il a prétendu imposer le contrôle d'un État socialiste, et de même, à un individu déraciné, désorienté, il a proposé un idéal tangible, matériel : celui d'une civilisation fondée sur le *Blut und Boden* à retrouver et à étendre. Il a rétabli contact entre l'homme et les forces infra-rationnelles de la nature et de la race ; et par là, l'homme nouveau du nazisme a acquis ces bases fermes qui lui ont permis de se dresser avec tant de vitalité animale dans le siècle. Plus encore que par ses réalisations,

1. Paris, imprimé par Curial-Archereau, 1945, pp. 60-64.

c'est par cette prise en charge de l'homme total que le nazisme a conquis les masses.

Le nazisme est un système. Il englobe à la fois tout l'homme et unifie une société d'un type nouveau. Plus d'incertitude, plus de désordre : le principe initial une fois posé, toute pensée et toute action en découlent. Le sang est véritablement porteur de civilisation, de *Kultur* : aussi Hitler peut-il affirmer dans *Mein Kampf* : « Le but suprême de l'existence des hommes n'est pas la conservation d'un État : c'est la conservation de leur race. » De cette règle, l'hégémonie mondiale promise à la race supérieure suit aussi logiquement que les principes d'une politique eugéniste. Rien ne saurait échapper à la *Weltanschauung* nationale-socialiste ; et c'est parce qu'il a donné une orientation nouvelle à l'homme et au monde que le nazisme a obtenu des conquêtes aussi rapides et aussi étendues.

S'il échoue cependant, c'est que, dès l'origine, cette orientation est une déviation.

B. Sa faiblesse

Le nazisme est un ersatz. Aux aspirations de l'homme et du travailleur, il ne répond en effet qu'à moitié, et les ressources nouvelles de la propagande lui servent temporairement à masquer ce manque profond.

L'homme était avide de retrouver un contact avec les forces d'en bas et celles d'en haut, avec les valeurs infra-rationnelles et supra rationnelles. Le matérialisme nazi de la race ne peut combler le vide spirituel qui est dans l'homme qu'en exaltant une mystique du sacrifice et de l'héroïsme sans autre justification que la beauté de cette attitude. Mais le néant que cache cet idéal risque toujours d'apparaître et la propagande est une arme à double tranchant : elle peut façonner des surhommes en série, elle ne peut que vider ces surhommes de toute vie personnelle. Le nazisme en créant des titans a créé des chevaliers du néant ; et l'on peut prévoir que le creux de ces armures sonnera subitement.

Les solutions qu'il a apportées dans le domaine économique relèvent de la même fragilité. Ses réalisations sociales sont indiscutables et souvent grandioses, qu'il s'agisse du cadre de travail, des organisations, des loisirs et des voyages, ou de l'éducation populaire : stades, maisons ouvrières, usines modernes, « asiles de camaraderie » ou locaux communautaires se sont multipliés. Mais le mal n'a pas été attaqué dans sa racine ; il a été dissimulé sous un emplâtre. Le socialisme nazi n'est qu'un *capitalisme d'État*, et la raison profonde pour laquelle la crise sociale semble apaisée, c'est que le nazisme a opéré un véritable *transfert psychologique.* Au travailleur qui souffrait de se sentir exploité, il a proposé de devenir le maître des autres peuples. Il n'y a pas eu libération du prolétariat parce que la conscience prolétarienne s'est effacée devant la conscience de la race supérieure. Mais quand cette race sera vaincue, comment se résoudra le problème ?

Le système nazi apparaît ainsi condamné par ses fondements mêmes. Il fut puissant parce qu'il répondait à un mal profond des démocraties. Il reste faible parce que ce mal n'est qu'à moitié guéri ; et le passif l'emporte déjà sur l'actif.

C. Son bilan

Actif. – Le nazisme a su créer un homme nouveau, en contact avec les forces de la nature, capable de comprendre le monde actuel, et même de le dominer temporairement. Il y a dans l'élite nazie de la jeunesse un dynamisme, un héroïsme et une largeur d'horizon qui ne peuvent être perdus sans appauvrissement pour l'Europe.

Le nazisme a su affirmer à tous les échelons du commandement un principe d'autorité fondé sur l'initiative et la responsabilité du chef. Il a su trouver des méthodes pour dégager les élites sociales et une aristocratie de commandement.

Le nazisme a restauré le sens de la communauté nationale et uni les citoyens d'un même État en leur faisant prendre conscience d'une mission et d'un destin communs. Le racisme a su remédier à la crise démographique de l'Allemagne en réprimant l'avortement et en favorisant par tous les moyens une politique de haute natalité.

Le nazisme enfin a, dans une certaine mesure, compris le devenir économique et politique du monde en réclamant la formation de grands espaces économiques, par-dessus les frontières nationales.

Passif. – Mais le nazisme n'a pas pu se délivrer de certaines contradictions internes qui lui ôtent toute valeur universelle.

Sur le plan humain : son matérialisme et l'utilisation sans scrupule des procédés de propagande et de police les plus bas vont à l'encontre même de l'idéal humain qu'il veut promouvoir : la race des maîtres est elle-même traitée et maniée comme une masse sans noblesse, les haras voisinent avec les camps de concentration et les écoles du Parti. Que sera-ce chez les peuples inférieurs ?

Si la crise démographique est palliée, les futurs citoyens du Reich risquent de manquer des racines familiales ou humaines qui les intégreraient profondément à la Communauté nationale.

Si le sol résonne à nouveau sous des pas virils, le Germain qui a retrouvé Wotan et les dieux des forêts ne lève les yeux que sur un ciel vide.

Si des chefs sont nés, ils ne conduisent les foules qui les suivent qu'à un néant héroïque.

Sur le plan international. – il est contradictoire de vouloir étendre un nationalisme au-delà des frontières de la nation. Le nazisme qui n'était pas à l'origine un article d'exportation se veut aujourd'hui doctrine mondiale.

Or si certains de ses principes ne sont pas susceptibles d'extension (par exemple ses fondements raciaux), d'autres peuvent prétendre à une plus large diffusion : principe d'héroïsme individuel ou de cohésion nationale. Mais, alors, en vertu de ces principes mêmes un nationalisme étranger ne peut, sans se nier, se soumettre au nazisme. Qui veut l'imiter dans ce qu'il a de fort et d'humain ne peut que le combattre.

Index des noms

Index thématique

Notices sur les auteurs

ANNIE COLLOVALD est maître de conférence à l'université Paris X-Nanterre et docteur en science politique; elle est membre du laboratoire d'Analyse des systèmes politiques (CNRS). Spécialiste de sociologie politique et auteur notamment de travaux portant sur le poujadisme, elle a publié récemment *Jacques Chirac et le gaullisme*, Paris, Belin, 1999, et a dirigé la publication de *L'Humanitaire ou le management des dévouements*, Rennes, Presses Universitaires de Rennes, 2002.

MICHEL DOBRY est professeur de science politique à la Sorbonne (Paris-I) et directeur du Laboratoire d'analyse des systèmes politiques (CNRS). Ses publications portent notamment sur les conjonctures de crise politique (en particulier : *Sociologie des crises politiques*, Paris, Presses de la FNSP, 1986 et 1992), les poussées autoritaristes et fascistes de l'entre-deux-guerres et les processus de « transition » à la démocratie; dans ce dernier domaine, il a récemment publié *Democratic and capitalist transitions in Eastern Europe. Lessons for the social sciences* (dir.), Dordrecht et Boston, Kluwer, 2000.

BRUNO GOYET, agrégé et docteur en histoire, est l'auteur de *Charles Maurras, une biographie critique* publiée aux Presses de Sciences-Po (2000) ; il a publié aussi, plus récemment, sa thèse de doctorat, *Henri d'Orléans, comte de Paris (1908-1999). Le prince impossible*, Paris, Odile Jacob, 2001 ; il continue de travailler sur les différents aspects de l'œuvre et de l'action du « maître » de l'Action française.

BRIAN JENKINS, professeur à l'université de Portsmouth, puis, depuis deux ans, à l'université de Leeds, a consacré sa thèse de doctorat aux émeutes du 6 février 1934; il a publié de nombreux travaux sur le nationalisme français, sur les théories du nationalisme et sur la France, notamment *Nationalism in France : Class and Nation since 1789*, Londres, Routledge, 1990 ; *Nation and Identity in Contemporary*

Europe, Londres, Routledge, 1996 (en collaboration avec S. Sofos), et *France from the Cold War to the New World Order*, Londres, Macmillan (avec A. Chafer).

DIDIER LESCHI, haut fonctionnaire, prépare actuellement une thèse de doctorat sur les Croix-de-Feu et le Parti social français du colonel de La Rocque.

ROBERT O. PAXTON est professeur émérite à la Columbia University, New York, où il enseigne l'histoire de l'Europe contemporaine. Parmi ses principaux travaux traduits en français figurent *La France de Vichy*, Paris, Le Seuil, 1973, *Vichy et les Juifs*, Paris, Calmann-Lévy, 1981 (en collaboration avec Michael Marrus) et, plus récemment, *Le Temps des Chemises vertes. Révoltes paysannes et fascisme rural, 1929-1939*, Paris, Le Seuil, 1996. Il a également publié en anglais *Parades and Politics at Vichy. The French Officer Corps under Marshal Pétain*, Princeton, Princeton University Press, 1966 et *Europe in the Twentieth Century*, Harcourt and Brace, 3e éd., 1996.

VIOLAINE ROUSSEL est maître de conférence en science politique à l'université Paris-VIII et docteur en science politique ; elle est membre du laboratoire d'analyse des systèmes politiques (CNRS). Spécialiste de sociologie politique, elle a publié récemment *Affaires de juges. Les magistrats dans les scandales politiques en France*, Paris, La Découverte, 2002.

GISÈLE SAPIRO, chargée de recherche au CNRS et docteur en sociologie de l'École des hautes études en sciences sociales. Spécialiste des écrivains et des institutions littéraires dans la période des « années noires » de la Seconde Guerre mondiale, elle a publié récemment *La Guerre des écrivains, 1940-1953*, Paris, Fayard, 1999.

ZEEV STERNHELL est professeur à l'Université hébraïque de Jérusalem, où il occupe la chaire Léon Blum de science politique. Il est l'auteur de nombreux travaux sur le nationalisme et sur les origines du fascisme, dont en particulier sa « trilogie » sur le nationalisme français : *Maurice Barrès et le nationalisme français* (1972), *La Droite révolutionnaire, 1885-1914. Les origines françaises du fascisme* (1978), *Ni droite ni gauche. L'idéologie fasciste en France* (1983) qui vient d'être rééditée chez Fayard avec de nouvelles introductions, et, plus récemment, *Naissance de l'idéologie fasciste* (avec M. Sznajder et M. Asheri), Paris, Fayard, 1994, et *L'Éternel Retour. Contre la démocratie, l'idéologie de la décadence* (dir.), Paris, Presses de la FNSP, 1994.

Table

Le flashage de cet ouvrage
*a été réalisé par l'**Imprimerie Bussière***
l'impression et le brochage ont été effectués
sur presse Cameron dans les ateliers
*de **Bussière Camedan Imprimeries***
à Saint-Amand-Montrond (Cher),
pour le compte des Éditions Albin Michel.

Achevé d'imprimer en août 2003.
N° d'édition : 21353. N° d'impression : 033510/4.
Dépôt légal : septembre 2003.
Imprimé en France